中国高含水老油田可持续发展战略与工程技术
中国工程院重点咨询研究项目成果

中国高含水老油田可持续发展战略

孙龙德　刘　合　孙焕泉
宋新民　江同文　计秉玉　王凤兰　◎等编著

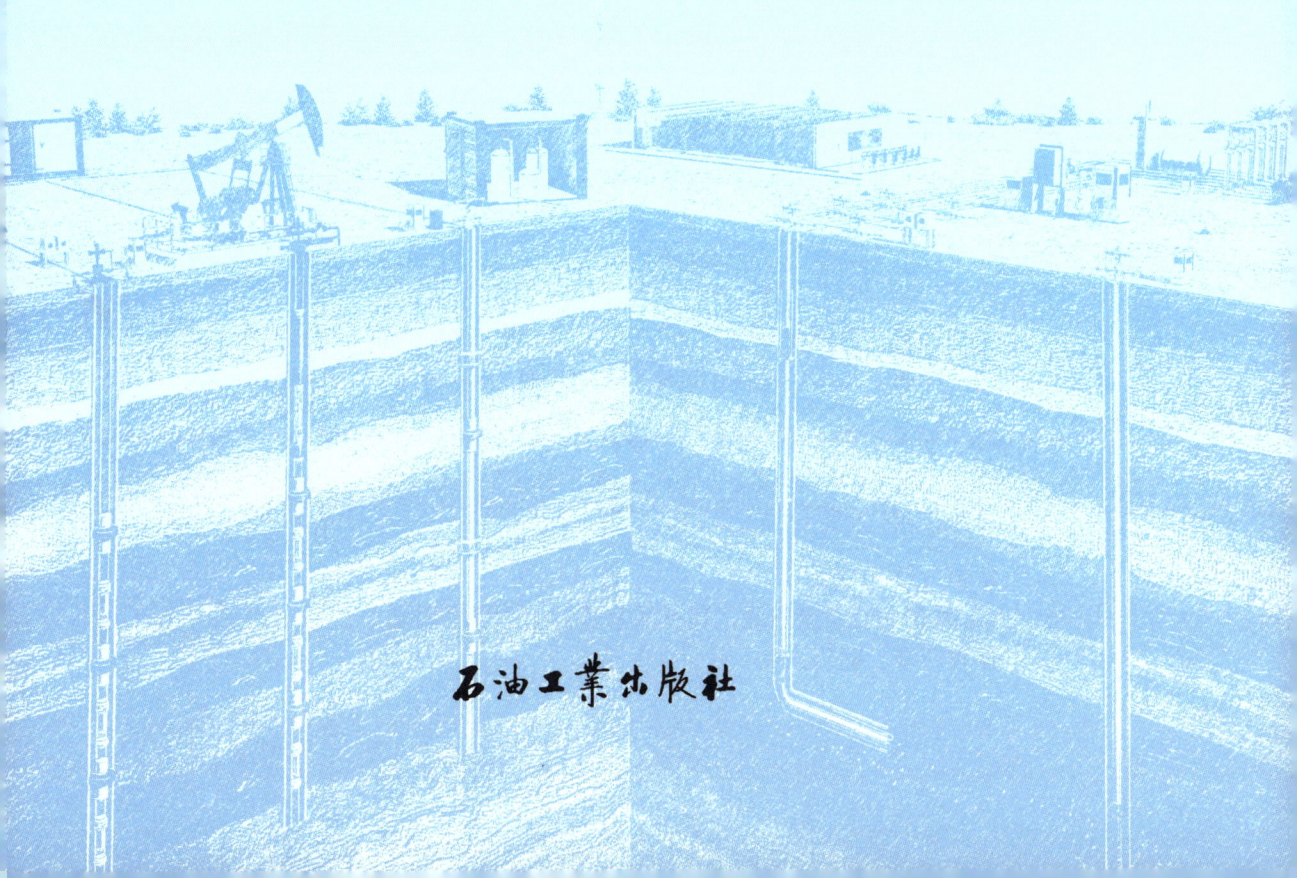

石油工业出版社

内 容 提 要

本书系统梳理了国外典型老油田及我国高含水老油田的开发状况,深入剖析了老油田开发面临的主要矛盾和问题,详细介绍了我国高含水老油田剩余资源潜力及其战略地位,明确高含水老油田开发关键技术"绿色、智能、精准、高效"的发展方向,论证提出我国老油田可持续发展的"科技创新、降本增效、数字智能、转型升级、绿色低碳"五大核心战略,为老油田高质量可持续发展和国家相关政策制定提供参考。

本书可供从事石油勘探开发的科研技术人员以及高等院校石油相关专业师生参考阅读。

图书在版编目(CIP)数据

中国高含水老油田可持续发展战略/孙龙德等编著.—北京:石油工业出版社,2023.6

(中国高含水老油田可持续发展战略与工程技术)

ISBN 978-7-5183-5932-5

Ⅰ.①中… Ⅱ.①孙… Ⅲ.①高含水-油田开发-可持续发展战略-中国 Ⅳ.①TE34

中国国家版本馆 CIP 数据核字(2023)第 043209 号

出版发行:石油工业出版社
 (北京安定门外安华里 2 区 1 号 100011)
   网 址:www.petropub.com
   编辑部:(010)64249707
   图书营销中心:(010)64523633
经 销:全国新华书店
印 刷:北京中石油彩色印刷有限责任公司

2023 年 6 月第 1 版 2023 年 6 月第 1 次印刷
787×1092 毫米 开本:1/16 印张:15.75
字数:385 千字

定价:150.00 元
(如发现印装质量问题,我社图书营销中心负责调换)
版权所有,翻印必究

《中国高含水老油田可持续发展战略》
编 委 会

主要编写人：孙龙德　刘　合　孙焕泉　宋新民　江同文
　　　　　　计秉玉　王凤兰　杨　勇　韩景宽　赵雪峰
　　　　　　祝绍功　高　飞　王　峰

主要参加人：杜庆龙　单高军　高兴军　徐　婷　邹存友
　　　　　　郦绍献　方艳君　韩培慧　蔡　萌　张玉广
　　　　　　吴　浩　李玉春　徐孝轩　王　刚　凡哲元
　　　　　　冯金德　周文胜　赵习森　杨志刚　郭军辉
　　　　　　段　宏　赵忠山　舒志明　元征仁　付百舟
　　　　　　孙洪国　付宪弟　王承祥　孙国昕　孙景华
　　　　　　姜　涛　肖　武　周新茂　孙桐建　李海成
　　　　　　张德实　王　磊　盖祥福　张德发　何树全
　　　　　　孟　岚　卫永刚　白喜俊　安琪儿　曹　倩
　　　　　　唐　玮　贾德利　高　扬　曹　刚　王　珏
　　　　　　匡　明　傅秀娟　石建姿　曲德斌　钱其豪
　　　　　　鲍敬伟

序 PREFACE

我国油田大规模开发始于20世纪后半叶，从20世纪50年代的新疆克拉玛依油田开发，到20世纪60年代战略东移发现大庆油田（由于大庆油田的开发，1963年我国实现原油自给并创建陆相油田开发理论），再到渤海湾盆地胜利、辽河、大港、华北、中原油田开发，1978年原油产量超过1亿吨。20世纪80—90年代国家实施"稳定东部、发展西部"战略，塔里木、长庆、新疆等地区原油快速上产。2010年原油产量突破2亿吨。从中华人民共和国成立的年产原油12万吨算起，用了半个多世纪实现了从贫油国向石油大国的跨越。

习近平总书记强调"能源的饭碗必须端在自己手里"。老油田在未来很长时间内依然是油气安全保障的"压舱石"。经过几十年开发，老油田面临一系列新的开发挑战，如生产与环境、产量与效益、剩余储量有效开采与技术水平不适应等一系列世界级难题。一是高含水老油田深度开发难度巨大，我国典型高含水老油田整体处于产量快速递减阶段，生产成本逐年攀升，开发效益变差，老油田大幅度提高采收率是世界性难题；二是老油田设施服役期长，地下介质复杂、采出污染物多、设备老旧，实现全生命周期绿色开发面临巨大挑战；三是随着信息技术的飞速发展，国外各大石油公司着力发展智能油藏管理技术，而国内油田智能化建设尚处于起步阶段，利用大数据人工智能技术实现石油勘探开发主体技术更新换代已经迫在眉睫。

为此，2019年中国工程院设立了重点咨询研究项目"中国高含水老油田可持续发展战略研究"，项目团队由中国石油、中国石化、中国海油和延长石油等油田企业、研究院所近10家单位的15名院士和112名专家组成。历时两年多，采取国内外油田现场走访、调研、访谈、文献资料查阅、研读、对比，线上线下交流沟通，努力做到历史的、辩证的、时代的和未来的阶段性、连续性的统一，力争形成一个具有引领性的战略研究报告。

通过研究，提出了三个"70%以上"基本认识。目前我国原油对外依存度以及高含水老油田动用地质储量、原油年产量均达到70%以上。今后很长一段时期高含水老油田仍是我国石油储量和产量的主体，地位极其重要。明确了支撑我国高含水老油田高质量可持续发展的关键技术发展方向，即需要在理论技术、安全环保及数字化建设等方面大力攻关，建立特高含水后期油藏开发地质及复杂介质渗流理论，创新形成极限提高采收率理论技术体系，大幅度延长老油区技术经济开采寿命；构建"油藏—井筒—地面"全生产过程的绿色安全开发技术体系，保障地下和地面生态环境零污染；攻关绿色综合利用及低成本绿色安全弃置等难题，充分挖掘老油区潜在价值，确保老油田全生命周期的绿色安全；同时结合人工智能、云计算等技术，创新发展勘探开发全生命周期一体化协同研究技术，实现勘探开发、油藏管理、采油工艺、生产运营的持续优化，达到效益与采收率最大化。

秉承"创新、协调、绿色、开放、共享"新发展理念，综合考虑国内外实际，针对我国老油田矛盾问题及技术现状，提出适合我国国情的政策建议：一是深化国家创新平台建设，加快破解油气关键核心技术难题；二是持续完善矿权制度改革，盘活老油田可持续发展的资源潜能；三是发挥财税杠杆作用，鼓励老油田向"高低深难非"领域进军；四是健全新能源产业政策，助推老油田可持续高质量发展。

在国家政策支持下大力攻关老油田开发核心技术，是提升我国油田企业国际竞争力的关键手段，也是助力实现国家"双碳"目标、着力推进绿色低碳发展的必由之路，有利于在稳油增气路径下走好稳油之路、夯实国内油气供应"压舱石"作用，对保障国家能源安全意义重大。

中国工程院院士 袁士义

2023.5.19

前言

我国原油对外依存度高达70%以上，高含水老油田储量、产量均占全国的70%以上，但当前技术水平条件下还有70%以上地质储量滞留地下，这部分储量是国家宝贵的战略资源，高含水老油田的主体和战略地位在很长一段时期内难以被取代。2019年，在中国工程院的大力支持下，设立"中国高含水老油田可持续发展战略研究"重点咨询项目，针对高含水老油田现状、矛盾问题及关键技术发展方向开展研究，提出我国老油田可持续发展战略，为高含水老油田发展指明方向。该项目由大庆油田牵头，中国石油勘探开发研究院、中国石化油田勘探开发事业部、中国石化石油勘探开发研究院、中国海油研究总院有限责任公司、陕西延长石油（集团）有限责任公司研究院、中国石油规划总院、中国石化胜利油田公司、中国石油塔里木油田公司等单位共同参与完成。

本书围绕高含水老油田面临的储采失衡、开采成本上升、安全环保及现有理论与技术不适应等问题，开展高含水老油田技术对标分析，明确了技术发展方向，需坚持"绿色、智能、精准、高效"发展方向，攻关以"大幅度提高采收率"为目标的精准开发、以"智能高效"为目标的采油工程及以"高效、绿色、智能"为目标的地面工程等关键技术。论证提出我国老油田可持续发展的"科技创新、降本增效、数字智能、转型升级、绿色低碳"五大核心发展战略，为老油田高质量可持续发展和国家相关政策制定提供了咨询建议。

本书于2021年9月完成初稿，此后根据审稿专家的意见进行了多次修改，最后由孙龙德院士、刘合院士统稿完成。本书由大庆油田勘探开发研究院、大庆油田采油工程研究院、大庆油田设计院有限公司、大庆油田发展战略研究中心及中国石油勘探开发研究院的科研人员负责编写，技术数据和资料主要取自中国工程院重点咨询项目"中国高含水老油田可持续发展战略研究"各参研单位的研究成果，以及同行业公开发表的相关文献。

本书共四章，第一章由宋新民、计秉玉、高兴军、徐婷、赵习森、周新茂、孙洪国、唐玮、曹刚、贾德利、高扬编写，第二章由江同文、王凤兰、杨勇、邹存友、邴绍献、冯金德、周文胜、白喜俊、安琪儿、曹倩、王珏、匡明、傅秀娟、石建姿、曲德斌、钱其豪、鲍敬伟编写，第三章由刘合、王凤兰、韩景宽、赵雪峰、祝绍功、高飞、王峰、杜庆龙、单高军、方艳君、韩培慧、蔡萌、张玉广、吴浩、李玉春、徐孝轩、杨志刚、郭军辉、段宏、赵忠山、舒志明、孙洪国、付宪弟、王承祥、孙桐建、李海成、张德实、王磊、盖祥福、张德发、孟岚、何树全编写，第四章由孙龙德、孙焕泉、计秉玉、高兴军、徐婷、王刚、凡哲元、杜庆龙、元征仁、付百舟、孙国昕、孙景华、姜涛、肖武、卫永刚、单高军、祝绍功、赵雪峰编写。全书由孙龙德、刘合审阅定稿。

  在本书编写过程中，得到了中国石油、中国石化、中国海油及延长石油等企业相关领导、专家的支持与帮助，在此一并表示衷心的感谢，向所有参与本书编写和审阅工作的专家表示诚挚的谢意！

  由于作者水平所限，疏漏在所难免，敬请广大读者批评斧正。

致谢
ACKNOWLEDGEMENTS

特别感谢中国石油、中国石化、中国海油、延长石油等企业及研究院各位领导和同仁对中国工程院咨询项目的研究及本书出版提供的大力支持，除了本书编委会成员以外，还要特别感谢中国石油王连刚，中国石化赵庆飞、于洪敏、何应付，中国海油耿站立、康晓东、王守磊，延长石油党海龙、倪军、郭粉转在相关数据收集分析及典型高含水油田案例库采集工作中给予的大力支持与帮助。

特别感谢王德民、郭尚平、顾心怿、罗平亚、袁士义、王玉普、周守为、胡文瑞、黄维和、赵文智、李阳、高德利、李根生等院士对中国工程院院士咨询项目研究各阶段给予的指导与帮助。

特别感谢石油工业出版社的各位编辑为本书的出版所做的扎实细致的工作，没有大家的辛苦工作，就没有本书的顺利出版。

目录

第一章 高含水老油田开发形势及面临的主要矛盾 (1)
- 第一节 国外高含水老油田开发分析 (1)
- 第二节 国内高含水老油田开发分析 (22)
- 第三节 我国高含水老油田面临的主要矛盾 (44)

第二章 我国高含水老油田剩余资源及在能源结构中的战略地位 (48)
- 第一节 我国高含水老油田剩余资源评价 (48)
- 第二节 我国高含水老油田在能源结构中的战略地位 (58)

第三章 高含水老油田开发关键技术发展方向 (71)
- 第一节 油藏工程技术现状及发展方向 (72)
- 第二节 采油工程技术现状及发展方向 (108)
- 第三节 地面工程技术现状及发展方向 (148)

第四章 高含水老油田发展总体战略 (183)
- 第一节 高含水老油田企业总体战略分析 (183)
- 第二节 国内外高含水老油田运营管理模式及能源政策 (191)
- 第三节 我国高含水老油田发展总体战略目标和路线 (205)
- 第四节 健全完善高含水老油田政策支持体系 (212)

参考文献 (227)

第一章 高含水老油田开发形势及面临的主要矛盾

在世界范围内，随着油田开发进程的不断深入，高含水老油田已经成为油田开发的主体。我国综合含水率大于60%的老油田动用储量和年产油占比均已上升至70%以上，是国内原油开发的"压舱石"。尽管这些油田处于高含水阶段，采出程度仅约26%，地下剩余资源潜力依然巨大，但开采难度也随之加大，如何进一步挖掘老油田潜力再次成为国内油田开发的焦点。我国高含水油田采用"二三结合"模式为引领的提高采收率系列技术，在化学驱、气驱、稠油转换等开发方式上取得突破，为高含水老油田大幅增加可采储量、控制产量递减和提高采收率提供技术支撑。我国高含水油田的主体和战略地位在未来很长一段时间都难以被取代，但同时也面临着一系列生产与环境、产量与收益问题。

第一节 国外高含水老油田开发分析[①]

重点剖析国外典型高含水油田地质及开发特征，开发历程一般都经历了开发上产、原油稳产、产量递减、低速开采四个开发阶段。各油田在长期的开发历史中因地制宜，选择了相应的提高采收率方法，开发效果显著，也积累了丰富的正反经验，可以供国内老油田进一步提高采收率参考。

一、国外高含水老油田开发基本概况

调研俄罗斯 Samotlor、Romashkino 油田，美国 Prudhoe Bay、East Texas、Kern River、Weeks Island、Lawrence、Bell Creek、Delhi 油田，印度尼西亚 Minas 油田和巴林 Awali-Mauddud 油田等11个典型高含水油田地质参数、开发生产历史及现状。

国外11个典型高含水老油田覆盖动用地质储量 1429.3×10^8 bbl，总体进入开发后期低速高含水开采阶段。地质储量采出程度为 23.2%~77.9%，可采储量采出程度为 66.2%~99.3%，平均采油速度为 0.04%~0.58%，综合含水率为 77.6%~99%（表1-1）。从油田地质特征看，涵盖油藏类型范围广，岩性上覆盖砂岩油藏和碳酸盐岩油藏，油品性质上包括了稠油油藏和常规稀油油藏，物性上包含了中高渗透油藏和低渗透油藏，具有较强的代表性（表1-2）。

---

① 本节数据及资料引自 C&C Reservoirs。

表1-1 国外典型高含水老油田开发状况表

序号	国家	油田	综合含水率（%）	动用地质储量（10⁶bbl）	可采储量（10⁶bbl）	年产油量（10⁶bbl）	累计产油量（10⁶bbl）	地质储量采出程度（%）	可采储量采出程度（%）	采油速度（%）	剩余可采储量（10⁶bbl）	储采比	收集数据截止年份
1	俄罗斯	Samotlor	98.0	55000	26200	143.76	20927.50	38.1	79.9	0.26	5272.50	36.7	2018
2	俄罗斯	Romashkino	87.5	38825	23295	120.30	18348.58	47.3	78.8	0.31	4946.40	41.1	2018
3	美国	Prudhoe Bay	77.6	25000	13000	123.68	11825.00	47.3	91.0	0.49	1175.00	9.5	2008
4	美国	East Texas	99.0	7000	5490	2.56	5452.55	77.9	99.3	0.04	37.45	14.6	2017
5	美国	Kern River	93.2	4000	2634	17.74	2348.81	58.7	89.2	0.44	285.19	16.1	2019
6	美国	Lawrence	98.0	1000	437	0.71	428.30	42.8	98.0	0.07	8.70	12.3	2018
7	美国	Weeks Island	95.0	631	284	1.21	271.30	43.0	95.5	0.19	12.70	10.5	2012
8	美国	Bell Creek	97.9	353.5	181	1.43	140.95	39.9	77.9	0.40	40.05	28.0	2017
9	美国	Delhi	83.6	418	274	2.39	218.88	53.4	81.1	0.58	51.12	21.4	2019
10	印度尼西亚	Minas	98.7	8700	4790	30.74	4495.26	51.7	93.8	0.35	294.74	9.6	2008
11	巴林	Awali-Mauddud	89.3	2000	700	4.47	463.10	23.2	66.2	0.22	236.90	53.0	2004

第一章 高含水老油田开发形势及面临的主要矛盾

表1-2 国外典型老油田主要地质参数表

油田名称	油田位置	油层名称	油藏类型	圈闭或构造类型	油藏埋深(m)	含油面积(km²)	地质储量(10⁶bbl)	岩性	沉积相	平均钻遇有效厚度(m)	油层物性 孔隙度(%)	油层物性 渗透率(mD)	地面原油性质 黏度(mPa·s)	地面原油性质 原油重度(°API)
Awali	Bahrain, Middle East	Arab D	整装背斜碳酸盐岩油藏	盐丘底辟背斜	1476.1	18.2	206	石灰岩、白云岩	高能斜坡相	19.8	26	250	0.44	36
Mauddud		Khuff		盐丘底辟背斜	2725.8	324.0	20000×10⁹ft³(气)	白云岩	潮坪相	135.0	11	25		
		Mauddud		盐丘底辟背斜	680.6	55.8	2000	石灰岩	高能斜坡相,开放斜坡大陆架或斜坡	33.5	25	63	2.25	34
Bell Creek	Montana, USA	Muddy	岩性地层油藏	侧向沉积尖灭/不整合削截	1295.4	88.0	353.5	砂岩	潟湖—障壁岛	3.3	24	1040	1.9	37
Delhi	Louisiana, USA	Holt-Bryant	层状砂岩油藏	地层圈闭	918.4	31.4	410	砂岩	滨海相	6.1	32.3	1400	0.77	42
		May-Libby		地层圈闭	990.6	5.5	8.4	砂岩	曲流河	1.3	32.2	1069	3	40
East Texas	Texas, USA	Woodbine	块状底水砂岩油藏	地层圈闭	1054.6	534	7000	砂岩	三角洲	11.2	25.2	2098	0.98	39
Kern River	California, USA	Kern River	稠油砂岩油藏	水动力圈闭	304.8	43.5	4000	砂岩	辫状河	106.6	31	2000	4000	13
Lawrence	Illinois, USA	Cypress& Bridgeport	构造岩性油藏	挤压背斜+岩性圈闭	219.5	160.6	1000	砂岩	三角洲	53.3	20.5	175	9.2	35
Minas	Indonesia	Bekasap	断背斜岩油藏	断背斜圈闭	603.5	247	8700	砂岩	三角洲	27.4	25	1666	3.5	36
Prudhoe Bay	Alask, USA	Ivishak	整装气顶砂岩油藏	掀斜断块/地层圈闭	2438.4	627.3	25000	砂岩	辫状河	174.3	22	265	0.8	27.9
Romashkino	Russia	Pashiy-Kynov	多层状油藏	背斜构造	1665.1	4255	38825	砂岩、碳酸盐岩	滨岸相	8.9	19	375	3.5	44
Samotlor	Russia	Vartov-Megion-Alym	整装气顶砂岩油藏	背斜构造	1960.5	157.2	55000	砂岩	滨岸相	83.2	24	500	1	37
Weeks Island	Louisiana, USA	Miocene-Pleistocene Sands	断块砂岩油藏	底劈构造+断层圈闭	3672.8	12.6	631	砂岩	三角洲	6.7	26	1200	0.45	33

· 3 ·

二、国外典型高含水老油田开发策略、主要做法

1. 罗马什金（Romashkino）油田

罗马什金（Romashkino）油田位于俄罗斯西西伯利亚，共发育421个油藏，22个含油层系，其中7个为碎屑岩储层（最大的为D-I储层和D-0储层）、11个为碳酸盐岩储层。是典型的多层稀油油田，面积约为4300km^2，储量388.2×10^{8}bbl，可采储量232.9×10^{8}bbl，标定采收率59.9%。

该油田于1951年投产，1971年达到峰值产量，平均日产油163.74×10^{4}bbl。截至2018年，平均日产油降为32.9×10^{4}bbl，累计产油量183.5×10^{8}bbl，综合含水率87.5%，地质储量采出程度47.3%，可采储量采出程度78.8%（图1-1，表1-1）。

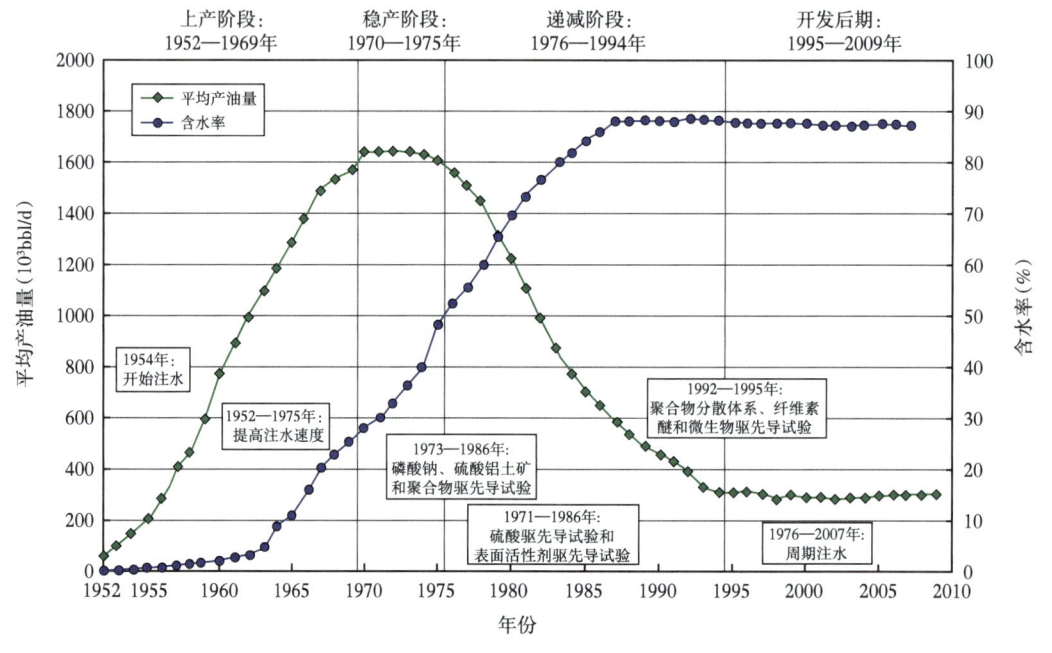

图1-1 罗马什金油田生产历史剖面（Galeev等，1995；Tatneft年报，2001—2009）

该油田共经历开发上产、原油稳产、产量递减、开发后期共四个开发阶段。各阶段开发策略见表1-3。

表1-3 罗马什金油田开发阶段和策略

阶段		时间	开发策略
开发上产	Ⅰ阶段	1952—1969年	行列切割注水；建立地层压力保持系统
原油稳产	Ⅱ阶段	1970—1975年	面积注水，钻加密井、扩展开发层系
产量递减	Ⅲ阶段	1976—1994年	周期注水；调整工作制度（优化注入压力和流压），强化开发系统
开发后期	Ⅳ阶段	1995年以后	系统注水和三次采油；大规模使用提高采收率方法，钻水平井，侧钻，钻多分支井，动用非有效层潜力

该油田实施早期注水，从油田开发开始，一直用注水保持油藏压力。初期采用了等高线行列切割注水概念，根据构造高点将油田划分为多个开发区块，注水井位于构造低点。此类行列切割注水井网，只有最近的一排生产井受效，其他生产井要么受效不明显，要么压力下降很快。严重的储层非均质性导致注水前缘高度不规则，注入水无法充分进入透镜状砂岩。1968 年，增加了注水井数量，缩短了注采井间距，逐步改为面积注水。1976 年，加密井将注采井数比提高到 3:1，为了限制过量产水，采用了周期注水，即在某些井组或几排井中停止注水 10~30 天至 6~12 个月，而在另一些井组，注水量增加，改变流体流动方向，从而最大限度地开采水淹层的储量。依靠该方法每年采出的油量占总产油量的 40% 左右，还使该油田 20 多年的含水率一直保持稳定，仅 1995 年产水量就比预计少产了 75%。

除了水驱开发以外，罗马什金油田还研究了 25 种 78 项三次采油工艺方法，覆盖 7.6% 的储量和 4052 口生产井。广泛应用的首先是工业性硫酸废液，覆盖地质储量 $1.7×10^8$ t，增油 $770×10^4$ t，占三次采油方法增油的 62%。其次是表面活性剂，共注入 $4.7×10^4$ t 水溶性表面活性剂和 $1.4×10^4$ t 油溶性表面活性剂，增油 $290×10^4$ t，每吨表面活性剂增油 47.5t。1979 年开始注纤维树脂试验，15 口注水井共注纤维树脂 196t，增油 $8×10^4$ t，每吨纤维树脂增油 408.2t。从 1993 年开始了注聚合物驱油试验，共注聚合物 9.44t，注醋酸铬 0.85t，共增油 4300t，每吨聚合物增油 455.5t。

该油田在高含水阶段，各种措施无法阻止产量下降趋势，主力油层已经枯竭，含水率达 90% 以上。而渗透率较差的层却未受到注水波及或仅部分受到波及，潜力仍然很大。"二次开发"的概念应运而生，为了证实二次开发的可行性，首先选择了帕夫洛夫区泥盆系油藏进行二次开发试验。试验表明，二次开发不但可以提高产量，提高采收率，而且可以获得较好的经济效益，因而把帕夫洛夫区的经验推广到全油田。罗马什金油田二次开发阶段开展的主要工作总结如下：(1) 建立油藏地质模型，刻画地层中剩余储量的多寡和分布格局，描述含油饱和度随时间推移而发生的变化；(2) 钻新井并细分合采层段，使井网密度最优化并增加注入井数；(3) 实施动态水驱，周期性地改变地下流体的流动方向；(4) 通过关闭无经济效益的高含水井，封堵水淹层段限制综合产水量；(5) 应用新技术提高新井的产油量，比如应用不伤害油层的钻井液钻井、侧钻水平井和斜井等；(6) 通过老井加深钻探认识下伏层位，进一步认识下伏油藏范围；(7) 实施 EOR 方案提高采收率 2.5 个百分点；(8) 钻新井取代报废井；(9) 建立新的水处理系统，提高注入水的质量和体积；(10) 落实特殊监控程序，一方面防止采油设备因腐蚀而受到损坏，减少事故率，另一方面保护含水盆地、耕地和大气层等资源环境。

2. 萨莫特洛尔 (Samotlor) 油田

萨莫特洛尔 (Samotlor) 油田是世界特大油田之一，位于俄罗斯西伯利亚盆地中部秋明地区，为典型整装气顶稀油油藏，埋深 1500~2500m，气顶高度为 78m，油柱高度为 75m，属三角洲砂岩储层，孔隙度为 21%~28%，渗透率为 34~1421mD，稀油 API 值 29~37°API，含油面积 1575km²，地质储量 $550×10^8$ bbl，可采储量 $262×10^8$ bbl，标定采收率 47.64%。

1969 年投入开发，1980 年达到峰值产量，日产油 $324.8×10^4$ bbl，年产油 $11.89×10^8$ bbl。截至 2018 年共有开发井 19000 口，其中油井开井 10000 口，水井开井 4000 口，年产油 $1.43×10^8$ bbl，累计产油量 $209.3×10^8$ bbl，含水率 98%，地质储量采出程度 39.8%，

可采储量采出程度 80.8%。日产气 $0.58 \times 10^9 \text{ft}^3$，累计产气 $11585 \times 10^9 \text{ft}^3$（图 1-2）。

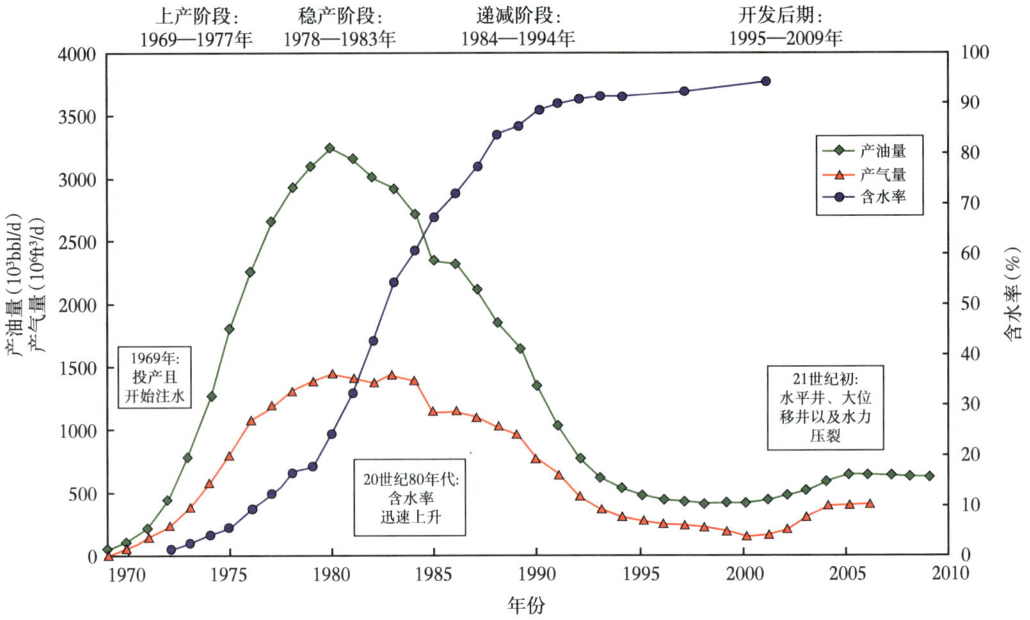

图 1-2　萨莫特洛尔油田 1969—2009 年生产历史

该油田共经历开发上产、原油稳产、产量递减、开发后期共 4 个开发阶段。各阶段开发策略见表 1-4。

表 1-4　萨莫特洛尔油田开发阶段和策略

阶段		时间	开发策略
开发上产	Ⅰ阶段	1969—1977 年	800m 和 650m 井距行列注水开发
原油稳产	Ⅱ阶段	1978—1983 年	边缘注水开发+行列切割注水
产量递减	Ⅲ阶段	1984—1994 年	井网加密和其他措施
开发后期	Ⅳ阶段	1995 年至今	水平钻井、侧钻、大位移延伸钻井（ERD）、水力压裂和三维地震图像采集技术的改进，确保了开发的成功

该油田提高采收率方法包括：加密钻井、钻水平井、水力压裂技术、注水开发技术和 CO_2 混相驱等。

（1）加密钻井。

为了加快对该油田厚油层的开采，同时考虑到厚层砂与薄层砂的连通性非常低的特点，该油田开展井网加密和射孔策略研究，新加密井低产低效后，通过重新射孔薄层重建层系井网进行生产。

从 20 世纪 80 年代中期该油田开始进行了加密钻井，井距减少到了 400~500m，油田开发调整后，实施效果显著。

(2)钻水平井。

该油田从 21 世纪初期开始,规模化开展水平井钻井,提高了生产速率,2005 年每口水平井产量 6250~8100bbl/d,是常规直井采油的 4 倍。

地质导向技术的改进及应用提高了水平井产量。水平井生产速率或注入速率实现了最大化。大位移延伸钻井技术(ERD)可在水平长度超过 800m 的薄储层或薄油环中提供非常准确的井位部署。旋转导向系统使钻头能够独立追踪通过预定最佳路径。ERD 技术还为地表条件不适合钻井的区域实施开发提供了解决方案(图 1-3)。

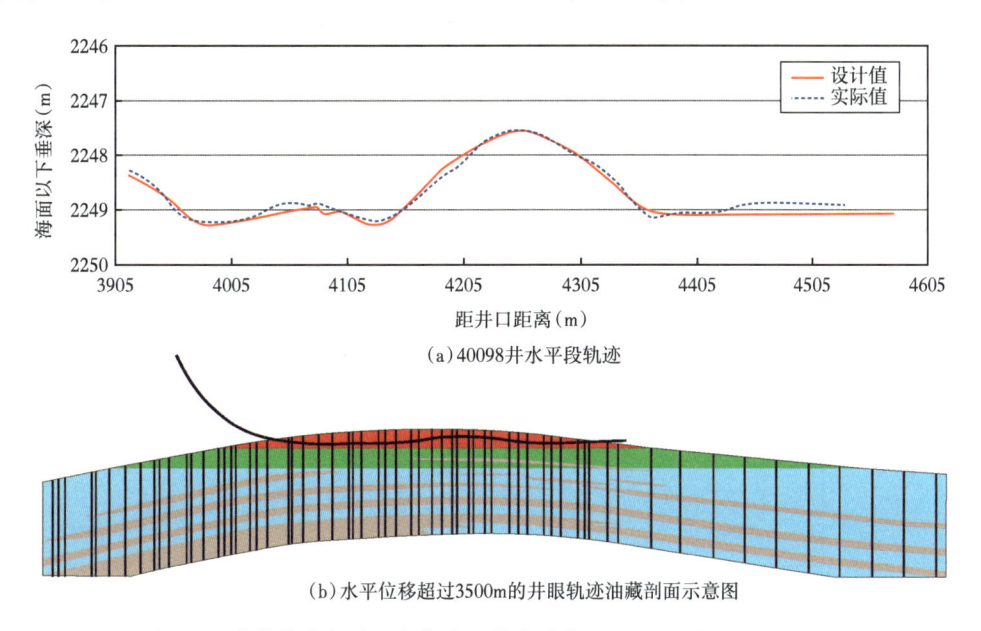

(a)40098 井水平段轨迹

(b)水平位移超过 3500m 的井眼轨迹油藏剖面示意图

图 1-3　萨莫特洛尔油田大位移延伸水平井(Kholodov 和 Nims,2007)

(3)水力压裂技术。

该油田 1992 年开始使用水力压裂技术,到 1994 年水力压裂井的产量占年产量的 6%。先进的水力压裂方法使该单元的产量从 2000 年的 2×10^4bbl/d 增长到 2004 年的 11×10^4bbl/d。

(4)注水开发技术。

该油田注水井的井距为 700~800m,每三到五个采油井排之间部署了一排注水井。到 20 世纪 80 年代,注水井排相互交叉将生产井井网划分为方形,储层发育较差的区域已转换为七点法注采井网。

对于带有气顶的油藏,采用了"隔离注入"技术。在气顶的外边缘和油圈的内边缘进行周边注水,以阻止油气的横向窜动。在 20 世纪 90 年代初期,该技术已被水平钻井技术所取代。

为了支撑 20 世纪 80 年代的高采出速率,注入的水量大于亏空的液量,在油田的某些地方,油藏压力攀升至远高于饱和压力的水平,而不是保持储层压力接近饱和压力。高强度开采导致波及系数降低,高渗透层的原油可以驱替,而低渗透层和孤立的透镜体基本未被波及。注入水也倾向于优先通过高含水饱和度地层,而绕过高剩余油饱和度地层,并在生产井处突破,形成低效无效循环(图 1-4)。

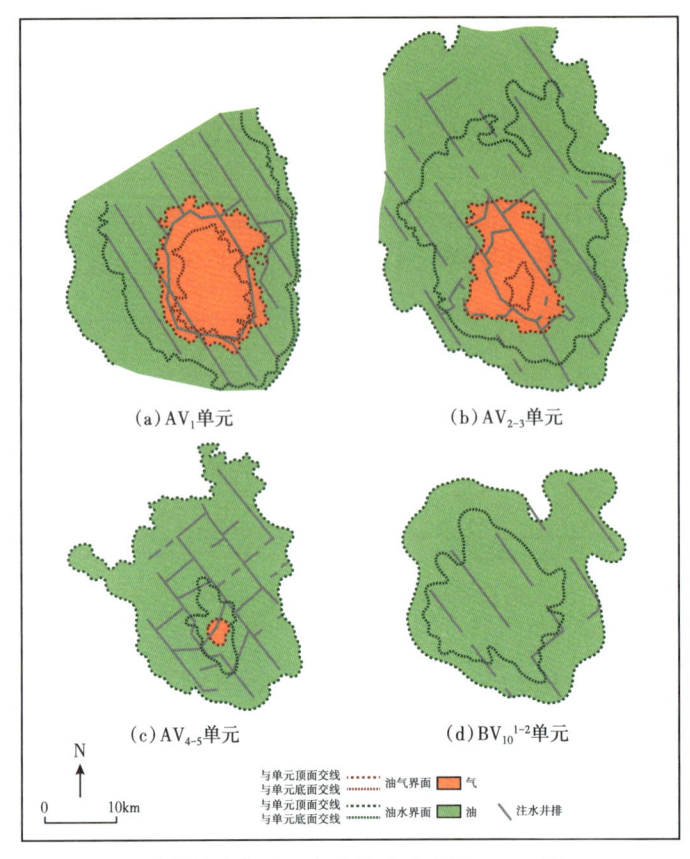

图 1-4　萨莫特洛尔油田注水模式示意图（Chao 等，2000）

(5) CO_2 混相驱。

尽管注入 CO_2 可能使 URF（最终采收率）增加 10%~15%，但该地区没有天然 CO_2 气源供应，为此通过多次向三口注水井注入碳酸钠和盐酸混合物来产生 CO_2 进行驱替。注入上述流体后，将井关闭一天，然后再注水。三个月后，周围油井的原油总产量增加了一倍以上，产水量保持稳定或减少。这项技术并未在整个油田范围进行推广，因为该技术在经济上不具有可行性。

3. 东得克萨斯（East Texas）油田

东得克萨斯（East Texas）油田位于美国得克萨斯州的东北部，是美国第二大油田[1]。油藏处于上白垩统 Woodbine 组的侵蚀截断的不整合圈闭，储层为河口坝、海岸障壁、河流相等环境下发育的细粒石英砂岩，平均孔隙度 25.2%，渗透率 2098mD，轻质油 API 为 39°API，原始溶解气油比为 357ft³/bbl，总体属于底水油藏。含油面积 534km²，地质储量 70×10⁸bbl，可采储量 54.9×10⁸bbl，标定采收率 78.4%。

该油田 1930 年投入开发，1933 年达到峰值产量，日产油 59.3×10⁴bbl，年产油 2.16×10⁸bbl。截至 2018 年底共有开发井 31250 口、油井 31000 口（开井 4567 口）、水井 250 口（开井 243 口），日产油 0.58×10⁴bbl，含水率 99%，累计产油 54.5×10⁸bbl，地质储量采出程度 77.9%，可采储量采出程度 99.3%（图 1-5）。

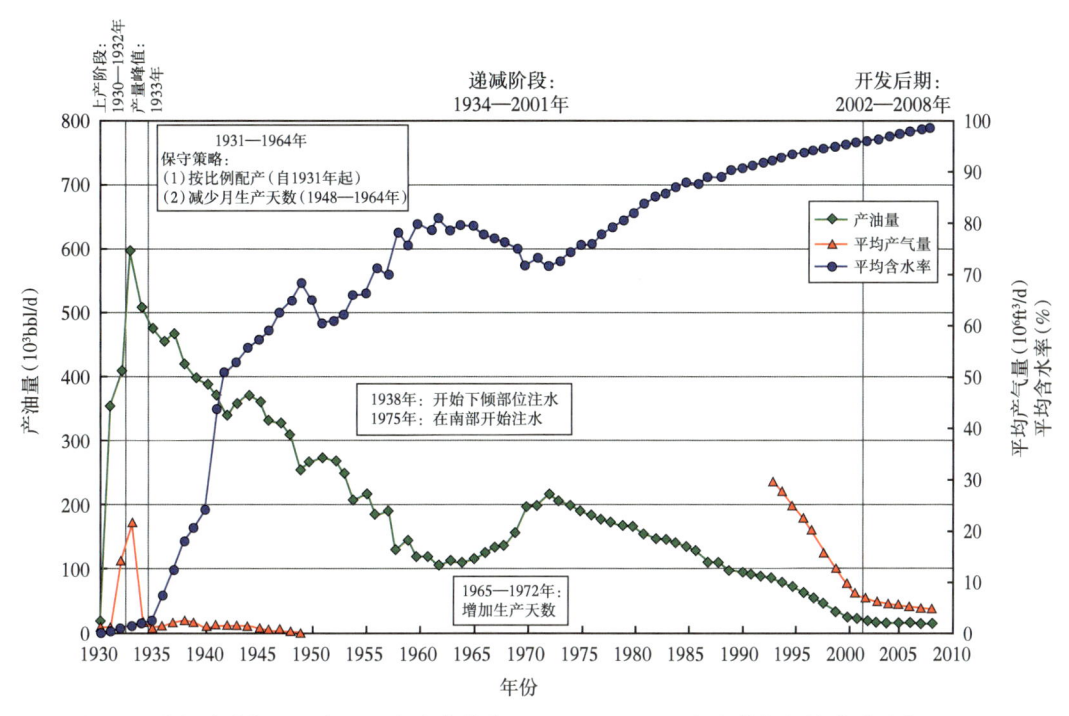

图1-5 东得克萨斯油田产量和含水率曲线（Hudnall，1951；得克萨斯州铁路委员会，2009）

该油田共经历快速上产、短期稳产、产量递减和开发后期4个开发阶段，至今已开采了90多年，是世界上采收率最高的油田，以水驱开发为主。各阶段开发策略见表1-5。

表1-5 东得克萨斯油田开发阶段和策略

阶段		时间	开发策略
快速上产	Ⅰ阶段	1930—1932年	无序开发，石油产量迅速攀升
短期稳产	Ⅱ阶段	1933年	按平均小时流量曲线配产限产
产量递减	Ⅲ阶段	1934—2001年	油水界面下方实施下倾方向注入，从西向东依次注水；开展井筒治理、深部层位完井等措施；开展聚合物驱试验
开发后期	Ⅳ阶段	2002年至今	

总体看来，东得克萨斯油田既有开发早期的失误和教训，也有后期开发提高采收率的经验和做法。开发早期无序开采导致油层压力下降太快，出现产量迅速攀升后下降过快的局面。早期井网过密，井数过多，造成较大浪费。东得克萨斯油田后期总体取得良好的开发效果，得益于后期在注水、聚合物强化水驱油、深层再完井、油田生产自动化、固井检测以及阴极保护等方面所做的大量工作[2]。

（1）注水方面：东得克萨斯油田的平均油藏压力从1930年的1620psi下降到1940年的1062psi。最大压降出现在位于东南部的发现井周围油田开发最快的地区，以及油田中心井网密度和产量非常大的区域。1938年，在油水界面下方实施注水，以扭转压力的大幅下降。整个油田的采出水通过100多口下倾区域注入井回注至Woodbine油藏。油田的平均注入速度在20世纪40年代中期达到了$40×10^4$bbl/d以上的峰值。在盆地西侧出露的Woodbine含水层的补给增强了东得克萨斯油田下倾部分的压力支持，注水导致油田内存在明显的由西向东压力梯度。直到1950年，注水规模一直处于不断扩大的过程中，当时几乎所有的采出水都在回注，油藏压力下降趋势得到缓解，稳定在约1050psi。作业者在油田东侧区域从因侵蚀而变薄的Woodbine油层段生产，受下倾注水影响，原油从低部位向上倾东部运移，导致在油田东北角的一些局部地区的石油采出量超过原始地质储量的400%。

（2）聚合物强化水驱油：该油田南部开采油藏为孤立的透镜状细砂岩，没有区域性含水层压力补充，油藏在天然溶解气驱下生产，形成低压区。该区W.H.Siler典型区块在1932—1975年进行一次采油，油藏压力降至100psi。1975年开始以40acre、五点井网模式注水，日注水量14000bbl，1983年注水前缘突破前，产油量不断提高。随后，聚合物联合强注水驱油成功地稳定区块的产量。37口注水井转为注聚井，通过降低注入流体的流度比提高波及和驱油效率，使注入水进入相对较差的低渗透层。选择的聚合物为一种分子量适中的阴离子型聚丙烯酰胺，聚合物驱前原油产量出现急剧下降趋势，注聚合物8个月后产量曲线下降趋势大幅度缓解并趋于平缓。

（3）深部层位再完井：封堵浅层射孔，在较深的砂岩透镜体补孔再完井，已成为该油田提高原油产量、减少产水量的最有效措施之一。对于该油田北部Woodbine河流相砂岩相对呈现块状、均质性强的特征，封堵下部层段，开采上部层段可有效降低含水率。但油田南部储层非均质性强，缺乏足够压力补充，所以底水突进不是大问题。对于这些区域顶部射孔的油井，随着油藏开发压力降低到100psi，产油量下降。从20世纪30年代开始，该油田在位于较深部位的砂岩透镜体油层补孔，其压力接近原始油藏压力，起到了良好的稳油控水效果。

（4）油田生产自动化：1970年该油田中部约95%的油井是自喷井，其余油井采用抽油机生产。按计划该地区大多数油井允许的日产量不低于20bbl，单井每天生产30~35min、每周按批准产量生产3~4天。管理这种间歇式生产的最佳方法是在油田管理办公室远程实现油井作业的自动化。从1967年开始，该项目集成了油罐设施、遥测技术和远程控制油井状态，监控138个合同区块的915口油井，并将石油生产计划、监控和正式报告提交给得克萨斯州铁路委员会。油田生产自动化极大地提高了生产效率，降低了成本。

（5）固井检测：将伽马放射性同位素示踪剂混合到套管水泥中，使用伽马射线测井对水泥环进行定量测量。示踪剂满足了半衰期短、发射伽马射线能量不同于大多数天然地层信号的要求，采用的三种同位素分别为碘-131、金-198和溴-82。固井挤水泥后进行测井，可检测出由于水泥不完全填充、钻后程序引起的井眼冲刷扩径和固井作业遇卡导致套管旋转等因素形成的问题区域。

（6）阴极保护：套管腐蚀是油田开发的重大问题，在油田南端最为严重，1959年的泄漏率高达每1000口井165次泄漏，大多发生在地下200~500ft范围内。接触土壤的井筒中会形成电解腐蚀，阴极保护通过外加电流使金属表面成为阴极，防止金属表面腐蚀。经过两年的运行，在1328口阴极保护井中只检测到19处泄漏。相比之下，在同一时间段内，无保护井的泄漏率为20%~30%。

4. 劳伦斯（Lawrence）油田

劳伦斯（Lawrence）油田位于美国伊利诺伊盆地，发育两个挤压背斜和沉积尖灭的组合圈闭，属于构造+岩性油藏。平均孔隙度约为20%，渗透率为20~1800mD，原油API重度为31~38°API，气油比（GOR）较低。该油田的原始地质储量约为 $10×10^8$ bbl，最终可采储量为 $4.37×10^8$ bbl，采收率为43.7%。

该油田自1906年开始开发生产，到2018年，该油田已进入开发后期，平均产量为1952bbl/d，累计产油量为 $4.28×10^8$ bbl（图1-6）。

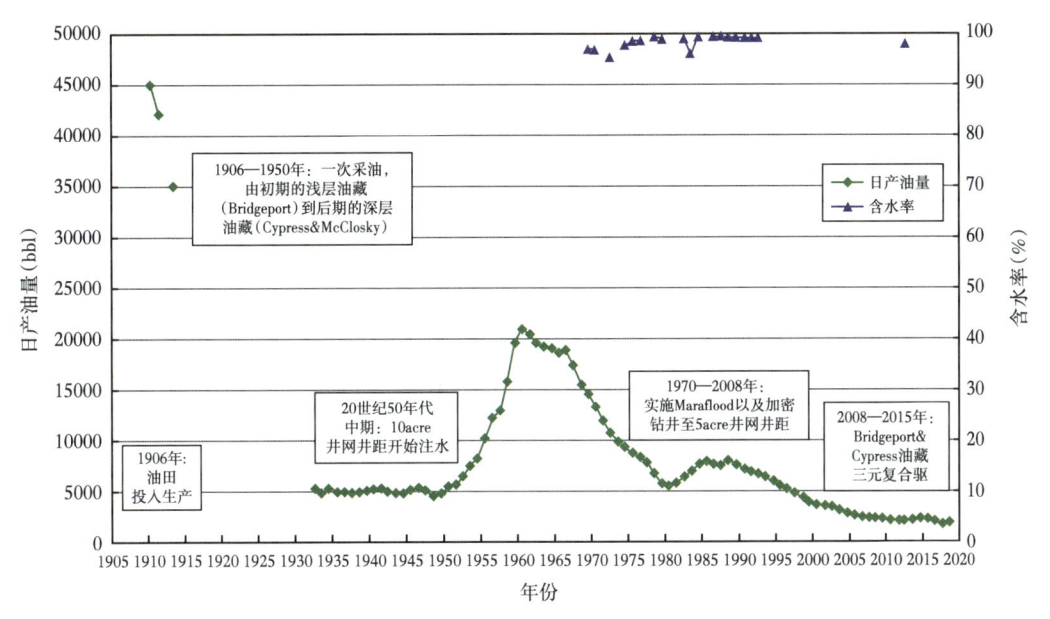

图1-6 劳伦斯油田1906—2018年生产历史
（Webb等，2011；Seyler等，2012；IPRB，2008—2018）

该油田有四个主要的开发阶段：(1) 一次采油阶段；(2) 二次注水开采阶段；(3) 表面活性剂—聚合物驱油和加密钻井阶段；(4) 三元复合驱（ASP）阶段。各阶段开发策略见表1-6。

表1-6 劳伦斯油田开发阶段和策略

阶段		时间	开发策略
一次采油	Ⅰ阶段	1906—1950年	先开发浅层Bridgeport砂岩，后对深部的Buchanan和Cypress砂岩以及McClosky石灰岩油藏开发
二次注水开采	Ⅱ阶段	1950—1970年	交错线性井网注水开发
表面活性剂—聚合物驱油和加密钻井	Ⅲ阶段	1970—2008年	加密调整为主，表面活性剂—聚合物驱油（Maraflood）仅实施了三个先导试验
三元复合驱	Ⅳ阶段	2008年至今	三元复合驱先导试验，未规模开展

该油田先后开展表面活性剂—聚合物驱油、三元复合驱等三次采油先导试验，受经济因素影响未能规模开展。

20世纪70—80年代，马拉松公司在该油田进行了表面活性剂—聚合物驱油试验，称为"Maraflood"，共实施了三个先导试验项目，这些项目与广泛的加密钻井相结合，向油藏注入胶束（微乳液）溶液以提高驱油效率。胶束溶液含有表面活性剂、碳氢化合物和水。1982—1998年期间，油田剩余可采储量的采出程度提高了34%，产量达$45.9×10^4$bbl。尽管马拉松公司先导试验项目在技术上取得了成功，使产量从1982年的7bbl/d增加到1988年的370bbl/d，但它们当时并不具备经济性，因此后期被搁置暂停。

2008年该油田开展三元复合驱先导试验。ASP先导试验主要集中在Bridgeport B开发单元，2008年该试验由Rex Energy公司发起，2010年扩大规模，从2010年至2015年，该油田的产量从2062bbl/d增加到2285bbl/d，但含水率仍然很高，2012年的平均含水率为98%。三元复合驱虽然增油见到一定效果，但考虑到经济成本，并没有在整个油田得到广泛应用。

5. 克恩河（Kern River）油田

克恩河（Kern River）油田位于美国加利福尼亚州San Joaquin盆地南侧，储层为拼图式的千层饼状砂岩，渗透率平均为2000mD，油品为高黏度（4000mPa·s）的重质油（10~15°API），是典型辫状河稠油油藏。地质储量$40×10^8$bbl，可采储量$26.3×10^8$bbl，标定采收率65.85%。

该油田1900年投入开发，1985年达到峰值产量，日产油$14.2×10^4$bbl，年产油$0.52×10^8$bbl。截至2019年开发井33072口，油井15713口（开井9689口），水井17359口（开井8325口），年产油$0.18×10^8$bbl，累计产油量$23.48×10^8$bbl，含水率93.6%，地质储量采出程度58.7%，可采储量采出程度89.2%（图1-7）。

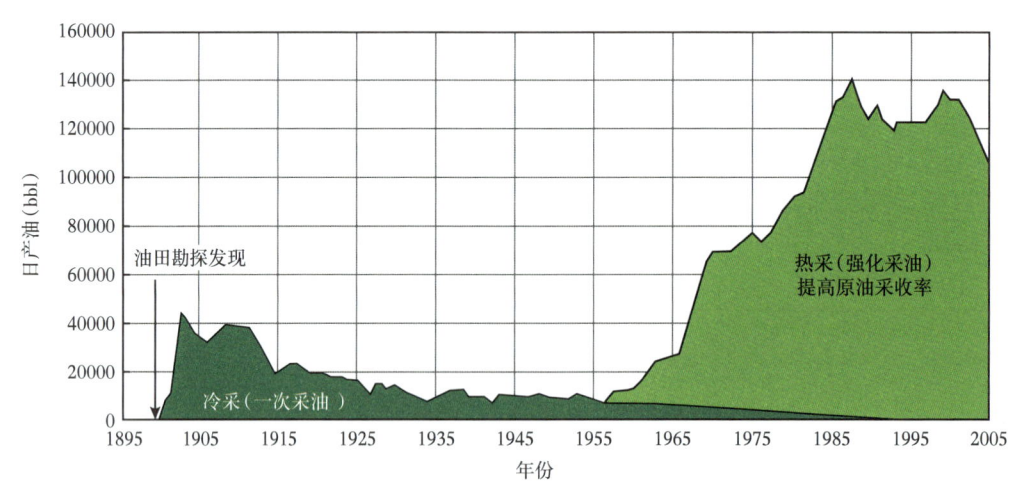

图1-7 克恩河油田产量剖面（主要包括冷采与热采）

该油田经历两个大的开发阶段：第一阶段为1900—1954年，冷采投产阶段，标定采收率10%，这期间可以细分为建产期（1900—1902年）、平台期（1903—1911年）和递减期（1912—1954年）；第二阶段为1954年以后，热力采油阶段，油田产量快速上升，目前热力采油产量占总产量的94%。

该油田属于典型的稠油油藏，原油黏度高，一次采油采收率较低。通过热采技术油田重新高产高效开发，包括井底加热、热水注入、循环蒸汽注入和连续注汽（蒸汽驱）。随着热采区变得成熟，实施了一些增产新措施，如四维地震油藏监测、水平钻井、在油藏的低温下倾部分部署新的蒸汽驱项目、蒸汽泡沫注入、水力压裂增产和压裂充填完井等，以进一步提高采收率。

蒸汽驱始于1964年，是低倾角稠油油藏最有效的提高采收率技术（图1-8）。截至2008年底，蒸汽驱已占累计注汽量的86%。注入蒸汽后，储层温度升高，一直达到212℉，这时形成了"蒸汽室"（图1-9）。随着蒸汽室膨胀，降低了原油黏度并将原油推向生产井，油井持续生产，直到出现蒸汽突破为止。以前认为油藏的下倾低温部分是无法热采开发的，其原因是水体维持的压力太高，无法进行经济地蒸汽注入。该油田解决该问题的方法是，在油井下倾处钻产水井，以降低储层压力，从而允许实施新的蒸汽驱项目，增加了4000bbl/d的产油量。

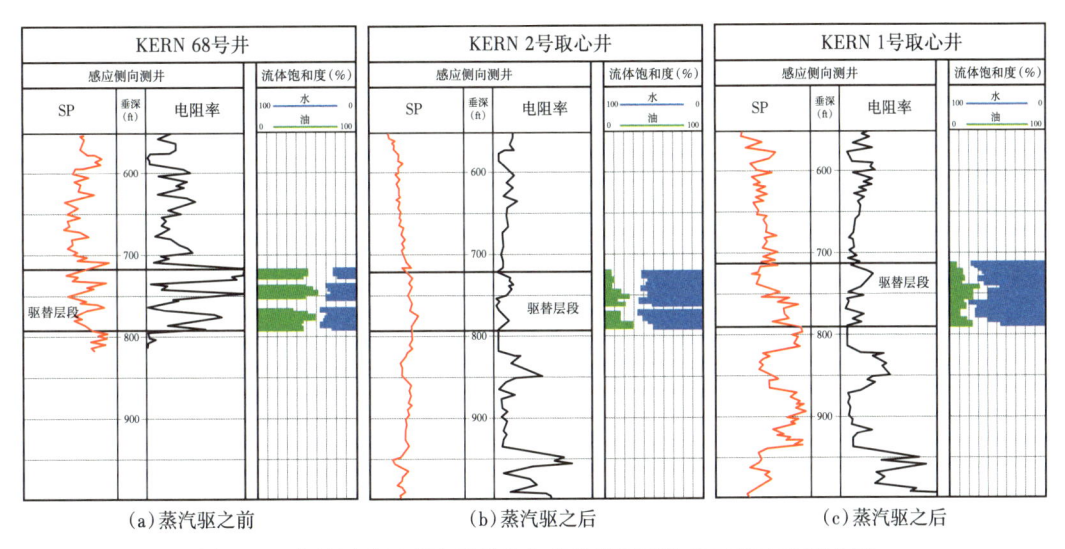

图1-8 克恩河油田蒸汽驱替前和蒸汽驱后流体饱和度变化测井图
（Bursell 和 Pittman，1975）

在经过11年的热驱（2年的热水驱和9年的蒸汽驱）后，于1973年钻了1号和2号取心井，以评估驱扫效率。蒸汽驱油层段（K1砂岩）内的饱和度测量结果表明，该层段的上部驱扫到残余油饱和度S_{or}为9%，而该层段的下部驱扫到S_{or}为22%。在注汽层段上部观察到的较低的S_{or}是由于重力超覆引起的蒸汽接触而导致的。

蒸汽超覆是蒸汽驱项目的主要问题，蒸汽和油藏流体之间的密度差促进了油藏内的重力分离，随着流体进入生产井，注入的蒸汽将上升到储层的上部，蒸汽最终驱替到生产井，从而形成一个气体饱和区。蒸汽突破后，蒸汽进入液体区域的膨胀速率显著减慢，大部分注入的蒸汽通过气体饱和区循环，并且基本上没有对加热储层作出贡献。出于经济考虑最终需要减少注汽量，从而在油层下部滞留较高的含油饱和度。在20世纪80年代初

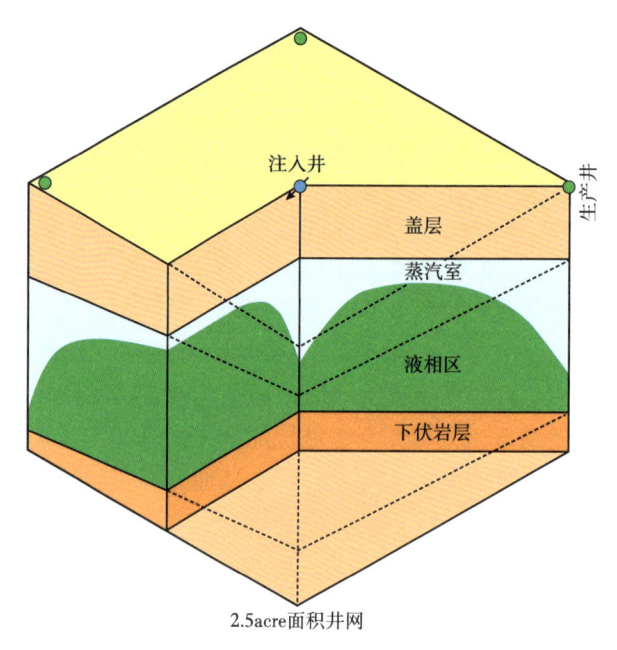

图 1-9　克恩河油田 2.5acre 反五点法注汽井网蒸汽室示意图（Doman，1990）

期，在克恩河油田进行了两次蒸汽泡沫试验，以解决这个问题。试验是在中等厚度（约100ft）的油藏中进行的，该油藏轻微倾斜（约3°）并产生严重的重力超覆。连续注入表面活性剂几年，以便在储层内传播泡沫并实现驱油。泡沫传播两年后，生产上见效明显。注入泡沫改善了注汽剖面，并降低了克恩河储层内的蒸汽流动性，大大延迟了蒸汽的突破。

在水平井开发方面，应用全油田油藏模型开展研究，在油藏加热区域确定了水平井开发目标后，通过递减曲线分析预测的采收率远小于全油田模型按容积法计算的采收率。自2007年以来，已在约600ft垂直深度的目标区域钻了170口水平井，典型的水平段长度为1000ft，从而实现了原油12000bbl/d的增产。单个水平井日产油可超过100bbl，而同一区域的直井日产油仅为3bbl。

在增产措施方面，许多生产井都受到钻井液和完井液以及储层内的松散细粒运移造成的严重地层伤害的影响。小型水力压裂增产措施诱导了半缝长约为25ft的裂缝，减少了近井地带的伤害，而且没有造成缝高过多生长，从而使油井的产能提高了两倍。另克恩河油田还成功使用了压裂充填完井技术，将油井产能提高了三倍。

6. 普鲁德霍湾（Prudhoe Bay）油田

普鲁德霍湾（Prudhoe Bay）油田位于美国阿拉斯加州北部，发育不整合削截型圈闭，储层为三角洲前缘和三角洲平原砂岩，渗透率平均265mD，属于气顶底水砂岩油藏，底水能量较弱，油水界面（OWC）附近存在半连续的重油/焦油垫。油品为中等重度（24.9～32.4°API，平均27.9°API）、低黏度（0.8mPa·s）、中等原始溶解气油比（745ft^3/bbl）。地质储量 $250×10^8$ bbl，可采储量 $130×10^8$ bbl，标定采收率52%。

油田1977年投入开发，1987年达到峰值产量，日产油量 $161.1×10^4$ bbl，年产油量 $5.88×10^8$ bbl。截至2008年开发井2848口，油井2500口（开井1100口），水井348口（开井 250 口），年产油 1.23×10^8 bbl，累计产油量 118.3×10^8 bbl，综合含水率 77.6%，地质储量采出程度 47.3%，可采储量采出程度 91.0%（图 1-10）。

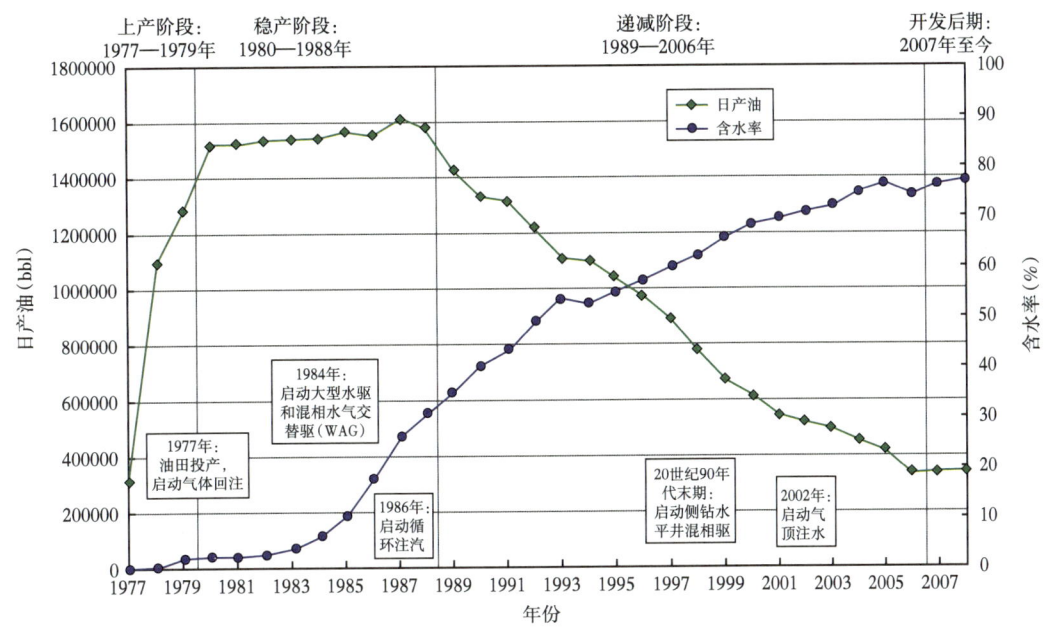

图 1-10 普鲁德霍湾油田 1977—2008 年的日产油和含水率历史

普鲁德霍湾油田经历四个阶段：快速上产阶段、高峰稳产阶段、持续递减阶段和开发后期阶段。各阶段开发策略见表 1-7。

表 1-7 普鲁德霍湾油田开发阶段和策略

阶段		时间	开发策略
快速上产阶段	Ⅰ阶段	1977—1979 年	上下卡层，最小井段完井，避开气顶和底水开发；气体回注，油区气顶膨胀和重力泄油驱开采，外围采用天然溶解气和水驱开采
高峰稳产阶段	Ⅱ阶段	1980—1988 年	加密调整，反九点井网注水开采，1984 年后规模推广混相驱，边缘地区注入水—混相气体（WAG），1986 年启动循环注汽
持续递减阶段	Ⅲ阶段	1989—2006 年	加密调整，实施酸化和（或）水力压裂增产措施；推广混相驱，在衰竭的混相驱井网区实施侧钻水平井，启动气顶注水工程，保压生产
开发后期阶段	Ⅳ阶段	2007 年至今	

普鲁德霍湾油田先后开展多轮次油藏精细描述和剩余油监测，在此基础上采用油藏精细描述、剩余油监测、钻水平井、注水/气体回注、气顶注水、水/混相气（WAG）驱等多种方式提高采收率。

（1）油藏精细描述。

2005 年该油田启动全油田地质模型研究工作，包括静态地质模型和动态数值模拟模型。全油田模型旨在解决递减阶段的油田开发规划问题，并评估大型和油田级项目的可行性。本次建模采用相同的分辨率构建地质模型和模拟模型网格体系，以避免粗化带来的地质认识失真问题。

(2) 剩余油监测。

采用多种油藏监测技术表征和监控剩余油分布，包括采油井和注入井的生产测井分析、GOC 和油藏压力监测、化学和放射性示踪剂研究、水驱前缘 4D 微重力监测等。

(3) 钻水平井。

自 20 世纪 90 年代末期以来，水平钻井在普拉德霍湾油田变得越来越重要。早期的水平井主要用于开采气顶膨胀和重力泄油生产所残留的薄油环区原油。随后，应用水平井开采曲流河道、小型孤立断块以及混相气驱前缘绕过的未波及区域的原油。此外，水平井还成功用于开发采用直井开采无经济性的薄层砂岩油藏（图 1-11）。

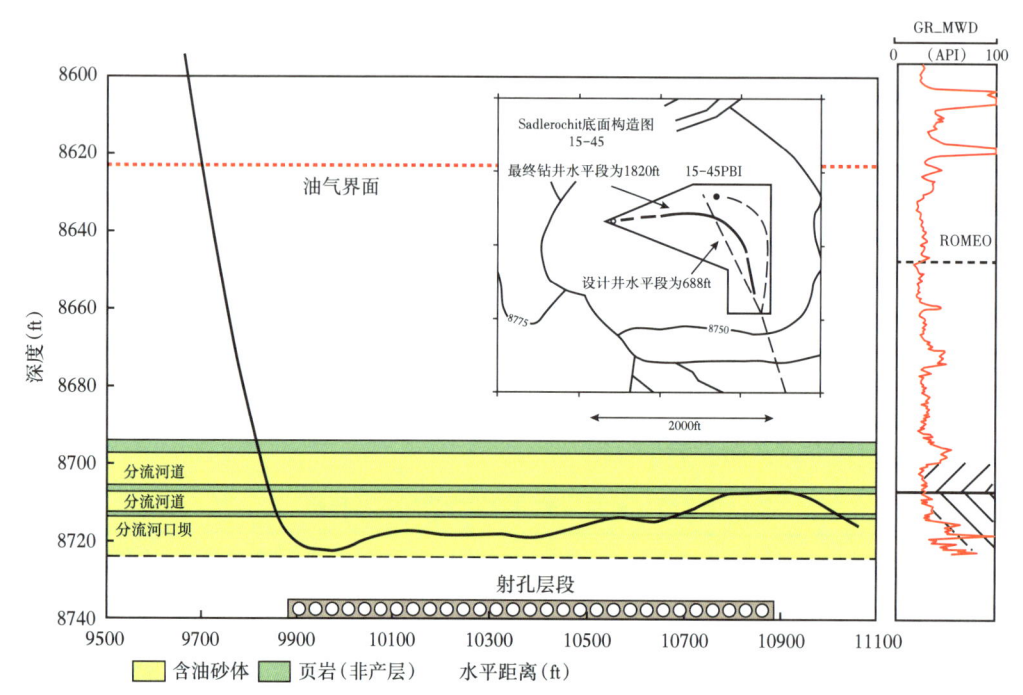

图 1-11　普鲁德霍湾油田 15-45PBI 井水平井轨迹与油藏剖面图（Tye 等，2003）

水平井位于 Ivishak 油藏 1 号层的孤立断块，储层为分流河道和河口坝砂体。图 1-11 显示 Ivishak 组底面构造图、目标区范围、原始设计井轨迹、初试堵塞井眼轨迹及最终井眼轨迹

(4) 注气/气体回注。

该油田于 1977—1984 年在油田的上倾部位，采用气顶膨胀/重力泄油机制开采原油。将产出溶解气回注入气顶，可导致气油界面（GOC）向下推进 20~30ft/a。在地表将凝析油和天然气凝析液（NGL）从产出气体中分离，随后将贫气回注入气顶和气体波及重力泄油区，以采出位于侵入气体前缘之后的气顶凝析油和残余油。

(5) 气顶注水。

2002 年，该油田启动了一项创新的气顶注水项目。回注气体已无法弥补膨胀气顶下部因重力泄油所产生的亏空，采用向重力泄油区注水的方法来稳定压力。采用饱和度测井和地表采集 4D（时移）重力勘测方法监测流体前缘的移动。因注水井与产油井之间距离较大且水气流度比极低，所以延缓了水窜的发生（图 1-12）。

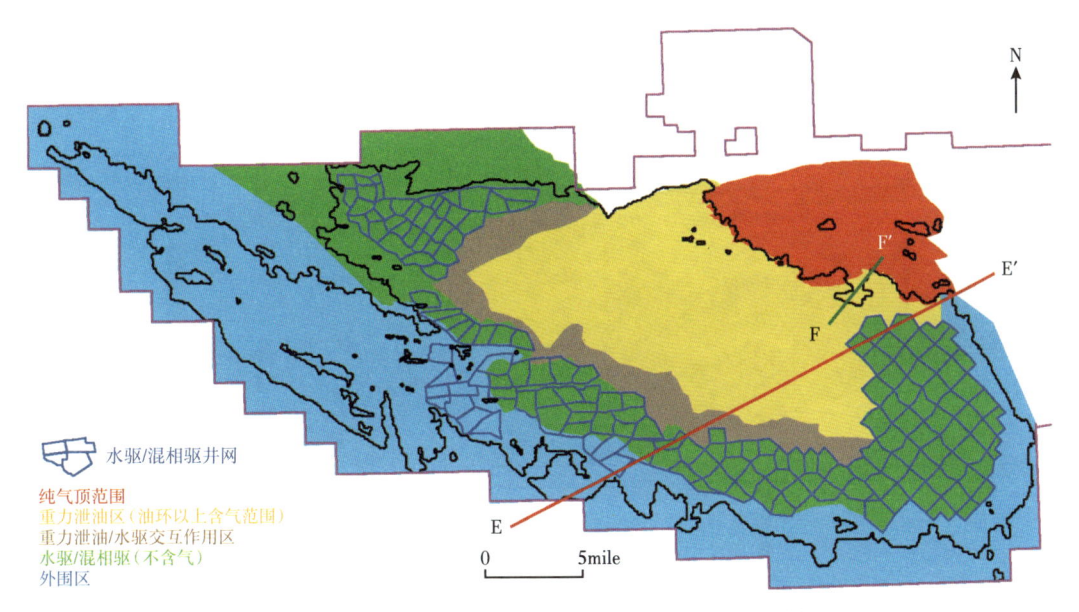

图例：
水驱/混相驱井网
纯气顶范围
重力泄油区（油环以上含气范围）
重力泄油/水驱交互作用区
水驱/混相驱（不含气）
外围区

图 1-12　普鲁德霍湾油田基于开采方式的区域划分（Ding 等，2009）

（6）水/混相气（WAG）驱。

该油田在 20 世纪 80 年代中期启动了大规模混相气驱。混相气驱实施于九点水驱井网，采用水气交替（WAG）。典型的注入物组成是 35% 的甲烷、19% 的乙烷、23% 的丙烷、3% 的丁烷以及 20% 的 CO_2，混合成一种混相流体，随后将其回注入油藏，其中水气交替（WAG）比率为 1.5~6。水/混相气驱替区域经历了多次调整，包括井网尺寸减小、井网重组以及注入井/生产井转换。20 世纪 90 年代，许多混相驱井网被加密至 40 井/acre 的井网密度，以通过增大黏滞力/重力比，提高垂向波及效率。另外应用连续油管侧钻水平井开采注入剂前缘绕过的未波及原油也见到较好效果。通过实施混相驱，原油采收率预计可以增加 8 个百分点（图 1-13）。

综上所述，普鲁德霍湾油田的开发历程使得该油田成为一个较能体现当今国际油田开发现代化水平的范例，主要在以下几个方面值得思考和借鉴：（1）该油田具有整体的开发经营规划，改变了之前多家公司采用划界各自开发的弊端，通过统一规划，对不同区块和层段采用不同的开采机理及注采措施；（2）全面运用和坚持现代化油藏描述，通过储层表征、油藏模拟及多种地球物理测试技术，不断加深对油藏的认识，使可采储量大幅增加；（3）充分发挥天然能量的作用，并及时补给人工能量，将重力泄油及气顶弹性能与井网加密及人工注水巧妙结合，取得明显的开发效益；（4）广泛运用多学科协同，对已达开发中后期的油藏建立共同数据库，协同研究使井距从 800m 逐步降到 69m，有计划地进行井网加密，并使水平井轨迹设计真正达到有的放矢，使动态分析和油藏经营臻于优化，保证了开发经济效益；（5）注意环境保护，采用分区集中钻若干口定向井的多井场施工建井方案，克服了在该油田分散钻井的施工困难，便于地面建设的自动化和集约化，兼顾了环境保护[3]。

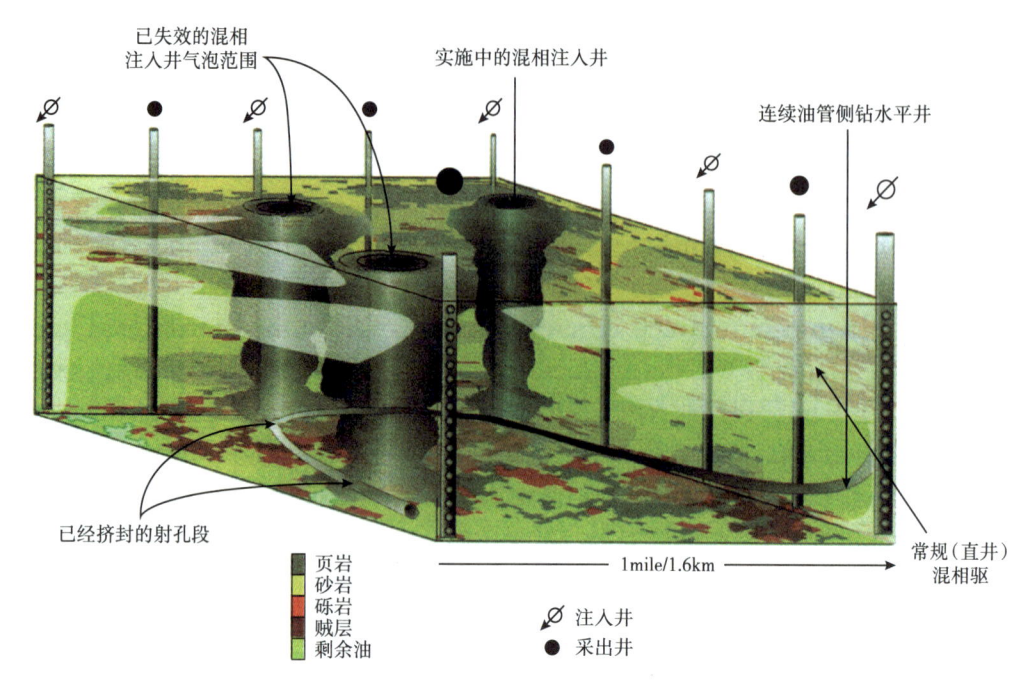

图 1-13　Prudhoe Bay 油田侧钻水平井混相驱过程示意图（Tye 等，2003）

7. 钟溪（Bell Creek）油田

钟溪（Bell Creek）油田位于美国蒙大拿州的 Powder River 盆地一个非常平缓的区域单斜层上，储层为下白垩统 Muddy 层砂岩，渗透率平均为 1040mD，发育地层圈闭。油品 API 重度为 32.5~41°API，平均原始气油比为 250ft³/bbl。

钟溪油田的地质储量为 3.535×10⁸bbl，预计最终可采储量为 1.81×10⁸bbl，标定采收率为 51%。

该油田 1967 年投入生产，到 2016 年累计产量达到 1.395×10⁸bbl，占石油原始地质储量的 39.5%（图 1-14）。

该油田开发历程如下：（1）1967 年投入生产，天然能量开发，后期储层压力下降，产量从峰值 45277bbl/d 降至 16120bbl/d；（2）1972 年油田范围统一注水，产量从 1971 年的 16120bbl/d 上升到 1974 年的 25614bbl/d，1982 年含水率达到约 91%，产油量下降至 8083bbl/d；（3）1982 年在油田中心进行了胶束聚合物注入试点，1991 年产油量逐渐下降至 1274bbl/d，含水率为 95%；（4）2006 年由于注水井和生产井的重组以及引入了另一种聚合物注入计划，产量开始增加；（5）2013 年开始进行混相 CO_2 注入，实现了二次增产。总体看来，应用于 Bell Creek 油田的提高采收率方法包括连续注水、优化注水、胶束聚合物注入、微生物强化采油、混相 CO_2 驱、水力压裂和人工举升。

第一方面，连续注水是钟溪油田所采用的最有效的技术，在某些生产单元中，连续注水的采收率是一次采油时的两倍以上。在 20 世纪 70 年代末和 20 世纪 80 年代初注入胶束聚合物后，产量略有提高，但 2005 年启动的微生物强化采油项目显然效果不佳。

第二方面，21 世纪前 10 年的后期，钟溪油田被确定为大规模混相 CO_2 注入的候选

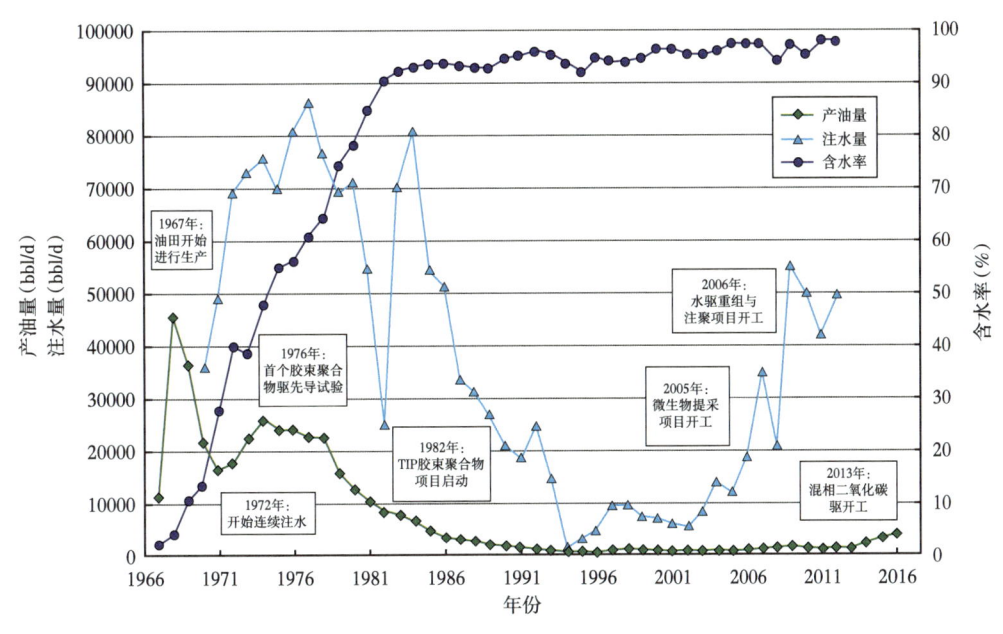

图 1-14 钟溪油田产量、含水率和注水历史

油田，这是 CO_2 驱提高采收率和 CO_2 长期封存联合项目的一部分。选择该油田是因为其储层物性良好，储层埋深较浅，具有理想的温度和压力条件，可将注入的 CO_2 保持在超临界状态，使 CO_2 与石油能够混溶。该项目通过管道每天输送 $50×10^6 \sim 60×10^6 ft^3 CO_2$，经气体处理厂将 CO_2 从 50psi 压缩至 2200psi，以达到钟溪油田注入的压力。重开 275 口井，并钻探 75 口新井以建立 5 点法注入模式，该项目为期 6 年，分 9 期进行注入。第一期的 CO_2 注入于 2013 年 5 月在 D 生产单元开始，涉及 28 口注入井和 27 口生产井。最初 CO_2 是连续注入的，然后交替进行三个月的水气循环交替注入。截至 2016 年中，已经进行了 5 期的 CO_2 注入，产量已增加至约 3700bbl/d，已存储约 $320×10^4 t\ CO_2$。据估算，该项目将增加采出石油 $40×10^6 \sim 50×10^6 bbl$，将油田寿命延长 20 年，最终将储存 $1270×10^4 t\ CO_2$。

8. 米纳斯 (Minas) 油田

米纳斯 (Minas) 油田位于印度尼西亚苏门答腊盆地中部的米纳斯高地，是一个宽幅、西北向的双倾伏背斜，由四个独立的油藏组成。油品为轻质油，API 重度为 35°API，含蜡较高，GOR 比较低 ($7 \sim 100 ft^3/bbl$)。原始地质储量为 $87×10^8 bbl$，最终可采储量约为 $47.9×10^8 bbl$，标定采收率 55%。

该油田 1952 年投入开发，1971 年达到峰值产量，日产油 $40.1×10^4 bbl$，年产油 $1.46×10^8 bbl$。截至 2008 年，共有开发井 1600 口，油井 1300 口 (开井 950 口)，水井 300 口 (开井 300 口)，年产油 $0.3×10^8 bbl$，累计开采 $45×10^8 bbl$，含水率 98.7%，可采储量采出程度 93.8% (图 1-15)。

该油田经历四个开发阶段：快速上产阶段、高峰稳产阶段、持续递减阶段、开发后期

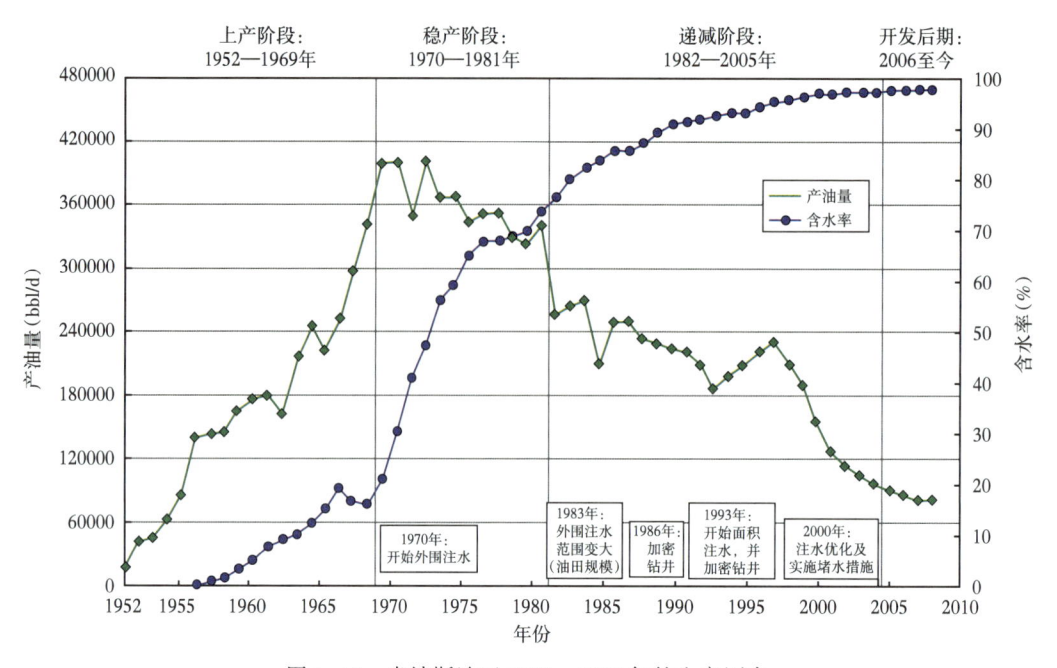

图 1-15 米纳斯油田 1952—2007 年的生产历史
（Hasan 等, 1978; Refli 等, 2001; OGJ, 1953—2006; Chevron, 2008）

阶段。（1）快速上产阶段（发展期）：1952—1969 年，三角井网开发，局部注水。（2）高峰稳产阶段（稳定期）：1970—1981 年，加密开发，外围注水。（3）持续递减阶段（下降期）：1982—2005 年，采用反七点井网注水开发，2000 年以后注水优化及实施堵水措施。（4）开发后期阶段（成熟期）：2006 年至今，继续优化注水方案，开展表面活性剂和聚合物注入三次采油先导试验。

该油田提高采收率主要有效做法包括以下三个方面。

（1）油藏精细描述与剩余油特征分析。

该油田自 1993 年开始，对油藏进行了精细描述。主要采用三维地震对微小构造进行研究，采用地质统计学的方法绘制孔隙度和含水饱和度等值线图，应用油藏模拟技术来优化井位。每年使用两次四维地震监测蒸汽和流体运动。2002 年，采用高分辨率地震技术和加密钻井技术确定局部构造高点，并识别因断层和沉积相变而富集的剩余油气。利用地震属性提取技术对砂体单元进行识别，进一步定义流动单元的几何形状。结果表明，储层具有很强的非均质性，注入水优先通过低部位的高渗透单元（1000~4000mD），而剩余油则停留在高部位的低渗透单元（20~300mD）。

（2）注水开发技术。

该油田 1970 年开始，在油田西南侧和西侧进行外围注水试验（图 1-16），随后扩展到整个外围区域。设计外围注水的目的是支持水驱开发，并保持压力在泡点压力（290psi）以上。到了 1994 年，注入井增加到 145 口，注水量也增加到 260×10^4 bbl/d。从 1970 年至 1993 年，产量增加了 13×10^8 bbl。

从1993年开始，顶部注水井网采用了24acre反七点法井网。1997年至2000年逐渐应用到了西北部。2001年开展注水优化研究，旨在研究并现场测试油藏管理的新方法。优化的目的除了提高采收率和减少产量下降以外，还包括降低运营成本。2002年通过新钻6口井，将七点法井网转变为十三点法井网，到2004年在四个区域解决了面积井网的注采对应问题，使整个注采系统得以优化（图1-16）。

图1-16 米纳斯油田注水、注汽及加密井开发区示意图
（Harman 和 Salam，1994；Boui-mikael 等，2001）

（3）表面活性剂—聚合物驱油先导试验。

1999年至2002年，在A区块进行了表面活性剂的现场试验，对复杂的表面活性剂配方和几种聚合物进行了成功的现场试验，并估算了化学剂成本，该试验在混合驱方面也获得了经验，表面活性剂是三次采油成功的关键（图1-17）。

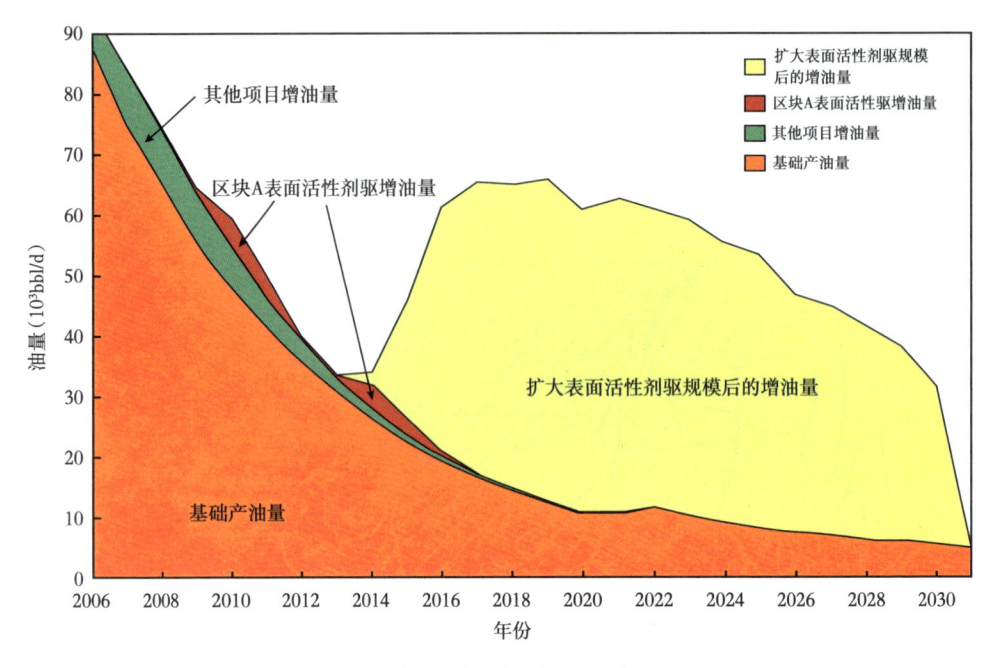

图1-17 米纳斯油田表面活性剂驱产量预测图（Hidayat，2006）

第二节 国内高含水老油田开发分析

系统分析我国已开发油田数据表明，目前已开发石油地质储量的3/4已经进入高含水（$f_w \geq 60\%$）阶段，其中1/3的地质储量进入了特高含水（$f_w \geq 90\%$）阶段，绝大多数油区均以开发高含水油田为主。伴随着含水率的不断升高，地下原油采出程度随之越高，采油速度下降，储采比呈下降趋势。国内高度重视老油田提高采收率工作，针对不同油藏类型和剩余油特点，提出了"四个精细"和"五个不等于"的开发理念，不断挑战高含水老油田开发极限。创建了"二三结合"协同提高采收率理念和模式，无碱绿色二元复合驱、稠油SAGD/火驱/多介质蒸汽驱、注气提高采收率等技术不断取得新突破，为高含水老油田持续稳产提供了新的支撑。

一、我国高含水老油田开发总体状况

1. 我国油田开发总体状况

截至2019年底，国内已开发油田分布于渤海湾、鄂尔多斯、松辽、准噶尔、塔里木五大含油气主力盆地及多个中小盆地中，已开发油田整体进入了高含水开发阶段。五大主力盆地总动用石油地质储量307.9×10^{8}t，占总动用地质储量近90%，技术可采储量84.7×10^{8}t，平均采收率27.5%。年产油1.64×10^{8}t，累计产油量64.9×10^{8}t。平均综合含水率88.7%，地质储量采出程度21.1%，可采储量采出程度76.7%，采油速度0.53%，地下剩余地质储量243.0×10^{8}t、剩余技术可采储量19.8×10^{8}t（表1-8）。五大主力含油气盆地开发状况分述如下（图1-18和图1-19）。

表1-8 我国已开发油田不同盆地开发现状表(截至2019年底)

盆地	已开发储量(10⁸t) 动用石油地质储量	已开发储量(10⁸t) 技术可采储量	平均采收率(%)	采油井数(口)	注水井数(口)	年产油(10⁴t)	累计产油量(10⁸t)	地质储量采出程度(%)	可采储量采出程度(%)	综合含水率(%)	采油速度(%)	剩余资源(10⁸t) 动用石油地质储量	剩余资源(10⁸t) 技术可采储量
松辽盆地	69.52	29.14	41.9	82036	56580	3490	25.80	37.1	88.5	94.4	0.50	43.72	3.34
渤海湾盆地	122.76	33.52	27.3	53770	23543	7025	27.34	22.3	81.6	88.9	0.57	95.42	6.18
江汉盆地	1.75	0.50	28.5	1910	993	68	0.43	24.3	85.5	85.2	0.39	1.32	0.07
南阳盆地	3.30	1.01	30.6	3693	1236	130	0.87	26.4	86.5	93.4	0.39	2.43	0.14
苏北盆地	3.07	0.68	22.1	2645	1282	151	0.54	17.6	79.6	83.9	0.49	2.53	0.14
二连盆地	2.35	0.47	20.1	1612	1003	75	0.27	11.4	56.6	86.2	0.32	2.09	0.21
鄂尔多斯盆地	79.12	13.55	17.1	145342	48433	3586	5.74	7.3	42.3	63.9	0.45	73.39	7.81
四川盆地	0.97	0.08	8.8	30	4	7	0.02	1.6	18.6	6.4	0.08	0.95	0.07
准噶尔盆地	20.41	5.07	24.8	20929	6403	1233	3.87	18.9	76.3	81.0	0.60	16.55	1.20
塔里木盆地	16.09	3.41	21.2	2378	596	1023	2.17	13.5	63.8	65.7	0.64	13.91	1.23
柴达木盆地	5.66	1.18	20.8	3824	1870	225	0.61	10.8	51.7	66.6	0.40	5.05	0.57
酒泉盆地	1.68	0.47	28.1	992	546	41	0.39	23.0	81.5	68.2	0.25	1.29	0.09
吐哈盆地	5.10	0.93	18.2	1713	1300	145	0.55	10.7	59.1	71.0	0.29	4.55	0.38
东海盆地	0.19	0.06	32.2	29	0	14	0.05	26.6	82.2	91.6	0.71	0.14	0.01
莺歌海盆地	3.25	1.17	35.9	326	64	545	0.87	26.6	74.3	76.6	1.68	2.39	0.30
珠江口盆地	7.27	3.08	42.3	449	5	955	2.62	36.0	85.1	94.5	1.31	4.65	0.46

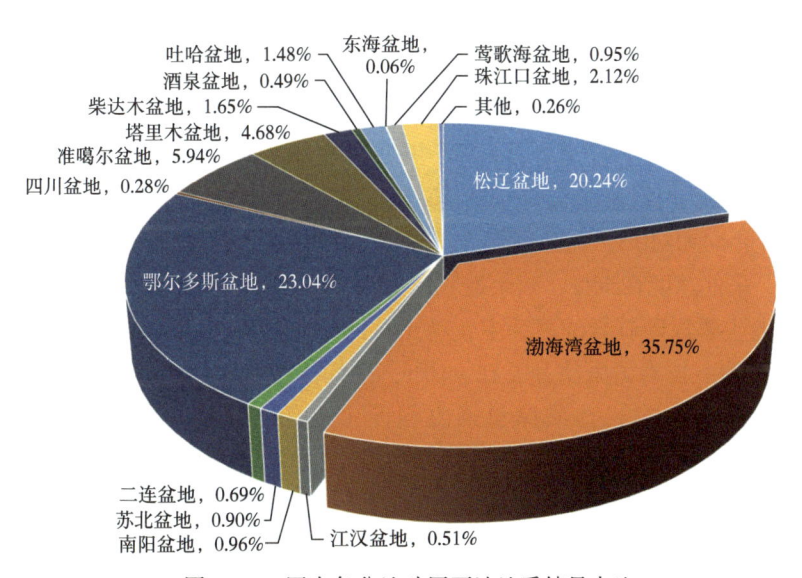

图1-18 国内各盆地动用石油地质储量占比

吐哈盆地, 1.48%　东海盆地, 0.06%
酒泉盆地, 0.49%　莺歌海盆地, 0.95%
柴达木盆地, 1.65%　珠江口盆地, 2.12%
塔里木盆地, 4.68%　其他, 0.26%
准噶尔盆地, 5.94%
四川盆地, 0.28%
松辽盆地, 20.24%
鄂尔多斯盆地, 23.04%
渤海湾盆地, 35.75%
二连盆地, 0.69%
苏北盆地, 0.90%
南阳盆地, 0.96%
江汉盆地, 0.51%

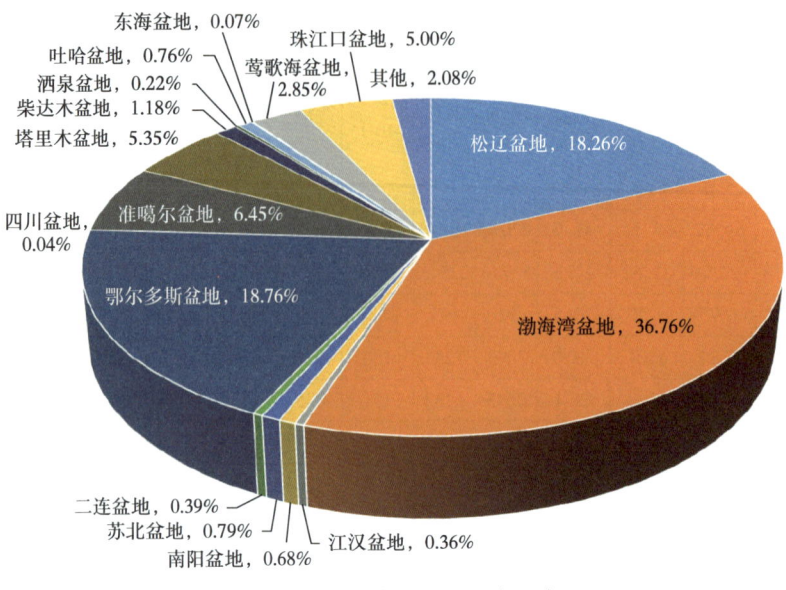

图 1-19 国内各盆地原油产量占比

渤海湾盆地包括陆地和海域，油藏类型主体以复杂断块油藏为主。动用石油地质储量 122.76×10⁸t，占我国动用石油地质储量的 35.75%。技术可采储量 33.52×10⁸t，平均采收率达到 27.3%，年产油量 7025×10⁴t，占我国年产油量的 36.75%；地质储量采出程度 22.3%，综合含水率 88.9%，采油速度 0.57%，剩余地质储量 95.42×10⁸t，剩余技术可采储量 6.18×10⁸t。

鄂尔多斯盆地油藏类型以低渗透油藏为主，动用石油地质储量 79.12×10⁸t，占我国动用石油地质储量的 23.04%。技术可采储量 13.55×10⁸t，平均采收率达到 17.1%，年产油量 3586×10⁴t，占我国年产油量的 18.76%；地质储量采出程度 7.3%，综合含水率 63.9%，采油速度 0.45%，剩余地质储量 73.39×10⁸t，剩余技术可采储量 7.81×10⁸t。

松辽盆地以大庆长垣整装构造为主体，开发历史长，采出程度高。动用石油地质储量 69.52×10⁸t，占我国动用石油地质储量的 20.24%。技术可采储量 29.14×10⁸t，平均采收率 41.9%，年产油量 3490×10⁴t，占我国年产油量的 18.26%；地质储量采出程度 37.1%，综合含水率 94.4%，采油速度 0.50%，剩余地质储量 43.72×10⁸t，剩余技术可采储量 3.34×10⁸t。

准噶尔盆地主要以砂砾岩油藏为主，动用石油地质储量 20.41×10⁸t，占我国动用石油地质储量的 5.94%。技术可采储量 5.07×10⁸t，平均采收率 24.8%，年产油量 1233×10⁴t，占我国年产油量的 6.45%；地质储量采出程度 18.9%，综合含水率 81.0%，采油速度 0.60%，剩余地质储量 16.55×10⁸t，剩余技术可采储量 1.20×10⁸t。

塔里木盆地主要以碳酸盐岩油藏为主，动用石油地质储量 16.09×10⁸t，占我国动用石油地质储量的 4.68%。技术可采储量 3.41×10⁸t，平均采收率 21.2%，年产油量 1023×10⁴t，占我国年产油量的 5.35%；地质储量采出程度 13.5%，综合含水率 65.7%，采油速度 0.64%，剩余地质储量 13.91×10⁸t，剩余技术可采储量 1.23×10⁸t。

2. 我国高含水老油田开发总体状况

高含水老油田已经成为国内原油开发的主体。截至2019年底，全国高含水（$f_w \geq 60\%$）油田动用储量 $255.6 \times 10^8 t$，占我国油田动用储量的74.5%，年产油量 $1.37 \times 10^8 t$，占我国年产油量的71.8%。平均采收率31.1%，综合含水率91.5%，地质储量采出程度25.6%，采油速度0.54%。其中，特高含水（$f_w \geq 90\%$）动用储量达到 $111.3 \times 10^8 t$，占国内总动用储量的32.4%，年产油量 $5163 \times 10^4 t$，占27.0%（表1-9）。

表1-9 国内不同含水级别油田开发指标汇总结果表（截至2019年底）

含水阶段与划分标准		区块数（个）	动用储量（$10^8 t$）	储量占比（%）	可采储量（$10^8 t$）	采收率（%）	年产油量（$10^4 t$）	年产油量占比（%）	综合含水率（%）	采出程度（%）	采油速度（%）
低含水期	$f_w < 20\%$	387	9.0	2.6	1.6	17.3	688	3.6	6.2	5.4	0.39
中含水期	$20\% \leq f_w < 60\%$	442	78.8	22.9	13.6	17.2	4699	24.6	49.1	7.8	0.60
高含水前期	$60\% \leq f_w < 80\%$	597	78.5	22.9	16.7	21.2	4383	22.9	71.8	14.0	0.56
高含水后期	$80\% \leq f_w < 90\%$	658	65.8	19.2	16.9	25.7	4181	21.9	85.4	20.5	0.64
特高含水期	$f_w \geq 90\%$	995	111.3	32.4	45.8	41.1	5163	27.0	95.6	36.9	0.46
高含水合计		2250	255.6	74.5	79.4	31.1	13727	71.8	91.5	25.6	0.54

随着含水率上升，采出程度不断提高，但采油速度和储采比呈大幅降低趋势（图1-20）。特别是特高含水油藏采出程度达到30%以上，可采储量采出程度达到84%以上，综合含水率超过80%的油田储采比总体小于10，稳产面临严峻挑战。

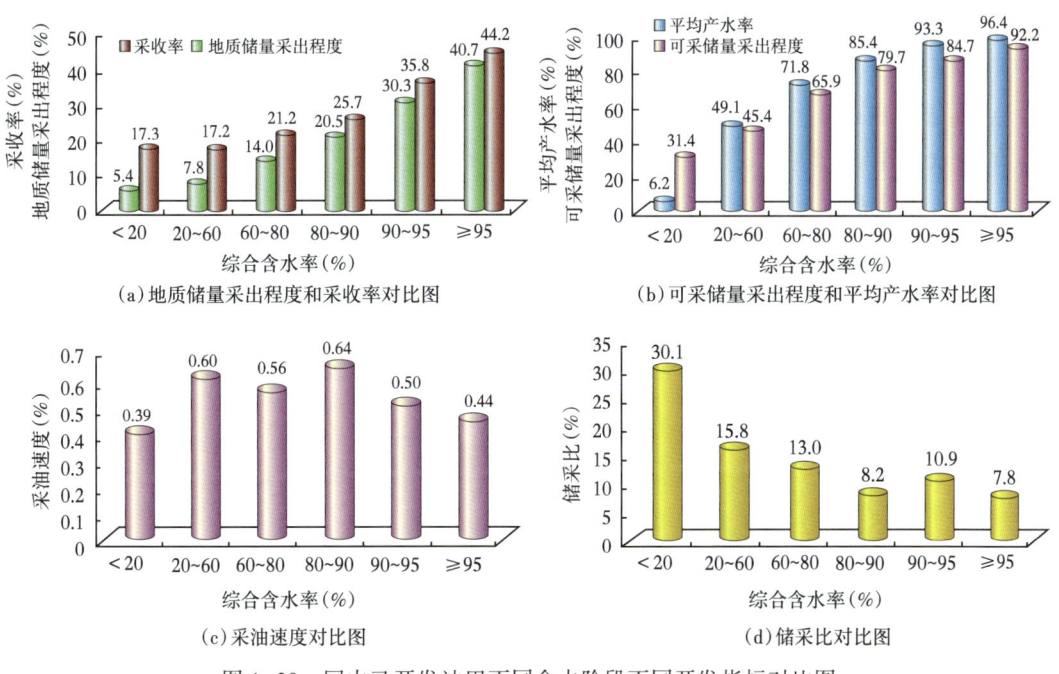

图1-20 国内已开发油田不同含水阶段不同开发指标对比图

二、分类油藏开发状况及特点

1. 不同类型油藏总体开发现状

综合考虑储层物性、岩性、油品性质、开发方式和储量规模5个要素，将国内油藏分为4大类8小类。国内不同类型油藏开发指标汇总见表1-10。

对比表1-10中数据可以看出，中高渗透整装构造油藏储量规模最大，动用地质储量规模达到$112.9×10^8$t，采出程度和综合含水率均为最高，地质储量采出程度达到35.4%，综合含水率达到93.4%；低渗透和特殊类型油藏采油速度低，采油速度均在0.5%以下，目前条件下达到标定采收率存在一定困难。

表1-10 全国不同类型油藏开发指标对比表（截至2019年底）

油藏类型		区块数（个）	动用储量（10^8t）	可采储量（10^8t）	采收率（%）	年产油（10^4t）	采出程度（%）	采油速度（%）	年均含水（%）	可采储量采出程度（%）
中高渗透油藏	整装构造	547	112.9	46.0	40.8	7342	35.4	0.65	93.4	86.9
	复杂断块	1162	47.7	13.2	27.6	2883	22.3	0.60	86.8	80.6
低渗透油藏	一般低渗透	561	41.8	9.1	21.8	1865	14.5	0.45	81.9	66.8
	特低渗透	319	57.1	10.5	18.3	2728	9.0	0.48	66.8	48.9
	超低渗透	91	29.9	3.9	13.0	1027	4.6	0.34	56.1	35.6
稠油油藏		304	22.9	5.7	25.1	1627	20.2	0.71	85.6	80.5
特殊类型油藏	碳酸盐岩	78	22.3	4.4	19.7	921	15.4	0.41	77.2	77.9
	火山岩等	17	8.3	1.6	19.4	365	11.3	0.44	64.9	58.5

2. 高含水油藏分类型开发特点

高含水动用储量主要分布在中高渗透和低渗透两大领域，合计动用储量$215.2×10^8$t，占84.2%。热采稠油和特殊类型动用储量$40.5×10^8$t，占15.8%（表1-11、图1-21和

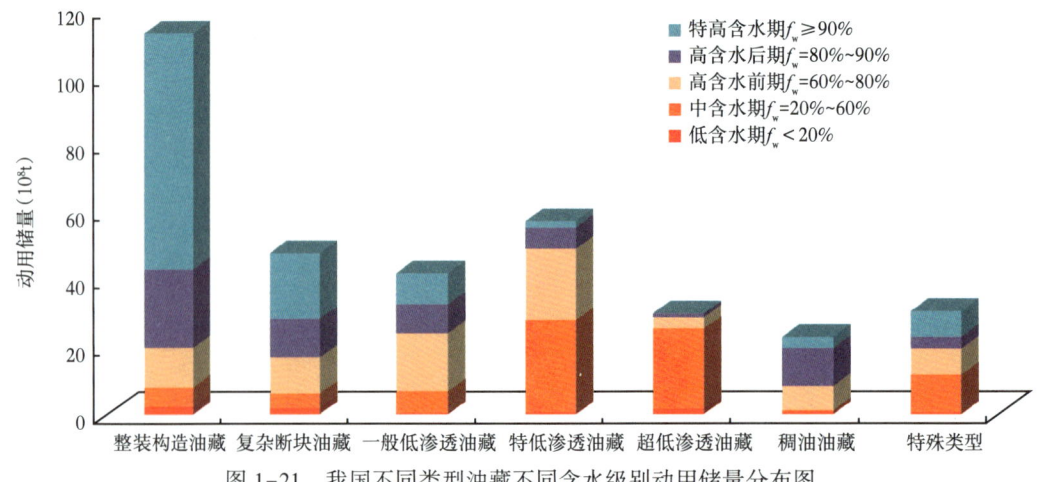

图1-21 我国不同类型油藏不同含水级别动用储量分布图

图 1-22)。分类油藏对比看，中高渗透整装构造、稠油油藏高含水储量占比高，达到 90%以上；中高渗透复杂断块、一般低渗透、特殊类型油藏高含水储量占比 70%~90%。

表 1-11　2019 年我国高含水油田（$f_w \geqslant 60\%$）分类油藏开发指标对比表

油藏类型		区块数（个）	动用储量（10^8t）	储量占比（%）	可采储量（10^8t）	采收率（%）	年产油（10^4t）	采出程度（%）	采油速度（%）	年均含水率（%）	可采储量采出程度（%）
中高渗透油藏	整装构造	412	104.8	92.9	44.12	42.1	6857	37.4	0.65	93.8	88.8
	复杂断块	958	41.6	87.1	11.92	28.7	2091	23.9	0.50	89.8	83.4
低渗透油藏	一般低渗透	374	35.0	83.7	7.96	22.7	1459	15.7	0.42	84.6	69.1
	特低渗透	164	29.2	51.2	5.42	18.5	1200	10.9	0.41	75.9	59.1
	超低渗透	35	4.5	15.1	0.41	9.2	106	2.6	0.23	75.7	28.8
稠油油藏		254	21.6	94.6	5.51	25.5	1603	20.8	0.74	85.8	81.6
特殊类型	碳酸盐岩	43	12.3	55.4	2.82	22.8	245	19.6	0.20	91.7	86.0
	火山岩等	10	6.5	78.9	1.21	18.4	166	10.6	0.25	76.0	57.5
合计/平均		2250	255.6	74.5	79.37	31.1	13727	25.6	0.54	91.5	82.6

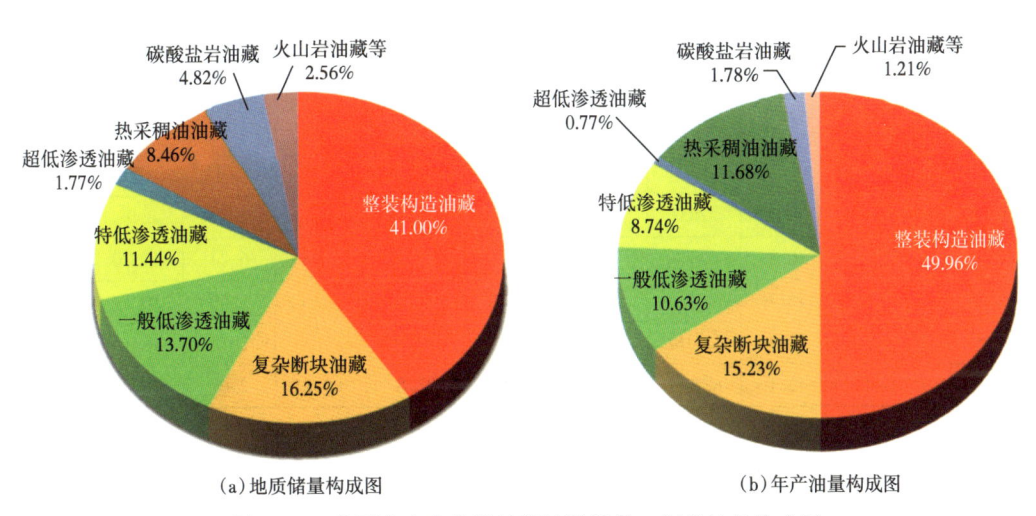

(a) 地质储量构成图

(b) 年产油量构成图

图 1-22　我国高含水分类油藏地质储量、年产油量构成图

截至 2019 年底，特高含水油藏动用储量 111.3×10^4t，占国内总动用储量的 32.4%。也就是说，目前国内 1/3 左右的储量进入了特高含水阶段（表 1-12）。其中，中高渗透整装构造油藏特高含水期储量 69.9×10^8t，占该类油藏中的 61.9%。一般低渗透、稠油、碳酸盐岩特高含水储量占比 10%~35%。

表 1-12　2019 年我国特高含水油田 ($f_w \geqslant 90\%$) 分类油藏开发指标对比表

油藏类型		区块数（个）	动用储量（10^8t）	储量占比（%）	可采储量（10^8t）	采收率（%）	年产油（10^4t）	采出程度（%）	采油速度（%）	年均含水率（%）	可采储量采出程度（%）
中高渗透油藏	整装构造	222	69.9	61.9	33.69	48.2	3923	44.2	0.56	95.8	91.8
	复杂断块	535	19.4	40.7	6.65	34.3	677	28.9	0.35	95.0	84.3
低渗透油藏	一般低渗透	93	9.2	22.0	2.37	25.8	287	20.6	0.31	93.5	80.1
	特低渗透	29	1.9	3.3	0.26	13.8	17	10.9	0.09	94.9	79.1
	超低渗透	1	0	0.1	0	11.2	0	5.1	0.14	93.2	46.1
稠油油藏		94	3.2	14.2	0.74	22.9	158	18.5	0.49	93.7	80.8
特殊类型	碳酸盐岩	20	7.6	33.9	2.05	27.1	101	24.7	0.13	95.7	91.1
	火山岩等	1	0.1	1.4	0.02	14.1	1	13.0	0.07	95.2	91.7
合计/平均		995	111.3	32.4	45.78	41.1	5163*	36.9	0.46	95.6	89.8

注：*表示因四舍五入，合计值/平均值与实际值略有差异。

1) 中高渗透整装构造油藏

中高渗透整装构造油藏高含水油田比例最高，采收率和采出程度高。该类油藏高含水储量 104.81×10^8t，占 92.9%。平均采收率 42.1%，含水率 93.8%，采出程度 37.4%，采油速度 0.65%，剩余地质储量 65.63×10^8t，剩余可采储量 4.93×10^8t。特别值得指出的是，特高含水储量 69.9×10^8t，占 61.9%（表 1-13）。

表 1-13　中高渗透整装构造油藏高含水油田开发指标统计结果表

含水分级	地质储量（10^8t）	采收率（%）	年产油（10^4t）	地质储量采出程度（%）	采油速度（%）	年均含水率（%）	可采储量采出程度（%）	单井产油量（t/d）	剩余地质储量（10^8t）	剩余可采储量（10^8t）
60%~80%	11.65	29.0	783	23.5	0.67	73.5	81.1	2.33	8.91	0.64
80%~90%	23.24	30.3	2151	23.8	0.93	84.8	78.6	6.24	17.70	1.51
90%~95%	17.79	46.7	1206	40.6	0.68	93.8	87.0	2.00	10.57	1.08
≥95%	52.13	48.7	2718	45.4	0.52	96.3	93.3	2.12	28.45	1.70
合计/平均	104.81	42.1	6857*	37.4	0.65	93.8	88.8	2.67	65.63	4.93

注：*表示因四舍五入，合计值/平均值与实际值略有差异。

2) 中高渗透复杂断块油藏

复杂断块油藏断层发育、构造破碎，主要分布于渤海湾盆地，动用储量 47.69×10^8t，尽管处于特高含水阶段，但总体采出程度不高。高含水储量 41.55×10^8t，占 87.1%；平均采收率 28.7%，平均含水率 89.8%，采出程度 23.9%，采油速度 0.50%，剩余地质储量 31.62×10^8t，剩余可采储量 1.98×10^8t。特高含水储量 19.4×10^8t，占 40.7%（表 1-14）。

3) 低渗透油藏

国内低渗透油藏总动用储量 128.8×10^8t，低渗透高含水储量 68.78×10^8t，占 53.4%，其中特高含水储量 11.1×10^8t，占 8.6%（图 1-23）。低渗透油藏面临采油速度低、单井产量低的局面。

2019年该类高含水油藏产油量2765×10⁴t，平均标定采收率20.1%，采出程度12.8%，采油速度仅有0.40%，剩余地质储量59.96×10⁸t，技术可采储量4.97×10⁸t（表1-15）。

表1-14 中高渗透复杂断块高含水油田开发指标统计结果表

含水分级	动用储量（10⁸t）	采收率（%）	年产油（10⁴t）	地质储量采出程度（%）	采油速度（%）	年均含水率（%）	可采储量采出程度（%）	单井产油量（t/d）	剩余地质储量（10⁸t）	剩余可采储量（10⁸t）
60%~80%	10.63	22.4	871	16.3	0.8	71.1	73.0	5.13	8.89	0.64
80%~90%	11.52	25.0	543	22.5	0.5	86.1	89.8	2.10	8.93	0.29
90%~95%	11.45	32.6	453	28.1	0.4	92.7	86.2	1.80	8.23	0.52
≥95%	7.95	36.7	224	30.0	0.3	97.0	81.9	1.53	5.57	0.53
合计/平均	41.55	28.7	2091	23.9	0.50	89.8	83.4	2.53	31.62	1.98

表1-15 低渗透高含水油田开发指标统计结果表

油藏类型	含水分级	动用储量（10⁸t）	采收率（%）	年产油（10⁴t）	地质储量采出程度（%）	采油速度（%）	年均含水率（%）	可采储量采出程度（%）	单井产油量（t/d）	剩余地质储量（10⁸t）	剩余可采储量（10⁸t）
一般低渗透	60%~80%	17.13	21.5	879	13.3	0.51	71.3	61.9	1.25	14.86	1.40
	80%~90%	8.69	22.0	293	15.3	0.34	85.3	69.6	1.19	7.36	0.58
	90%~95%	5.89	23.6	200	17.4	0.34	91.9	73.6	1.48	4.87	0.37
	≥95%	3.32	29.6	86	26.4	0.26	95.6	89.3	0.42	2.44	0.11
	合计/平均	35.03	22.7	1459*	15.7	0.42	84.6	69.1	1.13	29.53	2.46
特低渗透	60%~80%	21.03	18.3	959	10.0	0.46	69.8	54.4	0.83	18.93	1.76
	80%~90%	6.35	20.6	224	14.2	0.35	84.8	68.9	0.63	5.45	0.41
	90%~95%	0.91	12.8	9	7.7	0.10	92.1	59.8	0.09	0.84	0.05
	≥95%	0.96	14.7	8	14.0	0.09	96.4	95.0	0.17	0.82	0.01
	合计/平均	29.2*	18.5	1200	10.9	0.41	75.9	59.1	0.72	26.04	2.23
超低渗透	60%~80%	3.31	10.4	78	2.9	0.23	70.1	27.9	0.53	3.22	0.25
	80%~90%	1.18	5.8	28	1.9	0.23	83.7	32.1	0.69	1.16	0.05
	90%~95%	0.03	11.2	0	5.1	0.14	93.2	46.1	0.37	0.02	0.00
	≥95%										
	合计/平均	4.52	9.2	106	2.6	0.23	75.7	28.8	0.56	4.40	0.30
全国合计	60%~80%	41.47	19.0	1916	10.8	0.46	70.5	56.7	0.95	37.01	3.41
	80%~90%	16.21	20.3	545	13.9	0.34	85.0	68.5	0.85	13.96	1.03
	90%~95%	6.83	22.1	210	16.0	0.31	91.9	72.5	0.90	5.73	0.42
	≥95%	4.27	26.3	94	23.6	0.22	95.7	90.0	0.37	3.26	0.11
	合计/平均	68.78	20.1	2765	12.8	0.40	81.5	64.0	0.88	59.96	4.97

注：*表示因四舍五入，合计值/平均值与实际值略有差异。

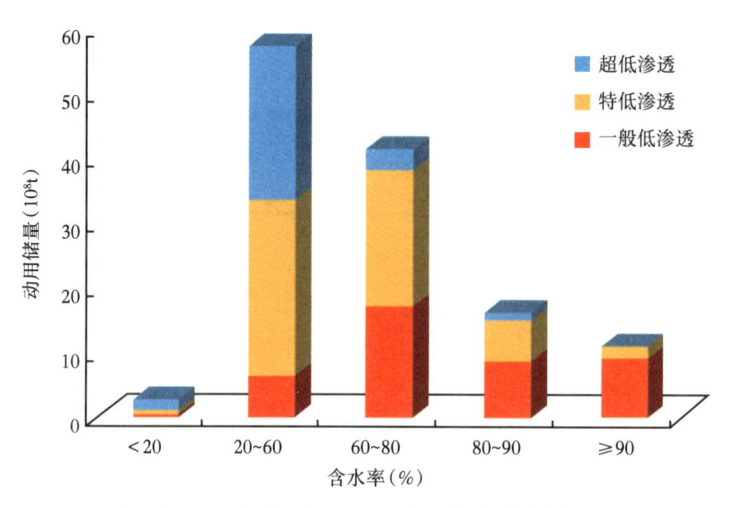

图 1-23 国内低渗透油藏不同含水级别储量分布图

4) 稠油油藏

稠油油藏 90% 以上储量含水率超过 60%，储采比低。动用储量 22.86×10^8 t，年产油 1627×10^4 t。其中，高含水储量 21.6×10^8 t，占 94.6%，处于主控地位。总体来看，稠油油藏平均采收率 25.1%，平均含水率 85.6%，采出程度 20.2%，采油速度 0.71%，剩余地质储量 18.25×10^8 t，剩余可采储量 1.11×10^8 t，储采比 6.9（表 1-16 和图 1-24）。

表 1-16 2019 年我国稠油开发指标统计结果表

含水分级	地质储量（10^8t）	可采储量（10^8t）	年产油（10^4t）	采出程度（%）	采油速度（%）	采收率（%）	年均含水率（%）	可采储量采出程度（%）	储采比	单井产油量（t/d）	剩余地质储量（10^8t）	剩余技术可采储量（10^8t）
<20%	0.82	0.15	0	10.2	0	18.8	0	54.2	—	0	0.74	0.07
20%~60%	0.42	0.06	24	6.7	0.58	14.4	51.8	46.2	13.3	1.80	0.39	0.03
60%~80%	7.11	1.73	579	18.6	0.81	24.4	74.8	76.1	7.2	3.07	5.79	0.41
80%~90%	11.27	3.04	866	22.9	0.77	27.0	86.6	85.0	5.3	1.34	8.68	0.46
≥90%	3.25	0.74	158	18.5	0.49	22.9	93.7	80.8	9.0	1.61	2.65	0.14
合计/平均	22.86*	5.73*	1627	20.2	0.71	25.1	85.6	80.5	6.9	1.72	18.25	1.11

注：* 表示因四舍五入，合计值/平均值与实际值略有差异。

5) 碳酸盐岩油藏

已开发碳酸盐岩油藏主要分布在塔里木和渤海湾盆地，动用储量 22.26×10^8 t，年产油 921×10^4 t。其中，高含水储量 12.33×10^8 t，占 55.4%。总体来看，碳酸盐岩油藏平均采收率 19.7%，平均含水率 77.2%，采出程度 15.4%，采油速度 0.41%，剩余地质储量 18.84×10^8 t，剩余可采储量 0.98×10^8 t，储采比 10.5（表 1-17 和图 1-25）。

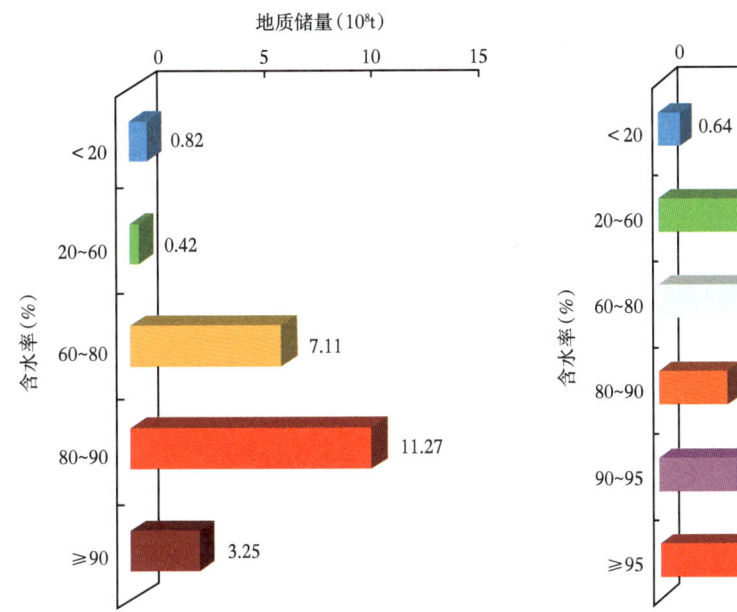

第一章　高含水老油田开发形势及面临的主要矛盾

图 1-24　2019 年稠油油藏地质储量分布图

图 1-25　2019 年碳酸盐岩油藏地质储量分布图

表 1-17　2019 年我国碳酸盐岩油藏开发指标统计结果

含水分级	区块数（个）	地质储量（10⁸t）	可采储量（10⁸t）	年产油（10⁴t）	地质储量采出程度（%）	采油速度（%）	采收率（%）	年均含水率（%）	可采储量采出程度（%）	储采比	单井产油量（t/d）	剩余地质储量（10⁸t）	剩余技术可采储量（10⁸t）
<20%	15	0.64	0.06	11	3.8	0.17	9.3	9.3	40.4	33.2	10.01	0.61	0.04
20%~60%	20	9.29	1.52	665	10.5	0.72	16.4	38.3	64.3	8.1	10.54	8.32	0.54
60%~80%	13	2.71	0.43	97	10.4	0.36	15.8	71.3	66.0	15.0	6.33	2.43	0.15
80%~90%	10	2.07	0.34	47	13.4	0.23	16.5	82.1	80.8	14.0	3.26	1.79	0.07
90%~95%	11	2.32	0.45	55	14.1	0.23	19.3	93.7	72.7	22.4	9.58	2.00	0.12
≥95%	9	5.23	1.60	46	29.4	0.09	30.5	96.9	96.3	12.9	3.18	3.69	0.06
合计/平均	78	22.26	4.40	921	15.4	0.41	19.7	77.2	77.9	10.5	8.07	18.84	0.98

三、不同油区典型高含水老油田开发状况及特点

1. 分油区开发形势

全国绝大多数油区以开发高含水油田为主，其中大庆、辽河、华北、吉林、大港、胜利、西北、中原、河南、江苏、南海东部、东海等 12 个油区的 90% 以上地质储量已经步

入高含水阶段，大庆、辽河、吉林、大港、胜利、中原、河南、江苏、东海等 9 个油区的 90% 以上的原油产量来自高含水油田。

东部油田 57.7% 的储量进入特高含水阶段，在全国高含水油藏占比 80%，西部油田仅 3.6% 的储量进入特高含水阶段。东部松辽盆地、渤海湾盆地特高含水油藏（$f_w \geqslant 90\%$）已成为开发的主要对象，大庆、胜利、大港、中原、河南、南海东部 6 个油区特高含水储量占比超过 50%。其中大庆、胜利油区特高含水储量达到 $75.0 \times 10^8 t$，产量 $3701 \times 10^4 t$，分别占两油田储量的 63.5% 和产量的 66.5%（表 1-18）。

表 1-18　国内特高含水油区动用储量和产量构成表（截至 2019 年底）

区域	油区	油田（个）	动用地质储量（$10^8 t$）	动用地质储量占比（%）	年产油（$10^4 t$）	年产油占比（%）
东部	大庆、胜利、大港、华北、中原、吉林、辽河、河南、冀东、江苏、江汉、华东	128	103.06	57.7	4447.3	54.1
海域	南海东部、渤海、南海西部、东海	37	11.35	32.8	1065.0	25.2
西部	吐哈、新疆、塔里木、青海、西北、延长	24	2.84	3.6	47.8	1.2

2. 国内典型高含水油田现状及开发对策

1）大庆长垣油田

大庆长垣油田 1960 年投入开发，是松辽盆地中央坳陷北部的一个大型二级背斜带，轴向北东 15°左右，南北长 145km，东西宽 10~30km，闭合面积约 2800km²，含油面积 1489.24km²，具有统一的水动力系统。东翼倾角 2°~7°，西翼倾角 3°~23°，自北向南发育喇嘛甸、萨尔图、杏树岗、太平屯、高台子、葡萄花、敖包塔 7 个三级背斜构造（油田），历经开发试验、快速上产、高产稳产及产量递减阶段，目前已处于特高含水后期。油田不同阶段开发策略见表 1-19。

表 1-19　大庆长垣油田不同阶段开发策略

开发阶段	矛盾问题	对策及措施	应用效果
试验开发阶段（1960—1964 年）（低含水期）	边底水不活跃，地饱压差小，天然能量不充足	利用天然能量采油、注水井排拉水线等十大开发试验和十四项技术攻关	确保了全面投入注水开发
快速上产阶段（1965—1975 年）（中含水期）	针对试验开发笼统注水，暴露出单层突进，"注水三年，水淹一半，采收率不到 5%"的问题	通过注水分层调整、油水井压裂、分层堵水等大量的分层综合措施，使中低渗透油层采油速度不断提高	年产油快速增长

续表

开发阶段	矛盾问题	对策及措施	应用效果
高产稳产阶段 （1976—2002年） （高含水期）	(1) 含水率上升快，流压增大，层间矛盾加剧，产量下降； (2) 进入高含水后期，液油比急剧增长，三大矛盾进一步加剧； (3) 水驱产量递减加快，后备资源不足	(1) 三个转变、一次加密调整； (2) "三分一优""三个结构"调整、二次加密； (3) 大面积推广聚合物驱技术、开展水驱三次加密调整、加快外围增储上产步伐	实现了27年5000×10⁴t以上高产稳产
4000×10⁴t稳产阶段 （2003—2014年） （高含水后期）	储采失衡矛盾日益突出，水驱含水率上升和自然递减控制难度增大	实施水驱特高含水期精细挖潜	连续12年稳产4000×10⁴t，采收率突破50%大关
振兴发展阶段 （2015年至今） （特高含水期）	储采失衡严重，自然递减控制难度增大，控投资降成本形势严峻	水驱精准挖潜、二类化学驱降本增效、化学驱后三类油层提高采收率、致密油开发、深层天然气开发技术	

大庆长垣油田特高含水后期多种矛盾凸显，大幅度改善开发效果难度极大，要继续保持高水平、高效益开发，面临的挑战巨大。对于新阶段的新矛盾、新问题，需要大力解放思想、转变开发理念，大胆突破传统认识和传统思维，创新发展水驱、化学驱及化学驱后进一步提高采收率技术。

（1）水驱开发方面，持续深化特高含水后期油水渗流特征及水驱开发规律认识，包括数字岩心的微观渗流机理、微观剩余油定量表征及启动机制研究，以及油相非连续流动的两相渗流理论、特高含水后期开发指标变化规律研究等；攻关高精度剩余油描述技术，包括基于机器学习的砂体空间配置关系与连通质量评价技术，图形处理器（GPU）加速的亿级节点高精度数值模拟技术与开发区级大规模高精度剩余油模拟技术；发展水驱提高采收率技术，包括层系井网优化调整、无效循环高效治理、注采优化调整、套损井防控与治理等技术。

（2）化学驱开发方面，攻关适用于不同类型油层的低成本高效聚合物及配套技术，包括新型抗盐聚合物系列产品研制及工业化生产、二类B油层聚合物驱配套开发技术；研发新型高效复合驱油技术，包括研发新型高效复合驱油体系及配套的复合驱精准开发技术；探索智能纳米驱油技术。

（3）化学驱后提高采收率技术方面，研究化学驱后自适应复合驱驱油机理，明确自适应驱油体系微观和宏观驱油机理、剩余油分布与启动机制，完善自适应驱油体系配方与注入方式，聚丙二醇（PPG）实现工业化连续生产；加快化学驱后现场试验及推广应用步伐，2022年开展复合驱工业化推广，2025年开展变流线自适应复合驱工业化推广，并形成化学驱后配套技术，实现提高采收率10%以上的目标；探索性技术快速发展，研发无碱稀体系中相微乳液配方，开展微生物厌氧降解原油产气机理研究与提高微生物降解原油产气能力研究。

(4)多学科地质工程一体化方面,通过油藏工程与信息技术相融合,发展智能油藏表征技术,构建油藏数字孪生模型,在此基础上,攻关依托大数据、人工智能的注采优化、措施协同优化调整等油田开发调整新方法,以智能测调工艺、智能生产系统为抓手,建立以油藏为核心的一体化智能油田开发技术,实现地质工程协同闭环智能油藏管理,大幅度提高效率、改善效果。

2)玉门老君庙油田

老君庙油田 1939 年 8 月发现并投入开发,是我国第一个采用现代技术开发的油田,油田面积 17.1km²,油水井开井 1045 口,年产油能力 15×10⁴t,综合含水率 77.01%。油田不同阶段开发策略见表 1-20。

表 1-20 老君庙油田不同阶段开发策略

开发阶段	矛盾问题	对策及措施	应用效果
建产期 (1939—1957年) (低含水期)	地层压力急剧下降,原油产量迅速下滑	1939—1953年:合层自喷生产,无控制放喷。 1953—1957年:边外注水与顶部注气的开发调整	产量大幅度上升,由年产 23.42×10⁴t 上升到年产 74.78×10⁴t
高产稳产阶段 (1958—1959年) (中含水期)	放大油嘴生产,井壁坍塌、砂、蜡、水患严重,由自喷生产转为抽油生产	制定一套井网、合注合采方式开采	采油速度高,含水率上升快
降产阶段 (1960—1965年) (高含水期)	含水率大幅度上升,地层压力急剧下降,高产稳产的井变成了间歇出油,原油产量迅速下滑	制定边外—边内切割综合注水的开发方式;注水强度、井网层系的全面调整	步入良性循环,产量递减的局面得到了扭转
低产开发阶段 (1966年至今) (高含水后期)	没有形成合理的注采系统,层间矛盾与平面矛盾日益显露	(1)两套层系,不规则点状面积注水; (2)增加注水井和分注井段,提高有效注水量; (3)开采对象由物性好的层转向物性差的层	大幅提高了采收率

玉门油田下一步将围绕地质挖潜、优化开发方式、井筒及储层措施挖潜、新工艺、三采试验夯实老区产量,并以冲断带、走滑断块、浅层弓形山为下步稳产、上产主力区。

(1)总体部署长停井、低效井治理,恢复产能,确保老井稳产。

(2)持续推进注水治理工作,总体部署水井工作量,确保注水量、注采比、注水井层数、水井分注率保持较好水平。

(3)持续推进两项三次采油工作,即 L_{2+3} 低张力复合驱和东低区减氧空气驱,实现东低产区全覆盖。

(4)产能建设以冲断带、走滑断块和 M 油藏油水过渡带为目标,在冲断带、走滑断块、M 油藏油水过渡带及油区内部署新井,预计建产能 12×10⁴t。

第一章　高含水老油田开发形势及面临的主要矛盾

3）胜利孤岛油田

孤岛油田位于山东省，构造上位于沾化凹陷东部，是一个大型披覆背斜构造油田。至 2021 年探明面积 100.8km²，1968 年投入开发，纵向上依次发育明化镇组、馆陶组、东营组、沙河街组四套含油气层系，孤岛油田为高饱和油藏。按产量变化幅度及开发调整策略，孤岛油田历经开发准备阶段、天然能量开发、注水开发、细分调整强注强采、化学驱稠油开发、提质增效共六个阶段，逐步形成高温高盐油藏聚合物驱、二元复合驱、非均相驱等具有"胜利"特色的化学驱开发模式。油田不同阶段开发策略见表 1-21。

表 1-21　胜利孤岛油田不同开发阶段开发策略

开发阶段	矛盾问题	对策及措施	应用效果
开发准备阶段 （1970—1971 年）	缺乏稠油油田开发实践和经验	将孤岛油田分成六个开发区，分别编制开发方案部署井网	达到年产油 38×10⁴t 生产规模
天然能量开发阶段 （1972—1976 年）	开发初期主要依靠天然能量开采，天然能量弱	开展注水开发补充能量，并研发形成掺水降黏开采技术和地下合成防砂技术	油井开井 572 口，日产油 10024t，含水率 6.0%，累计产油 986.2×10⁴t
注水开发阶段 （1977—1981 年）	地层能量下降快，出砂严重，停产井增多	投入注水开发，大幅度提高注水量，实施油井防砂	阶段末综合含水率 51.9%，累计产油 2855.1×10⁴t
细分调整强注强采阶段 （1982—1991 年）	大多数开发单元已处于中含水末期或进入高含水期，层间干扰日趋严重	以细分层系为主、适当加密井网的调整工作，大排量采油，挖掘油层层间和平面潜力	年产油达到峰值 584×10⁴t，综合含水率控制在 90% 以下，累计产油 4348×10⁴t
化学驱稠油开发阶段 （1992—2015 年）	油田整体高含水（90%），水驱采收率低；稠油储量未动用	实施化学驱、配套稠油热采工艺开发稠油油藏等	阶段末含水率控制在 92% 以下，阶段末年产油 285.56×10⁴t，年产油在 300×10⁴t 以上稳产 22 年
提质增效阶段 （2016 年至今）	配套设备、井网严重老化，增油措施有效率低，平面、层间非均质性加剧等	实施提质增效，加强水管理、剂管理、热管理，降低开发成本	阶段末含水率控制在 92% 以下，综合递减控制在 6% 以下，年产油保持在 200×10⁴t 以上

胜利孤岛油田下一步将从以下几个方面进一步提高油田的采收率。

（1）水驱开发攻关多层系油藏层系井网重构变流线技术，依托多套层系发育的优势，将储层物性相近、含油饱和度相近、有一定的储量规模的小层组合成"开发组"，集中低效、无效老井资源构建效益储量注采井网，优先动用潜力最大、效益最好的"开发组"，利用存量资源实现效益储量的高效开发。

（2）扩大化学驱应用的油藏原油黏度范围，在普通稠油油藏（150~1000mPa·s）实施降黏化学驱，类比先导试验油藏条件及数模预测，同时参考同类已编方案单元，摸排并评价该类油藏技术潜力。

（3）攻关配套普通稠油降黏复合采油技术，针对不同类型油藏含油饱和度和地层能量的特点，在降黏的基础上，提出降黏复合吞吐、降黏复合驱两种方式，攻关形成降黏复合采油技术。

(4) 稠油热采攻关复合热流体驱开发、火烧驱油开发等蒸汽吞吐及蒸汽驱后续开发接替技术。

4) 新疆克拉玛依油田

克拉玛依油田位于新疆维吾尔自治区克拉玛依市境内，地处准噶尔盆地西北边缘，构造上是由褶皱系的山前坳陷和其相邻的中间地块组成的复合型含油气盆地。探明含油面积894.89km²，全油田共有油井5256口，注水井2318口，综合含水率78%，可采储量采出程度70.83%，储层岩性主要为砂砾岩。油田不同阶段开发策略见表1-22。

表1-22 克拉玛依油田不同开发阶段开发策略

开发阶段	矛盾问题	对策及措施	应用效果
试采阶段 (1956—1960年)	地层压力下降，产量下降，气油比上升	成立地质研究大队，整顿"前五队"等措施	
开发初期调整阶段 (1961—1965年)	产量依旧出现下滑趋势	优化"调整开发方案"，对已开发区块进行全面调整	注水见效程度和水驱控制储量提高，暴性水淹水窜的情况得到遏制，原油产量稳定上升
三叠系砾岩油藏全面开发及调整阶段 (1966—1976年)	两年后注水效果下降	补钻加密井，增加点状注水井，配合其他增产措施	使注水见效面积由60%上升到79%，综合调整也都取得了较好效果
深部石炭—二叠系和浅层稠油油藏全面开发 (1977—1998年)	油田进入中含水期，含水率上升使产油量递减速度加快	1986年开始全面调整和扩边，开展注蒸汽面积驱油试验，1993年进行滚动开发，1994年设计加密调整钻井，部署扩边井，1993年开展三元复合驱试验	由于砾岩油田老区综合含水上升，产量递减较快，新区产能不能弥补老区递减
综合治理阶段 (1999年至今)	老区递减	2004年进行了调剖调驱措施。2005年进一步分层系加密和扩边。对老区实施加密调整、优化注水、油层改造、滚动扩边、蒸汽吞吐转蒸汽驱等综合治理工作	年产油呈逐年上升趋势

面对克拉玛依老油田深度开发、资源劣质化带来的深层次矛盾，围绕控制递减率、提高采收率两条主线，以充分挖掘油田现实潜力为目标，持续开展二次开发调整，中高渗透油藏三次采油（聚合物驱、二元复合驱和 CO_2 驱）、特低渗透油藏水平井体积压裂等老油田综合治理，攻关完善和规模推广砾岩化学驱等提高采收率技术，努力实现控制油田综合递减率、提高采收率的目标。在技术发展方向上，推广稀油化学驱（聚合物驱、二元复合驱）、特低渗透老油田缝网或体积压裂2项成熟技术，通过加密调整、转换方式在老区规划产能建设，新增可采储量成效显著。攻关水平井立体调整+注气重力驱及注气提高采收率等重大开发试验，为油田长效稳产储备接替技术。

5）大港港东油田

港东油田位于天津市东南50km，属于黄骅凹陷北大港构造带东部，是一个复杂断块油田。主要开发层系为新近系明化镇组、馆陶组，属高孔隙度、高渗透、非均质性强的疏松砂岩储层，沉积类型为河流相沉积。截至2018年12月底，港东油田总含油面积29.040km²，油井开井442口，注水井开井173口，日产油1466t，累计生产原油2980.6×10⁴t、天然气49.64×10⁸m³。油田不同阶段开发策略见表1-23。

表1-23 大港港东油田不同开发阶段开发策略

开发阶段	矛盾问题	对策及措施	应用效果
开发准备阶段 （1965—1967年） （低含水期）	含油面积及地质储量的规模认识不够全面	采用300m正三角形井网布井84口，主产区采用两套井网开发	油田共有26口井投入试采，日产油500t
全面开发阶段 （1968—1979年） （中含水期）	对油藏的控制程度低，注水开发效果较差	共投转注36口井，对天然能量充足的断块进行高速开采	日产油最高达到4326t，年产油131.90×10⁴t，油田产量达到最高峰
综合调整阶段 （1980—1998年） （高含水期）	构造复杂、断块小、注采井网不完善，含水率上升快	采用150~200m井距钻加密调整井；实施层系调整、滚动扩边	年产油50×10⁴t以上17年，1996年后油田产量开始呈现大幅度下降
精细油藏描述深度治理阶段 （1999年至今） （高含水后期）	构造复杂、砂体储层变化大，油藏潜力认识程度不深，水驱储量控制程度低	建立了以砂体为单元的注采井网；进行了小井距加密调整、微生物驱油试验、聚合物驱油，实施了空气泡沫驱及表面活性剂—聚合物二元复合驱，滚动增储	细分开发层系、优化井网井型，推广应用三次采油；油田产量稳中有升。截至2018年12月底，综合含水率93.8%，年产油31.9×10⁴t

围绕港东油田原油产量规划，打好老区稳产保卫战，遵循一体化战略思想，落实"开发建五场"工作部署，深化油藏地质再认识、细分开发层系、推进"二三结合"、精调渗流场、扩大三采规模、强化新技术攻关等工作，整装治理，优化实施，持续提高港东油田采收率。

(1)依靠高精度油藏描述，进一步提高地质体认识精度。建立多级次构型单元高精度储层地质模型，定量化剩余油赋存状态及变化规律，按层系分砂体建立最优注采开发井网，多方法预测，科学制定方案指标，提高方案经济性的预判能力。

(2)攻关油藏渗流地球物理技术，创建油藏认识新方法。力求将油藏渗流理论与地球物理理论融合，探索一种研究油藏、认识油藏的新方法，建立一项指导流场重构提高采收率的新技术。

(3)规模推广三项成熟技术，稳定并提高老区产量。一是持续推进"二三结合"方案实施；二是优化完善井网结构，提高聚合物驱转二元复合驱实施效果；三是优化开发层系，改进技术方法，提高油层动用程度。

(4)加快油田数字化建设，推进港东油田智能化进程。将标准化数据与相关油藏地质研究成果推送至数字油藏平台，实现资源数字化、研究协同化、油藏可视化、管理实时化。

6)胜利东辛油田

东辛油田位于山东省，构造上处于济阳坳陷东营凹陷中央背斜带东段，是一个复杂断块油田，至2021年探明含油面积110.71km²。东辛油田按产量变化幅度及开发调整策略，历经开发准备、初建产能、注水开发、滚动增储高速开发、综合调整稳产开发、精细开发减缓递减、层系重组立体开发、深化流场调控低成本开发共八个阶段，逐步形成分层注水、滚动勘探开发、层系细分、层系重组、立体开发、流场调控等具有"东辛"特色的复杂断块油藏开发模式（表1-24）。

表1-24 东辛油田不同开发阶段开发策略

开发阶段	矛盾问题	对策及措施	应用效果
开发准备阶段（1961—1967年）	内部地质构造不清楚	详探富集区，为油田开发做准备	油田开发以自喷采油为主，日产油293t
初建产能阶段（1968—1974年）	复杂断块油藏成熟开发经验不足	对不同类型油藏进行注水试验和分类开发	共发现断块和岩性油藏24个，累计产油量646.37×10⁴t
注水开发阶段（1975—1983年）	依靠天然能量开发，产量递减快	"层间接替""井间接替"注水开发方式	"层间接替"和放大生产压差两项措施增油，年产油稳定在140×10⁴t以上
滚动增储高速开发阶段（1984—1987年）	老区含水率上升到67.5%，新区还有部分认识不清，稳产难度大	滚动勘探获重大发现，应用定向斜井具有"占高点、打屋脊、掏墙角"的技术优势完善井网	东辛油田实现"储量、井数、产量"三个翻番，年产油连续突破200×10⁴t和300×10⁴t
综合调整稳产开发阶段（1988—1993年）	加大对复杂断块油藏的地质认识程度，巡查新的潜力增长点	大规模开展以细分层系、加密和补充完善井网为主的综合调整，继续强化提液增油	大部分单元注采井网完善或基本完善，油田注采对应率由54.3%提高到74.4%
精细开发减缓递减阶段（1994—2005年）	油田进入勘探开发高成熟期，勘探开发难度进一步增大	滚动寻找隐蔽油藏，精细油藏描述；实施堵水调剖、不稳定注水等措施，挖掘剩余油潜力	含水率、递减率得到有效控制：综合含水率稳定在88.5%~90%；自然递减率由1994年的24.1%下降到2005年的16.9%
层系重组立体开发阶段（2006—2013年）	不同类型断块油藏剩余油分布零散，小规模剩余油如何实现经济高效开发面临挑战	发展特高含水期断块油藏提高采收率机理，创新断块油藏人工边水驱、均衡水驱、立体开发提高采收率技术	水驱控制状况不断改善，注采对应率由2006年的72.5%提高到2013年的86.1%，其中双向及以上注采对应率由20.6%提高到43.5%
深化流场调控低成本开发阶段（2014年至今）	特高含水开发阶段，复杂地质条件下动用不均衡的矛盾突出	实施分区调控、注采耦合、轮采轮注等技术措施，优化流场调控，提升开发效果	自然递减率持续下降，由2014年的14.7%下降到2021年的9.7%

东辛油田主要以断块油藏为主，将立足基础地质认识、深化水驱开发、差异优化配套，确保断块采收率有效提高。精细描述断块油藏，精准认识油藏潜力，明确饱和度场分布状况，找准共性矛盾，通过技术集成创新，优化层系井网、注采方式，调整地下压力场分布，提高注水利用率，实现压力场与饱和度场的合理适配。通过评价及调查，根据各断

块地质及开发特征,将断块储量分为近废弃储量、主力开发储量、受干扰储量、零散储量四种类型。下一步在做好四类储量层系井网优化的同时,关键是利用轮采轮注技术实现分采分注、多维流场优化重构,需做好"三个深化":一是精细靶向补能,地层压力恢复从层系向小层深化;二是精准目标定位,流场调控对象从整口井向层段深化;三是均衡流场调控,压力调整幅度从小压差向大压差深化,推动各小层压力场与饱和度场的合理匹配,持续提高特高含水后期经济采收率。

7)吉林扶余油田

吉林扶余油田位于吉林省松原市境内,区域构造位于松辽盆地南部中央坳陷区东部扶新隆起带扶余Ⅲ号构造上。已开发面积101.2km²,扶余油田于1959年发现,1960年投入开发,共经历了5个开发阶段(表1-25)。

表1-25 吉林扶余油田不同开发阶段的开发策略

开发阶段	矛盾问题	对策及措施	应用效果
溶解气驱开发阶段 (1960—1972年) (低含水期)	地层压力大幅度下降	油田开发状况表明,靠注水补充地下能量已经势在必行	原油产量持续上升,1972年上升到126.70×10⁴t
注水开发阶段 (1973—1981年) (中含水期)	溶解气驱阶段产量和压力下降快,油田能量不足	主要以面积注水及行列注水为主,注水井排沿东西方向部署,转入全面注水开发	注水后压力回升,年产油1978年达到134.6×10⁴t
一次调整阶段 (1982—1990年) (高含水期)	含水率上升快,水窜、水淹严重;注水波及不均衡。油田开始出现降产	注水方式由行列注水改变为井距75~100m,排距131~173m的线状注水	扭转了产量下降的局面,油田连续5年稳产100×10⁴t
二次调整阶段 (1991—2002年) (高含水期)	后期产量递减大,含水率上升快	主要以钻油井为主,调整后注水方式为2夹3、2夹4、2夹5等行列注水	实现了第三次稳产,年产油84×10⁴t左右
二次开发整体调整阶段 (2003年至今) (特高含水期)	注水井分注率低,注采井网不适应,地面集输系统老化	重构地下认识体系,重建井网系统,重组地面流程	原油产量重上百万吨,树立了全国陆上油田二次开发的典型

为确保实现持续稳产,扶余油田紧紧围绕稳产这一目标,结合扶余油田常规水驱、稠油区、地面压覆区的三类油藏,攻关油藏认识工程、注水稳产工程、压裂提产工程、效益建产工程、降黏增产工程、免修期提升工程、智能油田工程等七大工程,努力保持原油产量总体稳定。长远考虑要继续试验攻关井别转换、水平井挖潜、大修侧钻、三次采油等技术,进一步提高油田采收率,确保实现百年油田战略目标。

8)华北任丘油田

任丘油田雾迷山组油藏位于河北省任丘市,构造上处于冀中坳陷饶阳凹陷北部,是古潜山大油田。任丘雾迷山组油藏含油面积58km²,油藏类型属碳酸盐岩裂缝—孔洞型块状底水油藏。油田不同阶段开发策略见表1-26。

表 1-26 华北任丘油田不同开发阶段的开发策略

开发阶段	矛盾问题	对策及措施	应用效果
投产阶段 (1975—1976 年) (无水期)	依靠天然能量开采，油藏压力下降快	采取了边部稀、顶部密的布井方式，早期边缘底部注水	平均单井日产油 1764t
高产稳产阶段 (1977 年至 1986 年 5 月) (低含水期)	单井产液量大，导致含水率上升快	顶部井距普遍加密到 500m，控制采油速度，完钻深井，分层试油	油井增加到 160 口，阶段平均日产油 26600t，采油速度 2.5%，阶段累计产油 9158×10⁴t
快速递减阶段 (1986 年 6 月—1989 年) (中高含水期)	油水界面上升高度大，含水率上升快	新钻部分调整井，进行了卡封、堵水等措施	含水率上升至 82.27%，自然递减率 51.21%，阶段累计产油 1040×10⁴t
缓慢递减阶段 (1990 年至今) (高含水后期)	水淹程度高，常规措施难以大幅度提高采收率	停注降压开采，深化潜力研究，后期调整挖潜效果显著提高	平均年自然递减由 25.8% 减缓至 11.8%，水油比趋于稳定，低速缓慢递减生产，阶段累计产油 1307×10⁴t

目前任丘油田已处于高含水开发后期，产量低但较为平稳，常规的水驱调整措施已难以大幅度提高采收率，急需转变开发方式。目前潜山油藏开发战略主要是以大幅度提高潜山油藏重力驱先导试验采收率为目标，形成潜山油藏重力驱配套技术，盘活潜山油藏地质储量，为华北油田可持续发展提供技术支撑。

国外碳酸盐岩油藏提高采收率技术主要是 CO_2 和烃类混相驱及火烧油层，注气驱无论是应用数量还是增油效果都占绝对优势，反映出碳酸盐岩储层比较适合注气提高采收率。应用于裂缝性油藏，不仅可以维持地层压力，还可以提高驱油效率。注入地层的混相气通过重力排驱、毛细管驱动、弥散/扩散、压力驱动等作用，实现裂缝与基岩之间的交叉流和质量传递，达到开采大量残留在基岩中的原油的目的，注气重力驱是高角度裂缝碳酸盐岩油藏进入开发后期主要的提高采收率技术。多年来，华北油田针对潜山油藏持续开展研究，通过自主研究和与国外石油企业、国内石油高校合作等手段，开展了建模、物理模型、气驱数值模型、注气驱潜力评价等相关工作，从室内机理实验、方案编制到矿场试验持续开展研究，最终确定注气重力驱为盘活特高含水期潜山油藏储量的主体技术，逐步形成了以双重介质注气驱替实验评价技术、裂缝和基质孔隙空间展布精细刻画技术、注气驱方案优化设计及编制技术、潜山重力驱钻采工程技术、潜山油藏流体界面变化规律及稳定控制技术、重力驱集输地面工程配套技术等潜山油藏特高含水期注气提高采收率关键配套技术。

9) 胜利胜坨油田

胜坨油田位于山东省垦利区境内，在构造上位于东营凹陷北部坨庄—胜利村—永安二级构造带中段，是一个整装构造油田，截至 2021 年底探明含油面积 90.74km²。胜坨油田按产量变化幅度及开发调整策略，历经初期注水开发、细分加密完善井网、细分调整强注强采、精细开发综合治理、矢量调整、转型提效层系轮替调整共 6 个阶段，逐步形成早期注水、细分韵律层、层系重组、矢量调整、层系轮替等具有"胜利"特色的整装油藏开发模式（表 1-27）。

第一章　高含水老油田开发形势及面临的主要矛盾

表 1-27　胜利胜坨油田不同开发阶段开发策略

开发阶段	矛盾问题	对策及措施	应用效果
初期注水开发阶段（1964—1969 年）	探索开发方式	稀井高产，早期注水	油田开发以自喷采油为主，阶段末年产油 225.32×10⁴t
细分加密完善井网阶段（1970—1979 年）	层系间非均质严重，注采井网不完善	对主力层系沙二段分成上下两个开发层系，并完善井网	产量达到 643.74×10⁴t 的峰值，阶段末年产油 533.56×10⁴t
细分调整强注强采阶段（1980—1993 年）	层系内的层间潜力未发挥，采液速度低	细分调整开发层系，加强注采调整，实施大泵（电泵）提液增油等	年产油保持在 430×10⁴t 以上，采油速度保持在 1.0% 以上，在新井投产较少，综合含水率 70%~92% 的情况下稳产开发 14 年
精细开发综合治理阶段（1994—2009 年）	油田整体高含水（92.4%），层间产出动态非均质严重	实施储层近物性组合开发的韵律层细分，并实施井网重组调整、化学驱等	阶段末含水率控制在 96% 以下，阶段末年产油 275.37×10⁴t
矢量调整阶段（2010—2015 年）	井网严重老化、注水有效率低、平面和层间非均质性加剧等	针对剩余油分布特征，实施油水井矢量调整，建立适配储层非均质和剩余油分布特点的井网	阶段末含水率 96.3%，年产油稳定在 200×10⁴t 以上
转型提效层系轮替调整阶段（2016 年至今）	效益开发和可持续发展面临高含水和低油价的双重挑战	充分利用胜坨油田层系多、老井资源丰富的优势，提出层系轮替开发调整思路，让效益差的老井转到能创造更大效益的层系开发，盘活存量资产	自然递减率持续下降，由 2014 年的 11.4% 下降到 2021 年的 8.7%

胜坨油田为多层砂岩油藏，将立足精准地质认识、转变水驱开发策略、优化工艺配套，确保油藏采收率持续提高。精准认识储层隔夹层、明确油水饱和度场分布状况、明确压力场分布状况，瞄准剩余油分布，转变开发理念，深化理论认识，通过技术集成创新，优化层系井网、注采方式，调整地下流场，实现压力场与饱和度场的合理适配。通过评价及调查，根据各开发单元地质及开发特征，将开发单元分为单层系和多层系两种类型。下一步针对多层合采干扰严重、动用差异大的单层系油藏，具备细分物质基础的条件下，针对高耗水及剩余油特征，结合分注、大修、侧钻等，层系细分、精细注水调控高耗水层段，调整注水产液结构，控耗水控递减；针对井网叠合性好、老井多、层间开发差异大的多层系油藏，将潜力较大的"开发组"优先动用，潜力较小的"开发组"先培养、后动用，实施层系轮替开发，发挥各层系最大潜力。

10）胜利埕岛油田

埕岛油田位于山东省北部渤海湾南部的极浅海海域（水深 2~18m），构造上处于济阳坳陷与渤中坳陷交汇处的埕北低凸起的东南端，是一个大型极浅海油田，至 2021 年探明含油面积 204.12km²。埕岛油田按产量变化幅度及开发调整策略，历经试采、快速上产、注水稳产、综合调整+精细注水上产共4个阶段，逐步形成少井高产、综合挖潜调整等具有"胜利"特色的极浅海开发模式（表1-28）。

表1-28 胜利埕岛油田不同开发阶段开发策略

开发阶段	矛盾问题	对策及措施	应用效果
试采阶段（1993—1995年）	勘探开发上投入多、成本高、风险大、见效慢	自行设计、施工、安装了新型系列采油装置，建成投产了综合功能的浅海移动式采油平台，推广了海上丛式井钻井技术	1995年年产油达到54×10⁴t
快速上产阶段（1996—2000年）	在海上开发馆陶组油藏投资高，风险大	开辟先导试验区，逐步形成了具有胜利浅海地区特色的采油技术体系	2000年6月埕岛油田开井182口，日产油6703t，含水率31%
注水稳产阶段（2001—2005年）	注水整体滞后，地层能量亏空严重	运用跟踪建模与数值模拟动态分析技术，对注水开发技术政策进行了优化和完善	该阶段油井开井数、水井开井数增加，日产油水平基本稳定，综合含水率上升，年产油稳定在200×10⁴t以上
综合调整+精细注水上产阶段（2006年至今）	含水率上升速度加快，井网不完善	埕岛油田馆陶组主体全面实施整体大调整提速开发	产量突破300×10⁴t并持续上产，2021年年产油383×10⁴t

埕岛油田主要以构造油藏为主，将以精准储层认识为基础，积极探索开发方式、高效安全的工艺配套，确保油藏采收率达到最高水平。精准认识储层分布、明确剩余油分布状况，转变开发方式，深化海上实施化学驱的理论认识，通过技术配套集成创新，在极浅海油田实施层系、井网、开发方式、实施周期等多维组合优化，实现大幅度提高采收率。通过评价及调查，根据各开发单元地质及开发特征，将开发单元分为馆陶组主体、外围区块、未开发区块等三种类型。下一步针对馆陶组主体实施化学驱大幅度提高油藏采收率；针对外围区块，考虑海工条件和油藏特点实施综合调整，提高储量动用程度；针对未开发储量区块，实施油藏、海工、钻井等多专业一体化，扩大建产规模和阵地。

四、与国外大型高含水老油田的比较与启示

以美国东得克萨斯油田、苏联罗马什金油田、萨莫特洛尔油田为代表的国外大型油田从20世纪30—70年代投入开发，均经历了上产、稳产、递减和开发后期调整四个阶段[4-5]。这些油田地质条件好，综合含水率90%以上，平均可采储量采出程度85%以上，总体上处于"双特高"开发阶段。开发模式具有中低含水阶段快速上产、高含水阶段液油比快速上升、开发后期低速稳产的特点。主要采用注水开发，提高采收率方法以气驱、热采、水动力学法、重复压裂、水平井多级水力压裂等为主，化学驱项目数量呈现下降趋势。国内以大庆等为代表的陆上砂岩老油田服役时间长，整体也已进入"双特高"阶段。通过比较国内油田与国外陆上砂岩典型老油田的开发模式和开发后期提高采收率技术及效果，对我国老油田实现高质量、可持续开发具有重要的启示。

(1)注水依然是老油田开发的主导技术,认识油层非均质,并解决非均质矛盾是老油田开发永恒的主题。

美国、俄罗斯等国家或地区的高含水老油田,化学驱项目数量呈现下降趋势,注水依然是油田开发的主体技术。美国目前综合含水率90%以上,水驱储量占80%以上,提高采收率方法以气驱和热采为主;俄罗斯提高采收率技术仍以水动力学方法为主,油田开发晚期应用最广泛的技术有水动力学方法、重复压裂、水平井多级水力压裂、堵水等。

国外以东得克萨斯油田为例,该油田储层物性好,砂岩渗透率高,非均质性不强,原油黏度低,注水驱油过程中注入水均匀推进,使横向和纵向波及效率都得到改善,因此取得了良好的驱油效果。我国陆相高含水老油田储层平面和纵向非均质矛盾都比较突出,注入水沿着油层底部高渗透段和河床砂亚相主流带迅速突进。经过几十年的注水开发,油层底部高渗透段水洗程度高,大部分剩余油残留在厚油层顶部以及河床砂两侧相带。因此,只有不断深化更小尺度控油地质体认识,充分认清储层非均质性,才能改善开发效果,并在此基础上采用选择性调剖、细分注水和调整注采系统等措施来改善层内和平面矛盾,扩大驱替面积和波及体积,从而提高原油采收率。

(2)国内外油田高含水后期开发策略各不相同,强化采液的成功经验值得思考。

在高含水后期,东得克萨斯、罗马什金、萨莫特洛尔油田的开发模式和调整对策略有不同。东得克萨斯油田采用"提液控水控递减"方式,罗马什金油田以"三稳"方式为主,即稳液稳油稳含水,萨莫特洛尔油田则以"提液控水提产"方式为主。大庆长垣油田主要采取控水控递减,精细注采系统调整,精细注采结构调整,实施聚合物驱、三元复合驱等提高采收率技术,在开发中后期仍然保持较高的采油速度。

国外注水油田进入高含水开采后,进一步强化油田开发过程是提高注水油田开发效果的重要途径,其中加大生产压差、提高油田产液量是强化开采的主要方法。以东得克萨斯油田为例,该油田采液量长期保持在较高水平,这一方法延长了油田稳产期,使油田在开发晚期也保持着较高的采油速度。根据生产数据,自1943年后,东得克萨斯油田年产液基本保持在3700×10^4t以上;进入高含水和特高含水阶段后,年产液更是高达$5000 \times 10^4 \sim 6000 \times 10^4$t。20世纪90年代,综合含水率将近94%,每采1t油需采14.6t水。油田的边缘井也实行了强化采液,强采井阻止了边外区的水向油藏内部推进,使远离原始含水边界的井长期处于无水开采期。高含水老油田可通过加强注水、强化采液和控制含水率等措施,在高含水阶段继续保持油井高速平稳地生产,这一做法值得参考和深入研究。

(3)先进的开发技术、工艺方法、现代化油田管理是老油田开发后期提高采收率的主要手段。

罗马什金油田在油田开发理念、开采工艺技术、管理理念等方面为同类油田开发提供了宝贵的经验,特别是近几十年来在老油田高含水期开发方面实现了长期稳油控水,并在水平井开发、分层开采及提高采收率、地面处理等领域取得了很多技术成果,其中很多经验和做法值得学习和借鉴。包括高含水井关井、凝胶和悬浮体系调堵技术、老井侧钻及侧钻水平井技术、分层开采工艺、智能油田等,实现低速稳产阶段的效益开发,不断延长油田的寿命。值得一提的是,该油田积极利用智能油田技术,强化数字化油藏管理,建立了智能油田系统,实现从开发监测、地质建模、数值模拟到油水井工作制度及措施的一体化自动调整，具有实时监测油田开发、方便向数据库中补充高度分散的信息、依靠创新技术降低风险、快速做出决策、自动化管理油水井工作制度等优势，经过10多年的发展已初见成效。

与国外油田相比，大庆油田在开发中后期持续推进精准开发理念与实践，进一步改善老油田开发效果，将使油田水驱采收率提高到45%以上。持续推进新型高效驱油剂研发，形成经济高效、适应性强的化学驱提质增效技术，将使油田总体采收率达到60%~65%；加快聚合物驱后提高采收率技术攻关，争取实现一类油层、二类油层采收率再提高8%以上。相对于大庆油田三次采油技术的研究程度和应用规模，国外油田受成本和经济因素制约以及政府因素，EOR技术只是在水驱程度弱、低渗透、连通性差的局部开展试验（比如东得克萨斯油田），未得到大规模应用，在该领域大庆油田具有较大的优势，但在智能油田技术的研发与应用方面还需要从国外的成熟经验中获得有益的借鉴。

第三节 我国高含水老油田面临的主要矛盾

我国高含水老油田动用地质储量和年产油量占全国的70%以上，其主体和战略地位在未来很长一段时期内难以被取代。随着开发程度的深入，高含水老油田面临着生产与环境、产量与效益、剩余储量有效开采与技术水平不适应等一系列问题，这些问题均是世界级共性难题，依靠现有技术和工程管理的方法实现持续经济有效开发难度极大。

一、大幅度提高采收率的挑战

1. 资源潜力的挑战

剩余可采储量不足，储采失衡的矛盾加剧。我国高含水老油田当前技术可采储量采出程度高达76.9%，储采比仅为10.6。其中，中高渗透油藏储采比仅有7.8。大庆油田虽然依靠三次采油技术进步，剩余储采比达到9左右，但储采平衡系数仅为0.65，储采失衡矛盾突出（图1-26和图1-27）。

探明储量不足且劣质化严重。国内主要的松辽、渤海湾、鄂尔多斯等大盆地探明率50%~70%，常规油进一步大规模增储的难度大；待发现资源丰度低、物性差，逐渐向非常规资源转移，劣质化严重，属于"贫矿"，开发难度大。

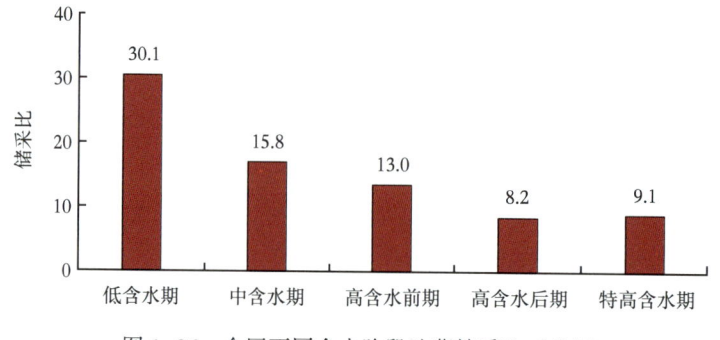

图1-26 全国不同含水阶段油藏储采比对比图

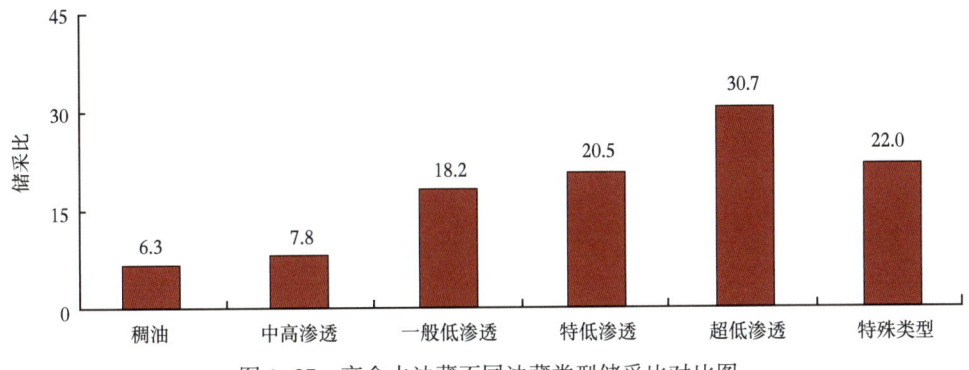

图 1-27　高含水油藏不同油藏类型储采比对比图

2. 技术发展的挑战

以大庆、胜利为代表的我国高含水老油田处于"双特高"阶段(特高含水、特高采出程度),现有的渗流理论和开发技术不能满足开发需求,以当前技术水平开采,油田将很快进入废弃阶段。这些滞留于地下的约 $190×10^8$ t 地质储量,其品位普遍好于致密油、页岩油等资源,若开发理论和技术研究上实现突破创新,在老油田井网完整、地面配套等生产设施齐全、技术及管理人员成熟的有利条件下,不需大规模投资,即可将剩余地质储量大幅度转变为可采储量,大幅度提高采收率。具体表现在以下几个方面。

(1)在基础理论研究方面,高含水老油田经过长期高强度开采,剩余油高度分散,地下储层及流体发生复杂变化,缺乏含水率 90% 以后,尤其是含水率 95% 以后的渗流理论。

(2)在地质研究方面,历经"实践—认识—再实践—再认识"的多轮次研究,每次地质认识上的突破,都带来采收率的大幅度提高。现阶段,传统地质研究难以实现精度和效率大幅提升,难以指导油田精准开发。

(3)在水驱开发方面,高含水老油田主要为陆相多层砂岩油藏,非均质性强,剩余油高度分散,挖潜难度大;低效无效循环严重,开发效率与效益差,需探索精准智能新一代高效挖潜技术,发挥产量与效益"压舱石"作用。

(4)在提高采收率技术方面,中高渗透油藏化学驱开采对象逐渐变差,且越来越多的地质储量进入化学驱后开发阶段,化学驱后提高采收率技术尚未成熟配套;低渗透油藏存在含水率上升速度快、采油速度低、产量递减幅度大等问题,需研制适合的驱油体系,大幅提高采收率。同时,要探索革命性提高采收率技术,最大限度提高采收率,延长高含水老油田生命周期。

二、低成本高效开发的挑战

我国高含水老油田整体进入特高含水后期,由于液油比大幅上升,操作成本逐年攀升,降成本压力大。以中国石油为例,近 10 年桶油完全成本增长近 1 倍,低油价条件下老油田效益开发难度大。

一是老油田主要开发指标呈下降趋势,以中国石油老油田为例,单井日产量降至 1.5t 以下,开井率降至 75% 以下,采油速度仅为 0.5%,单井措施日增油降至 1.5t 以下,剩余经济可采储量储采比仅有 3.58,效益开发形势依然严峻。

二是中高渗透主力老油田进入开采后期，无效循环严重、剩余油高度分散、低产低效井数居高不下，系统效率低，节能降耗压力大，运行成本高。注采两端挖潜调整措施工作量逐年增加，挖潜成本高。注入端进一步细分层段需求加大，测调工作量逐年增加，测调成本高。化学驱采出井杆管下行阻力大，杆管偏磨严重，造成系统效率低、检泵周期短、井筒及设备维护成本高。

三是地面系统经过多年建设，十分庞大，中国石油的高含水老油田在役各种站库 1.7 万余座、各类管道 33.9 万余千米；中国石化在役各种站库 0.85 万余座、各类管道 7.0 万余千米，并逐年增长。老油田已建地面系统具有点多、面广、线长、系统复杂等特点，特别是要在油藏区域内布置地面各类站、库，形成油气水的多种管网系统，由于地面工艺流程的选择取决于油藏类型、油气物性、地理环境、开采方式等多种因素，加之地面工程设施具有形态上固定性等特点，使得地面系统的工艺流程和设备的组合、各系统的衔接、地面建设标准的掌握都呈现出多样性和复杂性，建设投资和生产成本不断提升。油田地面工程系统如何采取最优化的方法和手段，控制地面系统建设规模，简化和优化地面流程，降低工程投资和生产运行成本，提高地面系统保障能力，为实现油田有效益、有质量、可持续发展提供技术支撑，是油田地面工艺面临的巨大任务。

三、全生命周期绿色开发的挑战

老油田每年向地下注入大量成分复杂的驱油剂、压裂液等化学剂，开展大量油水井作业，采出大量污水污泥，能耗居高不下，不利于清洁低碳发展。同时，由于生产设施服役期长，井况复杂，套损及管线腐蚀严重，设备老旧，跑、冒、滴、漏时有发生，极易造成环境污染，给油田全生命周期绿色开发带来极大的挑战。

(1) 注入化学剂方面：老油田开发后期，为了延长开采寿命，新的提高采收率技术不断应用，大量成分复杂的驱油剂、压裂液等化学剂不断注入地下，对地下地面生态环境造成较大隐患。

(2) 套管保护方面：随着生产时间的延长，油水井套管逐渐老化，受不同开发区块地质因素、开发因素及工程因素差异影响，各油田都不同程度发生套损，国内大庆、吐哈、新疆、青海、玉门、大港等老油田套损率都超过 10%，严重影响正常生产，同时每年耗费大量的修井作业费用。

(3) 清洁作业方面：老油田经过多年开发，油水井数量大、作业频次高，仅大庆油田现有油水井 12.6 万口、年作业 5.7 万井次。作业过程中的井筒溢流和杆管地面刺洗产生的废液易造成环境污染；传统小修作业全部由人工操作，作业现场为风险密集区，存在安全隐患，工人长期从事繁重体力工作，威胁身体健康；传统设备利用柴油机提供动力，存在能耗大、污染环境等问题。

(4) 污水污泥处理与利用方面：高含水老油田废液、废渣产出量大，成分复杂、种类繁多，无害化处理和资源化利用压力大。油田主要废液类型有：钻井废弃液、压裂返排液、综合废液(洗井、干线清洗、作业废水等)、外排含油污水。油田主要废渣类型有：含油污泥、含油废弃包裹物、钻井废弃液处理后废渣。

(5) 节能降耗清洁发展方面：老油田规模逐年攀升，亟须研究高效节能举升、集输、注入及可再生能源有效利用技术，促进油田生产节能降耗。高含水老油田，虽然产量在逐年递减，但生产开发规模却在不断增大，注水产液量巨大，能耗总量将随着注水、产液量的提高持续增长，主要集中于集输系统、注入系统和机采系统。老油田耗能设备也存在腐蚀老化严重的问题，以大庆油田为例，使用15年以上的主要机泵设备比例为23.4%；设备技术相对落后，效率低。同时，老油田拥有大量土地，蕴含风能、太阳能、地热能等可再生能源，如果得到有效利用，将可实现传统能源的清洁替代。

（6）已建设施本质安全方面：高含水老油田随着开发时间的延长，地面管道、设备等设施腐蚀、结垢、壁厚减薄不可避免，跑、冒、滴、漏等现象时有发生。国内高含水老油田地面管网失效率高，站场设备故障率高，安全环保形势不容乐观。

高含水老油田未来相当长的时间内仍是国内原油产量的主体，必须站在国家战略高度给以充足的政策支持和资金平台支持，推动科技创新、制度创新，因藏施策，努力改善油田开发效益，最大限度延长其生命周期，继续为保障国家能源战略安全发挥重要作用。

第二章　我国高含水老油田剩余资源及在能源结构中的战略地位

石油是一次能源的重要组成部分，作为战略能源在我国社会主义现代化建设中发挥着重要作用。通过评价我国高含水老油田的剩余资源潜力，预测未来原油产量及高含水油田产量的发展趋势，结合非常规石油和新能源的发展规划，论证高含水老油田在我国石油能源中的战略地位。

第一节　我国高含水老油田剩余资源评价

结合国内外剩余资源评价方法，评价我国高含水老油田潜力。截至 2019 年底，我国高含水老油田总体采出程度低，高含水油田仍有 3/4 的储量滞留地下，剩余资源主要分布在中高渗透和低渗透油藏，对于不同类型油藏采用相应的二次采油和三次采油技术，仍有大幅提高采收率的空间和资源基础。

一、老油田剩余资源评价方法调研

通过国内外文献调研、现场调研和方案设计，结合最新的理论技术进展[5]，针对不同类型高含水老油田，主要调研了以水驱特征曲线、产量递减法、谢尔卡乔夫公式和预测模型法为代表的油藏工程方法，海上油田井控储量法，先进指标追赶法，井网加密增储的项目化技术经济评价法，数值模拟和室内模拟方法及"二三结合"潜力评价法等 6 大类方法，每种方法均有其优缺点（表 2-1）。

表 2-1　国内外油田开发潜力评价方法及优缺点

类别	评价方法	优　缺　点
油藏工程方法	水驱特征曲线	特高含水阶段评价结果偏高
	广义递减法	评价结果可靠，操作性强
	预测模型法	适用于区域性、盆地级别的潜力评价，不适用于具体区块评价
	谢尔卡乔夫公式	适用于传统加密调整，不适用于特高含水期潜力评价
模拟方法	室内模拟方法	适用于理论研究，和现场应用有偏差
	数值模拟方法	工作量大，无法满足快速评价需要
"二三结合"潜力评价方法	单砂体精细水驱潜力方法	适应双高阶段精细潜力评价需要，操作相对简单，评价结果可靠
	气驱、化学驱、火驱、SAGD 等三次采油潜力评价	包含扩大波及体积、提高驱油效率的三次采油技术，是评价双高老油田提高采收率潜力的必然选择
海上油田评价方法	海上油田井控储量法	适合海上油田快速评价，评价结果精度受评价区块数量影响
先进指标追赶法		满足战略研究要求，评价速度快，对各种油藏类型均适用，但评价结果精度受区块数量影响
井网加密增储的项目化技术经济评价法		评价工作量和增加可采储量与油价、经济效益关联，适用于宏观战略评价

1. 常用开发潜力评价方法分析

1) 传统油藏工程方法

当前,国内外普遍采用水驱特征曲线(表2-2)、产量递减法、谢尔卡乔夫等传统方法,以及基于全生命周期的预测模型法(表2-3),评价当前和剩余资源潜力。这些方法的优点是原理和操作简便,缺点是评价结果不够精细,难以满足特高含水期精细潜力评价和预测的需要。

表2-2 "中国石油天然气行业标准"推荐的6种水驱特征曲线

水驱特征曲线名称	基本形式	可采储量预测公式
甲型(童宪章)水驱特征曲线	$\lg W_p = a + bN_p$	$N_R = \dfrac{\lg[f_{wL}/(1-f_{wL})] - [a+\lg(2.303b)]}{b}$
乙型(沙卓诺夫)水驱特征曲线	$\lg L_p = a + bN_p$	$N_R = \dfrac{\lg[1/(1-f_{wL})] - [a+\lg(2.303b)]}{b}$
丙型(西帕切夫)水驱特征曲线	$L_p/N_p = a + bL_p$	$N_R = \dfrac{1-\sqrt{a(1-f_{wL})}}{b}$
丁型(纳扎洛夫)水驱曲线	$L_p/N_p = a + bW_p$	$N_R = \dfrac{1-\sqrt{(a-1)(1-f_{wL})/f_{wL}}}{b}$
张金庆水驱特征曲线	$\dfrac{W_p}{N_p} = -a + b\dfrac{W_p}{N_p^2}$	$N_p = b\left[1 - \sqrt{\dfrac{a(1-f_{wL})}{f_{wL}+a(1-f_{wL})}}\right]$
喻启泰水驱特征曲线	$\lg N_p = a - b\lg\left(\dfrac{L_p}{W_p}\right)$	$N_p = 10^a \left\{ \dfrac{2bf_{wL}}{1-f_{wL}+b(1+f_{wL}) + \sqrt{[1-f_{wL}+b(1+f_{wL})]^2 - 4b^2 f_{wL}}} \right\}^b$

注:W_p—累计产水量,10^4t;N_p—累计产量,10^4t;a、b—水驱曲线的截距和斜率;L_p—累计产液量,10^4t;f_{wL}—极限含水率,%;N_R—可采储量,10^4t。

表2-3 预测模型法

预测模型	控制方程	可采储量	回归方程
广义翁氏模型(Possion Model)	$Q = at^b e^{-(t/c)}$	$N_R = ac^{b+1}\Gamma(b+1)$	$\lg(Q/t^b) = \lg a - \dfrac{1}{2.303c}t$
威布尔模型(Weibull)	$Q = at^b e^{-(t^{b+1}/c)}$	$N_R = ac/(b+1)$	$\lg\dfrac{Q}{t^b} = \lg a - \dfrac{1}{2.303c}t^{b+1}$
对数正态分布模型(LND Model)	$Q = \dfrac{a}{t}e^{-(\ln t-c)^2/b}$	$N_R = a\sqrt{\pi \cdot b}$	$\lg(Qt) = \lg a - \dfrac{1}{2.303b}(\ln t-c)^2$
胡陈模型(HC)	$N_p = \dfrac{c}{1+at^{-b}}$	$N_R = c$	$\lg\left(\dfrac{c-N_p}{N_p}\right) = \lg a - b\lg t$
哈伯特模型(Hubbert)	$N_p = \dfrac{N_R}{1+ae^{-bt}}$	—	$\lg\left(\dfrac{N_R-N_p}{N_p}\right) = \lg a - \dfrac{b}{2.303}t$
胡陈张模型(HCZ)	$N_p = N_R \exp[-(a/b)\exp(-bt)]$	—	$\lg\dfrac{Q}{N_p} = \lg a - \dfrac{b}{2.303}t$

注:a、b、c—模型常数;Q—年产量,10^4t;Q_{max}—最高年产量,10^4t;t—生产时间,a;t_m—最高年产量发生的时间,a;N_R—可采储量,10^4t;Γ—伽马函数;N_p—累计产量,10^4t。

2) 先进指标追赶法

主要用在战略规划研究。其主要原理为:在相似的沉积环境、储层特征、油藏类型等条件下,开发方式和技术政策的合理性导致了开发效果的差异,可以通过提高开发水平来实现开发效果的提升,达到先进指标。按照同一油区细分油藏类型,确定采收率追赶目标,采用目标采收率与目前采收率差值作为提高采收率潜力,进而计算增加可采储量潜力，评价流程如图 2-1 所示。方法简便，数据容易获取，评价结果更为靠实，满足战略研究所需要的精度。

油藏分类
- 对每个油区的开发单元按油藏类型分类
- 分为中高渗透、低渗透、特低渗透、超低渗透、稠油、特殊岩性

追赶目标的确定
- 选出每个油区同类油藏的采收率的合理高值
- 选出每个油区同类油藏的采收率的平均值
- 统计同类油藏中高于采收率均值的开发单元其采收率的平均值
- 统计同类油藏中低于采收率均值的开发单元其采收率的平均值

指标追赶方法
- 每类油藏中按照采收率均值高低分为四级单元
- 采收率最高的一级采收率追赶目标为合理高值
- 其他三级采收率追赶目标为上一级的均值

增储潜力
- 每个油田目前采收率与目标的差值为采收率提高潜力
- 计算每个油田的可采储量增加潜力

图 2-1　改进的先进指标追赶流程

3) 井网加密增储的项目化技术经济评价法

主要用于战略规划研究。将井网加密作为产能建设项目进行技术经济评价，以经济有效作为加密钻井的基本条件，研究油价与新钻井规模对新增可采储量的影响规律，形成水驱油藏井网加密潜力的图版，确定不同油价下水驱油藏的加密潜力（图 2-2）。解决了宏观战略研究老区潜力评价以及老区增储与油价、效益关系等方面的突出难题。

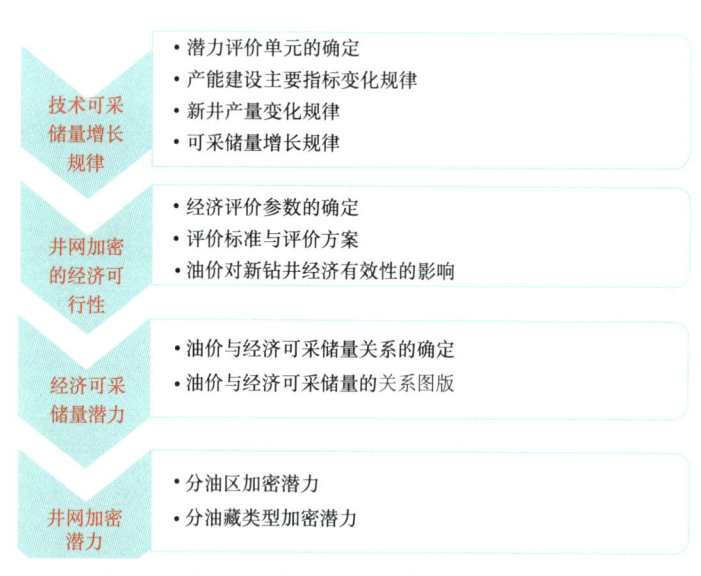

技术可采储量增长规律
- 潜力评价单元的确定
- 产能建设主要指标变化规律
- 新井产量变化规律
- 可采储量增长规律

井网加密的经济可行性
- 经济评价参数的确定
- 评价标准与评价方案
- 油价对新钻井经济有效性的影响

经济可采储量潜力
- 油价与经济可采储量关系的确定
- 油价与经济可采储量的关系图版

井网加密潜力
- 分油区加密潜力
- 分油藏类型加密潜力

图 2-2　井网加密增储的项目化技术经济评价流程

4) 海上油田井控储量法

该方法评价原理是，建立不同类型油田井控储量与单井增加可采储量关系，基于不同油价对应的调整井可采储量界限，估算不同油价下调整井工作量及其潜力。这种方法对海

上油田评价具有一定参考意义，但相对粗放，难以针对剩余油特点和开发技术进行配套。

5) 油藏数值模拟方法

油藏数值模拟是国内外普遍采用并获得认可的潜力评价技术，其软件包括 Eclipse、VIP、CMG 等适合于黑油、稠油的各种软件，既适合水驱也适合于气驱、化学驱，尤以国外用得较多。其优点是技术十分成熟，对于开发方案设计和潜力评价具有独特的优势。缺点是工作量大，难以满足战略性研究的需要。

2. 本次研究采用的潜力评价方法

本次潜力评价以"二三结合"模式为引领，统筹考虑二次开发水驱/稠油蒸汽吞吐和后续三次采油转换开发方式，采用统一的评价流程，进行全生命周期潜力计算。"二三结合"是指将二次开发（三重+精细水驱）和三次采油（化学驱、气驱、SAGD/火驱/多介质蒸汽驱）统筹考虑优化部署，利用三次采油井网先行进行水驱挖潜，选择合适时机转入三次采油，旨在通过全生命周期系统优化，大幅提升采收率，增强经济抗风险能力。"十三五"以来，为适应储层精细刻画和精细潜力评价与部署的需要，创新建立了以单砂体为核心的水驱精细潜力评价方法，发展了适应不同方式化学驱、气驱等三次采油适应性评价标准和潜力评价方法。以"二三结合"协同提高采收率理念与技术为切入点，基于"二三结合"方法体系进行顶层设计研发了界面美观、操作简单的软件系统。该系统由 2 个主控台和 18 个核心软件模块组成，全方位满足了开发规律分析、"二三结合"井网优化设计、精细水驱和三次采油（化学驱、气驱、稠油转换开发方式）潜力评价、开发指标预测五大需求。老油田"二三结合"水驱潜力评价系统和三次采油潜力评价软件 EORSYS3.0 的主控平台界面如图 2-3 和图 2-4 所示。

图 2-3　老油田"二三结合"水驱潜力评价系统主界面

图 2-4　三次采油潜力评价软件 EORSYS3.0 界面

二、我国老油田剩余资源总体潜力情况

1. 高含水老油田提高采收率潜力认识

（1）我国油藏以陆相沉积储层为主，高含水阶段乃至特高含水阶段仍有大幅提高采收率的空间。

据各石油公司的上报数据，截至 2019 年底，我国已开发地质储量中河流相、冲积扇和三角洲相沉积动用储量 $311.5×10^8t$，占 90.7%（图 2-5）。陆相储层具有非均质性强、残余油饱和度高的特点，平均水驱可动油饱和度 33.5%，残余油饱和度高达 29.2%，近一半的储量（残余油占 46.6%）难以通过常规注水开发进行开采（图 2-6），高含水后期仍有大幅度提高采收率的空间。

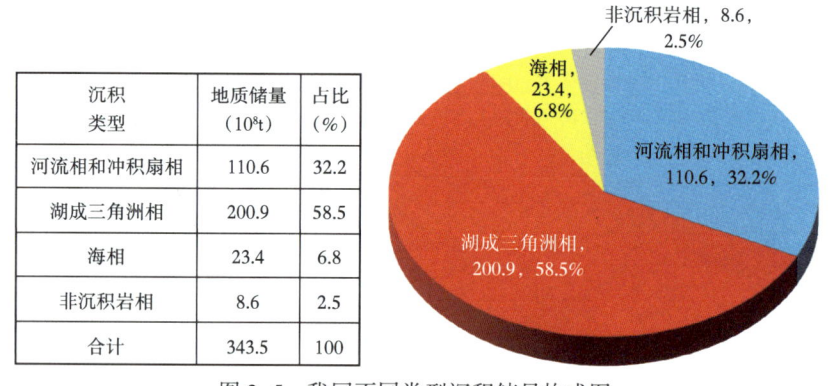

沉积类型	地质储量（10^8t）	占比（%）
河流相和冲积扇相	110.6	32.2
湖成三角洲相	200.9	58.5
海相	23.4	6.8
非沉积岩相	8.6	2.5
合计	343.5	100

图 2-5　我国不同类型沉积储量构成图

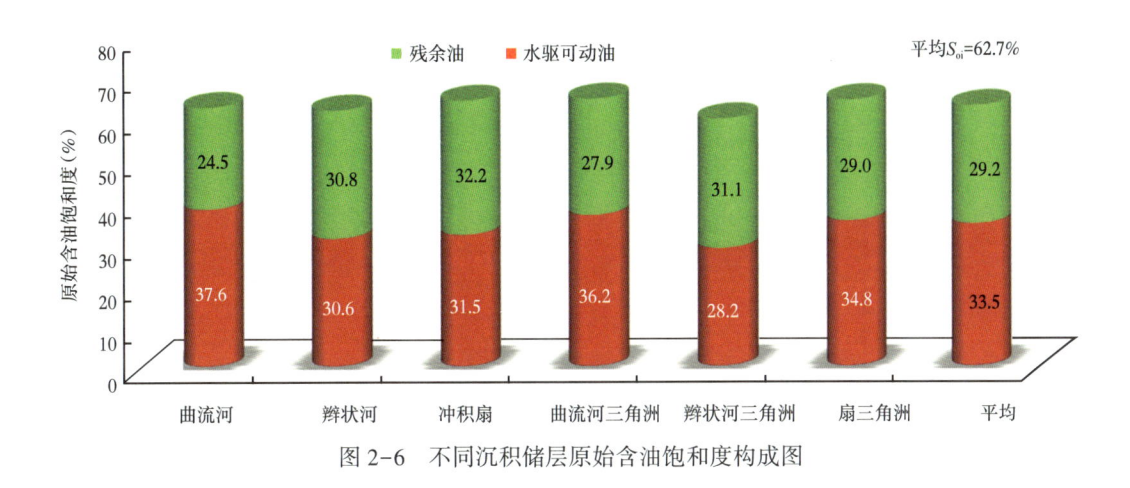

图 2-6　不同沉积储层原始含油饱和度构成图

（2）高含水老油田总体采出程度不高，仍有大幅提高采收率的资源基础。

我国高含水老油田已动用地质储量 $255.6×10^8$ t，标定采收率 31.1%，目前平均采出程度 25.6%，70% 以上剩余储量滞留地下，具有进一步大幅度提高采收率的空间。大庆油田、胜利油田等主力老油田平均综合含水率高达 90% 以上，可采储量采出程度达 85% 以上，开发年限均已超过 50 年，但目前产量占全国的半壁江山。原油采收率每提高 1 个百分点，将会带来 $2.6×10^8$ t 的可采储量，相当于目前我国 1.4 年的产油量，老油田仍然是我国石油产量的"压舱石"（图 2-7）。

图 2-7　2019 年分类油藏采出程度和采收率分布图

（3）挑战开发极限，特高含水油田依然能够大幅提高采收率。

"十三五"以来，我国石油突出转换开发理念与理论技术创新，推动石油采收率不断挑战开发极限。实践证明，高含水老油田依然大有可为：大庆长垣油田实施层系细分与加密调整，践行"四个精细"和"五个不等于"的开发理念，推动 40 亿吨级储量水驱采出程度整体达到 48.3%，化学驱达到 59.1%。吉林大情字井黑 79 块小井距 CO_2 混相驱在含水率 93.1%、采出程度 25% 基础上，产量提高 4 倍以上，含水率下降 10%，阶段采出程度

· 53 ·

达到20%，较水驱提高采收率25%；空气火驱、多介质辅助SAGD、蒸汽驱等新一代稠油开采新技术，可提高采收率25%~30%，最终采收率能够达到60%~70%；中国石油新疆油田、大港油田、辽河油田实施"精细水驱+二元复合驱"与"二三结合"，提高采收率20%以上，预测最终采收率60%~70%（图2-8）。

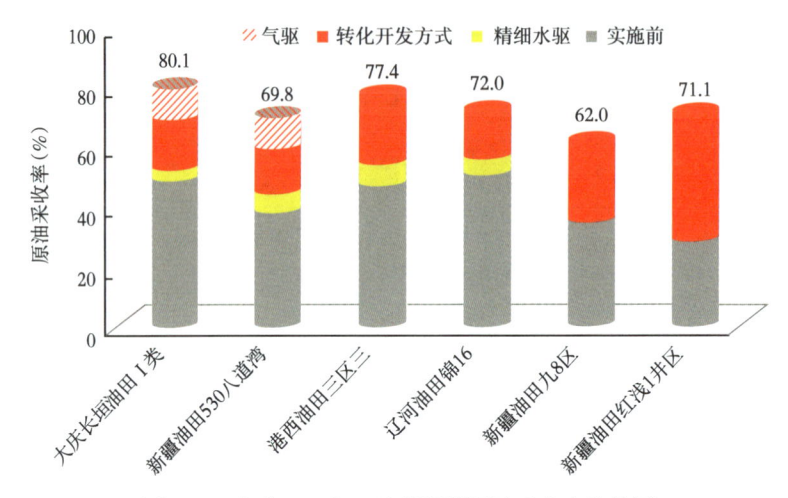

图2-8 典型"双高"油藏预测原油采收率柱状图

2. 高含水油田资源及剩余潜力分析

1）按含水级别

截至2019年底，我国含水率大于60%的高含水油田动用储量占总动用储量的74.5%。累计产油量65.56×10^{8}t，剩余地质储量190.1×10^{8}t。也就是说，高含水油田仍有3/4的储量滞留地下，目前可采储量采出程度82.6%，剩余可采储量13.8×10^{8}t（表2-4和图2-9）。

表2-4 我国不同含水级别开发指标表（截至2019年底）

含水率（%）	动用储量（10^{8}t）	可采储量（10^{8}t）	累计产油量（10^{8}t）	地质储量采出程度（%）	可采储量采出程度（%）	剩余地质储量（10^{8}t）	剩余地质储量占比（%）	剩余可采储量（10^{8}t）	剩余可采储量占比（%）
<20	9.0	1.6	0.92	5.4	31.4	7.95	2.9	1.00	4.5
20~60	78.8	13.6	6.16	7.8	45.4	72.60	26.8	7.41	33.4
60~80	78.5	16.7	10.99	14.0	65.9	67.55	25.0	5.69	25.6
80~90	65.8	16.9	13.47	20.5	79.7	52.30	19.3	3.44	15.5
≥90	111.3	45.8	41.10	36.9	89.8	70.24	26.0	4.68	21.0
小计（含水率大于60%）	255.6	79.4	65.56	25.6	82.6	190.10	70.2	13.80	62.2

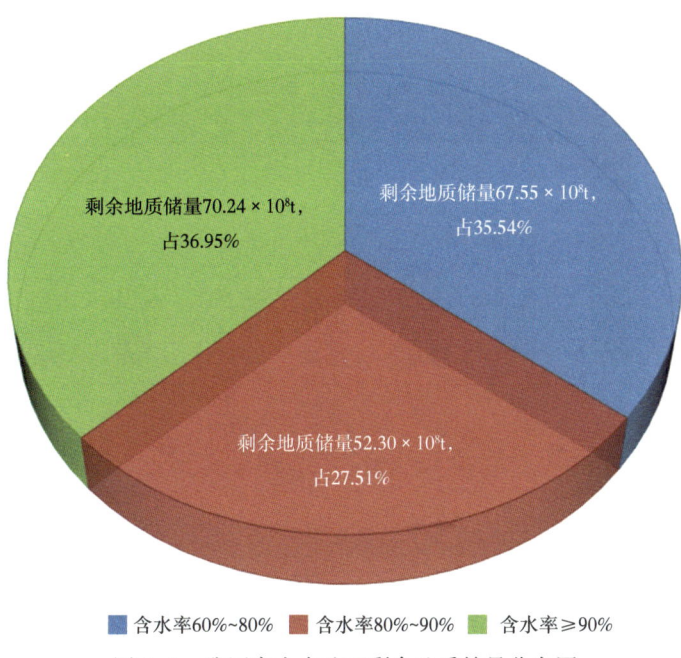

图 2-9 我国高含水油田剩余地质储量分布图

图例：含水率60%~80%；含水率80%~90%；含水率≥90%

2）按油藏类型

从分类油藏构成看，高含水油田剩余资源主要分布在中高渗透和低渗透油藏中（表2-5和图2-10）。

表 2-5　我国不同类型油藏高含水（$f_w \geqslant 60\%$）油田开发指标表

油藏类型		动用地质储量（10^8t）	可采储量（10^8t）	采收率（%）	累计产油量（10^8t）	地质储量采出程度（%）	可采储量采出程度（%）	剩余地质储量（10^8t）	剩余可采储量（10^8t）
中高渗透油藏	整装构造	104.8	44.12	42.1	39.19	37.4	88.8	65.63	4.93
	复杂断块	41.6	11.92	28.7	9.93	23.9	83.4	31.62	1.98
	小计/平均	146.4	56.04	38.3	49.12	33.6	87.7	97.25	6.91
低渗透油藏	一般低渗透	35.0	7.96	22.7	5.50	15.7	69.1	29.53	2.46
	特低渗透	29.2	5.42	18.5	3.20	10.9	59.1	26.04	2.22
	超低渗透	4.5	0.41	9.2	0.12	2.6	28.8	4.40	0.30
	小计/平均	68.7	13.79	20.1	8.82	12.8	64.0	59.97	4.97
稠油油藏	热采稠油	21.6	5.51	25.5	4.50	20.8	81.6	17.12	1.01
特殊类型油藏	碳酸盐岩	12.3	2.82	22.8	2.42	19.6	86.0	9.91	0.39
	火山岩等	6.5	1.21	18.4	0.69	10.6	57.5	5.86	0.51
	小计/平均	18.8	4.03	21.3	3.12	16.5	77.5	15.77	0.91
全国合计/平均		255.6	79.36	31.1	65.56	25.6	82.6	190.10	13.80

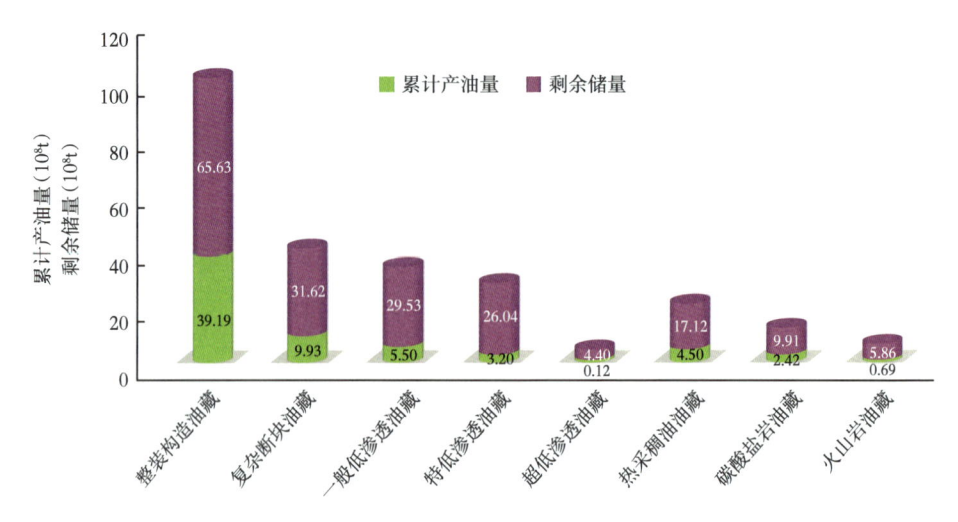

图 2-10　我国不同类型油藏高含水（$f_w \geq 60\%$）储量构成图

中高渗透油藏：动用地质储量 146.4×10^8t，采收率 38.3%，累计产油量 49.12×10^8t，地质储量采出程度达到 33.6%，剩余地质储量 97.25×10^8t，可采储量采出程度 87.7%，剩余可采储量 6.91×10^8t。

低渗透油藏：动用地质储量 68.7×10^8t，采收率 20.1%，累计产油量 8.82×10^8t，地质储量采出程度只有 12.8%，剩余地质储量 59.97×10^8t，可采储量采出程度 64.0%，剩余可采储量 4.97×10^8t。

稠油油藏：动用地质储量 21.6×10^8t，采收率 25.5%，累计产油量 4.50×10^8t，地质储量采出程度 20.8%，剩余地质储量 17.12×10^8t，可采储量采出程度 81.6%，剩余可采储量 1.01×10^8t。

特殊类型油藏：动用地质储量 18.8×10^8t，采收率 21.3%，累计产油量 3.12×10^8t，地质储量采出程度 16.5%，剩余地质储量 15.77×10^8t，可采储量采出程度 77.5%，剩余可采储量 0.91×10^8t。

3. 高含水油藏提高采收率潜力评价

1）提高采收率总体策略

立足当前技术及成效，着眼长远的技术发展战略，以"二三结合"模式为引领，开发方式由单一水驱/吞吐走向更高幅度提高采收率的水驱+化学驱+气驱协同开发，针对不同油藏类型，分类提出相应的二次采油和三次采油技术策略和目标（图 2-11）。

2）全国高含水油藏潜力

评价结果表明，我国高含水老油田采用二次采油+三次采油协同提高采收率模式，可实施潜力目标区块 3803 个，可实施储量 213×10^8t，预计提高采收率 14.4%，增加可采储量 30.63×10^8t，实施后采收率由 28.6% 提高到 43.0%（表 2-6），其中：

（1）中高渗透构造油藏，可实施储量 79.8×10^8t，提高采收率 12.9%，增加可采储量 10.32×10^8t，最终采收率 54.0%；

油藏类型	IOR/EOR策略	提高采收率目标(%)	最终采收率(%)
中高渗透油藏	精细水驱+化学驱,辅助多方式气驱协同	>20	60~80
低渗透油藏	精细水驱+多方式气驱	>20	30~50
热采稠油油藏	多介质辅助蒸汽吞吐+SAGD/火驱/蒸汽驱	25~30	70~80
特殊类型油藏	水驱+缝网压裂+气驱	10~20	25~40

层系井网部署,二次采油与三次采油全生命周期协同优化

图 2-11 分类油藏"二三结合"策略及提高采收率目标

(2)复杂断块油藏,可实施储量 41.2×10^8t,提高采收率 13.5%,增加可采储量 5.58×10^8t,最终采收率 41.0%;

(3)低渗透油藏,可实施储量 75.8×10^8t,提高采收率 16.0%,增加可采储量 12.10×10^8t,最终采收率 35.4%;

(4)热采稠油油藏,可实施储量 14.2×10^8t,提高采收率 18.3%,增加可采储量 2.60×10^8t,最终采收率 45.0%;

(5)碳酸盐岩油藏,可实施储量 2.0×10^8t,预计可提高采收率 1.3%,增加可采储量 0.03×10^8t,最终采收率 17.5%。

表 2-6 我国高含水分类油藏提高采收率潜力评价结果表

油藏类型	区块数(个)	可实施储量(10^8t)	目前采收率(%)	精细水驱/蒸汽吞吐 提高采收率(%)	精细水驱/蒸汽吞吐 新增可采储量(10^8t)	三次采油 提高采收率(%)	三次采油 新增可采储量(10^8t)	"二三结合" 提高采收率(%)	"二三结合" 新增可采储量(10^8t)	最终采收率(%)
中高渗透构造	738	79.8	41.0	4.5	3.6	8.4	6.7	12.9	10.32	54.0
复杂断块	1366	41.2	27.4	7.8	3.2	5.7	2.3	13.5	5.58	41.0
低渗透	1371	75.8	19.4	6.0	4.5	10.0	7.6	16.0	12.10	35.4
热采稠油	326	14.2	26.7	1.5	0.2	16.8	2.4	18.3	2.60	45.0
碳酸盐岩	2	2.0	16.2	1.3	0	0	0	1.3	0.03	17.5
总计/平均	3803	213	28.6	5.4	11.5	8.9	19.0	14.4	30.63	43.0

从盆地潜力看,松辽盆地可实施石油地质储量 39.3×10^8t,提高采收率 17.8%,增加可采储量 6.98×10^8t,最终采收率 58.6%;渤海湾盆地可实施石油地质储量 100.4×10^8t,提高采收率 13.1%,增加可采储量 13.18×10^8t,最终采收率 39.1%;鄂尔多斯盆地可实施石油地质储量 40.6×10^8t,提高采收率 13.0%,增加可采储量 5.28×10^8t,最终采收率 31.6%;准噶尔盆地可实施石油地质储量 14.8×10^8t,提高采收率 22.3%,增加可采储量

$3.30×10^8$t，最终采收率52.0%；塔里木盆地可实施石油地质储量$2.5×10^8$t，提高采收率22.3%，增加可采储量$0.55×10^8$t，最终采收率55.7%（表2-7）。

表2-7 我国高含水油田按盆地分类提高采收率潜力评价结果表

盆地	区块数（个）	可实施石油地质储量（10^8t）	目前采收率（%）	精细水驱/蒸汽吞吐 提高采收率（%）	精细水驱/蒸汽吞吐 新增可采储量（10^8t）	三次采油 提高采收率（%）	三次采油 新增可采储量（10^8t）	"二三结合" 提高采收率（%）	"二三结合" 新增可采储量（10^8t）	最终采收率（%）
松辽	160	39.3	40.9	3.0	1.2	14.8	5.83	17.8	6.98	58.6
渤海湾	2823	100.4	26.0	7.4	7.4	5.8	5.78	13.1	13.18	39.1
鄂尔多斯	526	40.6	18.6	4.5	1.8	8.5	3.44	13.0	5.28	31.6
准噶尔	171	14.8	29.7	4.4	0.7	17.8	2.64	22.3	3.30	52.0
塔里木	29	2.5	33.5	5.4	0.1	16.8	0.41	22.3	0.55	55.7
珠江口	29	7.0	42.3	1.9	0.1	0	0	1.9	0.14	44.3
北部湾	15	2.2	40.2	2.5	0.1	1.1	0.02	3.6	0.08	43.8

第二节　我国高含水老油田在能源结构中的战略地位

根据预测，我国石油消费将在2030年达到峰值$7.05×10^8$t。非常规化石能源及新能源受其体量和相关技术制约，对石油的能源地位影响有限。国内原油年产$2×10^8$t是保障国家石油安全的底线，在新区资源劣质化导致规模上产难度大和效益变差的情况下，加大老区特别是高含水老油田的产量贡献是确保原油年产$2×10^8$t底线的关键，具有重要的战略地位。

一、新时代经济发展对石油的需求

1. 石油消费现状

石油是一次能源的重要组成部分，作为战略能源在我国社会主义现代化建设中发挥着重要作用。随着经济快速发展，我国一次能源消费量呈现上升趋势，2019年能源消费总量达到$48.6×10^8$t标准煤，比上年增长3.3%[6]。其中，石油表观消费量达到了$6.6×10^8$t，占比18.9%，与2017年、2018年持平，煤炭占比比2018年同期下降了1.3个百分点至57.7%，天然气占比进一步上升至8.1%（图2-12）。我国石油消费呈现快速上涨趋势，从2009年至2019年年均增长率为5.4%，是世界石油消费增长绝对量的最大贡献者（表2-8）[7-8]。

表2-8 石油消费量增长贡献对比（BP能源统计年鉴2020）

国别	石油消费量（10^3bbl/d）2009年	石油消费量（10^3bbl/d）2019年	增长量（10^3bbl/d）	2009—2019年增速（%）
美国	18030	19400	1370	0.3
中国	8420	14056	5636	5.4
世界	84083	98272	14189	1.3

图 2-12　2017—2019 年我国能源消费结构

从构成来看，我国石油消费在各行业分布不均衡，主要集中在交通、工业和化工三大领域，共占总消费量的 85% 左右。其中，交通行业是石油消费的主体，约占总消费量的 50% 以上（图 2-13）。

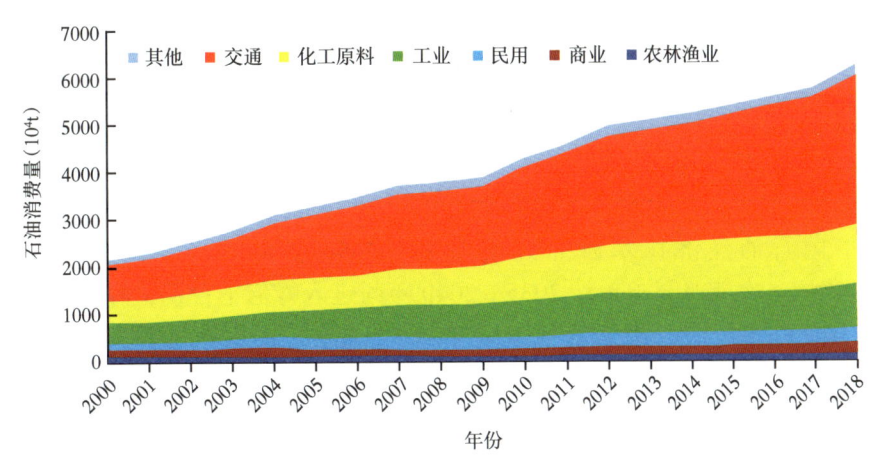

图 2-13　我国石油消费分行业情况（中国石油经济技术研究院）

2. 石油消费需求趋势

1）石油消费的影响因素

影响我国石油消费的主要因素有经济增长、购买力、能效变化、人口数量、汽车保有量、共享交通发展、新能源汽车发展等 7 个因素（表 2-9）。其中，经济发展、人口数量是核心因素[9-12]。

2）石油消费需求趋势

研究中对比了各机构的参考情景和模型设定，认为中国石油经济技术研究院的预测结果更加符合我国情景。例如，基准情景考虑了我国打造优美生态环境、开创人与自然和谐共生愿景及其对能源发展的影响，在模型参数方面考虑了近年来各方面技术的新进展，以及我国的新政策，更符合我国具体情况。因此，研究采用中国石油经济技术研究院的预测结果，2030 年左右石油需求将达到峰值 7.05×10^8 t，而后逐步下降。

表 2-9 主要影响因素对比

影响方向	因素	影响程度	作用机理	近期走势	关注点
正向拉动因素	经济发展	*****	经济增长促使基础设施建设、工业耗能、运输耗能等	国内外冲击造成短期疲软，中长期趋势向好，由高速增长向高质量增长转变	国家经济增长目标[13-16]
	购买力	****	生活水平越高人均能耗越高	中产阶级扩张，2030年增长80%，人均石油消费上升	人口结构、老龄化趋势对人均能耗的影响
	人口	*****	人口数量、城镇化率与石油消费高度正相关	联合国预测中国的人口2030年达到14.42亿的峰值	大城市汽车销售、出行政策
	汽车保有量	***	直接影响交通运输领域成品油需求	由高增长进入到平稳增长	
减缓与降低因素	能效变化	****	技术进步使单位GDP能耗不断下降	预计2016—2040年每年下降2%	新技术研发
	共享交通发展	**	共享单车、共享汽车等发展减少出行车次，抑制汽油消费	受运输业拉动近几年高速发展	共享交通政策、行业发展
	新能源汽车	**	替代燃油汽车，抑制汽油消费	爆发式增长，但不确定性大，对短期石油消费影响有限	电池技术发展、电动车成本、购买政策

根据中国石油经济技术研究院发布的《2050年世界与中国能源展望（2019版）》[17]，我国一次能源需求预计2035—2040年间进入峰值平台期，峰值为 40×10^8 t 标准油（57×10^8 t 标准煤）；一次能源需求结构将加快优化，呈现非化石、煤炭、油气三足鼎立态势；能源相关 CO_2 排放将于2025—2030年达峰。随着我国能源需求重心逐步转向生活消费侧，终端用能将在2035年前后达峰。其中，工业用能在2025年前后达峰，交通用能在2035年后进入峰值平台期，建筑用能2050年前有望保持增长。终端用能结构将继续维持电代煤、气代煤趋势[18-20]。2035年和2050年，非化石能源占比分别升至28%和37.8%，煤炭占一次能源需求的比重分别降至40.5%和31%。油气占比在2035年后基本保持在31.5%左右；2035年，石油和天然气占比分别为17%和14%；2050年，石油和天然气占比分别为15%和16%（图2-14）。

我国石油需求预计2030年前后达峰，峰值为 7.05×10^8 t，此后逐步回落，2050年为 5.9×10^8 t（图2-15）。单位GDP石油消费强度将持续下降，是我国石油需求达峰的重要原因。我国人均石油需求还有一定增长空间，2030年将达到人均0.5t油的峰值水平。交通用油占比将有所下降，但仍保持在50%以上，是石油需求的主导行业；石油的原料属性将得到极大提升，化工用油占比将从2018年的12.5%增加到2050年的30%。

我国成品油需求将于2030年前后达峰，峰值约为 3.8×10^8 t。需求增长主要来自汽油和煤油。2030年以前，成品油需求仍有 1.2×10^8 t 增长空间，2015—2030年均增速2.4%[21-22]。2030—2050年，成品油需求下降 0.4×10^8 t，2030—2050年年均降幅为0.6%。

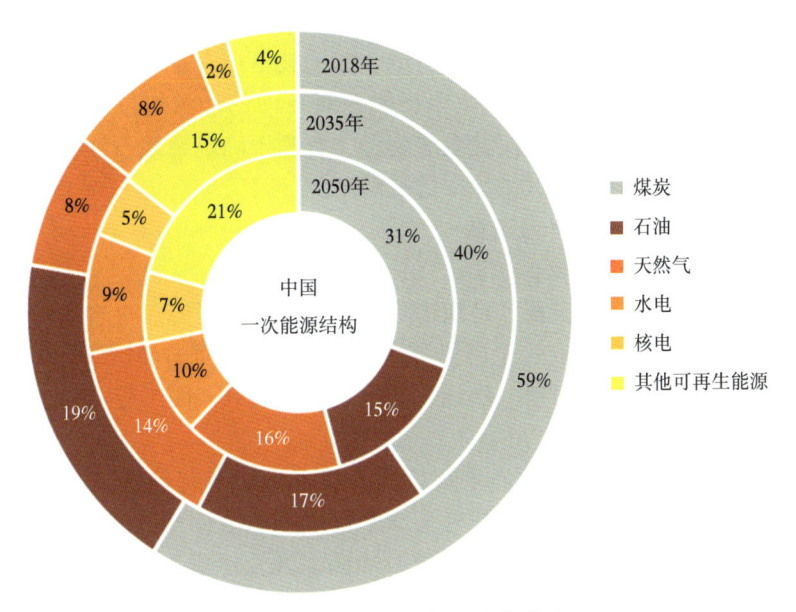

图 2-14　中国一次能源需求构成

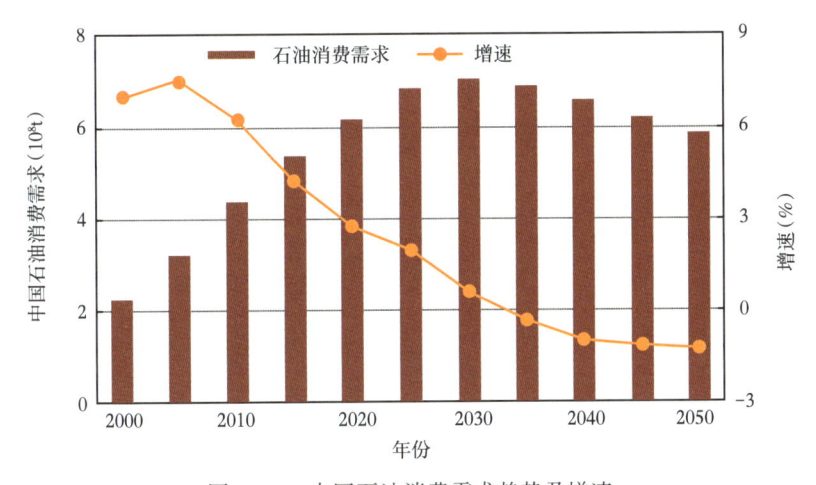

图 2-15　中国石油消费需求趋势及增速

我国乘用车消费增速进入换档期，同时考虑节油技术进步，汽油需求增速将逐步回落，预计在 2025 年前达峰；之后随着燃油效率提升、替代能源快速发展，需求将稳步回落。我国民航处于大众化、多元化发展阶段，随着经济发展和居民收入水平不断提高，航空客货运量将保持快速增长，将带动煤油在 2040 年前保持较快增长[23]。柴油已经进入峰值平台期，未来因工业和交通领域柴油需求持续下滑而稳步下降。

二、非常规石油及新能源发展状况

近年来非常规化石能源及新能源迅猛发展，致密油等非常规化石能源的开发在美国已经获得突破，但我国非常规化石能源的开发还刚刚起步，实现经济规模开发还需时日；新能源的发展也日新月异，但目前的体量还有限，相关技术还存在瓶颈，且石油在工业生产中的不可替代性（如航天、化工等）也使得新能源对石油的能源地位影响有限。分析非常规化石能源及新能源发展状况并预测其发展趋势，有利于确定常规石油的开发规划，进而分析高含水老油田未来在我国油气供给中的战略地位。

1. 我国非常规石油发展状况与趋势

1) 我国非常规石油的发展现状

国内陆上非常规石油资源丰富，是未来重要的石油接替资源。页岩油、致密油都属于重要的非常规石油。据"十三五"全国资源评价，我国陆上页岩油资源量 238×10^8t、致密油 136×10^8t，主要集中在鄂尔多斯、松辽、准噶尔、渤海湾、四川等盆地，是未来非常规石油勘探开发的主战场[24-32]。

2008 年，北美地区巴肯致密油实现规模化开发，逆转了北美石油产量持续走低的趋势，改变了世界油气供应格局，成为开启全球非常规石油勘探开发的典范。2011 年以来，中国石油、中国石化、延长石油开始非常规石油勘探开发探索工作，先后在 20 个探区针对不同页岩油/致密油类型开展先导试验，目前进展程度不一。

我国非常规石油资源比较丰富，但储层性质、流体特征与美国致密油差异较大，储层非均质性强，在工程技术和管理模式方面与国外相比还有差距，单井产量远不及美国，提高采收率技术尚处于攻关阶段，在目前油价、技术和税费政策下难以规模有效动用。2011 年以来我国建立了多个页岩油/致密油勘探开发试验区，开展了大量的探索研究，技术进步、管理创新等方面成效显著，但仍面临投入大、成本高、有效开发难度大的挑战。

2) 我国非常规石油的发展趋势

从我国未来新增探明储量领域、页岩油/致密油资源量、开发试验进展来看，页岩油/致密油是我国未来重要的增储上产领域[33-37]。国内石油要保持 2×10^8t 稳产，必须加快我国页岩油/致密油资源的勘探开发利用步伐，使之成为常规石油的重要补充。"十二五"以来，鄂尔多斯、准噶尔、渤海湾等盆地针对页岩油、致密油勘探开发开展了大量试验，通过关键技术攻关，实现了规模增储和有效开发，为"十四五"加快发展奠定了基础。近期，松辽盆地等页岩油勘探获得了突破，展示了较好的勘探开发前景。

实施常非并举，加大非常规石油开发，将形成对常规石油重要的补充。通过贯彻落实习近平总书记对国内油气勘探开发工作重要指示精神，大力提升国内非常规石油勘探开发力度，以保障国家能源安全为目标，加强基础研究、加大勘探力度、加强技术攻关、加快开发试验、创新机制体制，努力闯出一条非常规石油创新发展之路，尽快实现我国非常规石油规模化产业化发展，2021—2035 年规划年均探明非常规石油（页岩油/致密油）地质储量 $2.7\times10^8 \sim 2.9\times10^8t$，非常规石油年产量从 2019 年的 285×10^4t 上升到 2025 年的 1300×10^4t 以上（占全国原油产量的 6.5%），2035 年产量力争达到 2300×10^4t 以上，成为我国常规石油的重要补充，为保证国内原油产量 2×10^8t 以上持续稳产上产作出积极贡献（图 2-16 和图 2-17）。

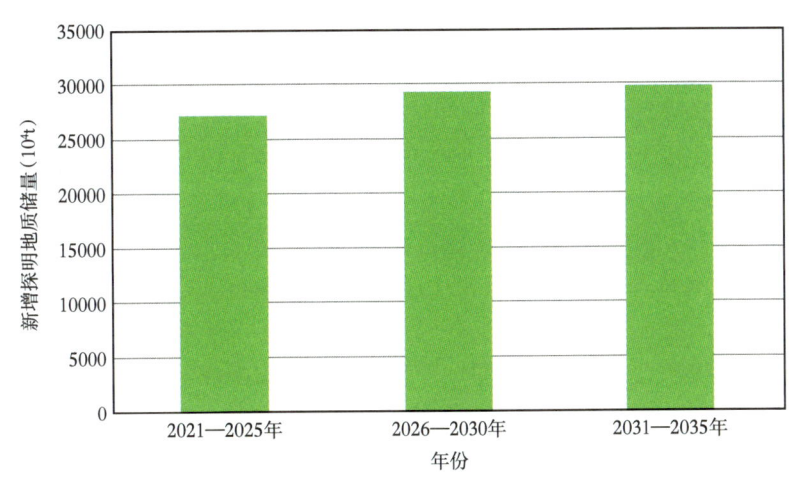

图 2-16 非常规新增探明地质储量规划图

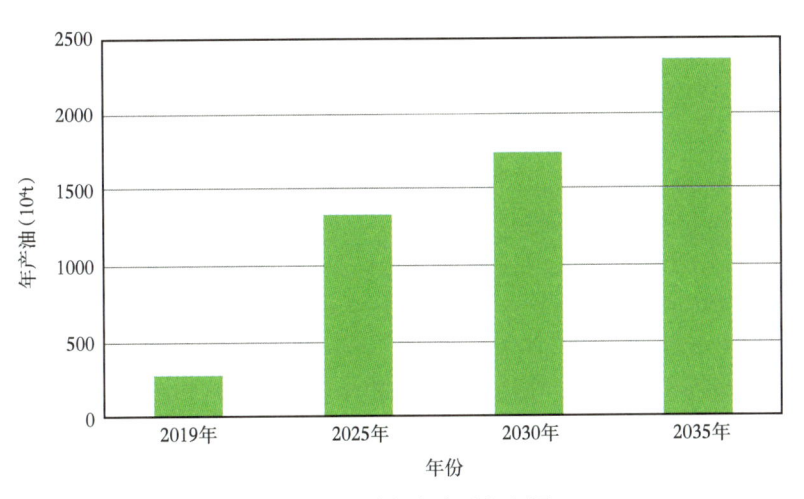

图 2-17 非常规年产油规划图

3）非常规石油发展面临的挑战

综上所述，我国页岩油、致密油等非常规石油勘探开发趋势较好，但因其开发投资成本高，在目前开发政策下，实现规模效益开发面临较大的挑战。我国页岩油/致密油陆相沉积复杂性远高于北美，资源禀赋客观上存在较大差异。北美页岩油/致密油以海相沉积为主，源储大面积分布，储量丰度高、单层厚度大、含油饱和度高、压力系数高、气油比高、原油黏度低、流动性好。我国陆相沉积页岩油/致密油复杂多样，源储分布相对局限，储层横向变化快、非均质性强。我国页岩油/致密油初期单井产量普遍较低，"甜点"评价等关键技术有待突破。北美页岩油/致密油 2000~3000m 水平井初期单井日产量 60~100t，折算千米水平段产量是国内的 4~5 倍。目前影响储层钻遇率和单井产量的"甜点"识别技术尚不成熟，随钻测井和旋转导向技术需要不断完善。投产井单井产量差异大,开发井网、井距、水平段长度等技术政策以及压裂设计、补能技术等需要不断攻关、优化。

2. 我国新能源发展状况与趋势

1) 我国新能源的发展现状

新能源是指在新技术基础上加以开发利用,接替传统能源的非化石无碳、可再生清洁能源,主要包括太阳能、风能、氢能、地热能、海洋能、生物质能、核能、新材料储能等,与煤炭、石油、天然气等传统含碳化石能源在理论技术、利用成本、环境影响、管理方式等方面有显著不同[38-47]。新能源的洁净特质,高度契合人类社会对绿色、清洁的无限追求。随着新能源技术快速发展和互联网+、人工智能、新材料等技术的不断进步,新能源产业由突破期逐渐进入黄金发展期。新能源开发利用步伐加快,已成为我国能源增长新动力。

(1)地热供暖快速增长,但能量密度低,中低温地热发电技术尚未突破。我国地热能资源丰富,据中国地质调查局评价,水热型地热能资源年可采量折合标准煤 18.65×10^8 t,浅层地热能资源年可开采量折合标准煤 7×10^8 t,干热岩远景资源量折合标准煤 856×10^{12} t,开发利用潜力很大。近年来,在国家政策的持续推动下,地热开发利用技术持续创新,装备制造水平不断提高,浅层地热能利用快速发展,水热型地热能利用持续增长,干热岩勘查开发业已起步,我国地热能产业体系逐步完善,具备规模化发展的基础。然而,由于我国地质构造复杂、地热成因类型多样,地热资源以中低温为主,目前大规模开发尚面临很多问题,需要进一步攻关地热资源精确探测、热储开发动态评价、中低温地热发电等技术。

(2)风能、太阳能近些年飞速发展,但受资源特点制约,尚无法成为可靠稳定的主体能源。2022 年我国可再生能源总装机超过 12×10^8 kW,其中,风电装机容量约 3.7×10^8 kW,太阳能发电装机容量约 3.9×10^8 kW,均居世界首位。但受装机集中度高、消纳空间不足,跨区输机制不健全、储能技术不成熟等因素影响,产业发展过程中出现了较为严重的弃光弃风问题。传统能源可根据需要调节供应,太阳能和风能具有一定的间歇性和波动性,会对电网造成冲击,无法大规模并网。且能量密度低,大规模建设需占用较大土地面积,电站的非技术性成本仍较高。尽管近几年风电在涡轮机技术上,光伏发电在光伏板优化上取得了很多成果,但如何降低成本、提高项目经济性仍有很多工作要做。

(3)氢能产业受到各国广泛关注,但工业化的绿氢、输氢、储氢技术尚属于试验阶段。氢气具有清洁无污染、储运方便、利用率高、可通过燃料电池把化学能直接转换为电能的特点,这些优势使其在能源和化工领域具有广泛应用。目前氢气主要应用于工业领域,直接应用于能源领域刚刚起步。氢能的利用方兴未艾,存在以下主要问题。一是现阶段氢气作为能源载体并未摆脱石油、天然气、煤炭等传统化石能源的束缚和制约。我国制氢原料主要是煤炭和石油,2018 年我国氢气产量约为 2100×10^4 t,95%的氢气来源于一次能源,其中 50%来自焦炉煤气,30%来自石油化工产品重整,15%来自天然气重整,仅 5%来源于电解水。二是利用水能、风能、太阳能等清洁能源制氢比例很低,对 CO_2 的减排贡献有限,大规模、清洁、廉价、高效的制氢技术有待突破。三是氢能源利用技仍需不断完善和突破，储氢、运氢、加氢与燃料电池汽车制造等全产业链综合成本有待于进一步降低。

（4）生物质能重点发展燃料乙醇、生物柴油和生物航煤，总体处于初期阶段。全球66个国家推广使用乙醇汽油，燃料乙醇的产量主要来自美国及巴西，两国产量之和达全球产量的80%以上。中国燃料乙醇行业起步较晚，目前还处于产能建设阶段，相关部分生产技术也还在研究阶段，2021年中国燃料乙醇产量仅占全球产量的3%左右。2018年全球生物柴油产量4020×10^4t（4100×10^4t油当量），我国产量103×10^4t（105×10^4t油当量）。生物航煤处于起步发展，2019年全球产量70×10^4t（72.1×10^4t油当量），美国、加拿大、挪威、芬兰等国家建立"原料—炼制—运输—加注"完整产业链，我国尚处于试验阶段。尽管生物质能是唯一可转化成多种能源产品的新能源，但发展仍处于初期阶段，存在以下问题：一是分布式商业化开发利用经验不足，受制于我国农业生产方式，农林生物质原料难以实现大规模收集，一些年利用量超过10×10^4t的项目原料收集困难；二是专业化市场化程度低，技术水平有待提高，大型企业主体较少，市场体系不完善，尚未成功开拓高价值商业化市场；三是生物质能开发利用涉及原料收集、加工转化、能源产品消费、伴生品处理等诸多环节，政策分散，难以形成合力。

（5）储能技术的突破可能会带来新能源大规模的发展，但目前储能技术尚不成熟。储能涉及领域非常广泛，根据能量转换方式的不同，可将储能技术分为物理储能和化学储能。无论是规模化后储能技术自身的安全性，还是灾害发生后由储能配置引发次生灾害的可能性，目前已有的各项储能技术都还达不到承担超大规模能源战略储备的水平。储能电站面临的四大综合问题：寿命短、安全差、无价格机制、接入难。目前缺乏合适的加速老化试验标准能够对应电池实际的日历衰减变化；能量密度较高的锂离子电池的安全性问题较为突出；储能系统能够促进能源消费的多能协同和灵活交易，但目前政策不到位，没有激励机制；电网调度系统尚无接入储能系统的相关要求及技术措施。

2）我国新能源的发展趋势

（1）到2035年，全球近一半的发电能力将来自光伏和风电，我国和印度将是主要贡献者。

我国风电发电量预计2030年达到4×10^8kW·h，2050年预计达到10×10^8kW·h，光伏装机发电量预计2035年达到30×10^8kW·h，占社会用电量的28%[48-49]。

目前国际上风力发电机的运行方式主要有独立运行、联合互补运行以及并网运行。其中风力机和发电机是风力发电系统实现机电能量转换的两大主要部分，因此风力机和发电机的功率和速度控制是风力发电的关键技术之一。为了控制风力机和发电机，目前国内主要采用定桨距失速调节、变桨距调节、主动失速调节三种方式。与此同时，国内的发电机并网技术也在蓬勃发展，包括直接并网、准同期并网和降压并网等。目前，直接并网方式仍为国内主流，其方法简单、操作容易，不需要同步设备和整步操作，但并网瞬间冲击电流和电压降较大。与风力发电相配套的电网系统近些年也有较大发展。目前，国内主流的风力发电系统有恒速恒频风力发电系统、变速恒频风力发电系统两种，其中恒速恒频风力发电系统一般采用大小两套配合发电，风速低时小容量风机可以进行发电，风速大时均能并网发电。而变速恒频风力发电系统可以更加灵活地利用风能，优化了机组运行条件，系统发电效率也大大提高。目前国内一般采用变速恒频风力发电系统，系统发电效率一般可达 60%~70%。

（2）储能技术是新能源产业革命的核心。

新材料储能向低成本、高容量、长寿命、高倍率等领域发展，钠离子、锂硫、锂空等是储能核心技术方向。

近年来，传统的锂离子电池技术不断进步，但是电池的比能量仍然不能满足应用的要求，电池技术依旧是便携式电子设备和电动汽车发展的最大瓶颈。为实现高比能量电池技术的创新性突破，科研人员将突破方向选择为能量密度更高的锂硫电池和锂空气等金属空气电池，并取得了一定进展。一些新型电池技术已经看到了实际应用的曙光。锂硫电池是世界各国竞相研发的尖端技术，其产业化前景被普遍看好。如何大幅提高该电池的充放电循环寿命和使用安全性，将成为锂硫电池产业化发展的关键。高能量密度是锂空气电池的主要优势，而循环稳定性是其技术发展的关键和面临的难题。

储能技术革新换代，为快充移动设备、高续航电动汽车、风光电等规模发展奠定基础。抽水蓄能电站进入建设高峰期。抽水蓄能发电机组已基本实现国产化。2010 年我国抽水蓄能电站总装机容量已达 $1700\times10^4 kW$，预计到 2020 年将达到 $6000\times10^4 kW$（目前已建与在建约为 $2770\times10^4 kW$）。发展大容量储能有两种技术路线：电池并联成较大容量，以锂离子电池技术为主；另一种是专门开发大容量电池。国际上主流的技术是钠硫电池和液流电池。在多节电池并联成的电池组里面，如有一块电池损坏，一般就可以认为这组电池寿命已经终结，必须进行维修、更换。尽管锂离子电池在电动汽车领域普遍被看好，但在大容量储能市场上，还需经示范应用验证。我国钠硫电池和液流电池都处在示范应用阶段。因此，大容量储能技术产业化需要加快步伐，集成成组技术还有待发展，成本需要下降，一些关键部件尽快实现国产化。

3）新能源规模发展面临挑战

综上所述，非化石能源及氢能、储能和新能源汽车产业取得长足进展但是规模化发展仍面临诸多挑战。核电部分核心零部件、基础材料仍依赖进口，核聚变能开发利用尚处于探索阶段。水电工程施工环境复杂、生态环境脆弱，工程技术、建设管理和移民安置难度不容小觑。与常规电源相比，风能和太阳能发电具有典型的间歇性、波动性和随机性特征，高比例新能源条件下电力系统可靠性不足。生物质能发电总装机容量依然不高，规模化发展仍需时日。地热能领域干热岩资源勘探开发技术尚处于起步阶段。氢能方面，输配和典型场景应用成本高，高压储能发展空间有限，电化学储能成本高，尚无法满足长时储能需求，安全性也待提高。新能源汽车所需锂、钴、镍等关键矿物资源储量不足，消费量大，严重依赖进口，2020 年消费量分别占全球的 50%、30%、50%，对外依存度分别达到 74%、95%、90%，存在供应中断风险。针对目前世界上没有任何地区可以百分之百由可再生能源供电，即便是能源转型"起步早发展快"的欧洲，也频现电力危机，我们要加强顶层设计，制定实施新能源发展战略，包括地热能、太阳能、风能、生物质能源等新能源的开发利用，加快形成以煤油气为主、多能互补的绿色发展格局。

三、我国高含水老油田战略地位

1. 石油生产趋势

1）全国原油产量趋势

根据国家油气科技重大专项课题"国内油气开发发展战略研究"的研究成果，已开发油田按照目前油田开发技术（加密调整和注采调整为主，三次采油产量占比在10%以内），到2035年可增加可采储量$13.7×10^8$t；探明未开发储量加大落实储量动用，加快待落实储量评价，增加可采储量$7.7×10^8$t；新探明油田可动用$112.8×10^8$t地质储量，动用可采储量$17.4×10^8$t。到2035年全国油气具备新增$38.8×10^8$t可采储量的开发潜力。如果在此基础上加大高含水油田提高采收率技术推广应用，加大三次采油规模，预计还可增加可采储量$6×10^8$~$7.3×10^8$t，总的新增可采储量潜力达到$44×10^8$~$46×10^8$t，能够支撑到2035年原油年产$2×10^8$t持续稳产。

综合考虑新增探明储量规模、提高采收率技术推广规模、致密油/页岩油技术进步以及用海用地矛盾解决程度等因素，经过多情景方案论证后认为，落实中央关于加大国内勘探开发力度的批示指示精神，在满足国家部委加大协调和政策支持，石油公司加大勘探开发投入，老油田提高采收率技术应用规模进一步扩大，致密油/页岩油开发技术突破并实现规模有效开发，国家对尾矿和非常规石油的财税支持政策落地，用海矛盾大部分解决，实现海域规模建产等条件下，2022年国内原油产量回升到$2×10^8$t，并在此规模稳产至2035年。

根据中国工程院的研究结果，我国石油2020年对外依存度高达70%以上，在双碳目标下能源消费结构中，石油占比由2010年17.9%上升到2020年18.9%，到2030年下降到17.9%，到2060年下降至6.9%（$2.2×10^8$t原油），尽管随着新能源的发展，石油的消费将进入一个下降区，但是需求还是刚性的，仍然要保持国内产量的稳定，高含水油田稳产的任务更加繁重。

2）高含水油田产量趋势

全国高含水油田的产量构成比较复杂，如式（2-1）所示，导致产量变化趋势预测难度较大（图2-18）。

全国高含水油田产量=①2019年底存量高含水油田产量+
②2019年底存量非高含水油田逐渐转化为高含水油田的产量+
③2019年以后新油田中高含水油田产量 　　　　　　（2-1）

其中，由于2019年底存量的非高含水油田及2019年底以后新建油田的含水率变化规律比较复杂，涉及何时转为高含水以及转化规模等，②和③两部分产量目前还难以用油藏工程方法进行预测，本次研究利用高含水油田产量占比增长规律进行估算。按照高含水油田产量占全国原油产量比例增长规律预测，到2035年，全国高含水油田产量占比将达到82.7%，如果全国原油产量保持$2×10^8$t稳产，高含水油田产量将达到$1.65×10^8$t。2019年底存量高含水油田的产量可以用油藏工程的方法进行预测。本次评价结果表明，2019年底已开发高含水老油田提高采收率可实施地质储量有$212.9×10^8$t，增加可采储量$30.6×10^8$t。按照潜力区块能够实施80%、实施效果能够达到潜力评价的80%计算，预计实际可增加可采储量$19.6×10^8$t。从2000年以来老区可采储量变化趋势看，增储规模呈下降趋势，老区

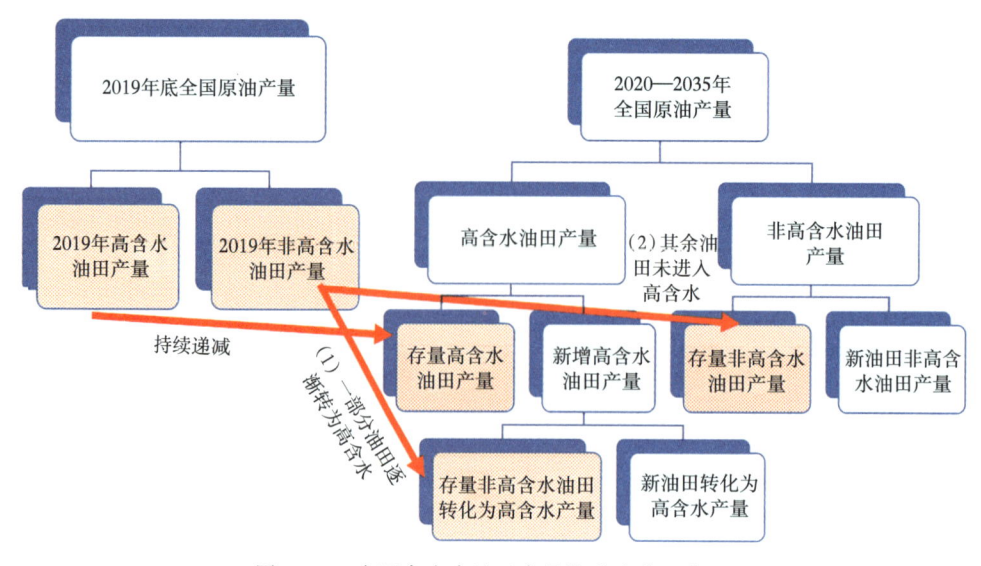

图 2-18　全国高含水油田产量构成变化示意图

增加可采储量的难度越来越大。目前全国老区年增可采储量规模在 $6500×10^4$ t 左右，其中高含水油田和其他非高含水油田分别为 $5000×10^4$ 和 $1500×10^4$ t，预计今后年增可采储量规模也将呈下降趋势。如果 2019 年底的高含水油田继续按年增可采储量持续下降的趋势惯性发展，到 2035 年产量将降至 $4600×10^4$ t 左右，显然这种趋势将导致储量劣质化的新区上产压力巨大，保障全国原油产量 $2×10^8$ t 的难度加大。

因此，必须加大高含水老油田提高采收率工作力度，努力减缓油田递减。考虑老油田增储规律及工作量投入情况，设计三个情景：（1）保持目前高含水油田年均新增可采储量 $5000×10^4$ t（低情景）；（2）有序推进提高采收率技术，年均新增可采储量 $5912×10^4$ t（中情景）；（3）加快推进提高采收率技术，年均新增可采储量 $6875×10^4$ t（高情景）。其中，中情景和高情景的动用可采储量分别比低情景增加 20% 和 40%。利用储采比控制方法进行了产量预测，新增动用可采储量部署如图 2-19 所示，预测主要指标和结果见表 2-10。

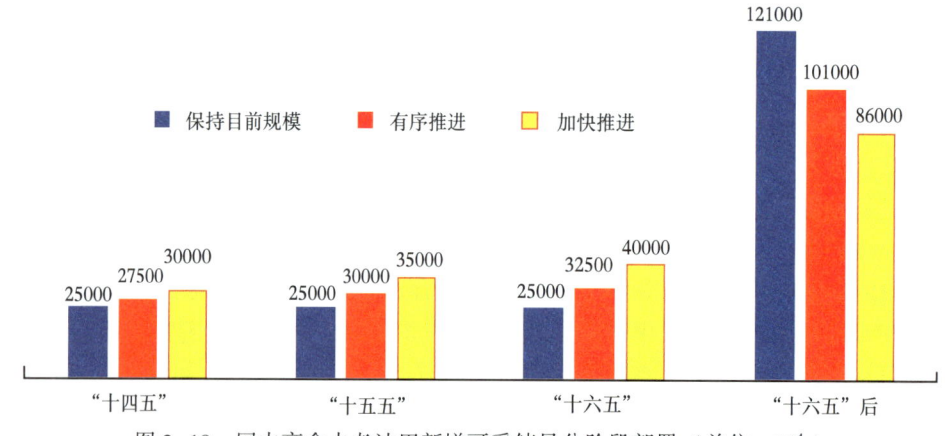

图 2-19　国内高含水老油田新增可采储量分阶段部署（单位：10^4 t）

表 2-10 高含水老油田产量预测情景方案主要指标

情景方案	2019年底高含水油田产量（10⁴t）	2019年底高含水油田累计产油量（10⁴t）	2019年底高含水油田累计可采储量（10⁴t）	2020—2035年年均新增可采储量（10⁴t）	2020—2035年累计新增可采储量（10⁸t）	2020—2035年采收率提高（%）	2035年年产量（10⁴t）
低情景	13727	655600	794000	5000	8.0	2.9	7182
中情景				5912	9.6	3.5	8059
高情景				6875	11.0	4.0	8901

2. 高含水油田在石油生产中的地位

在新区资源劣质化导致规模上产难度大和效益变差的情况下，加大老区特别是高含水老油田的产量贡献是确保原油年产 2×10^8 t 底线的关键。因此，必须持续推进高含水油田的治理和大幅度提高采收率技术攻关应用。在加大提高采收率新技术攻关与应用的情形下，随着增加可采储量工作力度的不同，预计到 2035 年，2019 年底的高含水油田产量在惯性发展 4600×10^4 t 基础上可增加 $2500\times10^4\sim4300\times10^4$ t，达到 $7100\times10^4\sim8900\times10^4$ t，新技术贡献产量占存量高含水油田产量的 35%~48%，占总产量的 13%~22%。另外，由于油田开发过程中含水率将不断上升，2019 年底的非高含水油田及之后新建油田将逐渐进入高含水阶段，到 2035 年，预计高含水油田新增产量 $9100\times10^4\sim7600\times10^4$ t。全国高含水油田产量到 2035 年达到 1.65×10^8 t，占全国原油 2×10^8 t 年产量的 82% 左右（图 2-20）。

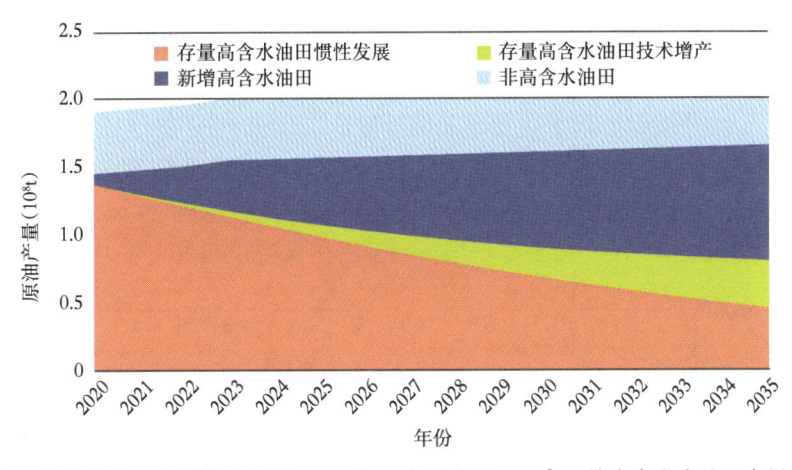

图 2-20　全国高含水油田产量构成预测（2035 年：全国产量 2×10^8 t，其中高含水油田产量 1.65×10^8 t）

3. 在石油消费中的重要地位

石油是现代工业的血液和支柱，特别在国防军工、航空航天以及新材料等方面具有不可替代性。从石油消费的构成来看，目前我国石油消费主要集中在交通和化工领域，占总消费量的 72% 左右[50-51]。其中，交通消费量是主体，占总消费量的 52% 左右。据中国石油经济技术研究院的预测，到 2035 年交通用油占比将有所下降，但仍保持在 50% 以上[52-53]。石油的原料属性将得到极大提升，化工用油占比将提高。现代航空航天使用的燃料（航空煤油、航空汽油等)和润滑油,广泛应用于飞机、火箭、卫星、导弹等高端领域的碳纤维复合材料,以及越来越多地取代金属的高分子合成材料都是石油化工的重要产品。另外,轻工、纺织工业、农业(石油化工制成的氮肥占化肥总量的80%)是石化产品的传统用户,现代电子工业以及高新技术产业,尤其是精细化工产品都离不开石油化工[54-56]。

根据中国石油经济技术研究院的石油消费预测,基准情景下,石油消费增速将逐步放缓,2015—2020年年均增速为2.7%,2020—2030年为1.2%,2030年达到峰值7亿多吨,然后下降,到2050年下降到$5.9×10^8$t;强化政策和技术突破情景石油消费峰值在2025年前后,峰值分别为$6.5×10^8$t、$6.6×10^8$t,之后因能效提高、燃料替代等因素,2050年分别下降到$4.2×10^8$t、$3.5×10^8$t(图2-21)。

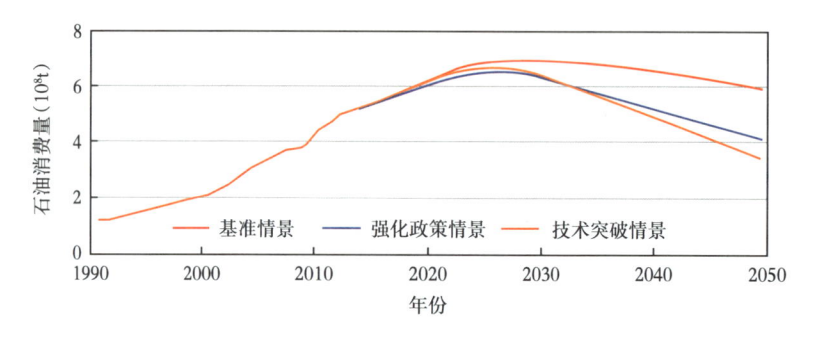

图2-21 中国石油经济技术研究院预测不同情景石油消费量

综合以上研究及前人的勘探开发战略研究成果可得到以下认识:到2035年,通过加大勘探开发力度,破解用海用地矛盾,攻关非常规石油,国内原油产量有望回升到$2×10^8$t,并保持持续稳产,其中高含水油田将来依然在原油生产中占据主导地位。按照全国原油产量$2×10^8$t稳产预测,其中高含水油田原油产量到2035年将增长到$1.65×10^8$t,在国内石油消费中占比呈增长趋势,到2035年达到24.3%。在石油消费的强化政策和技术突破情景下,随着石油消费量的下降,高含水油田产量占比将达到28%以上。高含水油田在满足未来石油消费需求中将发挥重要作用,产量占比保持在四分之一左右(图2-22)。

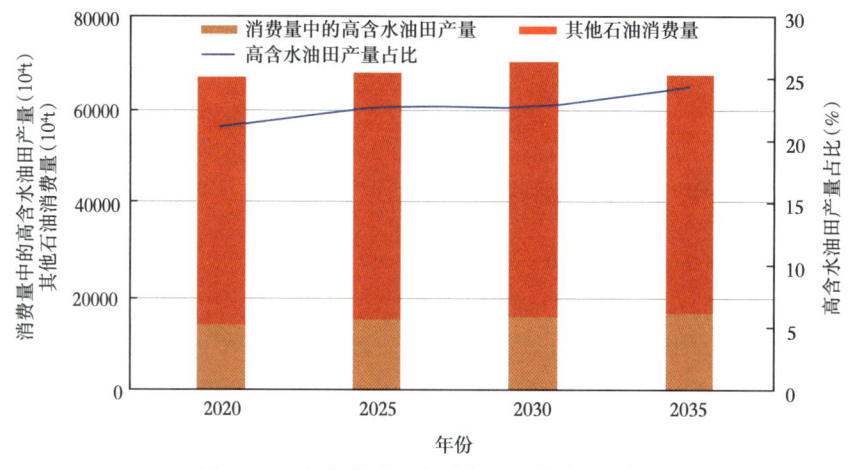

图2-22 高含水油田产量占石油消费量比例

第三章　高含水老油田开发关键技术发展方向

　　高含水老油田面临着后备资源劣质化严重、储采失衡矛盾加剧、开采成本上升、现有理论与技术不适应老油田持续高效开发需求等矛盾，高含水老油田高效开发难度极大。但是，调研表明老油田依然是原油储量和产量的主体。国外各大石油公司对老油田高度重视：把三分之二的投资用于开发 30 年以上的老油田的调整和挖潜。基本原因是全世界的老油田为全球提供了 70% 的产量，且投资老油田见效快、风险小。美国很重视老油田开发，将许多老油田的采收率从 33% 左右提高到 60% 以上。我国陆上油田多数已进入开发中后期，呈高含水、高采出的"双高"特征。但从原油产量构成看，老油田仍然是主要贡献者。老油田能否"老而弥坚"、焕发青春，对增储上产意义重大。未来勘探开发不仅需要兼顾前沿勘探和新兴领域，同时更要回归现有的开发风险较低的大型成熟盆地，要坚信老油田挖潜前景，通过老资料再处理、新技术应用等方法和措施，实现储量有序接替、产量有效增长。油田开发晚期将占据整个油田开发期的 60%~70%；例如罗马什金油田在已开发 70 年、采收率 56%、可采储量采出程度高达 92.5% 的情况下，依然规划通过几代提高采收率技术的发展，开发期还可维持 100~150 年。

　　要实现老油田的持续开发，一是要建立高含水老油田精准开发的理论体系，指导老油田高效开发。油藏是一个灰色的复杂系统，长期开采后储层、流体、压力系统等发生不可逆转的宏观或微观复杂变化，缺乏含水率 90% 以后，尤其是含水率 95% 以后的渗流理论及开发技术，需要建立新理论，同时高含水老油田合理开发模式需要深入研究探讨。二是要建立高含水老油田跨界融合的技术体系，大幅度提高采收率。随着油田开发的不断深入及信息技术的不断发展，开发地质学研究的对象、视角、方法也随之发生深刻转变，可简单概括为"多尺度、多维度、多手段"。要开展基于 GPU 的亿级网格节点并行数值模拟技术，准确定位剩余油，开展优势渗流治理技术及极大储层接触技术攻关，探索纳米智能驱油技术、生物降解成气技术等前沿技术。三是要建立高含水老油田科学高效的油藏管理体系，大幅度提高效率降低成本。随着信息技术的迅猛发展，油气田开发将进入智能化、自动化、可视化、实时化的闭环新阶段。发展方向就是将涉及油气经营的各种资产（实物资产、数据资产、各种模型和计划与决策等），通过各种行动（数据采集、数据解释与模拟、评价与优选、实施等），有机地统一在一个价值链中，形成虚拟现实表征的智能油田管理系统，最终实现全油田范围的实时闭环油藏经营管理。

　　同时，对于高含水老油田面临的增储上产与降本增效的双重压力，妥善处理好"增产、降本、提效"的关系。

　　一是着力优化技术组合，把技术组合作为上游业务实现增产降本提效的有力抓手。油气田勘探开发是一个由多专业、多学科构成的复杂系统工程，而各单项技术往往针对特定目标，侧重点各不相同。建议在技术研发及技术方案设计时从"技术系统"角度出发，找准技术要点和内涵，统一部署、统一实施，改变过去在某些领域"单项技术没问题、综合作业有问题，国外公司操作没问题、我们操作就有问题"的尴尬局面，不仅追求掌握单项核心技术，更要掌握整个技术系统。既要优化已有的技术组合，也要关注新技术的进展，创新新老技术的搭配组合。切实发挥技术组合的威力，为老油田高效挖潜提供技术保障。

二是着力进行科学的降本增效。降本增效的核心是降低桶油成本，要统筹考虑投资和产量。因此，要在保证单井产量的基础上进行科学的降本增效。降本不是单纯压缩投资，不是一味追求降低钻井、钻井液、固井以及压裂等作业成本。在有些情况下，为了达到提高单井产量和单井 EUR 的目的适当提高必要的成本也是值得的。提高单井产量有时需采用新技术，新技术往往需要增加投资，需综合评估这些技术带来的桶油成本变化。在明确储量的条件下，如果能够通过革命性技术手段实现"成本下降，产量翻番"的效果，是降本增效的最高境界。因此需要密切关注和研究新的技术革命将会是什么，并提前布局、超前储备。

三是着力做好技术接续，高度重视跨界创新。随着大数据、人工智能、新材料等高新技术飞速发展，正在加速渗透到油气行业，建议高度重视高新技术在推动油气技术颠覆性创新方面的战略意义，积极与 IT 或科技巨头跨界合作，将跨界创新提升到战略高度，并作为未来增储上产、降本增效、安全生产以及提升核心竞争力的重要依托。以技术创新本身的提速和提效，带动技术和装备水平的快速突破，为推动高质量发展提供技术保障。

通过对标分析国内外老油田在油藏工程、采油工程及地面工程的开发技术现状，明确了我国高含水老油田技术发展方向，需坚持"绿色、智能、精准、高效"的发展理念，攻关以"大幅度提高采收率"为目标的精准开发、以"智能高效"为目标的采油工程及以"高效、绿色、智能"为目标的地面工程等关键技术，持续推动老油田可持续高质量发展。

第一节　油藏工程技术现状及发展方向

国内外典型高含水油藏技术现状调研表明[57]，欧美、俄罗斯等国家或地区的高含水老油田，注水依然是油田开发的主体技术。美国油田目前综合含水率达 90% 以上，水驱储量占比 80% 以上。欧美地区提高采收率方法以 CO_2 气驱和热采先导试验为主，未见注烃气/氮气/空气等技术的大规模应用报道。俄罗斯高含水老油田提高采收率技术仍以水动力学方法为主，油田开发晚期应用最广泛的技术包括水动力学方法、重复压裂、水平井多级水力压裂、堵水等，化学驱项目也呈现下降趋势。国内油田以水驱为主，产量占 85% 以上，其次是化学驱、热采、气驱；正在发展"二三结合"、新型高效驱油剂、SAGD 技术、减氧空气驱等技术攻关及现场试验。同时，各老油田逐步加大低渗透、稠油、复杂断块等难动用油藏开发技术攻关力度，为充分做好高含水老油田资源接替开发提供技术保障。

本节在分类油藏开发关键技术发展现状系统分析的基础上，通过与国外同类油藏先进开发技术的对标，进一步明确了我国不同类型油藏在今后一个时期的技术发展路线。

一、分类油藏开发关键技术发展现状

1. 中高渗透砂岩油藏

1）精细油藏描述技术

精细油藏描述工作贯穿油田开发的始终，每一次油藏地质认识的深化都会带来开发潜力的增加，推动开发技术的进步。中高渗透老油田进入高含水、特高含水期后，剩余油逐渐呈现出整体高度零散、局部相对富集的特征，精准开发对构造研究、储层描述、剩余油表征的精度和效率提出更高的要求，促进了精细油藏描述技术的进步。国内油藏描述技术主要针对陆相老油田的开发需求，开展了大量研究，发展形成一整套较为成熟的技术体系。尤其是大庆油田，作为我国最大的多层非均质陆相砂岩油田，一直引领国内精细油藏描述技术的发展。

构造研究方面：大庆油田形成了井震结合精细构造解释技术，其中攻关形成井断点引导三维可视化断层解释技术[58-63]，提高了小断层解释精度，发展了三维构造建模技术，实现构造及断层的三维精细表征，断距 3m 以上断层的断点组合率达到 95%，在长垣油田断层边部规模部署高效井，取得了较好的开发效果。胜利、华北等断块类油田则针对断块油田的构造特征，发展形成了多属性综合断裂分析技术、断层破碎带表征技术。东北石油大学以三维地震—井资料为基础，结合露头区解剖和砂箱物理模拟，开展断裂空间组合模式及定量判别方法研究。中国石油大学(北京)开展了基于深度学习的地震断层自动识别技术探索，取得了一定的应用效果。国内外主要开展稀井网或者小区块构造建模研究，目前正在向多学科、多尺度、数字化、智能化方向发展。

储层描述方面：20 世纪 90 年代以来，大庆长垣油田充分利用二次加密后的密井网资料，应用露头和现代沉积研究思路，创新形成了以纵向细分沉积单元、平面细分沉积微相、层内定量表征内部构型为核心的储层分层次精细表征技术，创新发展了密井网条件下的"相控"储层建模技术，建立了典型区块的储层原型地质模型，使密井网储层非均质描述达到了一个新水平[64-67]。2008 年之后，攻关井震结合河道砂储层描述方法，形成了密井网井震结合地震目标处理—储层预测—储层刻画技术，2m 以上河道砂识别精度大于 80%，首次完成了 71461 口井、918.3km^2 的整体沉积相带图绘制，有效指导了特高含水期精细调整挖潜。长江大学、中国地质大学(北京)、东北石油大学等高校在对现代河流沉积调查的基础上，结合遥感信息技术、沉积模拟实验，对不同河流的沉积模式进行了研究，建立了不同类型砂体的沉积模式。近期清华大学等则探索了基于深度学习的地震岩相自动分析、储层自动分类评价等技术。储层描述正在向以信息技术为驱动的多学科联合智能化储层描述方向发展。

剩余油描述方面：微观岩心剩余油物理实验技术主要包括传统光学技术、扫描电镜技术、激光共聚焦技术、CT 技术、核磁共振成像技术；数值模拟方法主要包括基于网格化方法、无网格化方法、孔隙网络方法等。油藏宏观剩余油主要研究方法有油藏数值模拟、测井水淹层解释、油水井动态监测、动静结合综合分析、检查井分析和神经网络技术等，其中油藏数值模拟技术是研究油藏宏观剩余油分布规律的有效手段。中国石油勘探开发研究院历经 10 余年攻关，自主研发一款高性能、高精度、集地质建模与油藏模拟于一体的大型软件系统（HiSim4.0），拥有地质建模、黑油模拟、组分模拟、裂缝模拟、化学驱模拟、热采模拟、模型建立、结果可视化、交互历史拟合、井网部署十大功能模块，软件模拟规模大、精度高、速度快，单机模拟规模可达千万网格。该成果在一体化复杂渗流数学模型、多元化学驱数学模型、复杂裂缝建模与模拟、大规模高效求解技术方面处于国际先进水平，在陆相沉积油藏模拟方面有优势，是油藏工程师进行精细油藏描述、层系井网部署和调整、开发方案优化和提高采收率等研究的重要技术手段，是助力油气田高效开发和高质量发展的关键核心工具。大庆油田创新形成以分布式架构为基础、能够实现大规模模拟计算的油藏数值模拟软件 PBRS。PBRS 是一款三维三相并行黑油模拟器，包含角点网格、分层注水模拟等功能。在 PBRS 原有框架基础上，通过二步预处理方法对模拟器进行改造，开发出具备千万节点模拟能力的求解器，同时形成了分割与回填历史拟合方法，研发了超大模型 3D 显示软件，整体性能达到国内先进水平。该模拟器已广泛应用于大庆油田，首次实现开发区级百层万井数值模拟研究，同等规模研究仅见于俄罗斯萨莫特洛尔油田，正逐步向智能一体化方向发展。

2) 水驱开发调整技术

水驱渗流理论与开发规律研究方面，主要集中于长期注水冲刷对储层孔隙结构和渗流特征的影响，研究的方法主要有两种：一种是密闭取心对比法，就是基于特高含水期水淹储层密闭取心，开展薄片鉴定、压汞、润湿性以及相对渗透率曲线测定分析，对比油田开发初期相关特殊岩心测试资料，分析特高含水期油藏孔隙结构与渗流特征变化情况；第二种是在取心的基础上，室内开展高倍水驱物理模拟实验，对比长期冲刷前后储层的薄片、恒速压汞、润湿性、相对渗透率以及高精度 CT 扫描结果，分析长期注水之后储层的渗流特征以及与开发初期相比的变化情况。大庆油田在渗流特征、微观剩余油研究常规实验技术方面较为成熟，但在数字岩心和数字渗流研究方面，与高水平科研机构尚有较大差距，近年来自主设计了动态驱替核磁扫描装置、全直径长岩心驱替装置等大型设备，正在引进岩心原位在线驱替微纳米 CT 扫描实验装置，未来几年将大幅提升数字渗流、多相渗流机理方面的研究水平。在开发规律和开发指标预测分析方面，国内外处于特高含水后期（含水率大于 95%）开发阶段的油田较少，国外对开发指标变化规律的相关研究更少。国内胜利油田地质科学研究院相关研究成果表明：油水相对渗透率比值曲线下弯是水驱的必然过程，而相对渗透率曲线下弯点与水驱特征曲线上翘时机存在因果关系，因此水驱特征曲线上翘也是水驱过程的必然趋势。对此，胜利油田的主要做法是对水驱特征曲线进行改进，即将半对数坐标下描述相对渗透率比值与含水饱和度的线性关系改进为二次方关系，通过建立改进的水驱特征曲线较好地处理了这一问题。大庆油田不断丰富发展特高含水期开发规律相关理论和方法，尤其是针对多层非均质砂岩油藏特高含水期产量递减与含水上升规律方面，针对水驱特征曲线上翘问题，从特高含水油层渗流机理出发，提出并建立了生长曲线描述特高含水期含水上升规律。在开发指标预测方法方面，从描述非均质多油层油藏开发指标规律的基础关系式出发，建立了分层结构调整指标预测方法[68-71]，大幅提高了指标预测精度，整体处于国际领先水平，未来将进一步研究结合室内实验、数值模拟、油藏理论模型以及大数据、人工智能等新理论和新方法。

层系井网调整技术方面：目前大庆油田经过技术攻关与试验，形成了三类油层"细化层系、细分对象、井网重构"为核心的层系井网优化调整技术，采收率可提高2个百分点以上，该技术达到国际先进水平。国外在层系井网方面更侧重于复杂结构井开发，充分发挥复杂结构井控制面积大、高效高产的技术特点，并结合热采、气驱等提高采收率技术；国内老油田更注重层系井网调整与三次采油技术结合，新疆和大港油田开展了"二三结合"的技术研究与试验，提高采收率最高达5个百分点。大庆油田发展方向由整体调整向局部不规则矢量调整和与三次采油相结合的"二三结合"调整发展。

注水优化调整技术方面：分层注水是最为基础、应用最为广泛的油田开发主体技术，其核心是将"精细"这一开发理念贯穿于油田开发的各环节，将地质、油藏、钻井工程和采油工艺紧密结合。通过精细油藏描述将储层研究单元由"油层组""小层"细分到"单砂体""储层内部构型"，做到量化分层注采、量化分层动用、量化单层剩余油、量化微相剩余油。通过精细分层注水和精细分层采油，加强对单砂体注采系统和多向连通的控制[72]，从工艺上细分注水级数和提高分注率，总体上实现油藏的立体优化，提高水驱波及系数[73-83]。同时，注采优化调整逐渐成为高含水老油田开发技术的发展方向，大庆油田一直引领国内注水调整技术的发展，"十三五"期间创新形成了基于容量阻力模型及两相渗流阻力模型的注水优化调整技术，实现了由经验动态分析向自动化定量调整迈进，但与国外比还有一定差距，主要是在人工智能等手段的融合应用方面有待加强，国外大石油公司在闭环油藏智能管理方面研究领先，可实时自动优化油水井工作制度。注水优化调整在陆相中高渗透油藏取得了很好的效果，大庆主力区块水驱采收率已达45%以上，为大庆油田稳产作出了重大贡献。综合分析认为，目前分层注水优化调制主要面临以下挑战：(1)高/特高含水阶段，层间、层内和平面三大非均质性加剧导致的注入水低效、无效循环严重问题；(2)宏、微观剩余油进一步分散，存在赋存状态识别难和非连续渗流问题；(3)注采系统恶化导致的可采储量损失问题。由于储层和流体等原因，目前仍有相当多的中高渗透油藏难以应用化学驱等接替技术，为改善开发效果，除尽快研发适用的三次采油技术外，仍需继续完善分层注水优化调整技术：(1)在进一步提高地质油藏的认识程度和表征精度、精准把握剩余油赋存状态的基础上，发展低成本高精度定向井和层内调堵等挖潜技术，提高对零散剩余油和层内剩余油的动用程度，提升注水效率；(2)探索离子匹配水驱、渗流阻力可调的新型分散驱替体系等改善水驱技术，进一步扩大波及体积，并在一定程度上提高洗油效率；(3)将精细分层注水发展为精准定向注水和功能性水驱，预期可在目前基础上进一步提高水驱采收率5个百分点以上，仍有可观的潜力。

无效循环识别及治理技术方面：低效无效循环是注水开发油田进入高含水期以后面临的新问题，经济有效识别及高效治理低效无效循环对高含水老油田稳油控水、降低开发成本、提高经济效益具有重要意义。目前，低效无效循环识别的方法主要有以下几类。一是监测方法，包括取心井资料分析、新井水淹层解释、生产测井、井间示踪剂及井间电位监测等，此类方法的优点是通常能够直观地反映地下的状况，缺点是费用较高，例如取心井资料分析法的取心费用高，受岩心资料和经济条件的限制，实际应用效果不理想；生产测井受测井仪器、现场施工和井眼环境等因素影响，解释结果存在多解性和不确定性，且大多只能定性识别；井间示踪剂及井间电位监测周期长，费用高，并仅适用于单层。二是综合分析法,包括灰色关联法、模糊综合评判法、动态综合分析法、典型曲线法、聚类分析法等,主要利用地质资料和生产动态数据,动静结合,综合分析判断,其优点为资料获取容易、费用低、能够实现综合定性分析;缺点是不能定量表征无效循环严重程度,人为影响大,耗时长。三是流线模拟方法,其优点是机理清晰,数学模型严格,能较好地识别低效无效循环;缺点是工作量大、拟合周期长,在油田上未全面应用。四是基于大数据分析的识别方法,包括各种类型的容量阻力模型方法、容量阻力模型与油藏工程结合的方法以及容量阻力模型与机器学习相结合的方法等[84]。无效循环治理方面,国外主要采用凝胶和悬浮体系进行深部调堵,取得了较好的效果;国内细分、堵水等应用已较为成熟,大庆油田正在加大深部调堵技术研究力度,并进行了一些小规模现场试验,初步取得较好的增油降水效果,但还没有形成高效治理与挖潜技术,应向最大幅度提高波及为目标的多措施组合高效治理方向发展。

以大庆长垣油田水驱开发为例,践行"四个精细""五个不等于"的开发理念(图 3-1),通过实施层系细分与加密调整、水驱综合调整,实现 40 亿吨级储量水驱采出程度达到 48.3%,采收率达到 51.0%。长垣水驱 6 个精细挖潜示范区在含水率高达 93% 的形势下,实现了连续五年产量不降、含水率基本不升(图 3-2)。

图 3-1 "五个不等于"的理念内涵

五个不等于
- 油田高含水 ≠ 每口井都高含水率
- 油井高含水 ≠ 每个层都高含水率
- 油田高含水 ≠ 每个部位、每个方向都高含水率
- 地质工作精细 ≠ 认清了地下所有潜力
- 开发调整精细 ≠ 每个区块、井和层都已调整到位

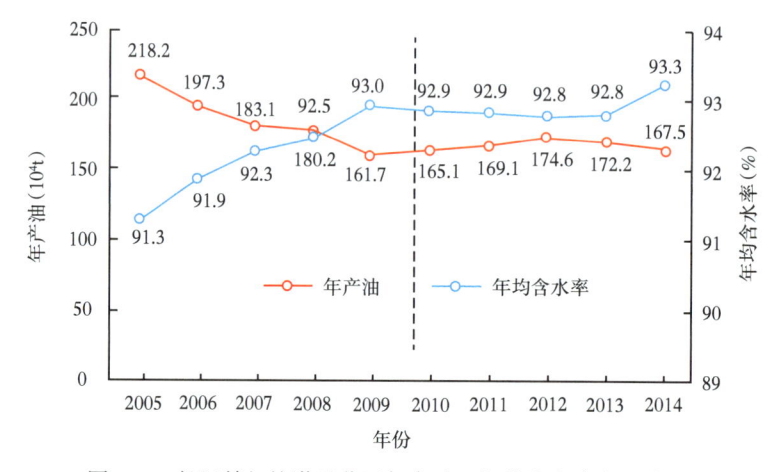

图 3-2 长垣精细挖潜示范区年产油、年均含水率变化曲线

3) 聚合物驱油技术

经过 30 余年的攻关试验,聚合物驱技术于 1996 年在大庆油田实现工业化应用,成为中高渗透老油田开发中后期提高采收率的主体技术:(1) 通过国家 973 计划等基础研究,进一步发展了聚合物驱油理论,认为聚合物驱不但能够降低水油流度比,扩大注入水在油层中的波及体积,同时聚合物具有的黏弹性能够提高洗油效率,主要是由于聚合物溶液相

对牛顿流体和幂律流体，具有更大的微观力，流动过程中导致残余油变形和油膜剥离，致使残余油饱和度降低[85-88]；（2）研制出不同相对分子质量、不同结构的系列聚合物产品，建成世界规模最大、年产$40×10^4$t以上油田用聚合物生产能力[89-98]；（3）形成了个性化的优化设计方法、分层分质分压注入工艺、地面配注工艺以及跟踪调控技术。同时，针对开发对象变差和效益变差问题，筛选了一系列抗盐聚合物产品并开展了工业化现场试验，均取得了较好的开发效果。自主研发了DS2500新型聚合物产品，具备了本地工业化生产能力，即将开展现场试验。

胜利油田针对化学驱油藏高温高盐油稠特点，攻克耐温抗盐难题，提出了实现增黏的路径，明晰了适合不同类型高温高盐油藏聚合物产品类型，确定地层中聚合物与原油的黏度比合理范围为0.15~0.50，形成了高温高盐油藏聚合物驱配套技术。1992年在孤岛中一区开展聚合物驱先导试验（图3-3），综合含水率由注聚前的92.1%最低降至70.9%，下降幅度高达21.2%，日产油由注聚合物前的122t最高上升至351t，累计增油$20×10^4$t，吨聚合物增油144t/t。1997年进行工业化推广。河南油田针对地下原油黏度高，一次聚合物驱多向受效率低、流度比高、采出程度低的情况，采用井网调整结合高浓度大段塞的二次聚合物驱技术，矿场应用3个单元，动用储量$1159×10^4$t，如已转后续水驱的下二门H2Ⅱ、H2Ⅲ两单元再次提高采收率分别为14.17个百分点和8.35个百分点，两次聚合物驱总体提高采收率分别达到24%和16%。经过持续攻关研究与矿场实践，逐步形成地质—油藏—驱剂—工程工艺的聚合物驱配套技术，包括储层精细描述与三维模型建立、剩余油分布精细描述、驱油体系设计及评价、聚合物驱方案设计、全过程调剖、注采工艺及地面配套工艺、动态分析调整和效果评价等系列技术。随着聚合物驱技术研究的持续深入，逐步完善形成了针对不同油藏条件的特色聚合物驱技术，如稠油聚合物驱技术、二次聚合物驱技术、强边水小断块聚合物驱技术、低度交联聚合物驱技术、高温聚合物驱技术等。

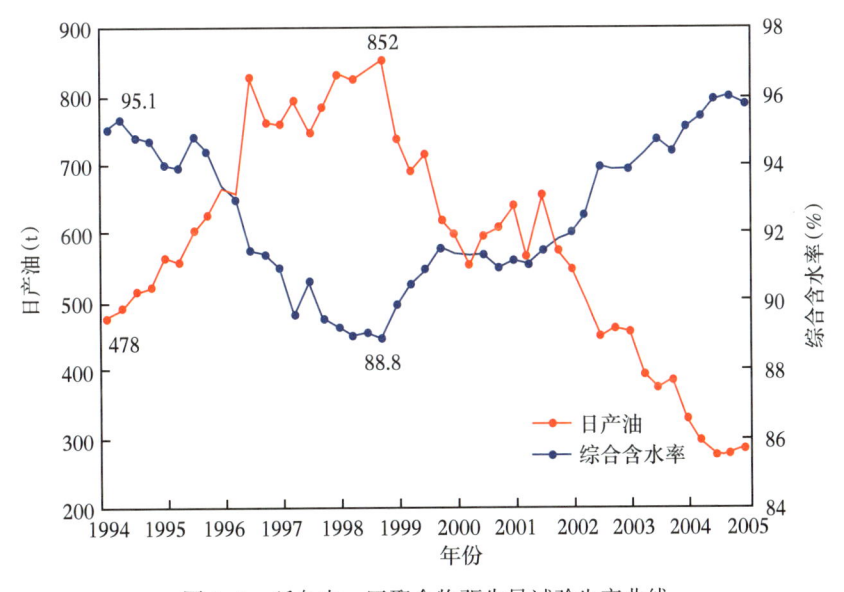

图3-3 孤岛中一区聚合物驱先导试验生产曲线

理论技术的进步，进一步提升了聚合物驱矿场效果，相对水驱的采收率提高幅度由工业化初期的8%左右提升至目前的12%左右。全国聚合物驱年产油超过$1200×10^4$t，形成了以大庆油田高浓度黏弹聚合物驱和二类油层聚合物驱、新疆油田砾岩聚合物驱为代表的较为成熟的工业配套技术。目前聚合物驱受驱油机理限制，主要面临提高采收率幅度有限、聚合物用量过大、聚合物驱后含水率上升和产量下降过快、聚合物驱后剩余油分布零散及有效接替技术缺乏等挑战，需要在功能性聚合物技术、聚合物驱优化设计技术和聚合物驱后进一步提高采收率技术方面加强攻关。

为改善水驱、聚合物驱效果，进一步发展了"二三结合"技术，即将水驱与三次采油的层系井网整体优化部署，在精细注水阶段即应用后期三次采油的密井网充分挖潜水驱潜力，特别是薄差层潜力，适时转入三次采油提高采收率，追求水驱与三次采油衔接的最优化，总体经济效益最大化。在目前技术条件下，"二三结合"精细水驱阶段预测可提高采收率3%~5%，化学驱阶段可提高采收率15%~20%，总体提高采收率18%~25%。据中国石油勘探开发研究院和各油田公司评价，中国石油中高渗透老油田"二三结合"可实施储量约$51×10^8$t，预计新增可采储量$8.2×10^8$t，是夯实老油田稳产基础、持续提高采收率的现实潜力。"二三结合"技术已在大庆、新疆等油田工业化应用，效果显著。但仍需深入研究"二三结合"的转换时机、层系调整、布井方式等关键技术，优化实施方案，不断提高"二三结合"的整体效果和效益。

4）复合驱技术

以大庆油田为代表，通过多年的技术攻关和矿场试验，形成了三元复合驱提高采收率技术系列和标准规范体系，使中国成为世界上唯一实现三元复合驱工业化应用的国家。在大庆油田低酸值原油条件下，三元复合驱油理论研究取得重大突破，有效指导了三元复合驱配套技术的发展：(1)驱油剂分子设计理论、物理化学渗流理论、低酸值原油超低界面张力形成机制及主控因素、精细化的物理模拟和数值模拟结合研究方法等；(2)创建了系列烷基苯磺酸盐和石油磺酸盐，优化出廉价高效的强碱、弱碱三元复合配方体系；(3)形成了以提高控制程度为核心的方案优化设计和分阶段调控技术；(4)创建了"集中配制、分散注入"的"低压二元—高压二元"配注工艺；(5)研制了系列耐垢泵和化学清防垢剂，检泵周期提高至350d以上；(6)研制了原油脱水破乳处理剂和设备。大庆油田三元复合驱于2014年进入工业化应用，2017年产油量超过$400×10^4$t，主要在大庆长垣油田Ⅱ类油层实施，强碱和弱碱复合驱与水驱相比均提高采收率20%以上。

弱碱复合驱相对强碱复合驱，结垢和腐蚀引起的生产维护问题、采出液乳化引起的处理问题等大幅减少，是目前和今后一段时期内更适宜大规模推广的三元复合驱主体技术。但仍需进一步优化主表面活性剂及其生产工艺，扩大产品适应范围，提升产品稳定性；探索有机碱、复合碱等不同碱型，降低目前碱的不利影响；加强主段塞注入前的耐碱调剖研究，降低主段塞用量；优化体系配方、段塞组合和分阶段调控措施，提高矿场试验效果；完善注采和产出液处理工艺，降本增效；同时需要加快三元复合驱后进一步提高采收率的技术研究。

胜利油田针对三元复合驱存在的结垢、乳化等问题，结合高温高盐油藏特点，开展无碱二元复合驱(SP：聚合物+表面活性剂)技术攻关，创立了"油剂相似富集、阴非加合增效、表面活性剂—聚合物抑制分离"的二元复合驱理论，解决了无碱条件下驱油体系难以获得超低界面张力的难题，指导了无碱二元复合驱体系设计[99]。以原油为原料研发出石油磺酸盐表面活性剂，并实现工业化生产，以其为主剂创建了无碱二元复合驱油体系，油水界面张力达到 10^{-3} mN/m 数量级。

2003年孤东油田七区西开展二元复合驱先导试验（图3-4），试验区综合含水率由试验前的98.2%最低下降至60.4%，日产油由试验前的10.7t最高上升到127.5t，中心井区提高采收率18.0%。先导试验获得成功后，2007年进行了工业化推广应用。目前二元复合驱技术已成为高温高盐油藏化学驱核心技术，引领了高温高盐油藏化学驱学科领域技术发展方向，动用地质储量 $1.8×10^8$ t，累计增油 $1233×10^4$ t，累计产油 $2040×10^4$ t，增加可采储量 $1896×10^4$ t。

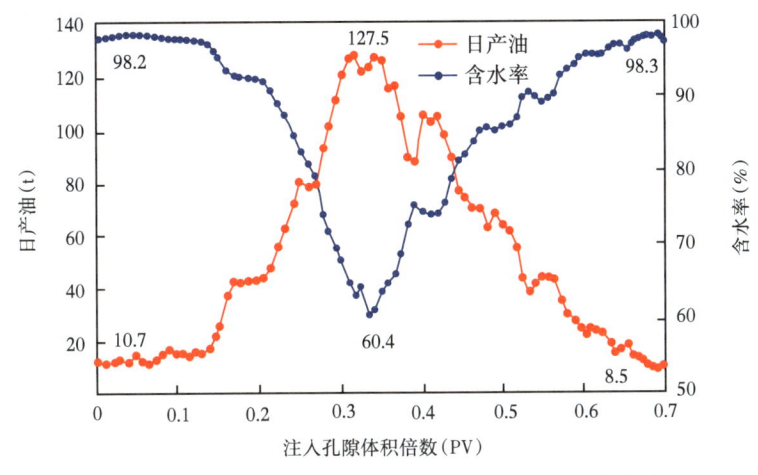

图3-4 孤东油田七区西二元复合驱中心井区生产曲线

辽河油田锦16块"二三结合"试验，动用储量 $586×10^4$ t，试验区日产油从66t上升到高峰期353t，综合含水率从96.2%下降到81.2%，水驱阶段提高采收率6.8个百分点，二元复合驱阶段提高采收率19个百分点，试验区最终采收率达到70%；项目税后内部收益率27.1%（图3-5和图3-6）。

新疆克拉玛依油田七中区二元复合驱试验，动用储量 $54×10^4$ t，日产油由试验前的14.7t上升至高峰期的54.6t，综合含水率由95.0%下降至54.6%，提高采收率18个百分点以上，完全成本45.5美元/bbl，项目税后内部收益率17.07%（图3-7和图3-8）。

5）非均相驱和变流线高浓度聚合物驱技术

胜利油田针对聚合物驱后油藏储层非均质性更加突出，剩余油分布更加零散，单一井网调整和现有化学驱方法提高采收率的难题，提出在已有聚合物驱油体系中，加入黏弹性颗粒驱油剂和具有超强洗油能力的表面活性剂，形成固液共存、具有各向异性特征的驱油体系，即非均相复合驱油体系。结合现有驱油用线性聚丙烯酰胺与网状交联聚丙烯酰胺的特点，揭示了高分子聚合物线性结构、交联结构与黏弹性的构效关系，设计了支化—交联共存的软固体颗粒分子结构，调控自加速效应控制支化结构与交联结构的比例，合成了变形能力可控的系列黏弹性颗粒驱油剂，可满足不同非均质油藏的调驱需求。

- 动用储量：586×10⁴t（兴Ⅱ₄⁷⁻⁸：298×10⁴t）
- 驱替层段：先兴Ⅱ₄⁷⁻⁸，后接替上返兴Ⅱ₃⁵⁻⁶
- 井网井距：五点法井网，150m
- 注采井数：24注35采
- 日注入量：平均单井日注87.6m³
- 日采液量：平均单井日产液65.8t
- 注入速度：0.15PV/a
- 注采比：1∶1

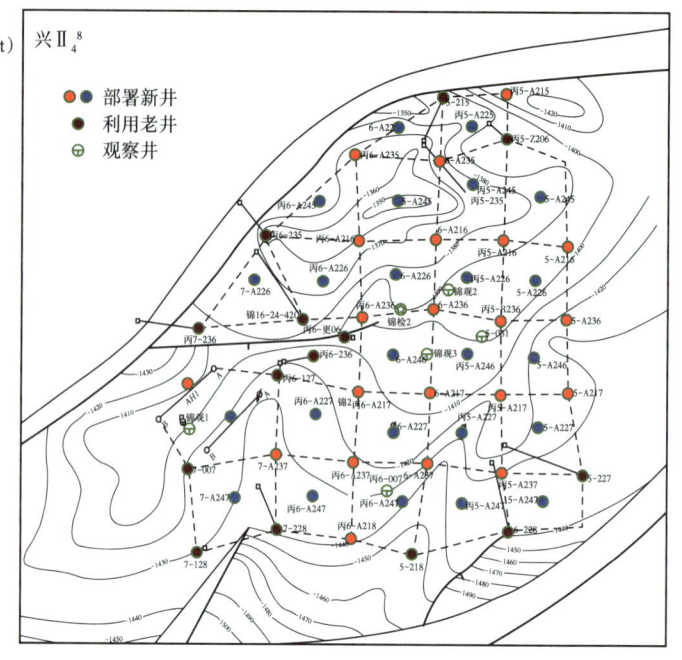

图 3-5 锦 16 块聚合物—表面活性剂复合驱试验区井位部署图

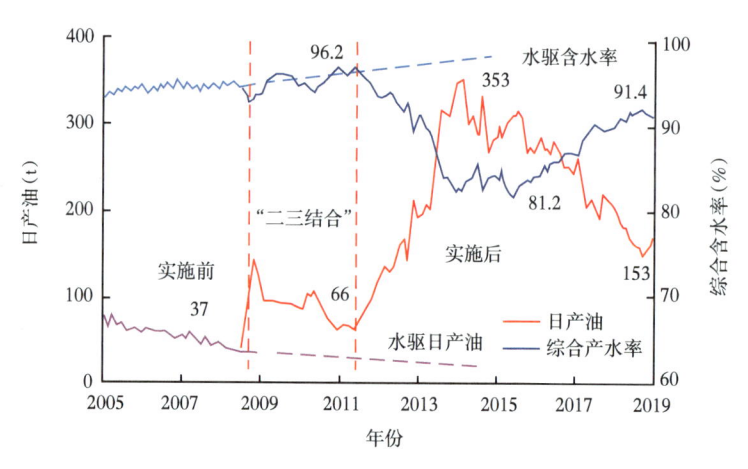

图 3-6 辽河油田锦 16 块"二三结合"试验曲线

2010 年在孤岛油田中一区开展聚合物驱后井网调整非均相复合驱先导试验（图 3-9），试验前试验区采出程度达到 52.3%，试验后日产油由 3.3t 上升至 79t，综合含水率由 98.2%下降到 81.3%，提高采收率 8.5%，最终采收率达 63.6%。2016 年在Ⅰ类、Ⅱ类聚合物驱后油藏进行工业化推广应用。到 2021 年底，动用地质储量 6621×10⁴t，累计增油 56×10⁴t，增加可采储量 551×10⁴t，成为聚合物驱后油藏大幅度提高采收率的支撑技术，同时也可应用于特高含水水驱油藏，可延长老油田经济寿命期 8~11 年，为石油尾矿资源的高效利用提供了有效的开发技术。

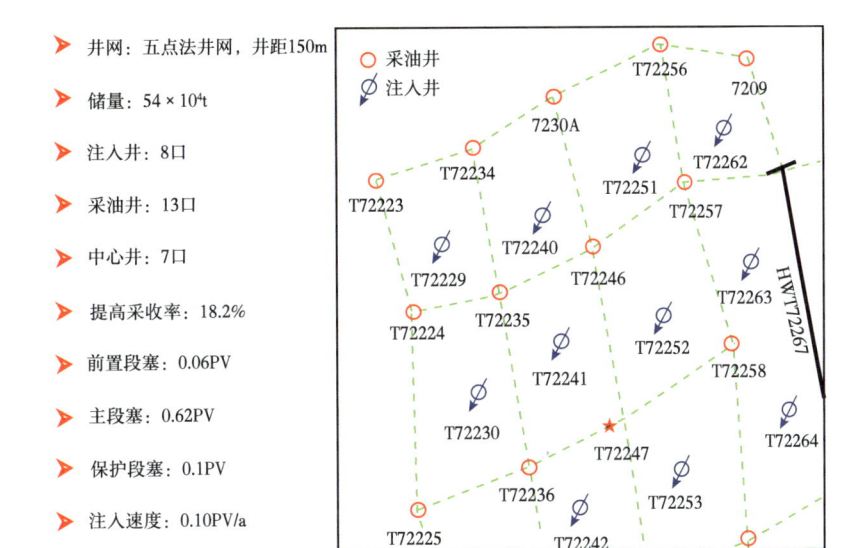

第三章 高含水老油田开发关键技术发展方向

- 井网：五点法井网，井距150m
- 储量：54×10⁴t
- 注入井：8口
- 采油井：13口
- 中心井：7口
- 提高采收率：18.2%
- 前置段塞：0.06PV
- 主段塞：0.62PV
- 保护段塞：0.1PV
- 注入速度：0.10PV/a

图 3-7　克拉玛依油田七中区二元试验区井位图

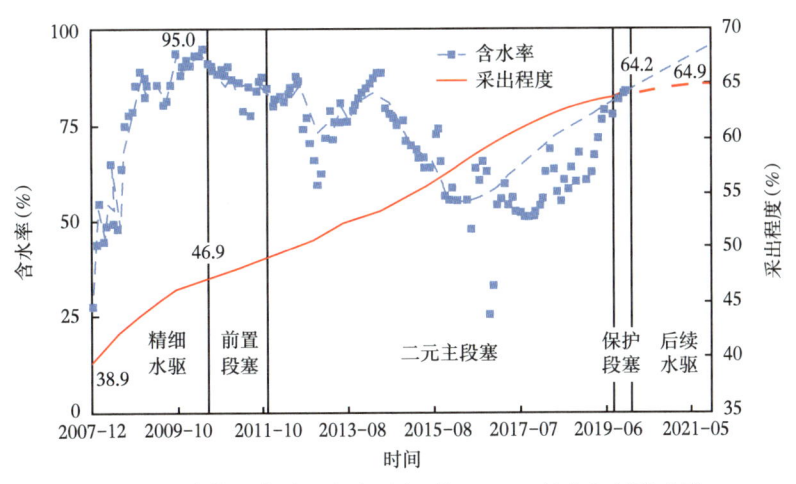

图 3-8　克拉玛依油田七中区克下组"二三结合"试验曲线

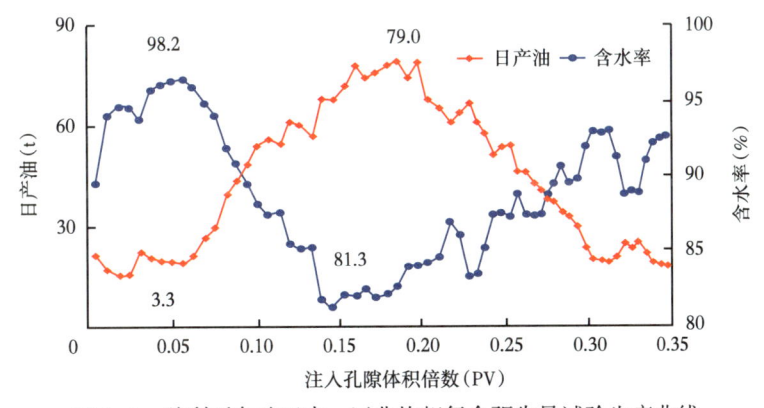

图 3-9　胜利孤岛油田中一区非均相复合驱先导试验生产曲线

· 81 ·

针对大庆长垣油田Ⅰ类、Ⅱ类油层聚合物驱后 $10×10^8$ t 储量，进一步提高采收率世界级难题，向提高采收率极限发起挑战。采用井网加密变流线高浓度聚合物驱和复合驱，积极开展聚合物驱后提高采收率试验，可实现目前采出程度达到 57.7% 的基础上再提高 10.1 个百分点（图 3-10 和表 3-1）。

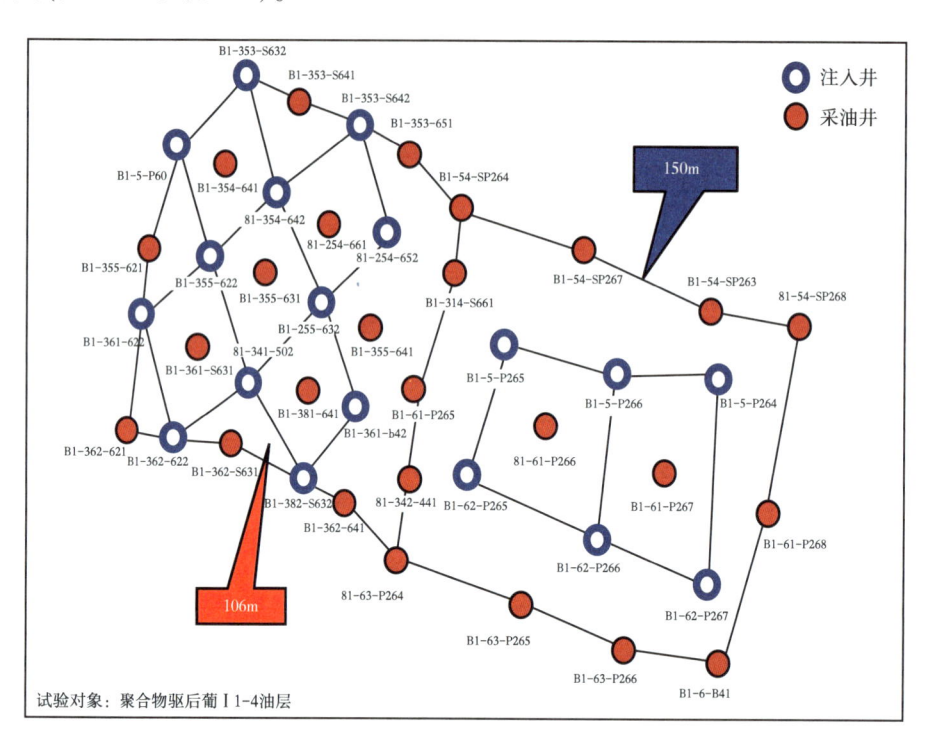

图 3-10　大庆油田北一断东聚合物驱后表面活性剂—聚合物二元复合驱井网重构图

表 3-1　大庆油田聚合物驱后试验效果评价结果表

试验名称	阶段采出程度（%）截至2019年10月底	阶段采出程度（%）预计最终	提高采收率值（%）截至2019年10月底	提高采收率值（%）预计最终
北二东西块井网重构高浓度	9.54	11.80	4.90	6.00
北东块小井距高浓度	7.33	9.45	4.48	5.54
北一断东表面活性剂—聚合物二元复合驱	11.58	15.45	9.37	13.40
北一断东中216站表面活性剂—聚合物二元复合驱	16.50	19.27	15.78	18.10
南三东聚合物驱后三元驱	8.70	10.54	5.07	6.44
北二西一类油层聚合物驱后三元驱	8.57	12.30	6.80	11.80

2. 低渗透油藏

1）精细油藏描述技术

针对低渗透油藏的特点，大庆、长庆等油田以河道砂体精细刻画为切入点，综合密井网及高精度三维地震资料不断深化油藏认识，形成了单砂体精细刻画及裂缝定量表征为核心的精细油藏描述技术系列[100-106]。按照复合微相砂体—单一微相砂体分层级描述了砂体空间几何学特征与规模。中国石油大学（北京）、中国石油大学（华东）和东北石油大学等通过现代沉积考察、密井网解剖等从储层成因出发进行储层构型描述，精细刻画砂体叠置样式及侧向接触关系；裂缝描述方面，形成了天然裂缝与地应力描述、人工压裂缝表征等系列技术，形成了基于地质统计学天然裂缝模型—人工裂缝正演模拟的三维裂缝建模表征技术，广泛应用于油田综合调整及部署。近年来，结合油田开发过程中地应力演化，开展了井间应变开启裂缝预测和动态裂缝三维建模技术攻关，取得了初步效果。国内中国地质大学等高校进行了裂缝成因机制实验模拟和数值模拟研究，国外主要是进行不同开发方式、不同井型压裂模拟技术研究及裂缝建模数模一体化软件研发。剩余油描述方面，形成了水驱地质综合分析与油藏数值模拟为核心的剩余油描述技术，建立考虑非达西渗流与裂缝的剩余油快速评价方法，系统开展了剩余储量潜力评价，有效指导了生产实践部署。部分石油高校基于不同成因砂体构型进行层内剩余油研究，国外以生产动态监测和油藏数模为主，目前考虑不同驱替方式及人工压裂缝影响的剩余油描述技术尚需攻关。

2）水驱开发调整技术

国内低渗透油田围绕建立有效驱替、提高波及效率、提高单井产量三个主要目标，在井网优化调整、水驱挖潜增效调整等方面发展了水驱开发调整技术。

井网优化调整方面：国内大庆、长庆、胜利、新疆等油田在裂缝发育油藏加密调整、矢量井网调整等方面发展了配套技术，以井网与裂缝合理匹配为中心，井排方向调整为沿最大水平主应力方向，通过放大最大主应力方向的井距，既有利于提高压裂规模、提高单井产量及延长稳产期，又减缓角井水淹风险，同时通过缩小排距提高侧向油井受效程度。通过加密及注采系统调整形成沿裂缝注水、向两侧驱油的驱替模式，最大限度提高波及程度[107-109]。

水驱挖潜增效调整方面：随着规模工程改造技术的进步，以规模改造技术为核心，各油田发展了适合储层特点的提产提效方法和治理模式。大庆油田针对裂缝发育的低渗透油藏，集成发展"深度调剖+周期注水"的综合治理方法，挖掘裂缝干扰和层内剩余油；针对裂缝不发育的特低渗透油藏，形成砂体—人工裂缝—井网匹配的整体压裂调整技术，通过"基础井网邻井错层、加密井网同层隔井"的整体改造，实现有效驱替。长庆油田创新提出了以点注面采为主的短水平井细分切割五点、大斜度井分层注水开发技术，水平井线注线采注水开发技术。有效提高了储量控制程度，实现了区块的整体有效驱替。在地质—油藏—工程一体化的井网调整与多措施组合高效治理技术、缝网压裂后全生命周期的多元能量补充方式等方面还需深入攻关。

3）难采储量有效动用技术

"十三五"以来，各油田新提交的储量中非常规难采储量占比加大，已成为目前油气储量增长及新区建产的主体，主要表现为储量规模小、丰度低、油气藏条件差、油品质量差、开发技术难度大和开发环境差等特点。针对难采储量开发存在的效益差、采收率低的问题，通过持续技术创新，推动难采储量由有效动用向效益开发跨越[110-113]。

储层综合评价方面：从全油藏角度深化油气富集展布规律认识，发展以大数据、高精度为核心的地质物探钻井一体化"甜点区"预测与评价关键技术。吉林油田做到细化区带认识，精细资源分级；地震成像处理+地质目标一体化处理+相控储层参数预测，实现6~8m储层定量描述，符合率90%；建立了基于七性评价的"三品质"（储层品质、烃源岩品质和工程品质)评价参数,落实开发目标。长庆油田优选沉积类型、砂体结构、有效厚度、物性参数、含油性、裂缝密度等六参数建立了储层分类评价方法,单砂体构型模式研究明确了砂体的几何特征;建立了天然裂缝缝网系统模型,形成了不同砂体构型中体积压裂缝网描述方法。大庆油田建立以致密储层"储集性、含油性、流动性、可压性"四品质为核心的"七性"参数评价方法,建立储层分类评价标准,科学指导纵向优选"甜点"层、平面优选布井区[114-118];集成了以黏弹性叠前时间偏移+多属性预测+Z反演为主的薄层河道砂体"甜点"预测技术,3~5m"甜点"单井符合率达到86.1%。在常规砂岩油藏精细地质研究与相控建模的经验基础上,创新发展了考虑岩石力学特征及大规模体积压裂人工裂缝展布的三维地质建模技术,技术整体处于世界先进水平。

开发技术方面:针对陆相非常规油田强非均质性特点,立足储层分类分区评价,强化水平井地质工程一体化压裂优化设计技术,通过"个性化设计、标准化施工"工作,实现效益最大化,在保障单井控制储量的前提下,强化水平井长度、井距等参数优化和个性化设计,进一步提高缝控储量。吉林油田井位部署根据"甜点"区分布特点,"一区一策、一藏一策";大平台井组部署,井距400~600m,排距200m;"水平井产量—储量—效益"倒算油藏工程设计方法。长庆及新疆油田定量评价含油砂体、分级排序,根据含油砂体连续性优化水平井轨迹设计,按照大井丛优化井网井距,水平段1500~2000m、井距300~400m,后期加密形成200m小井距规则井网,通过规模应用大平台、长水平井、体积压裂等工艺,实施工厂化作业,提高储量动用程度,缩短钻完井周期30%、降低投资运营成本10%以上。大庆油田立足自身独有的储层特点,创立了适合非连续性致密油藏不同"甜点"类型的主力层—水平井、主薄层错叠—直平联合、多薄层叠置—斜直井三种开发模式,实现了储量动用率和经济效益最大化,通过创新机制、市场运作的方式,单井投资降幅32.7%、百万吨产能投资降幅37.5%,形成可推广、可复制的致密油效益开发模式。针对弹性开采采收率低(5%~8%)的问题,形成了水平井CO_2吞吐增能提采技术,现场试验平均单井第一周期增油2256t,采收率提高2.25%,目前正在开展第二周期现场试验,预计两周期可提高采收率3.48%,投入产出比1:1.52。

工程配套技术方面:近年来,高效钻完井+体积压裂技术的进步极大提高了难采储量动用的力度。形成了浅表层二开/三开井身结构、钻井提速技术、高性能水基钻井液、3000m长封固段一次固井工艺等为代表的致密油气钻完井配套技术,以直井分层、水平井分段及体积压裂为代表的储层改造技术已广泛应用于特低渗透—致密油油藏。长庆油田围绕页岩油提产、提效、降本目标,突破了以"细分切割增大改造体积、增大液量提高储层能量、渗吸驱油提高采出程度、可溶球座及多功能压裂液"为主的长水平段细分切割体积压裂技术,形成了大偏移距三维水平井钻完井技术,低成本关键工具材料全部实现自主研发,大井丛立体工厂化建设模式提速提效,水平井产量达到了直井的12倍。大庆油田发展完善了以优化井身结构、优化井眼轨道设计、优选钻井工艺及工具和简化完井工序为核心的"三优一简""一趟钻"优化组合提速工具和以"井眼净化、漂浮工具、弹性扶正器、高效顶替液、界面增强"等为核心的13项固井配套技术,完善形成了以"八优化""5m小簇距、差异化布缝、滑溜水、石英砂组合支撑"为核心的水平井体积压裂技术,固化了独具特色的"裂缝与井网井距、储层品质与改造体积、粒级与缝级"三匹配直井分层缝网压裂技术。

3. 稠油油藏

经过近10年的攻关，稠油热采技术实现了由单一蒸汽吞吐向蒸汽驱、SAGD和火驱开发技术的升级，支持了千万吨稳产。SAGD、蒸汽驱及火驱等转换开发方式贡献了目前产量的30%。与传统技术对比，热采新技术降成本优势明显。

1）蒸汽吞吐技术

蒸汽吞吐在各类稠油油藏均得到工业化应用，目前面临多轮次吞吐后操作成本逐年升高、油汽比逐渐降低的难题[119]。对于一些难以转变开采方式的稠油油藏，重点是改善吞吐效果，研究运用水平井和CO_2、N_2等助剂辅助蒸汽吞吐有效降黏，增加地层能量和波及体积。对于适合转变方式的区块，尽快优选合适时机进行蒸汽驱、SAGD或火驱技术的接替开发。

2）蒸汽驱技术

蒸汽驱已成为成熟配套的热采技术，在连通性较好的稠油油藏得到规模工业化应用，成为蒸汽吞吐后提高采收率的有效方法。近年来提出将水平驱动力与垂向重力泄油相结合的热采理论与开发模式，集成了耐高温大排量举升、高温高压地面集输计量及余热回收系统，形成中深层稠油热采配套技术。使井底蒸汽干度提高了20%，开发深度界限大幅增加，蒸汽驱由800m加深到1400m，重力泄油由600m加深到1000m，成功实现了中深层稠油资源的有效开发，采收率由蒸汽吞吐的20%~25%提高到50%以上。近年来又发展了多介质蒸汽驱技术，多介质蒸汽驱是指由气体、化学剂及蒸汽形成的高效驱油体系，具有"抑制蒸汽窜流和超覆、降黏、补充地层能量、提高驱油效率、扩大蒸汽波及体积、减少蒸汽用量"等多项机理的协同作用。蒸汽驱中后期采用多介质蒸汽驱，预计可进一步提高油汽比30%、采收率10%以上。蒸汽吞吐后期油藏直接转多介质蒸汽驱，预计可提高采收率30%以上。

新疆油田创新形成"逐级有序、循环改造、波及扩大"的多介质蒸汽驱技术。新疆九6区CO_2辅助蒸汽驱试验，日产油从2.63t上升至44t，油汽比从0.02上升至0.1，预计提高采收率20个百分点以上，完全成本45.0美元/bbl左右（图3-11）。

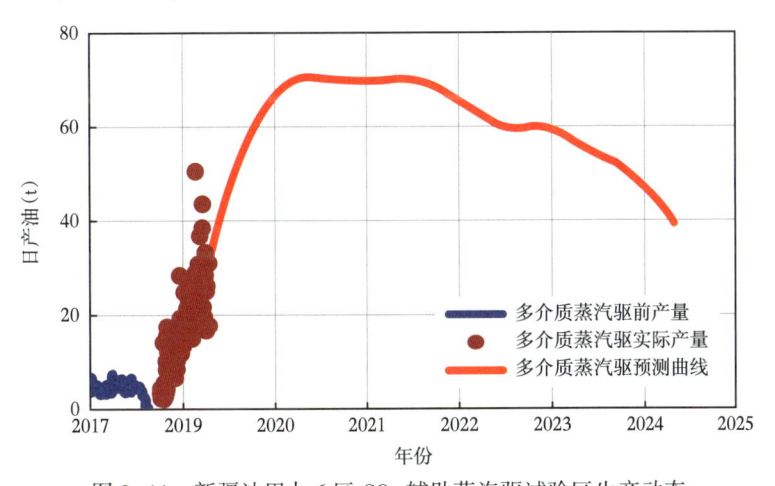

图3-11 新疆油田九6区CO_2辅助蒸汽驱试验区生产动态

3）SAGD 技术

SAGD 是以高干度蒸汽作为热源，依靠沥青及凝析液的重力作用开采超稠油，它可以通过双水平井、直井与水平井组合等方式来实现，已成为超稠油开发的主体技术。目前基本掌握了超稠油 SAGD 开采机理与数值模拟、生产规律预测、方案优化设计等技术，结合储层精细构型，形成了 SAGD 动态跟踪与调控技术，发展了超浅层双水平井 SAGD 钻完井、高温大排量举升工艺、地面高效注汽、高温产液密闭处理、地面与地下一体化自动监测等配套技术。辽河油田杜 84 和新疆油田风城重 32、重 37 等矿场试验效果显著，辽河油田直井、水平井组合 SAGD 较蒸汽吞吐提高采收率 25% 以上，新疆油田风城双水平井 SAGD 年产油达到 $72×10^4$t 以上。

SAGD 目前面临着非均质性强、蒸汽腔扩展不均等系列问题，下一步重点攻关多介质辅助 SAGD 及不同结构井 SAGD 技术。在 SAGD 生产过程中，非凝结气体、溶剂（化学剂）和蒸汽同时注入油层中，可加速降黏、加速蒸汽腔发育，提高采油速率，进一步改善 SAGD 开发效果，并可降低能耗、减少蒸汽用量，预计在常规 SAGD 基础上可提高油汽比 30%、采收率 15% 以上。

4）稠油高温火驱技术

火驱具有高采收率、低能耗双重优势。辽河油田和新疆油田工业化试验见到良好效果。新疆油田红浅 1 井区注蒸汽后废弃油藏火驱试验效果显著，火驱采油速度 3.6%，阶段采出程度 36.3%，预测提高采收率 42.2%，最终采收率 71.1%，完全成本 46.0 美元/bbl。新疆油田风城 SAGD 直井辅助试验井组也见到了较好的开发效果（图 3-12）。

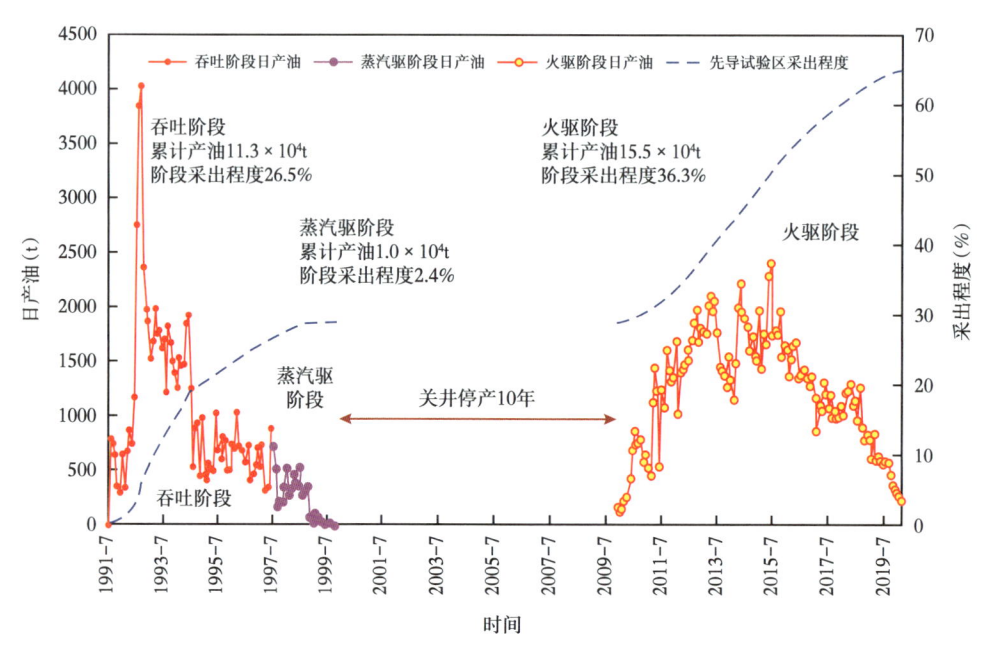

图 3-12 新疆油田红浅火驱试验区综合开发曲线

5）深层超稠油强化热力开发技术

利用"水平井+蒸汽+CO_2+降黏剂"强化热力开发新模式，解决了深层条件下超稠油大幅度降黏开采难题[120]，可开发埋深2000m、黏度$50×10^4$mPa·s的深层超稠油。王庄油田郑411块现场试验，油藏埋深1360~1700m，原油黏度$38×10^4$mPa·s，CO_2强化热力采油试验取得重要突破，单井周期产量由127t提高到1812t、提高了13.3倍，油汽比达到0.82，预计提高采收率20个百分点以上。应用该技术成功开发了胜利油田王庄、单家寺、乐安、金家等8个超深层稠油油田，动用稠油储量$2.6×10^8$t，增产原油$1960×10^4$t。

6）薄层超稠油热化学复合开发技术

利用"水平井+热蒸汽+降黏剂+氮气"热化学复合开发新技术，解决了薄层超稠油散热快、无法有效开发的难题[121]。实现氮气、蒸汽和降黏剂高效协同，降黏剂耐温由300℃提高至350℃，降黏率高达99.9%，驱油效率达到79.3%、比单一注蒸汽提高32.1个百分点，可有效开发薄至2m的薄层超稠油。春风油田排601块现场试验，油层厚度2~6m（平均3.5m），原油黏度$18×10^4$mPa·s，周期产油量从82t提高到1484t、提高了17.1倍；油汽比由0.08提高到0.74、提高了8.2倍，预计提高采收率20个百分点以上。在胜利西部春风油田建成$100×10^4$t/a薄层超稠油开发示范基地，该技术累计动用地质储量$1.88×10^8$t，增产原油$1846×10^4$t（图3-13）。

图3-13 春风油田生产动态

4. 复杂断块油藏

1）精细油藏描述技术

近年来，大港油田和华北油田等断块油田普遍应用二次开发技术，通过多学科集成化的精细油藏描述技术，不断加深和重构地下油藏认识体系。应用高分辨率三维地震资料、较高密度井网资料和动态监测资料，通过井震结合、动静结合形成分层次的精细油藏描述方法，在小断层解释、单砂体刻画及内部构型和剩余油分布预测方面取得重要进展，为断块油田的精细挖潜提供了基础[122-125]。通过研发复杂断块油田开发后期逐级控制、分步模拟的精细地质建模技术，按断层级别从高级序到低级序依次逐级建立断层模型，按构造解释从标准层到单砂层顺序分步建立层面模型，即先断层模型后层面模型的思路，以三维、井间地震联合解剖方式，综合考虑钻井、取心、构造发育史等确定低级别断层归属，并对断点、断距、倾向、倾角、断开层位等要素归位，交互联动形成全区断层模型。利用"地质网格"技术，解决了在构建复杂构造模型和强非均质性储层模型时的技术难题，这种网格不要求与断层平行，且可被断层任意切割，断层夹持的地层内也不强求保持上下一致的网格数目，因此摆脱了传统网格技术的一些局限性，解决了网格扭曲问题，可对区域内的断层进行较为精确地表征。

2) 立体开发技术

针对复杂断块油藏小碎块及小规模剩余油富集区难以有效开发及动用程度低的难点，将地质油藏、钻井工程和采油工艺结合，形成了复杂断块油藏立体开发技术。在地质油藏研究上，精细描述五级以下低序级断层，准确组合断裂系统，实现了 3~5m 小断点的识别和 5~10m 小断层分布预测；在钻井工程上，利用多靶点定向井组合纵向多个碎块、利用跨断块水平井组合平面相邻断块实现串接开发，形成了多靶点定向井、跨断块水平井、近断层水平井、绕水锥水平井等 4 类复杂结构井井型及轨道优化设计技术，以及井眼轨迹精确控制、自修复水泥浆完井体系等复杂结构井钻完井配套技术；在采油工艺上，实现了分层注水测调一体化和不动管柱液压控制换层工艺。

3) 复杂结构井开发技术

复杂结构井因其拥有增大油气藏泄油面积，提高油气井产量，提高油田的最终采收率及油田开发的综合经济效益等优势，在国内外广泛应用于各类油藏（厚层底水块状油藏、屋脊断块层状油藏、稠油油藏、整装高含水油藏、低渗透油藏、薄层及薄互层油藏、地层不整合油藏、裂缝性油藏和潜山油藏等），并配合压裂、酸化等措施，取得了较好效果。

在中国，海上埕岛油田、风城油田利用鱼骨状分支水平井结合蒸汽辅助重力泄油技术，提高储量控制与动用程度；辽河油田利用分支井挖潜薄油层以及剩余油和死油区；濮城油田利用事故井开窗侧钻，提高采收率、提升经济效益。在美国，大部分地区已采用水平井开采天然裂缝储层，如得克萨斯州的奥斯丁（Austin）白垩系、威力斯顿（Williston）盆地的 Bakken 页岩油层；在加拿大，水平井用于各种蒸汽辅助重力泄油技术，提高重油的产量；在荷兰海域，水平井用于减轻水的锥进；在丹麦，利用水平井开发裂缝性白垩系储层；在意大利的 RoPo Mare 油田，水平井用于开发低孔隙度、多裂缝石灰岩地层；在法国水平井提高了天然裂缝性储层后期的产量。

利用水平井进行注采结构优化调整方面，水平井可有三种注采结构：水平井注水—直井采油、水平井注水—水平井采油以及直井注水—水平井采油。国外一些石油专家通过室内实验，提出了直井注水—水平井采油和水平井注水—水平井采油两种模式。通过室内实验及现场方案对比得出：水平井注水开发可以取得比直井更好的驱油效果；垂直井注水—水平井采油的驱油方法具有降低不利流度比、改善吸水能力等特点，其采收率至少是常规水驱的 2 倍；在水平井注水—水平井采油的长距离驱油结构中，建议采用反井网；在水平井注水—水平井采油的短距离驱油结构中，建议采用短半径水平井注—长半径水平井采的模式。水平井化学驱最佳的井网模式为水平井注入、水平井采出的一注一采井网。

在水平井井网优化设计方面，目前水平井井网主要是水平井—直井开发井网和水平井行列井网。水平井—直井开发井网形式较多，包括改进的五点法井网、改进的反五点法井网、改进的七点法井网、改进的九点法井网、改进的反九点法井网、改进的反十三点法井网和直井注水行列井网等。在联合布井网配置形式中，砂体发育规模小的窄小河道（河道宽200~380m，延伸1km左右）只能采用两点法井网模式，单向注采对应，直井注水井在水平井腰部或靶点位置；当砂体发育规模增大（河道宽度500~670m，河道延伸长度3km左右）可采用双向注采对应的水平井，主要有三点法注采井网、注水直井位于水平井一端或两端；当多期河道叠加，平面砂体连片分布，可采用多注采对应，四点法井网、五点法井网、排状井网。单向注采对应和双向注采对应均属于不完善井网类型，开发效果相对较差。多向对应含水上升控制较好，是开发效果较优的井网型式。

5. 碳酸盐岩油藏

缝洞储集体识别、描述和油藏模拟技术：经过多学科联合攻关，发展了缝洞储集体地球物理描述、多尺度相控缝洞储集体建模、缝洞型油藏数值模拟等多项关键技术，形成了缝洞储集体识别、描述和油藏模拟技术[126-130]。以高精度地震处理为基础，综合应用测井评价和地震古地貌研究，提高了缝洞储集体的识别与流体判识的可靠性。采用分类分级建模的思路，将缝洞储集体划分为洞穴型、溶蚀孔洞型、裂缝型、基质岩块等类型，分别采用不同的建模方法建模，然后将单一类型储集体模型融合，构建出缝洞储集体三维地质模型，该方法有效提高了缝洞型油藏的建模精度，建立了缝洞型油藏等效连续介质和离散介质耦合的油藏渗流数学模型，研制出考虑洞穴流、裂缝流及渗流的复杂介质油藏数值模拟求解技术。在缝洞储集体识别与描述技术取得进展的前提下，结合开发所获得的各类动静态资料，深化了对碳酸盐岩油藏渗流机理的认识，对剩余油分布规律和后续挖潜措施有了更好的把握。

二、分类油藏开发技术对标及发展方向

1. 中高渗透砂岩油藏

1）技术对标

与国外同类油藏开发技术对比（表3-2），我国中高渗透砂岩油藏水驱及化学驱提高采收率技术整体处于世界领先水平。但仍存在注采调整技术方法单一、跨学科融合力度不够、智能油田建设仍处于起步阶段等问题，需要加大大数据分析、人工智能算法在注采优化调整领域的融合应用力度，加快新一代水驱开发技术攻关研究。在地质及渗流理论研究方面，重点开展微观多相模拟、储层参数时变规律、分散体系渗流、多尺度储层描述、智能历史拟合等技术攻关；在水驱开发调整技术方面，加快发展智能精准水驱开发技术，向最大扩大波及体积、有效挖潜小尺度剩余油方向转变；在化学驱技术方面，加快发展新型低成本高效化学驱提高采收率技术，探索研发以自适应复合驱、纳米驱油为代表的四次采油和以微生物成气为代表的极限提高采收率技术，实现中高渗透高含水老油田开发转型升级。

表 3-2　中高渗透砂岩油藏主要开发技术对标

技术领域	国内	国外
地质及渗流理论	井震结合多学科油藏描述技术 常规两相渗流理论与应用技术 剩余油表征技术	时移地震动态监测技术 人工智能油藏描述技术 数字岩心重构技术 数字岩心模拟技术
水驱	层系井网重组与精细注采结构调控技术 分层注采工艺技术 深部液流转向技术	层系井网单一 水动力学采油 侧钻水平井 闭环智能油藏管理
化学驱	聚合物驱技术 三元/二元复合驱技术	注 N_2、CO_2 气驱技术，重力稳定驱技术，以纳米技术为核心的四次采油

2）技术发展方向

（1）近期（2021—2035 年）。

特高含水后期开发地质及渗流理论研究。随着越来越多的老油田逐步进入特高含水期开发阶段，新阶段渗流机理的进一步深入研究尤为重要。同时，特高含水期油田剩余油高度零散、无效循环严重，精准定位剩余油是实施精准开发战略、延长老油田寿命的关键，需要高精度地质模型和高精度数值模拟支撑。针对构造、储层的描述存在多解性、不确定性强等问题，融合信息技术进一步提升油藏描述精度：一是发展基于内部构型的厚油层流动单元三维定量表征技术，精准刻画无效循环空间分布；二是发展高精度 CT、NMR 原位在线驱替扫描和数字渗流模拟等实验技术，攻关储层微观参数时变规律、多孔介质分散体系流动模拟、剩余油启动与极限提高采收率机理，开展岩心、孔隙等多尺度渗流规律的定量研究，创建后油藏智慧地质和渗流理论，为老油区深度开发提供理论指导；三是通过数据挖掘、机器学习等手段，充分挖掘油田海量开发动态数据价值，降低基于静态地质信息地质模型的多解性，提升油藏描述的可靠性与精度；四是在数字岩心表征孔喉网络结构的基础上，攻关基于大数据的微观孔隙网络模拟技术，定量研究微观剩余油类型及分布特征，并进行尺度升级，解决微观和宏观剩余油有机结合的难题；五是探索攻关地质与大数据、人工智能等信息技术融合，通过算法优化升级、GPU 加速等信息技术，加快油藏模拟的并行处理速度，提升剩余油模拟的精度和效率。

智能精准水驱开发技术研究。针对老油田开发面临的常规技术手段工作量大、调整难度大等难题，亟需常非结合、跨界融合，攻关精准挖潜技术，建设智能油田，实现资料解释、地质建模、数值模拟、开发调整等关键技术环节智能化，形成闭环智能油藏管理（图 3-14），大幅度提高技术精度和工作效率[131-141]。在油藏智能优化基础上，继续攻关智能分注分采技术，目前已形成第四代分层注水技术，首次实现了分层注水全过程实时监测和自动控制，对各层段的认识更精准，调控也更高效。该成果突破了井下强干扰环境下流量永置式检测、小直径电动机驱动的流量无级调节等世界级基础共性难题，研制了集成

第三章 高含水老油田开发关键技术发展方向

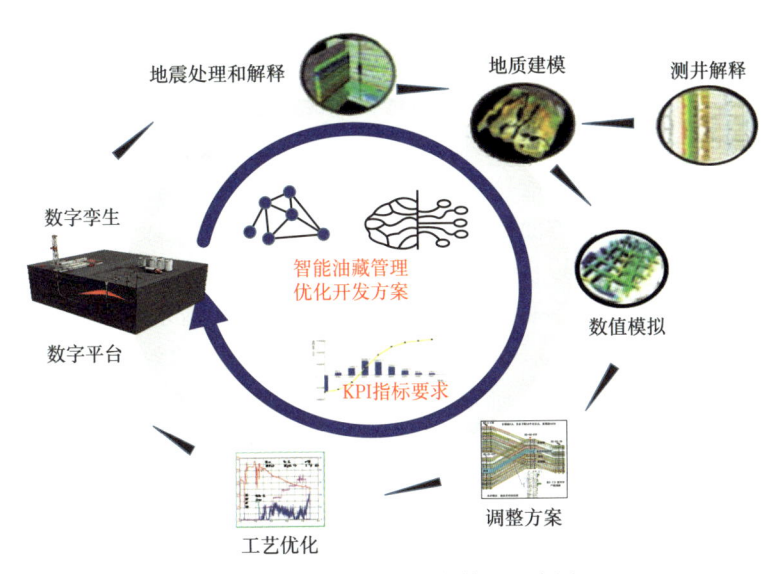

图 3-14 闭环智能油藏管理示意图

流量计、压力计和流量调节总成的一体化配水器等关键工具，形成了缆控式、波码通信和地面式等第四代分层注水工艺，实现了分层注水井下测调自动化、状态监测实时化和数据管理网络化，助力我国分层注水工艺持续国际领先；基于实时分注数据和油藏静态数据，开发了精细油藏分析与优化软件IRes，推进了注水方案优化与调整由"滞后调控"向"实时、精细、智能优化"的重大跨越。同时，攻关革命性水驱开发技术，如井下油水分离同井注采技术。该技术利用井下油水分离装置对生产层的采出液进行油水分离，含水率降低的采出液被举升至地面，分离出的水被回注到注入层，实现在同一井筒内采出与注入同步进行（图3-15）。该技术能够大幅降低举升能耗和污水处理成本，使特高含水油田具有开发价值，被誉为"井下工厂"，应用前景广阔。在大庆、大港等油田，试验油井已见到增液、增油、降含水的初步效果。井下油水分离同井注采技术目前处于室内研发和矿场先导试验阶段，需要：①进一步优化井下油水分离技术，提升分离效果，降低系统成本和维护作业费用，延长装备使用寿命；②集成回注监测技术，对于分离后的注水量和回注层位能够精确计量和监测；③加强系统化研究，将地质、油藏、工程、管理紧密结合，特别是优化回注层位

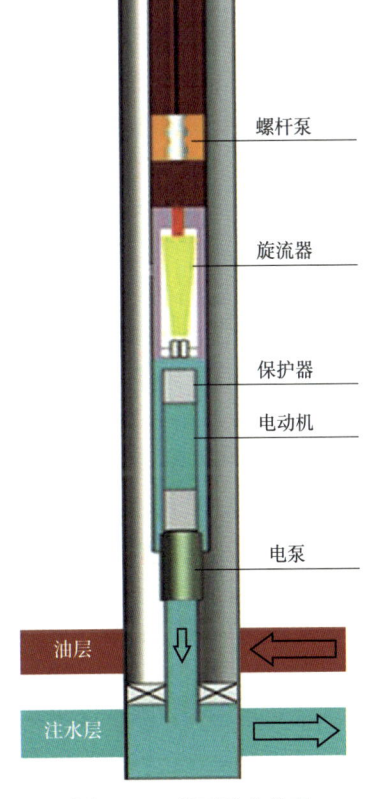

图 3-15 井下油水分离同井注采示意图

· 91 ·

及形成注采回路系统方面，仍需深入研究和矿场试验，提高应用水平和开发效果。

新型低成本高效化学驱技术。驱油体系研发需要针对目标油藏条件，如原油组成、渗透率、温度、矿化度等，根据驱油剂分子结构与性能关系，有针对性地设计驱油剂分子结构，研制高效驱油体系，以满足现场应用对驱油剂性能要求。随着油田不断开发及环保要求的不断提高，绿色、高效、智能化已成为驱油剂及驱油体系研发的发展方向。近年来，国内外在新型高效驱油剂研发方面开展了大量研究。在新型高效聚合物研发方面，国内外广泛开展了抗盐聚合物研究，设计新型聚合物分子结构，建立了胶束聚合，反相乳液/微乳液聚合等合成工艺，研制出多种新型高效抗盐聚合物，如疏水缔合聚合物、TS抗盐聚合物、LH抗盐聚合物等，大庆油田现场试验取得了较好的试验效果。同时，在新型聚合物驱油机理、分子结构与性能关系研究基础上，大庆油田研制出了DS系列抗盐聚合物，具有较好的抗盐增黏性和驱油效果，实现了工业生产。在新型高效表面活性剂研发方面，大庆油田深化了复合体系相态理论认识，建立了以相态为核心的复合体系综合性能评价方法，打破了原有单一因素评价复合体系性能的局限性，揭示了复合体系相态相互转化可大幅度提高采收率的机制，为新型高效驱油体系研制奠定了坚实的理论基础。利用国产原料，国内首次研发出界面位阻表面活性剂，研发出弱碱化、无碱化新型高效驱油体系，溶解性能与界面性能明显改善，室内贝雷岩心驱油实验较现有体系提高采收率10个百分点以上，引领了国内三次采油技术的跨越式发展。

针对化学驱降本提效需求，需进一步深化驱油体系微观界面机理、相行为影响因素及规律研究，研制新型高效驱油剂，研发以新型高效复合驱为代表的三次采油技术和以自适应复合驱为代表的四次采油技术，实现大幅提高采收率和显著降低驱油剂用量的目的，包括二元复合驱、泡沫驱、化学驱后进一步提高采收率等技术。

①二元复合驱技术。随着以甜菜碱、阴非离子表面活性剂为代表的新型高效表面活性剂取得的突破性进展，表面活性剂—聚合物二元复合驱体系在无碱条件下仍能使油水界面张力达到超低并使油水体系产生适度乳化，促使二元复合驱技术取得了较快发展。二元复合驱既发挥了聚合物驱的优势，同时减少由于碱存在造成的油管及地面管线结垢引起的频繁作业，克服了三元复合驱环保方面的危害，应用前景广阔。目前在辽河、新疆、大港、大庆、长庆等油田均开展了矿场试验，其中辽河、新疆油田二元复合驱试验预计提高采收率18%左右。二元复合驱不仅能够大幅度提高采收率，而且地面地下处理相对简易，是高含水老油田提高采收率的主要攻关方向之一。目前二元复合驱主要问题是提高采收率幅度不如三元复合驱，碱的积极作用尚未被完全替代，进一步优化高效二元主剂仍是技术关键。此外二元复合驱地面和注采配套技术有待完善，目前的工艺更类似一种简化的三元复合驱配套工艺，如能发展成为类似聚合物驱的配套工艺，则建设和操作成本较三元复合驱可减少1/2以上。

②泡沫驱技术，即以泡沫作为驱替介质的提高采收率方法。泡沫通常由起泡剂、稳泡剂、气体和水组成，其中起泡剂一般选择发泡能力强的表面活性剂，稳泡剂多为聚合物、凝胶或纳米粉体等，气体可以是空气、天然气、CO_2、N_2等，其驱油机理包括扩大波及体积和提高驱油效率两个方面。泡沫在油藏中运移时，优先进入含油饱和度较低的高渗透层或微裂缝，由于贾敏效应、串珠效应等影响，渗流阻力逐渐增大；随着注入压力的提高，泡沫将渐次进入含油饱和度较高的低渗透层，有效扩大波及体积。此外起泡剂本身就是一

种表面活性剂,具备降低油水界面张力、降低残余油饱和度,提高驱油效率的能力。泡沫在解决单纯注气气窜或注水水窜、挖掘厚油层顶部水驱剩余油方面具有独特优势,是一种很有发展前途的大幅度提高采收率技术。通过持续攻关,先后研制出适用不同条件、具有不同发泡能力和稳定性的起泡剂和稳泡剂组合,在大庆北二东、大港港东、玉门老君庙区块的泡沫驱现场试验取得了较好的初步效果。目前在泡沫驱配方优化和效果方面,室内评价和现场试验差异大,需要尽快完善泡沫驱的室内研究及评价方法;围绕泡沫稳定性这一核心问题,攻关高效、廉价、稳定的泡沫体系,并优化现场注入和调控等配套技术。

③化学驱后进一步提高采收率技术。在化学驱后油藏进一步提高采收率技术方面,大庆油田研发形成变流线高浓度聚合物驱、变流线三元复合驱配套技术,开展了化学驱后提高采收率现场试验,见到了较好增油降水效果。试验结果表明,变流线高浓度聚合物驱可提高采收率8%,变流线三元复合驱可提高采收率10%。胜利油田地质科学研究院与中国石油大学(华东)研究了非均相复合驱技术,在室内实验和理论研究基础上先后开展了聚合物驱后非均相复合驱先导试验、扩大性试验,可提高采收率8.5%以上,取得较好开发效果。国内其他各石油类高等院校、科研院所、油气田的专家学者在化学驱后提高采收率技术方面开展了大量卓有成效的工作,部分研究成果已经开展现场试验,但总体处于室内研究和先导试验阶段,未开展大规模推广应用。

(2)中长期(2035年以后)。

针对化学驱后油藏中仍有约30%的剩余油残留地下,开发难度大等难题,进一步超前探索化学驱后自适应复合驱、微生物降解残余油成气、纳米智能驱油等极限提高采收率技术,为中高渗透高含水老油田可持续高效开发做好技术储备。

微生物降解残余油成气技术。该技术于2000年由德国学者率先提出,即利用微生物代谢成甲烷气技术,激活油层中的功能微生物,使其按照优化途径将原油转化成优质烃,或直接生成甲烷气采出(图3-16)。Gieg等根据实验对残余油转化为天然气的潜能进行了推算,实验数据显示每克岩心中的残余油每天可产甲烷的量是0.1~0.4μmol,以美国残余

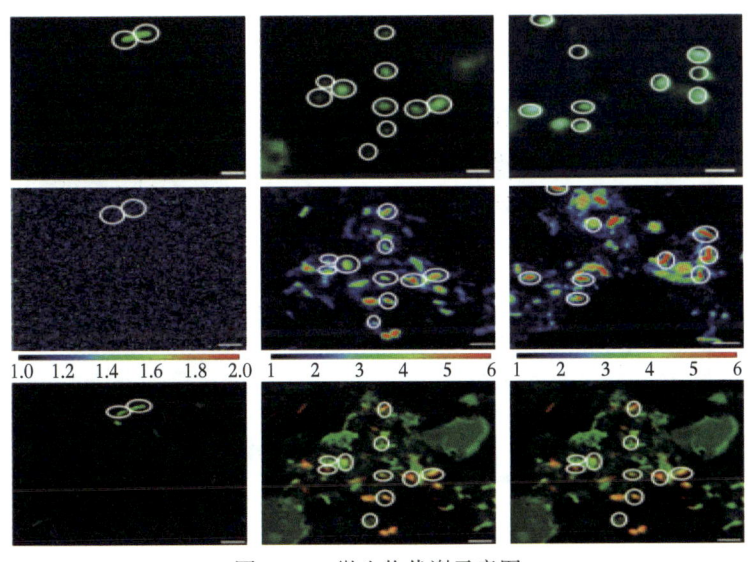

图3-16 微生物代谢示意图

油的总量 3750×10^8 bbl 计算，如果 1% 的残余油被微生物转化，每年将产生 $1\times10^{12} \sim 5\times10^{12}$ ft³ 的甲烷。以目前美国每年消耗 30×10^{12} ft³ 天然气计算，这些目前尚不能有效开采出的残余油将会解决 3%～15% 的天然气供应问题。因此，该技术前景极其广阔。技术研究方面，国际上在原油厌氧生物降解方面已经开展了一系列研究，石油烃生物气化的可行性已在实验室条件下得到证实。Orphan 等对加利福尼亚的两个深层高温油藏的微生物群落结构进行分析表明，在高温的深层油藏有甲烷产生菌，16SrRNA 基因序列分析表明古菌类型主要是产甲烷菌，细菌主要有嗜热菌和硫酸盐还原菌等。2007 年华东理工大学用克隆文库法分析了中国陆上高温水驱油藏样本中微生物群落，结果表明其中也存在丰富的微生物。由此可见，油藏中丰富多样的微生物类型涵盖了烃厌氧降解的不同阶段的多种功能菌群，这些菌的存在为油藏环境中原油就地降解转化成甲烷奠定了基础，整个降解过程反应效率的影响因素非常多。Larter 等研究认为烃的化学性质（溶解性）是原油厌氧生物降解的主要影响因素之一。目前美国俄克拉何马大学在相关领域处于世界领先水平，原油产甲烷气年转化率近 20%。总体来看，微生物降解原油产甲烷技术目前尚处在基础研究阶段，还未形成成熟技术，国际上也没有在工业中应用的先例，该领域研究目前处于快速发展期。我国应抓住机遇，针对我国油气资源开发现状，在高起点上开展创新性的研究工作。

纳米智能驱油技术。纳米智能驱油被中国石油经济技术研究院发布的《2018 国内外石油科技发展与展望》列为未来十年最具潜力的 15 项油气勘探开发技术，国内多家研究机构已开展相关研究。纳米智能驱油技术的研发思路是：纳米驱油剂"尺寸足够小"，能够基本实现全油藏波及；"强憎水强亲油"，遇水排斥，遇油亲和，具有自驱动力，能够实现智能找油；"分散油聚并"，能够捕集分散油，形成油墙或富油带并被驱出。通过研究，目前室内实现了部分设想，烷烃修饰后的纳米颗粒疏水性增强，受到油相的吸引，能自发地向油水界面扩散运移，且纳米颗粒在油水界面的吸附能够有效降低界面张力，提高水相对油相的携带能力（图 3-17）。整体来看，国内外纳米智能驱油等提高采收率新技术研究

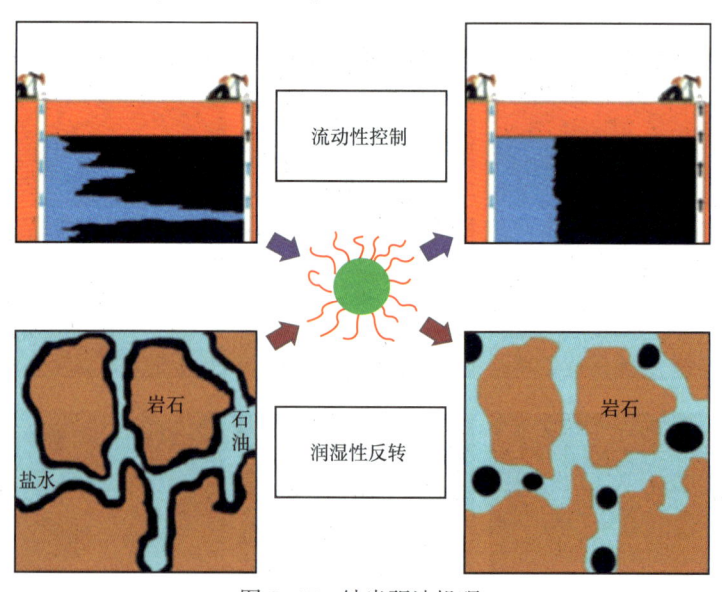

图 3-17 纳米驱油机理

尚处于起步阶段。中国石油大学（北京）研制出了 2D 硫化钼材料智能纳米黑卡驱油剂，中国石油勘探开发研究院研制出 NANO1.0 纳米驱油剂，现场应用均取得了一定的增油效果。以纳米材料为核心，可有效提高难采储量动用程度，为油田持续有效开发提供技术保障。纳米智能化学驱油技术有望成为提高采收率颠覆性战略接替技术，预期最终采收率可达 80%以上，该技术广泛适用于各种类型油藏，具有广阔的应用前景，但仍需开展大量细致的基础研究和技术攻关试验。

3) 技术发展路线

以大庆长垣油田为代表的中高渗透油藏是我国优质的油气资源，目前水驱和化学驱开发技术并存，尽管总体处于特高含水后期开发阶段，但仍具有较大的开发潜力。在剩余油高度分散情况下，如何持续有效挖潜剩余油和大幅提高采收率是技术关键。大庆油田通过顶层设计，按照应用一代、攻关一代、储备一代的发展思路，实现了油田的可持续发展。以精细水驱、聚合物驱和三元复合驱为代表的三代提高采收率主体技术使主力油田采收率从早期水驱的 30%分别提高到 40%、50%和 60%以上，可采储量大幅增加。

按照 5 年内配套应用、5~10 年攻关试验、10~15 年超前储备的三代主体技术滚动接替的发展路线和技术方向考虑：（1）现阶段主要完善特高含水后期开发地质与渗流理论、智能精准水驱开发技术、长垣Ⅰ类油层聚合物驱后多介质复合驱技术、Ⅱ类油层化学驱后提高采收率、Ⅲ类油层有效化学驱以及高效二元复合驱等技术；（2）尽快攻关井下油水分离同井注采和泡沫驱、化学驱后进一步提高采收率等四次采油技术；（3）超前储备微生物降解残余油成气、纳米智能驱油等技术，尽快形成特高含水后期阶段开发主体技术的有序接替，实现中高渗透老油田开发模式转型升级（图 3-18）。预计到 2035 年，中高渗透整装油藏采收率可由目前的 50%提高到 60%以上，中长期（2035 年以后）可进一步提高到 70%以上。

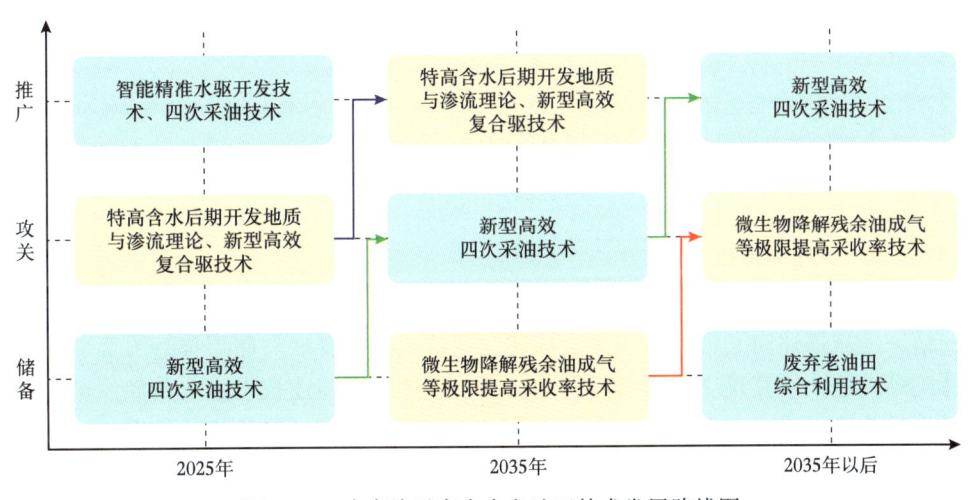

图 3-18 中高渗透高含水老油田技术发展路线图

2. 低渗透油藏

1) 技术对标

与国外同类油藏开发技术对比表明，我国低渗透油藏开发技术整体处于国际领先地位，尤其是在油藏描述和开发调整方面形成了成熟配套技术，但是与国外相比在大规模储层改造技术及气驱配套技术方面还有较大差距。国外油藏地质研究与建模等多信息融合的软件商业化程度高，矿场应用精细程度低；储量参数解释与测井综合评价技术、砂岩油藏储量参数解释相对简单，基于人工智能的地震解释技术和软件快速发展；致密油开发设计技术方面，具有完善的地质建模和数值模拟一体化设计平台，通过试验确定合理开发井距（二叠系盆地 660ft）和压裂方式、试验确定开发井距；美国、加拿大等"大井丛、工厂化、水平井"钻完井技术配套、智能化发展，拉链式加密布井技术应用广泛；注气增能提高采收率技术方面，美国、加拿大等气驱和低矿化度注水、CO_2 吞吐、CO_2 驱实验机理、数值模拟技术发展迅速，CO_2 吞吐、CO_2 驱已进入矿场试验。总体来看，美国在页岩油缝网压裂、气驱方面起步早，处于世界领先水平，我国现有技术水平与其差距较大。

通过国内外技术调研对标（表3-3），进一步明确了低渗透油田开发技术的发展方向：进一步完善低渗透、特低渗透油田精细水驱开发技术，发展极大储层接触、气驱等技术，攻关低渗透油田纳米智能驱油技术，储备微生物驱等技术，实现技术升级换代。

表 3-3 低渗透砂岩油藏主要开发技术对标

技术领域	国　内	国　外
精细油藏描述	陆相储层精细描述技术 天然裂缝描述及双重介质数学模型 神经网络、流管法等剩余油评价技术	高分辨率层序地层学 人工压裂模拟及评价技术 剩余油描述动态监测及模拟技术
水驱	缝网匹配的井网加密调整技术 低渗透油藏精细分层注水技术 水平井轨迹与注采井网优化技术 离子匹配精细水驱技术 缝网压裂技术 水平井重复压裂、全可溶桥塞分段压裂技术	低矿化度水驱技术 重力稳定驱技术 致密油长水平段、密切割缝控压裂改造技术 基于大数据分析的致密油藏开发优化技术
气驱及化学驱	注 CO_2 混相/非混相驱技术 减氧空气泡沫驱技术 低渗透油藏表面活性剂—聚合物二元复合驱技术	气驱及大 PV 烃类气驱技术

2）技术发展方向

(1) 近期（2021—2035 年）。

精细油藏描述技术。针对低渗透油藏水驱开发、措施改造及提高采收率规模化应用的需求，精细油藏描述向宏观—微观综合描述及定量化方向发展。储层描述方面，发展储层单砂体刻画方法，研究建立完善不同类型储层单砂体精细描述技术；攻关储层微观孔喉结构、黏土矿物及全岩综合评价技术，明确孔喉结构主控因素，定量描述储层岩石、黏土矿物及地层水成分在提高采收率驱替剂（化学驱、CO_2、功能性水等）作用下的矿物迁移及化学反应状况，构建低渗透储层宏观—微观综合定量描述技术及 CO_2 驱油藏地质体封闭性评价方法；结合储层岩石力学特征，研究基于储层质量及地质工程性质的特低渗透/致密储层地质—工程双"甜点"优选方法。裂缝描述方面，在直井动态缝建模数模一体化表征的基础上，攻关建立针对复杂井型、多属性场的井缝协同人工油藏表征技术和精细数值模拟方法，为侧钻超短半径水平井、大斜度井及水平井体积压裂等难动用储量开发优化设计及调整提供技术支持。剩余油描述方面，依据单砂体连通关系、物性、韵律、夹层分布等非均质性对层内和层间剩余油的影响，细化剩余油成因认识，攻关基于单砂体高精度建模数模，准确描述不同类型储层不同时期剩余油分布特征及潜力。

气驱提高采收率技术。针对低渗透油田水驱采收率低、特低渗透油田难以建立有效驱替体系的难题，完善CO_2混相/非混相驱工业化应用及配套技术，攻关泡沫辅助CO_2驱、天然气混相驱、空气驱、重力驱等技术，实现低渗透、特低渗透油田由水驱向气驱开发方式转变。注气（包括注CO_2、N_2、天然气、空气、烟道气等）是低渗透油藏、特别是注水难以建立有效驱替系统的特低、超低渗透油藏提高采收率的重要手段，具有广阔的应用前景。在各种注气技术中，CO_2驱在提高采收率的同时实现温室气体减排，得到国际社会的普遍关注。通过国家973计划等基础研究和矿场试验，近年来深化了陆相沉积油藏CO_2混相驱的理论认识：①针对陆相原油组成特点，通过CO_2—地层油相态实验研究，明确了原油组分与CO_2混相能力关系，提出"C_7—C_{15}也是影响CO_2—原油混相的重要组分"的新观点；②基于"油—气相间传质先形成过渡相、进而实现混相"的新认识，提出在CO_2和地层油之间预置一个低界面张力的易混段塞，能够有效改善CO_2—地层油混相能力的新方法；③完善了CO_2驱三相渗流规律表征方法，利用核磁共振、CT扫描等手段，实验测出了油、气、水三相相对渗透率曲线，建立了CO_2驱油渗流数学模型和数值模拟方法，对CO_2—地层油体系相态及物性参数计算方法进行了优化。同时在CO_2驱油与埋存的油藏工程、注采工艺、地面工程等方面形成配套技术（图3-19）。吉林油田黑79北区块CO_2混相驱试验效果明显，产量是水驱阶段的5倍，预测较水驱提高采收率近14个百分点。

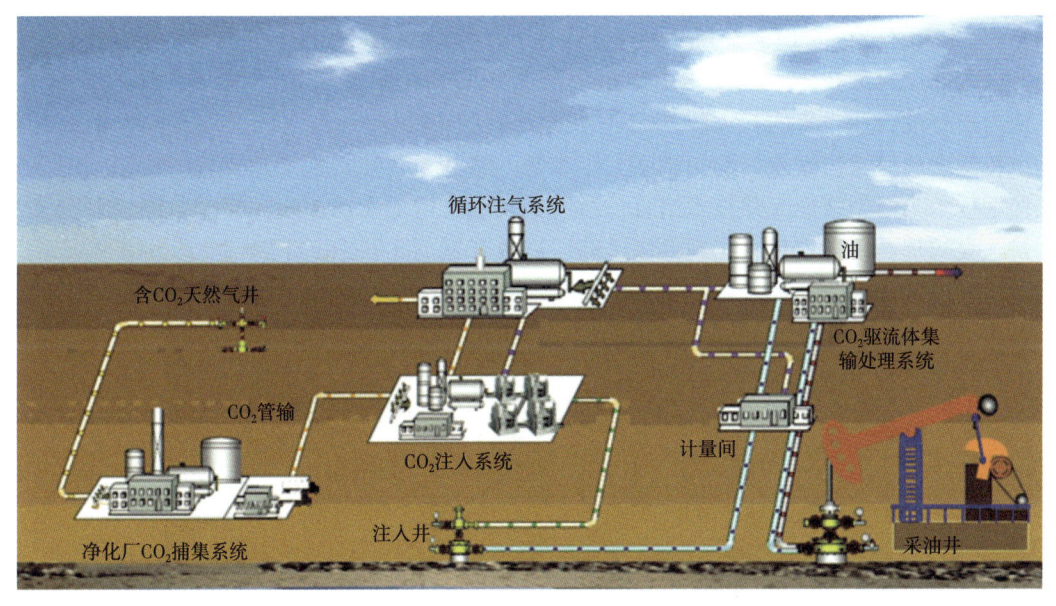

图3-19 CO_2捕获、利用与埋存模式示意图

据Oil & Gas Journal统计，气驱是第二大EOR技术，主要用于水驱后低渗透油藏。以CO_2混相驱为主的提高采收率技术可以实现低渗透油田高效开发的跨越式突破，但推广应

用仍面临混相压力偏高、低渗透储层非均质性强、剖面控制技术尚不成熟、CO_2气源不落实等多项关键问题。天然气辅助重力驱技术，新疆塔里木油田东河1石炭系油藏注天然气辅助重力驱开发试验取得显著效果，为国内相关研究提供了很好的借鉴（图3-20）。

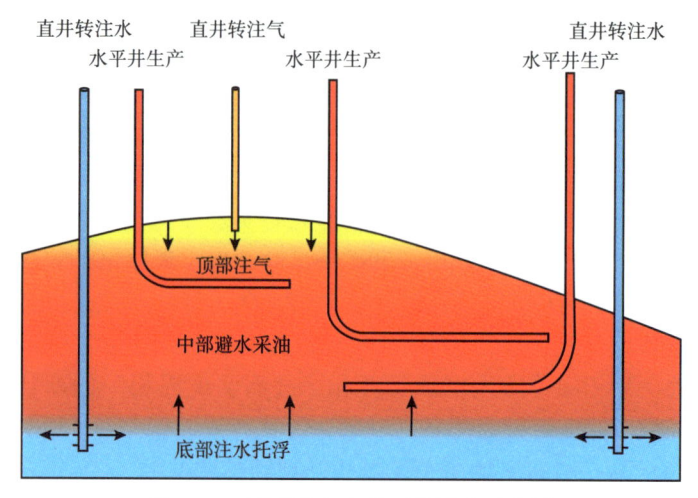

图3-20 顶部注气立体开发模式示意图

空气泡沫驱技术。借鉴中高渗透油藏泡沫驱技术，在低渗透裂缝性油藏中，采用空气泡沫驱技术封堵微裂缝，扩大后续注入液的波及体积，目前已在吉林大安、长庆五里湾开展矿场试验，见到初步效果。长庆油田五里湾一区减氧空气泡沫驱累计注入0.12PV，递减率由23.15%降至5.01%，预计提高采收率6个百分点。

极大储层接触技术。该技术由沙特阿美公司和斯伦贝谢公司合作，于2007年提出，被认为是石油行业未来的八大技术之一，代表了21世纪石油技术的发展方向。针对低渗透、特低渗透储层物性差、动用难度大等难题，将基于多分支水平井及缝网压裂的最大储层接触技术与新型智能完井技术结合，通过最大程度增加泄油面积、实时监测控制分支井流量，大幅提高单井产量，实现低渗透储层高效开发（图3-21）。

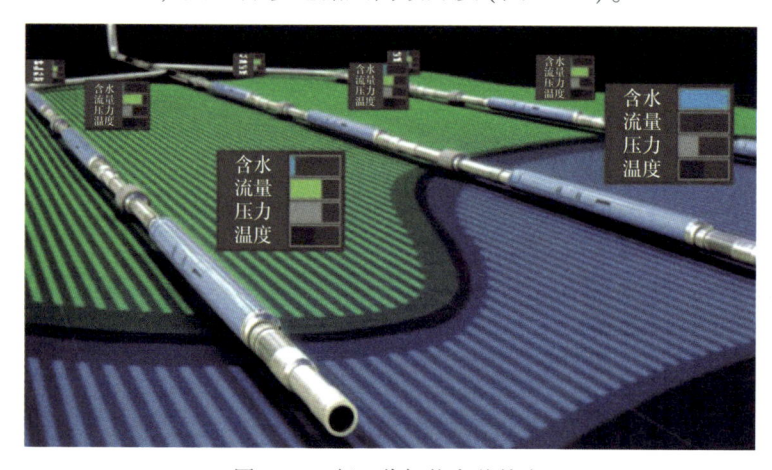

图3-21 新一代智能完井技术

(2)中长期(2035年以后)。

精细油藏描述技术。由人机交互半定量描述向数智化、智能化发展,由区块整体描述向快速的井组个性化剩余油潜力评价发展。基于地震、地质及测井等海量精细油藏描述数据资料,结合生产实践,攻关形成从地层自动精细划分与对比、储层沉积微相(或储层构型)自动批量判别分类、测井精细批量二次解释、聚类分析储层综合定量评价和多点地质统计学三维地质建模等自动化智能化精细油藏描述技术,实现快速、定量的油藏表征,大幅度提高工作效率及描述精度,精准量化井组或局部剩余油成因及潜力,为智能化驱油等高效开发提供基础。

黏弹表面活性剂驱技术。传统化学驱一般利用高分子聚合物的黏性特征扩大注入液的波及体积,但在低渗透油藏应用时存在聚合物注入困难的问题。黏弹表面活性剂驱油体系,在不用(或少用)聚合物的条件下,通过表面活性剂改性,在提高洗油效率的同时,赋予体系一定的黏性特征。该类表面活性剂具备一定程度的自适应性,在裂缝或较大孔道中,由于浓度较高,单体分子自聚形成三维网状结构,呈现黏性和黏弹性特征;在基质中,由于表面活性剂分子尺寸远小于孔喉半径,易进入基质且不会发生孔喉"堵死"现象;此外在近井地带由于剪切速率较大,三维网状结构破碎为单体分子,黏弹性下降,易注入。从机理上考虑,该技术有望发展成为一项适用于低渗透油藏的化学驱主体技术。目前室内研制出的黏弹表面活性剂体系,在浓度1000mg/L的条件下,黏度可达到20mPa·s以上,并具备剪切可逆性。由于低渗透油藏具有比表面大、吸附量大的特点,需要进一步研制高效低吸附主剂,降低使用浓度和吸附损耗,加快先导试验。

纳米智能驱油技术。借鉴中高渗透油藏纳米智能驱油技术,针对特低—超低渗透油藏,研发适应于特低—超低渗透油藏的智能纳米驱油体系[142],通过注入的亲水改性纳米体系减弱水分子间相互作用力,使普通水变成更小的"小分子"水,降低孔隙注入阻力,使原来注不进水的孔隙变得可以注进水,可大大增加特低—超低渗透油藏的水驱波及体积,进而达到改善开发效果、提高采收率的目的。

3) 技术发展路线

低渗透油藏是当前及今后一段时期增储上产的主体。以长庆、大庆外围、吉林等油田为代表的低渗透油藏以水驱开发为主,进一步提高单井产量、转变开发方式与降低开发成本是技术发展的关键。

现阶段主要完善缝网匹配的精细水驱技术,预期可提高采收率5%以上;加快攻关混相/非混相气驱,尤其是CO_2混相驱、天然气重力驱、空气泡沫驱和极大储层接触等技术,预期可提高采收率10%以上;超前储备微生物降解残余油成气、黏弹表面活性剂驱、纳米水驱、微生物活化水驱等储备技术,实现低渗透特低渗透油田开发技术升级换代。预计到2035年,采收率可由目前的20%提高到25%以上,中长期(2035年以后)可进一步提高到35%以上(图3-22)。

3. 稠油油藏

1) 技术对标

与国外同类油藏开发技术对比表明,稠油热采技术整体处于世界领先水平;常规开采技术方面,在VAPEX溶剂萃取、原位裂解改质等方面存在不足;注蒸汽开发方面,整体

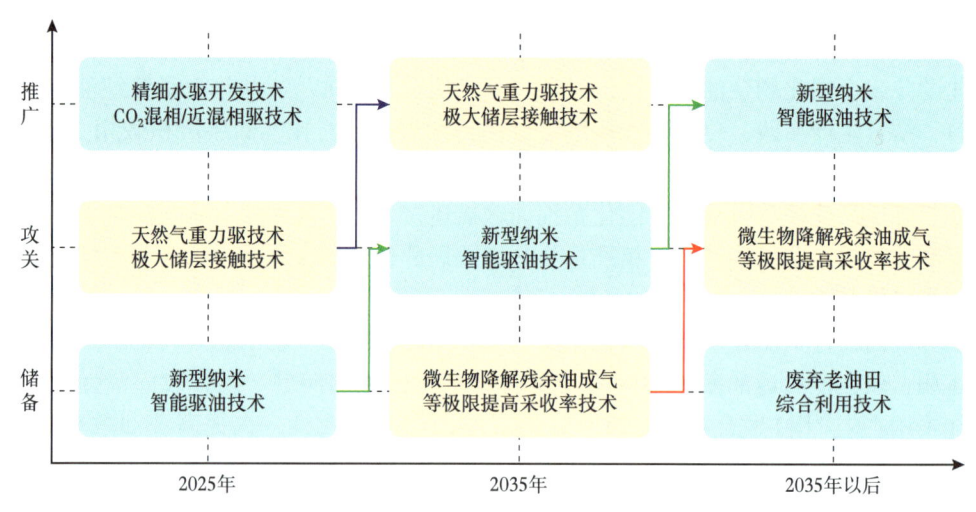

图 3-22 低渗透老油田技术发展路线图

处于世界领先水平，需向提高油汽比，提高开发经济性及后期进一步提高采收率方向开展攻关试验；火驱技术方面，整体处于世界先进水平，需加强火线调控技术攻关，进一步提高复杂油藏火驱采收率。

通过国内外技术调研对标（表 3-4），进一步明确了稠油油藏开发技术的发展方向：进一步完善普通稠油水驱和化学驱技术，发展特/超稠油蒸汽吞吐、蒸汽驱、SAGD 等技术，攻关多元热流体驱和火驱等技术，储备研究地下原位改质降黏等技术，实现稠油开发技术升级接替。

表 3-4 稠油油藏主要开发技术对标

技术领域	国 内	国 外
常规开采	常规稠油冷采技术 常规稠油水驱技术	VAPEX 溶剂萃取、原位裂解改质、出砂冷采、油砂采掘
注蒸汽开发	蒸汽吞吐、气体辅助吞吐、三元复合吞吐、多元热流体吞吐 中深层蒸汽驱、超稠油蒸汽驱、重力泄水辅助蒸汽驱、水平井蒸汽驱 直平组合 SAGD、双水平井 SAGD、驱泄复合 SAGD、多介质辅助 SAGD	蒸汽吞吐、蒸汽驱、SAGD、二元/三元复合吞吐/驱、溶剂/催化剂 SAGD、SAGD+火驱
火驱	多层油藏火驱、厚层线性火驱、直平侧向火驱、水淹油藏火驱	单层火驱、湿式火驱、垂向火烧（THAI）、纳米催化剂+火驱

2）技术发展方向

（1）近期（2021—2035 年）。

多介质蒸汽驱技术。蒸汽窜流是制约蒸汽驱效果的首要技术瓶颈。近期需重点发展气体、化学剂协同抑制汽窜、扩大波及技术（图 3-23），将蒸汽波及体积由 40% 提高到 80%，采收率由 45% 提高到 65%，吨油成本从 2400 元降低到 1300 元。新疆九区、辽河齐 40 等区块可实施储量 $1.2×10^8$t，增加可采储量 $2400×10^4$t，保障年产量 $150×10^4$t。

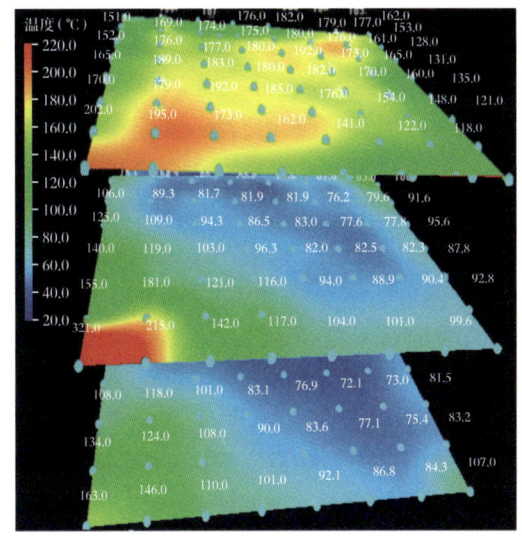

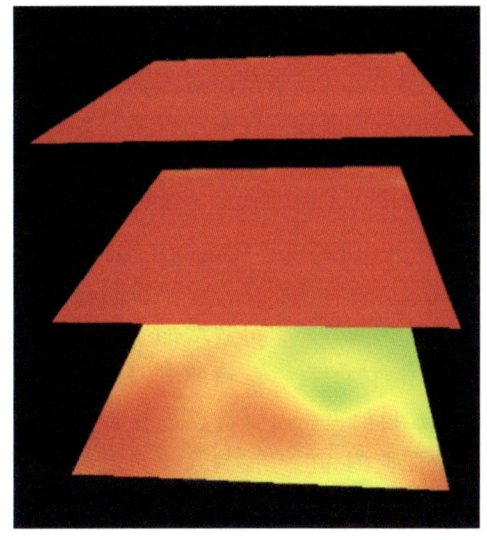

(a) 蒸汽驱　　　　　　　　　　　　　　(b) 多介质蒸汽驱

图 3-23　蒸汽驱与多介质蒸汽驱结束汽腔发育图

"立体井网" SAGD/VHSD 开发技术。针对 "SAGD 未动用水平段、吞吐井间未动用区" 的开发难题，集成创新 "直井辅助 SAGD、水平井辅助直井汽驱" 的立体井网开发技术（图 3-24），水平段动用程度可由 60% 提高到 85% 以上，采收率达到 60%。风重 010、曙 1 等区块可新增动用储量 $1.5×10^8$t，建产 $350×10^4$t 以上。

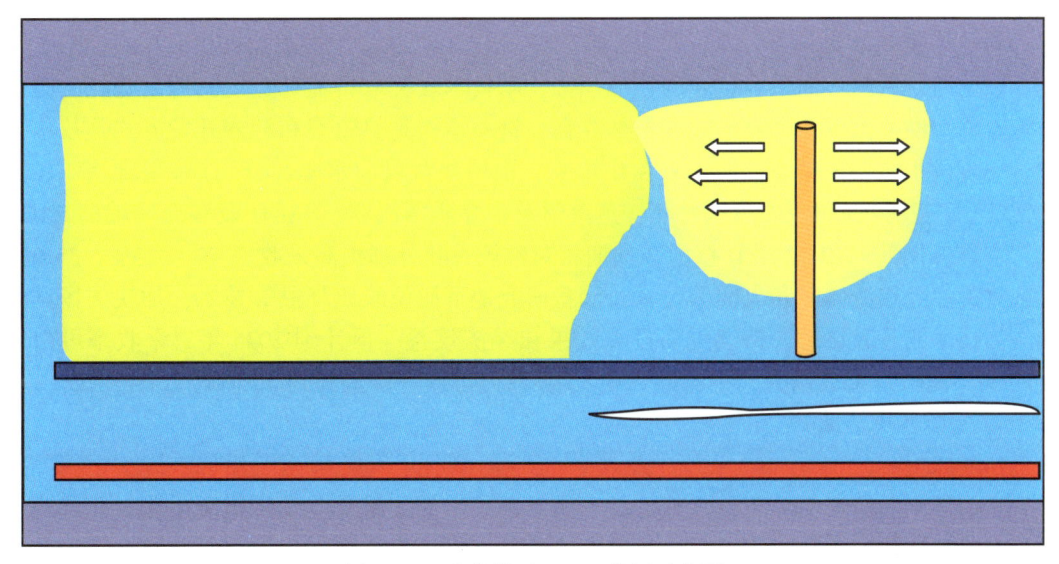

图 3-24　直井辅助 SAGD 井网示意图

火驱技术。火驱具有高采收率、低能耗双重优势,是注蒸汽后的战略接替技术。火驱通过注气井向地层连续注入空气并点燃油层,实现层内原油裂解,燃烧流动较慢的重质组分并降低原油黏度,将改质的地层原油从注气井推向生产井。火烧油层伴随着复杂的传热、传质过程和物理化学变化,具备蒸汽驱、热水驱、烟道气驱等多种机理。火驱优势体现在:①注空气成本较注蒸汽低;②驱油效率和最终采收率高,分别可达80%和70%以上;③地下高温裂解在一定程度上实现原油改质;④对油藏适应性广泛;⑤能耗低。

近年来,火驱技术在基础理论、室内模拟和矿场试验等方面都取得了显著的进展。新疆红浅1区块火驱试验是在蒸汽吞吐及蒸汽驱后、采出程度达到近30%的废弃油藏上实施的,截至2018年底连续运行9年,最终相对蒸汽驱提高采收率30%以上。从试验效果看,火驱高温燃烧特征明显,火驱后取心分析显示油层剩余油饱和度仅为2.6%。产出原油明显改质,饱和烃质量分数增加了7%,胶质、沥青质质量分数下降了2.5%;对比20℃条件下产出油的黏度,蒸汽驱开采时为16500mPa·s,火驱开采时为3381mPa·s,下降了79.5%。目前火驱需要重点进一步完善配套技术,改善火驱高温注采工艺、管柱防腐工艺、火驱监测和前缘控制等关键技术,扩大试验及应用规模。通过完善火驱前缘控制、产出气体利用等关键技术,到2025年,新增动用储量1.35×10^8t,新建产能245.6×10^4t,年产油突破100×10^4t。

(2) 中长期(2035年以后)。

地下原位改质技术。地下原位改质技术是通过地下还原、氧化、生物代谢反应将原油中影响黏度的大分子结构改质为小分子,实现原油地下不可逆降黏,大幅度提高稠油流度、开采能效和最终采收率,目前已提出包括"供氢催化改质""氧化催化改质""微生物改质"等多种技术路线。室内已研制出催化改质降黏剂样品,在大于250℃条件下可实现改质降黏,特稠油和超稠油降黏率达90%以上。该技术仍需进一步降低改质门限温度,同时研究改质剂的分散注入技术,尽快从室内进入矿场试验。

3) 技术发展路线

以辽河、新疆等油田为代表的稠油油藏,新技术攻关取得显著进展,但高能耗、高成本等影响稠油油田效益开发的问题依然存在。进一步提高热效率和转变开发方式是技术关键。现阶段主要完善普通稠油水驱和化学驱,预期相对目前水驱,分别提高采收率5%和10%以上;完善特/超稠油蒸汽吞吐、蒸汽驱及多介质蒸汽驱、SAGD及多介质辅助SAGD及"立体井网"SAGD/VHSD技术,预期相对常规吞吐分别提高采收率5%、25%、35%以上;攻关多元热流体驱和火驱等技术,储备研究地下原位改质降黏等技术,加快矿场试验和主体技术的升级接替,持续提高开采效果和经济效益。预计到2035年,采收率可由目前的30%提高到35%以上,中长期(2035年以后)可进一步提高到40%以上(图3-25)。

4. 复杂断块油藏

1) 技术对标

我国复杂断块油藏水驱技术整体处于世界领先水平,需向波及体积最大化方向和地层能量有效补充发展;我国三次采油技术整体处于世界领先水平,化学剂研究需进一步向良好注入性、自适应、智能驱油的表面活性剂驱发展,应用领域需要由中高渗透断块油藏向低渗透断块油藏拓展;我国气驱与国外应用规模和技术均存在差距,需向安全有效、平面

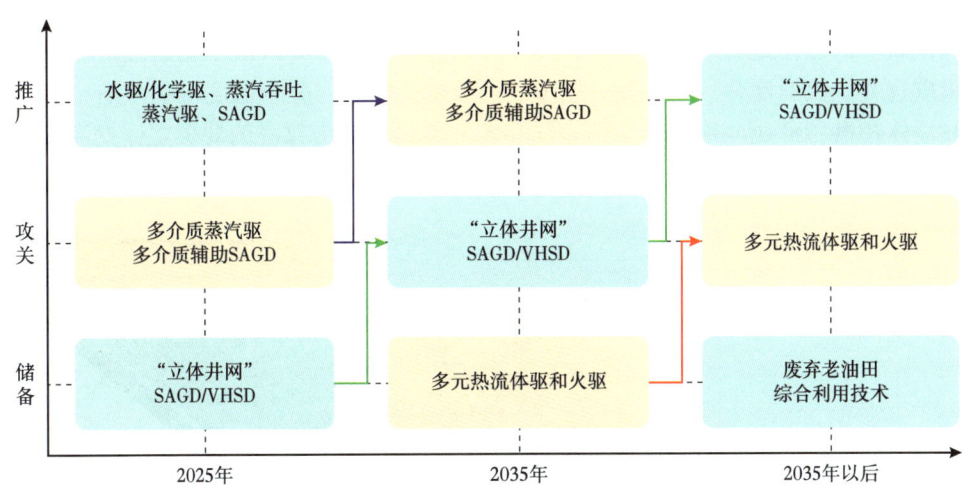

第三章 高含水老油田开发关键技术发展方向

图3-25 稠油油藏技术发展路线图

调控气窜、纵向立体驱动方向发展；储层改造方面，在体积改造工具、低成本技术方面差距明显，需向实现扩大改造体积、提高地层能量方向发展。

通过国内外技术调研对标（表3-5），进一步明确了复杂断块油藏开发技术的发展方向：即在常规油藏技术基础上，根据断裂系统发育、有一定地层倾角、储层物性差距大等地质特点，发展分类重力能量驱综合调整技术，攻关断层区立体挖潜技术，储备以"'二三结合'和注气重力能量驱为主"的"1+N"多元提高采收率技术。

表3-5 复杂断块油藏主要开发技术对标

技术领域	国　内	国　外
水驱	井网矢量调整技术 不规则井网注水开发技术 水平井压裂技术 人工边水驱技术 注采耦合技术	水平井分段压裂技术 多分支水平井技术 重力稳定驱技术
气驱及化学驱	注CO_2混相/非混相驱技术 中高渗透断块聚合物驱	美国、加拿大等气驱和低矿化度注水、CO_2吞吐、CO_2驱实验机理、数值模拟技术发展迅速，CO_2吞吐、CO_2驱进入矿场应用

2）技术发展方向

(1) 近期（2021—2035年）。

断层区立体挖潜技术。断裂系统三维精细刻画和"甜点"区综合评判、断层区多井型立体高效挖潜是近期断层挖潜主要发展方向。复杂的断裂系统在成藏过程中，起到沟通油源的积极作用，但在开发初期也给开发带来了挑战，包括为保证钻井成功率，很多采用躲断层布井方式，断层在注水开发中起到遮挡作用，造成注采关系不完善。随着开发过程的进行，挑战也成为潜力，一是反向断层下盘"甜点"区往往剩余大量未开发储量，如大庆

· 103 ·

油田塔木察格油田 2019 年在已开发 12 年的塔 19-34 断块打出了百吨井；二是断层区尤其是高部位断层区往往是剩余油富集区，具有较大潜力可挖，如何根据剩余油分布类型、规模，采取直井、大斜度井、水平井、超短半径水平井协同，配合适度压裂改造，实现剩余油高效立体挖潜，形成"断裂带精细表征和多井型协同"为核心的规模立体挖潜技术是攻关重点（图 3-26）。

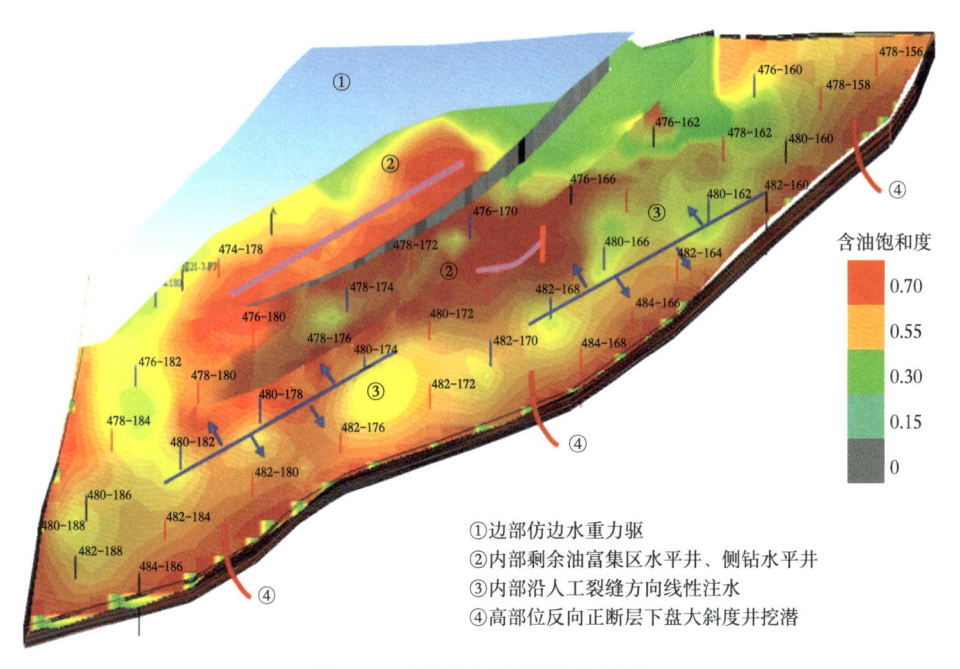

①边部仿边水重力驱
②内部剩余油富集区水平井、侧钻水平井
③内部沿人工裂缝方向线性注水
④高部位反向正断层下盘大斜度井挖潜

图 3-26 断块油藏高效立体挖潜

分类重力能量驱技术。以往针对油藏地层倾角大的特点，国内外断块油藏普遍采用边部及边部+点状注水，在窄条带状、物性好、倾角大断块，利用重力作用取得较好控水效果（图 3-27）。但低渗透宽缓断块，出现内部和顶部能量不足及驱替方向少的问题，需定量判别重力能量强弱，制定适合不同倾角、不同物性储层的分类注水方式。因此深化重力渗流机理，发展重力能量评价方法，建立基于重力能量驱的精细注水调整方法是未来重点攻关方向。在重力能量强的区块坚持仿边水驱，利用重力能量减缓注水突进，提高采收率；能量中等区块加强内部注水，提高波及体积和水驱方向；能量弱的区块改变边部为主的传统观念，应用面积注水方式，有效补充内部井区地层能量，改善水驱开发效果。

低渗透复杂断块油藏难采储量有效动用技术。断块油藏新投入的储量中，低渗透/特低渗透比例越来越高，但受到断块油藏和低渗透双重影响，注采系统不完善和难以建立有效驱动是目前开发中面临的主要问题，采收率一般在 20% 以下，但也是未来重点潜力挖掘对象。一是"甜点"区砂体精细刻画及水平井随钻导向技术。断块油藏以多物源、短流程沉积为主，相变快，砂体难以精确追踪，发展井震结合"甜点"区砂体智能预测和断层精细刻画技术，提高钻井成功率和油层钻遇率，是重点攻关方向之一。二是复杂结构井工程配套技术。目前国内在复杂结构井钻井、采油工艺等方面和国外对比，仍存在差异，如双

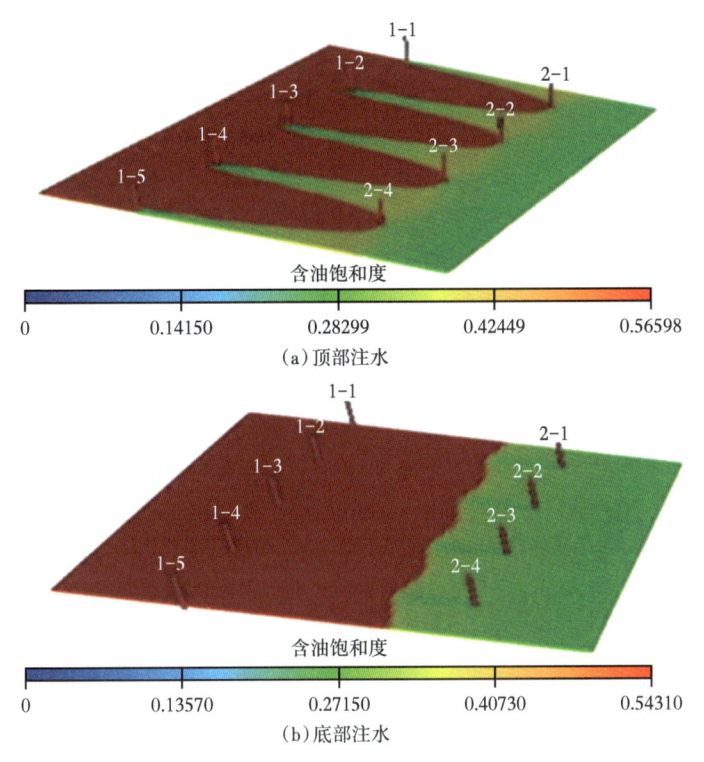

图 3-27 重力作用对注水开发的影响

分支及多分支井技术不成熟，应用仍以单分支水平井为主，导致成本居高不下，尤其对于超深井，直井段钻井占用了主要钻井成本，限制了其在经济效益较差的低渗透断块油藏的规模应用，尽快解决复杂结构井工程配套问题是重点攻关方向之一。

能量有效补充技术。受储层物性差、凝灰质储层水敏性强等因素影响，低渗透断块油藏难以实现有效注水，建立有效驱动体系，造成地层能量不足，产量递减快，是困扰有效开发的瓶颈问题之一。地层能量定量评价、非线性渗流机理研究、多氢酸降压增注体系研制、纳米驱油剂研制等是未来重点发展方向。

（2）中长期（2035年以后）。

多元提高采收率技术。大港、华北、冀东等油田针对复杂断块油藏，开展了污水聚合物驱、二元复合驱、微生物驱、空气泡沫驱、注气稳定重力驱等矿场试验，提高采收率7%~15%。华北宝力格油田巴19断块原油物性差，油水黏度比高，层内层间矛盾突出，通过应用微生物—凝胶组合驱油技术，使油藏建立了稳定的微生物场，产出液平均菌体浓度保持在 $1×10^6$ 个/mL 以上，原油黏度平均降低48.1%，微生物—凝胶组合驱可提高采收率9.5%，有效地改善了油田开发效果。受复杂地质条件制约，复杂断块油藏开发效果和经济效益相对同一物性的常规油藏差，单独开展三次采油在经济性方面受到成本限制，如何充分利用地质特点，将水驱技术和提高采收率技术协同考虑，或者几种提高采收率技术结合应用是一个重要储备技术攻关方向。高部位注气+低部位仿边水驱技术，可以充分利用重力作用，在低部位形成线性均匀推进前缘，在高部位形成稳定气顶，协同双向补充能量，均衡驱替，大幅度提高采收率，对于封闭性好适合建设储气库的油藏，未来还可与储气库协同考虑，获得最佳经济效果。

3）技术发展路线

大港、华北、冀东等油田的复杂断块油藏，已处于"双特高"开发阶段，以水驱开发为主，聚合物驱、二元复合驱、微生物驱、空气泡沫驱均已开展试验，部分技术已进入工业化应用。但从整体上看，由于油藏条件限制，提高采收率效果和效益仍需进一步提升，需要针对不同油藏特点尽快形成相应的提高采收率主体技术。对于能够基本形成注采井网的断块，现阶段主要完善精细水驱、细分层系及井网加密优化技术，预期提高采收率3%~5%；借鉴大庆油田经验，攻关试验化学驱、CO_2驱和注气稳定重力驱、微生物驱等技术，预期提高采收率10%~15%；探索多元提高采收率技术攻关应用，预期提高采收率10%以上。对于难以形成注采井网的断块，需攻关完善复杂结构井、水动力学方法、立体开发、同井注采等技术，不断扩大动用程度和波及体积，进一步提高采收率。通过以上技术的实施，预计到2035年，采收率可由目前的30%提高到35%以上，中长期（2035年以后）可进一步提高到40%以上，实现主体技术的接替升级（图3-28）。

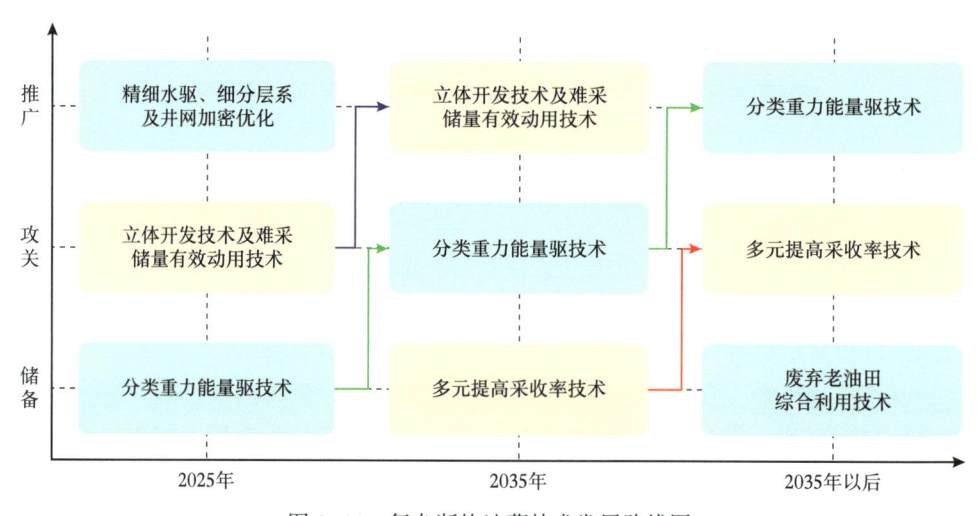

图3-28 复杂断块油藏技术发展路线图

5. 碳酸盐岩油藏

1）技术对标

国外碳酸盐岩开发技术相对成熟，形成以注水、注气、水平井开发为主体的技术，且气驱是裂缝型/缝洞型碳酸盐岩油藏进入高含水阶段主要的提高采收率技术，且以顶部注气重力驱为主。我国碳酸盐岩水驱开发技术整体处于世界领先水平，注气开发技术方面存在一定差距。

通过国内外技术调研对标（表3-6），进一步明确了碳酸盐岩油藏开发技术的发展方向：进一步完善注水、注气提高采收率技术，攻关注气及稳定重力驱、高温深穿透高效酸化/酸压等技术，储备气水交替及氮气驱、低成本高效化学驱等新型提高采收率技术，实现碳酸盐岩油田开发技术的升级接替。

表3-6 碳酸盐岩油藏主要开发技术对标

技术领域	国　内	国　外
地质及渗流理论	井震结合多学科油藏描述技术 室内实验评价技术 剩余油描述技术	时移地震监测技术 人工智能油藏描述技术 数字岩心重构技术 数字岩心模拟技术
水驱	降压开采技术 卡、堵、酸、抽等工艺技术 风化壳挖潜技术 低渗透带挖潜技术	衰竭式采油或注水开发技术 侧钻水平井技术 闭环智能油藏管理技术
注气重力驱	流体界面稳定控制技术 小间隙固井技术 双管采油技术	注N_2、烃气重力驱技术 注CO_2、烃气混相驱技术

2）技术发展方向

（1）近期（2021—2035年）。

注水注气等提高采收率技术。碳酸盐岩油藏逐步由衰竭转为注水注气开发，目前尚没有规模注水注气高速开发的先例和经验可循。目前已开展包括注水压锥、注气、注气稳定重力驱、化学驱等多种提高采收率技术的攻关与试验。注水替油和注气替油技术的提高采收率机理包括补充地层能量、重力分异作用（产生底水或气顶）、膨胀降黏等，在动用"阁楼油"方面取得良好效果。辽河兴古7变质岩潜山油藏天然气驱工业化试验见到初步效果。兴古7为巨厚块状底水深层变质岩裂缝性油藏，储集空间和渗流通道主要为构造裂缝、风化裂缝，其次为次生溶蚀孔隙和次生交代孔隙，地下原油黏度小于$5mPa·s$，一直依靠天然能量开发，潜山底部生产井已经水淹关井。该试验以顶部注气稳定重力驱为主，辅助以中下部注气，注气以来累计增油近$2×10^4t$，预测最终提高采收率18%。针对上述矛盾，亟须加快攻关孔隙型碳酸盐岩油藏稳油控水、裂缝孔隙型碳酸盐岩油藏注水调整、低渗透（特低渗透）碳酸盐岩油藏注气提高采收率等技术，以形成大型碳酸盐岩油藏开发提高采收率技术系列，引领碳酸盐岩油藏注水注气开发。

高温深穿透高效酸化/酸压技术。强非均质性碳酸盐岩等复杂类型气藏，产量占比近40%，当前平均采收率仅41%，是今后提高采收率主体。对于低品位碳酸盐岩储层，为实现高效开发生产，必须开展针对性的增产措施改造，酸化或酸压是碳酸盐岩储层最有效的增产措施手段。对于特低孔隙度低渗透储层或缝洞储集体距井筒远的储层，普通酸化或酸压由于酸液反应速度快，滤失控制差，有效作用距离短，只能对近井地带进行改造，难以获得好的产能效果，需改善酸液体系及酸压工艺以实现深穿透酸压。而对于深层碳酸盐岩储层，需进一步提高技术的抗高温性能。塔河油田超深、高温碳酸盐岩油藏酸压改造中，开展了自生酸深穿透酸压工艺试验，增油效果良好；顺北油气田超深、高温、高破裂压力储层改造中，研发了抗高温清洁酸，5井次酸压成功率100%，取得了明显的储层改造效果。但高温深穿透高效酸化/酸压配套工艺技术仍不完善，适应性有待进一步提升。

(2)中长期(2035年以后)。

针对不同碳酸盐岩特征,加大基础理论研究和现场试验,攻关注气稳定重力驱、气水交替及氮气驱、低成本高效化学驱、水平井开发、储气库联动开发等技术,为碳酸盐岩油层进一步提高采收率做好技术储备。

3)技术发展路线

以塔里木碳酸盐岩油藏、辽河潜山油藏、新疆火山岩油藏为代表的特殊岩性油藏,主要采用衰竭式开采和注水开发,储层识别和渗流规律尚未完全掌控,有效补充能量的技术尚未形成。现阶段主要完善缝洞储集体识别及注水能量补充技术,攻关注气稳定重力驱、高温深穿透高效酸化/酸压等技术,储备气水交替及氮气驱、低成本高效化学驱、水平井开发、储气库联动开发等技术。从目前试验效果看,注气稳定重力驱技术有望率先取得突破性进展,成为有效的提高采收率主体接替技术。通过以上技术的实施,预计到2035年,采收率可由目前的30%提高到40%以上,中长期(2035年以后)可进一步提高到50%以上(图3-29)。

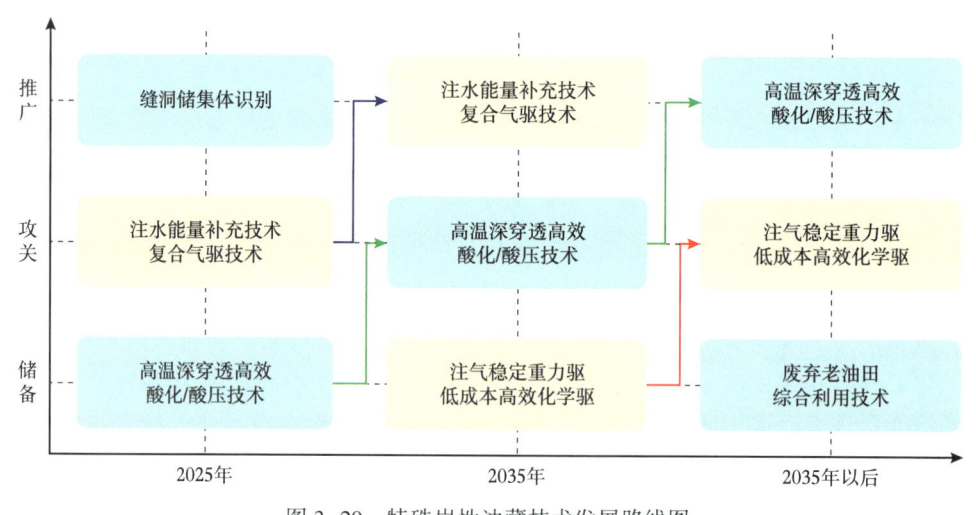

图3-29 特殊岩性油藏技术发展路线图

第二节 采油工程技术现状及发展方向

采油工程技术作为高含水老油田有效开发的重要保障措施,是实现油田开发方案的重要手段,是决定油田产量高低、采油速度快慢、最终采收率大小、经济效益优劣等重要问题的关键技术,担负着油田稳产的重要使命。随着已开发老油田含水率进一步上升,持续稳产难度不断加大,对采油工程技术创新与发展的需求也更加迫切。

一、采油工程技术发展现状

针对老油田开发的难题,在借鉴国际先进技术的基础上,探索创新出一套适合我国油藏特点的分层注采、储层改造、人工举升、作业修井等系列工程技术体系,为我国高含水老油田开采提供了坚实的技术保障。

1. 国内采油工程技术发展现状

1) 分层注采工艺技术发展现状

(1) 水驱分注技术。

非均质多油层注水开采中,为提高中、低渗透层动用程度,控制高渗透层注水无效循环,在注水井对分层注入量进行控制,实现分层注水,已成为解决开发过程中产生的层间矛盾、维持油田长期稳产高产的重要手段。

针对高含水期精细挖潜的开发需求,进一步细分层段,研发了注水井多级细分及配套电动测调技术,实现了 7 级以上分层注水,最小卡距 0.7m,大幅提高了薄差油层动用程度。

随着油田进入高采出程度、高含水的"双高"阶段,针对剩余油高度分散、低效无效循环严重等问题,油藏开发调整逐渐由井网加密向单井单层精准调整转变,注水工艺向智能化、数字化方向发展,攻关形成了集监测、控制、通信于一体的智能分层注水技术,实现了注水井分层流量、压力等参数的远程连续监测、实时调控。目前在运行 800 多口井,最高分注 8 段,7 层井平均测调时间由 3.9d 降至 1h,注水合格率长期保持在 90% 以上,为精细注水向精准注水跨越提供了有力支撑[143-144]。

(2) 化学驱分注技术。

随着化学驱油技术的工业化推广应用,分注工艺技术发展迅速,技术水平不断提高,较好地改善了化学驱整体开发效果[145]。

在主力油层化学驱过程中,采用笼统注入方式,驱替液主要进入高渗透层,中低渗透油层动用程度较低,影响了化学驱开发效果。为此研发了同心分注技术,实现了化学驱分注技术的"从无到有"。在大庆、大港、胜利等油田规模应用,分注层段 3 层以内,黏损率小于 5%,保证主力油层化学驱开发效果。

随着化学驱开发对象逐渐转向薄差油层,为了缓解层间矛盾,研发全过程一体化分质分压注入技术,解决同井同管不同层定量注入不同分子量聚合物的难题,实现化学驱单管分质分压注入。适应化学驱 2~7 层段多层分注,黏损率小于 8.2%,分子量控制范围 0~60%[146-149],并与水驱分注工艺完全兼容,在空白水驱和后续水驱阶段,无须更换分注管柱,已成为大庆、河南、新疆、胜利等油田的主体分注技术。

(3) 分层采油技术。

分层采油技术可以有效缓解油井层内矛盾,控制含水率上升、减少层间干扰,充分开发中低渗透油田。根据国内油田开发进程及生产需求,发展形成了自喷分层配产、机采井找堵水、可调层配产、智能分层采油等系列技术[150-151]。

20 世纪 80 年代,油田进入高含水(60%~80%)开发阶段,油井生产由自喷进入机械采油阶段,举升管柱的存在使得分层采油现场施工、井下调配工艺更加复杂,在此背景下,分层采油技术一定程度上转变成为机械采油条件下的分层堵水。常规机械堵水管柱主要分为平衡式、卡瓦悬挂式和可钻式三大类,满足了不同井况封堵需求,实现了不动生产管柱封堵高含水层,减缓了层间矛盾,控制了油井含水率上升,缓解了注入水无效循环问题,在大庆、华北、胜利、新疆等油田得到广泛应用,取得较好堵水效果。油田进入高含水阶段后(80%~90%),油水分布极为复杂,剩余油高度分散,层系间含水差异进一步缩小，为满足封堵层段动态调整需求，研发应用了压力波控制分层配产技术和过环空分层采油技术，解决了厚油层挖潜、多层见水且分布复杂、堵水选层困难等问题。进入特高含水阶段（90%以上）后，开发状况发生明显改变，剩余油更加分散，开发矛盾进一步加剧，为提高分层采油数字化水平，研发了缆控、振动波控制等电控分层采油技术，实现井下分层产量、含水率、压力等参数的在线实时监测，为油藏方案调整提供了数据基础。分层采油正式迈入"智能化"发展阶段，由于存在应用范围小、服役时间短、成本高等问题，目前还处于初期实验阶段。

2）增产改造工艺技术发展现状

（1）压裂技术。

我国压裂技术经过长期发展，在优化设计方法及平台建设、工具、材料、装备、生产组织模式等方面取得了长足进步，不断满足低渗透层、深层、超深层、非常规储层等的改造需求[152-155]。

压裂优化设计方面，20世纪90年代开始压裂优化设计研究，理论模型以继承发展为主，主要为拟三维模型，全三维模型几乎没有；国内多家机构开展了设计软件研发，但总体商业化程度低，设计软件以商业引进为主，主要包括FracproPT（油田应用最多）、Stimplan（含酸压和水平井、页岩气多种版本）、Mfrac、Gohfer等，以及地质工程一体化压裂优化设计软件Kinetix、油藏数值模拟软件Eclipse和CMG等。从国内高含水老油田压裂技术发展来看，主要以动用剩余油为目标，压裂工艺逐渐精细，其中大庆油田高含水老区水驱开发油藏，中高渗透砂岩储层中以精细分层改造动用剩余油为目的，压裂设计由以往的笼统压裂、限流法压裂逐渐发展成纵向细分层压裂、横向地质工程相结合的精控砂体压裂设计，在聚合物驱、三元复合驱开发区块，以压裂解堵、提高低渗透部位注采关系为目的开展设计。低渗透砂岩储层方面发展了水平井体积压裂技术、直井缝网及分支缝压裂技术，以提高裂缝波及体积，改善井网注采关系为目的，改造规模逐渐变大，设计理念由单缝向复杂裂缝发展。由于老区开发时间长，总体含水率高，单独的压裂工艺难以解决高含水问题，为此压裂与堵水、调剖相结合的复合式工艺逐渐开始应用。胜利油田中高渗透砂岩储层与大庆油田相似，纵向细分层压裂、横向地质工程相结合的精控砂压裂设计，针对低渗透、特低渗透储层发展了体积压裂技术，针对碳酸盐岩储层采用酸压技术，在高含水问题上转向酸压、压堵结合等特殊工艺开始规模性应用。辽河油田以稠油加热压裂、降黏压裂、防止冷伤害，增加原油流动性，设计上在考虑流体的同时，以地质工程一体化为主要设计思路对储层改造体积、动用体积进行系统优化。渤海油田以高温高压储层压裂为主，压裂设计及原理与其他油田相似。在"地质—油藏—工程"研究与设计平台方面，国内发展较晚，针对国内储层改造技术需求和软件长期引进国外的技术现状，中国石油勘探开发研究院研发了地质工程一体化压裂系统软件FrSmart1.0版，实现了地质力学建模、非平面三维裂缝模拟、压后产能模拟、经济评价之间数据无缝衔接，打破了国外长期技术垄断，但仍需不断完善与提升。

压裂液方面，经多年研究，我国压裂液体系完备，形成了全国产系列化压裂液体系，适应不同油气藏、不同施工工艺、不同储层类型的要求。目前仍以水基压裂液应用为主，主要包括植物胶类、纤维素类、合成聚合物类、黏弹性表面活性剂类以及滑溜水等压裂液体系，其中植物胶压裂液应用范围最广，近年来由于聚合物类压裂液具有较强的耐温、耐盐、耐剪切性以及破胶后残渣少等优点，应用越来越多。我国无水压裂液主要以液态 CO_2 压裂液为主，但是由于成本较高、黏度低、携砂能力差等问题仅在苏里格、长庆、延长等少数油气田开展过现场试验。除了水基、无水压裂液体系之外，各个油田根据油藏类型和储层改造需求还研发了一系列特殊的功能压裂液，如针对强水敏地层的乳化压裂液和醇基压裂液，针对低渗透、低压砂岩油气藏的泡沫压裂液，针对稠油油田的热化学压裂液，针对深层、超深层的加重压裂液以及针对海上油田的海水基压裂液和高温压裂液等。支撑剂方面，由于近年来非常规资源开发成本压力，各个油田均开展了石英砂替代陶粒相关研究，石英砂应用规模逐年加大，我国目前以天然石英砂为主，陶粒和覆膜支撑剂为辅，新型支撑剂研究较少[156-157]。以中国石油为例，石英砂在支撑剂中占比由 2014 年的不足 30% 增加到 2018 年的 62%，比 2017 年增加 77×10^4t，降本达 9 亿元，展示出良好的应用前景，推动非常规油气低成本、效益性开发[158]。

压裂工具方面随着国内各大油田开发形势的变化和开发的需要，压裂工艺得到了很大的发展，并取得了较好的压裂效果，为油田稳产提供了技术保障[159]。直井不动管柱坐压多层压裂工艺，压裂方式为油管压裂，可满足新、老、斜、直井油、水、气井多层压裂。近年来在胜利油田、江苏油田、辽河油田、中原油田、长庆油田、大庆油田、吐哈油田、大牛地气田等各大油气田都有应用[160]。水平井双封单卡压裂工艺，压裂方式为油管压裂，可满足水平井新老井分段压裂。国内各大油田都有该项技术，施工排量 $3.5\sim7m^3$/min。连续油管水力喷射环空加砂压裂工艺，压裂方式为环空压裂，单段单簇改造为主，满足直井、水平井新井分段压裂。长庆油田、西南油气田、大庆油田开展了试验并取得成功。水平井多级固井滑套多段压裂工艺，可满足水平井油气井分段压裂。2012 年以来开始应用，国内胜利、长庆、西南、吉林等各大油田相继研发该项技术，可达到耐温 150℃，承压 70MPa[161]。桥塞压裂工艺，可实现多簇射孔，满足直井、水平井新井套管大规模体积压裂。目前在可钻复合桥塞方面，国内各大油田均有成熟的技术，并已进行了现场推广应用，可溶性桥塞方面，西南油气田、长庆油田、大庆油田均完成了产品的自主研发，部分油田已开始现场应用[162]。

压裂装备方面，通过多年的技术消化吸收，结合我国油田的实际需要进行自主创新，研制了一批适合我国油气田作业工艺特点的压裂装备，初步掌握了压裂装备设计制造的核心技术，很多技术已经达到了国际化水平，市场占有率超过 90%。目前，国内进行压裂装备生产的厂家包括中国石化石油工程机械有限公司第四机械厂（以下简称四机厂）、四机赛瓦石油钻采设备有限公司（以下简称四机赛瓦）、烟台杰瑞石油服务集团股份有限公司（以下简称烟台杰瑞）以及其他部分公司。其中四机厂和烟台杰瑞是国内当前压裂装备生产的主要厂家。四机厂先后研发出国内首套 800 型、1000 型、1800 型、2000 型压裂机组和世界首套车载式 2500 型压裂机组，压裂装备研发制造能力达到国际先进水平，2013 年其成功研制出 3000 型压裂车。烟台杰瑞在 2011 年成为美国页岩气压裂成套装备的供应厂商，于 2014 年成功研制了 3308kW 涡轮驱动压裂车，2018 年成功将压裂装备出口到中东，成为首个进入中东压裂装备市场的厂商。近年来，国内紧跟压裂装备最新发展动向，开发了 5000 型至 7000 型电驱系列装备。2021 年，在电驱装备工业化应用、深层高效作业装备攻关和升级方面取得显著进展,推动油气田低成本效益开发。

工厂化压裂方面,2010 年以来,随着工厂化压裂技术在国内的研究应用,我国工厂化压裂地面装备发展迅速,并取得了良好的应用效果。我国工厂化压裂技术主要应用于页岩气、致密气以及致密油丛式水平井组的增产改造,主要有拉链式压裂和同步压裂两种压裂模式。我国工厂化规模较小,单平台一般为 2~8 口,最多 32 口井(吉林油田大平台),作业效率一般为 1~4 段/d,与国外差距较大;工厂化装备方面,近年来,国内各工程公司和压裂装备专业制造公司借鉴北美经验,结合国内实际情况,以"小井场大作业"为指导思想,在原有装备的基础上,建立健全了一体化地面装备配套,研发应用了大功率、大排量、长时间连续作业的压裂车、混砂车和连续混配车等核心装备,为工厂化压裂技术在我国的应用提供了装备支撑[163]。大庆油田以简约集成为目标,打造了行业先进的工厂化作业模式,实现大规模压裂平台化、协同化、高效化、自动化,具备压裂排量 20m³/min、日压裂 8 段以上的施工能力,建立中国石油《工厂化作业规范》标准,引领国内工厂化压裂技术发展(图 3-30)。

图 3-30 某井工厂化施工现场

(2)油田化学技术。

①酸化解堵技术。

酸化技术通过井眼向地层注入酸液,溶蚀储层中的连通孔隙或天然(水力)裂缝壁面岩石,增加孔隙、裂缝的流动能力,是高含水老油田实现油井增产、注水井增注的重要技术手段。

砂岩酸化方面,针对不同开发方式、不同储层类型,各油田研究配套的砂岩基质酸化技术,包括常规土酸酸化、胶束酸酸化、乳化酸酸化、浅海储层砂岩基质酸化、分层酸化、转向酸化、低伤害缓速酸酸化、多层细分酸化和多级高压冲压酸化等技术,并配套研发了缓速酸、泡沫酸、乳化酸和多氢酸等酸液体系,以及机械分层和化学暂堵的酸化工艺。注入工艺主要通过多段塞依次注入的方式减少二次、三次沉淀的生成。目前大庆油田研究的不返排酸化技术体系实现逐级电离、酸岩反应匀速,解堵半径大,具有实时络合金属离子,控制二次沉淀作用,实现了环保施工目的。研究的单步酸在线酸化技术可实现

"一剂多能"，单步注入，具备操作简单、成本低的特点[164]。

碳酸盐岩酸化方面，中国石化的酸压技术与国际水平同步，在对地层的适应性、配伍性方面也具有自己的特点。但在酸液种类、添加剂质量性能、酸化井下工具、连续油管酸化等方面与国外相比存在一定差距。西南、长庆、塔里木、塔河等石灰岩油气田，酸压是主要增产措施。现场试验表明，采用变黏酸，裂缝长度较胶凝酸增加1倍，滤失系数及酸液滤失量减少约50%，增产效果在胶凝酸基础上提高了2.5倍。

②堵水调剖技术。

堵水调剖技术通过向地层注入调剖剂，封堵油层中的优势渗流通道，达到调整吸水剖面、扩大注入水波及体积的目的，是实现高含水油田稳产行之有效的技术手段之一。

针对高含水油田无效循环严重，低渗透层位动用程度低的问题，形成了适合水驱、化学驱、聚合物驱后、稠油热采等不同开发方式的堵水调剖技术[165-166]。配套研发了无机盐、水溶性聚合物冻胶、颗粒、树脂、泡沫等堵水调剖剂，在各油田均取得了较好的效果。注入设备由水泥车、压裂车逐步转化为固定或橇装泵组，注入设备和流程成熟配套[167-170]。

目前我国油藏的实际情况趋于复杂化，储层的变化加大了施工的难度，也提高了对油田化学剂的要求。从东部主力油田到西部油田，从高温高矿化度到低渗透、深井等特殊油藏，地层深部的非均质矛盾逐渐加剧，给现场水驱开发的效果带来了巨大的挑战。深部调剖技术可有效提高油田采收率，聚合物冻胶调剖、泡沫型深部调剖、微生物深部调剖等技术得到发展，配套形成了油藏地震描述技术、油田堵调剂封堵大孔道数值模拟技术、示踪数值模拟解释技术、施工工艺设计及配套技术等，自动化程度高，全天候连续注入，可实现大剂量深部调剖需求，有效降低了施工成本，为我国油田后期开发奠定了基础[171-182]。

3）人工举升工艺技术发展现状

（1）抽油机举升技术。

我国的机械采油井占油井总数的90%以上，其中由抽油机—抽油杆—抽油泵组成的三抽井占80%左右，产量占75%以上。根据有无游梁，可分为游梁式抽油机和无游梁式抽油机。

①游梁式抽油机。

经过了60多年的发展，游梁式抽油机已形成了五大系列（表3-7）：常规抽油机、前置式抽油机、异相式抽油机、双驴头式抽油机、下偏杠铃节能抽油机。

表3-7 游梁式抽油机分类参数及特点

类型	参数	适用范围	技术特点
常规抽油机	悬点最大载荷160kN 最大冲程6m 冲次范围3~12min^{-1}	中高排量	应用广，可靠性高
前置式抽油机	悬点最大载荷160kN 最大冲程6m 冲次范围3~12min^{-1}	中高排量	气动平衡，调节方便，平衡系统可靠性差，寿命短

续表

类型	参数	适用范围	技术特点
异相式抽油机	悬点最大载荷 160kN 最大冲程 6m 冲次范围 3~12min^{-1}	中高排量	存在相位角，平衡和节能效果好，可靠性高
双驴头式抽油机	悬点最大载荷 160kN 最大冲程 6m 冲次范围 3~12min^{-1}	中低产和深井	冲程长，惯性载荷小，节能效果好，毛辫子易损
下偏杠铃节能抽油机	悬点最大载荷 160kN 最大冲程 6m 冲次范围 3~12min^{-1}	中高排量	峰值扭矩较低，节电效果好

为协调供排关系、节能降耗、延长抽油机系统检修周期，国内高含水油田先后应用了抽汲参数优化、抽油机二次减速等技术，取得了一定效果。

针对低产低效井，大庆油田研发并应用恒功率柔性控制、不停机间抽等提效技术，有效解决抽油机"大马拉小车"的问题。长庆油田研制的数字化抽油机技术，实现运行数据实时监测、远程启停、自动调平衡和调参。

将分析诊断技术应用到抽油机系统维护及检修过程中，以此来及时发现和处理设备运行中的故障，保证采油系统的安全运行，实现抽油机工作效率的不断提升。

②无游梁式抽油机。

针对稠油井、深抽井等特殊井况长冲程、低冲次的举升需求，发展了塔架式、超长冲程等无游梁式抽油机。

塔架式抽油机：与常规游梁式抽油机相比，塔架式抽油机改变了游梁式抽油机的平衡方式，由直接平衡取代了曲柄平衡模式，具有减少传动环节、降低装机功率、提高系统效率等优点，随着机型增大节电效果明显。

长冲程抽油机：与常规游梁式抽油机相比较，长冲程抽油机具有抽油泵柱塞冲程损失小、采油效率高、机杆泵寿命长、整机运行平稳等优点[183-185]。

超长冲程抽油机：大庆油田已发展完善超长冲程采油技术。首创"超长冲程、超低冲次"举升理念，形成了以"超长冲程抽油机、柔性光杆和长冲程泵"为核心的采油技术，与常规抽油机相比，具备系统效率高、检泵周期长、清蜡效果好、管理效率高四大技术优势。技术已形成系列化，应用过程中可根据油井泵挂深度，制定相应技术对策，提高系统效率，降低生产能耗。

为满足平台井高效举升需求，大庆油田研发了两种一拖二超长冲程采油技术；a. 机械式一机双井超长冲程采油技术，具有降低电动机功率、降低一次性投资、适用井距宽等技术优势；b. 电控式一柜双井超长冲程采油技术，具有节约电能、降低一次性投资、适用井距范围灵活等优势。

(2)螺杆泵举升技术。

①螺杆泵。

我国自 20 世纪 80 年代后期开始地面驱动螺杆泵采油系统的研发，设计理念以"大泵低转速"为主,目前已基本成熟配套。针对热洗困难、负载特性不平稳、扭矩大、泵效低等问题,研究了空心转子、短幅内摆线、等壁厚定子螺杆泵等技术,满足出砂、稠油等举升需求。

短幅内摆线螺杆泵:与常规普通内摆线螺杆泵相比,短幅内摆线螺杆泵的转子端面形状由"跑道圆"变为"椭圆",型线更圆滑,没有曲率突变点,运转过程中对橡胶冲击小,利于延长使用寿命;定子端面形状变化更加平缓,橡胶厚度差变小,温溶胀后尺寸变化相对均匀,易保持高泵效。

等壁厚定子螺杆泵:定、转子结构和型线经过优化设计,实现了定子橡胶溶胀均匀,转子运动轨迹圆滑,无曲率突变点。优化后,扭矩下降20个百分点以上,系统效率显著提高。

②地面驱动技术。

初期以偏置式螺杆泵驱动装置为主,具有体积小、匹配电动机功率低、制造工艺技术成熟等优点。后期发展了螺杆泵永磁地面直驱装置,去掉减速箱和皮带传动等减速部分,直接把旋转动力传递给井下螺杆泵[186-191],减少井口运动部件,提高了传动效率;地面直驱技术的应用使螺杆泵停机时,由原来光杆瞬间"急刹"改为缓慢"点刹"制动,消除了井口操作时存储扭矩突然释放导致的安全隐患。

(3)无杆泵举升技术。

与有杆泵采油技术相比,无杆泵采油设备的最大特点是取消了抽油杆柱,减少了由于抽油杆断脱、磨损而带来的检泵和修井作业,适合水平井、侧钻定向井及侧钻水平井这些特殊井身结构的油井开采。

潜油电泵排量大、扬程高、地面配套设备简单、占地面积小,我国通过技术引进、吸收和发展,整体技术处于国际领先水平。

电动潜油螺杆泵采油系统由于效率高、能耗低、易于实现自动化管理、安装方便,适于开采高黏度、高含砂量油井。

电潜柱塞泵以直线电动机作为动力推动装置,将电动机与抽油泵相结合,适用于低产低效井。大庆油田从提出设想、样机设计、开始实验到建立了国内首个电潜柱塞泵高效举升示范区,应用规模和应用水平不断提高,取得良好效果。

(4)数字化应用技术。

目前,随着计算机技术、自动化技术、传感器技术和网络数据传输技术的突飞猛进,抽油机智能化已成为国内外油田发展的主要研究方向,通过大规模数字化建设,可极大提高油田生产效率,降低人力财力消耗,简化管理机构,提升自动化程度[192-194]。

针对油田油井分布广、地理环境复杂、人工巡井难度大、日常维护困难等问题,2000年以来,国内各油田开展了数字化油田建设,有效地降低了生产成本、减少了工人劳动强度,实现了降本增效。

目前油井现场安装传感器包括载荷传感器、位移传感器、转速传感器、电参数采集单元、油套压压力传感器、温度传感器、井下压力传感器等,满足悬点载荷、曲柄位置、电动机转速、电参数、井口压力、温度等生产参数实时监测,从而了解抽油机运行状态,为工况诊断和方案优化提供依据。

抽油机 RTU 通过无线通信模块将传感器监测数据上传至后台数据库。目前常用的无线通信方式有 GPRS、Wi-Fi、无线数传电台、卫星通信及 Zig-Bee，无线传感器与数据采集端由于距离比较近，采用 Zig-Bee 方式。GPRS 网络通信技术具有覆盖地域广、通信距离较远、网络可靠性和稳定性高的特点，适用于监控中心与现场距离较远的场合。GPRS 移动数据网络的信道提供 TCP/IP 连接，并可用于 Internet 连接及数据传输等。光纤传输也得到了一些应用，主要是为实现主要站点和重点井场的视频监控。

地面工况诊断的主要功能包括：电参数监测、抽油机平衡诊断、扭矩监测等。油井系统的电参数的测量主要包括：电流有效值、电压有效值、有功功率、无功功率、视在功率、功率因数、频率等。

抽油机井地面节能诊断分析优化设计系统以地面功图为基础，结合抽油机运动几何参数，应用实时动态仿真平衡调节系统、电动机优选系统，进行抽油机地面调平衡、选电动机等节能诊断分析优化工作。随着计算机模式识别技术的发展，其在抽油机故障诊断中的应用也越来越广泛。目前计算机识别示功图的方法主要通过人工预先选取示功图特征，再使用传统分类模型，如人工神经网络、支持向量机、矩特征法等。

4）修井工艺技术发展现状

（1）井筒完整性评价。

井筒完整性是指综合运用技术、操作和组织管理的解决方案来降低井在全生命周期内地层流体不可控泄漏的风险。通过测试和监控等方式获取与井完整性相关的信息，对可能导致井失效的危害因素进行风险评估，制定合理的管理制度与防治技术措施，从而达到减少和预防油水井事故发生、经济合理地保障油气井安全运行的目的。

目前国内井筒完整性技术已建立了井筒完整性评价模型、油水井完整性评价指标体系，开展了钻完井井筒完整性、井下作业过程中井筒完整性研究，并提出针对各个阶段的井筒完整性的内涵，制定相关的标准以及建立科学合理的井筒完整性体系，找到合理的风险评价方法。

大庆油田前期针对徐深气田深层气井建立了完整性评价技术系列。针对高含 CO_2 腐蚀、高温等复杂工况，探索出 CO_2 局部腐蚀规律及预测方法，为气井完井优化设计和安全评估奠定了理论基础。建立了静态与动态相结合的气井安全评估方法，实现了气井从设计到投产过程的安全诊断。建立了适合徐深气田应用的试油投产管柱力学分析模型及计算软件，满足气井管柱力学分析的要求。能够在投产前对下管柱、开关井、压裂等各类工况进行力学分析。考虑井筒内腐蚀性气体对油管带来的腐蚀失效风险，通过已建立的管柱力学分析模型和腐蚀预测模型，对腐蚀严重区域的管柱进行应力计算，形成了气井完井管柱腐蚀风险评估与安全寿命预测技术。形成了针对大庆油田气井工况的环空带压值允许范围控制图版及环空带压途径分析图版，形成基于风险矩阵的风险等级定量计算技术。成功开展了环空带压井的实测研究。

大庆油田在油水井套损预警方面开展持续攻关，并取得重要进展。深化量化套损机理，提出开发因素对套损影响的"强度、幅度、累积、结构、滞后"效应，并采用逻辑推演方法结合专家经验，确定了标准层和油层段套损影响因素。创新形成基于大数据分析的区块及单井两级套损预警及风险调控技术，研发套损预警及调控软件系统，实现标准层、油层多指标三级风险定量预警,填补了国内外套损预警技术空白。

国内其他油气田在油井井筒完整性方面报道较少,目前的成果主要集中于高温、高压、高含硫气井方面,有代表性的是西南油气田及塔里木油田。西南油气田通过完井方式、管柱设计、完井投产工艺、完整性评价与管理等的配套措施的实施,为四川盆地高温、高压、高酸性气田的安全高效开发提供了技术保障。塔里木油田通过对完井前、施工过程和生产过程的井筒评价,建立全生命周期的井筒完整性技术和管理体系,并颁布了配套规范和标准。完整性技术和管理体系的实施保障了超深、高压、高温、高酸性气田长期安全生产。

(2)大修工艺技术。

随着油水井生产年限增长及地质条件和工程因素影响,高含水老油田套损情况愈发严重并出现成片套损区,严重破坏了注采关系,影响了油田正常生产。为此,根据油田不同时期的套损形式,发展形成了解卡打捞、整形加固、取换套等修井工程主体技术体系,及时恢复各类套损井的正常生产,完善了注采关系,为油田生产开发起到了保驾护航的重要作用。

油田开发初期,针对以套管简单变形卡、砂蜡卡、落物卡、管柱断脱打捞等情况,研究形成了以解卡打捞工艺为代表的维护性修井工艺技术,解决了有杆泵、电潜泵和注水井由于生产管柱及工具脱落,卡阻在井内而不能正常生产的问题,成为大修施工的一项基本手段。随着注水开发的深入,套损开始呈现严重变形、错断、穿孔等形式,且出现了成片套损区,为此,发展了以浅部取换套管、整形加固工艺为代表的治理型修井技术。随着油田二次加密调整,部分区块超压注水导致油层部位套损增加,套损形式以通径小于70mm严重错断、落物与断口平齐、严重坍塌出砂、大段弯曲变形、多点严重损坏为主要特征。针对上述几种高难套损井型的修复问题,发展了以50~70mm小通径套损井打通道、深部取换套管、密封加固、侧斜工艺为代表的综合修井技术。随着油田开发的不断深入,井网愈趋复杂、开发方式多样,挖潜力度不断加大,导致套损加剧,出现了活性错断、大段弯曲、通径小于50mm或无通道套损直井,以及工艺管柱卡阻和断脱的水平井、套管腐蚀穿孔漏气和卡阻的气井,修复难度越来越大、施工周期长、投入大、投入产出比低。为此,发展了以无通道、活性错断套损井修复,水平井解卡打捞为代表的特殊疑难复杂井修井工艺技术[195-196]。

(3)清洁作业技术。

坚持"以防为主,防治结合"的原则,抓住作业中"井筒、井口、地面、尾废"4个关键环节,发展形成了"井筒控制为主、地面控制为辅"的清洁作业技术体系。通过井筒控制技术将井液控制在井筒内,实现了油水井维护性作业、常规压裂及射孔作业油管及套管防喷;利用井口集液、地面集液及废液回收处理等地面控制技术,实现了出井废液的高效回收处理,确保了废液不落地。目前,环境敏感地区清洁作业覆盖率达到100%。

此外,持续攻关了带压、连续管等特种作业技术,推动绿色环保作业技术升级换代。带压作业突破了油管堵塞、带压作业井口设备等技术瓶颈,实现了由水井到油井、气井、水井;由小修到大修、完井、压裂;由低压到中、高压的技术跨越,形成了承压21MPa、35MPa的两大系列工艺技术。自2010年以来,在中国石油进行了规模推广,工作量逐年递增,累计实施3.6万井次,减排注入水超过$1800×10^4m^3$,提前恢复注水$1600×10^4m^3$以上,油田稳产、节能减排效果显著。连续管作业配套工具及技术全面实现国产化,形成了冲洗井、解堵、切割管柱、挤水泥、钻磨、气举6大类工艺，实现了跨越式发展，已在国内各大油气田公司推广，作业量年均递增35%，通洗井、冲砂、解堵等工期缩短40%，综合成本降低20%，降本增效效果显著。

2. 国外采油工艺主体技术发展现状

1) 分层注采工艺技术发展现状

(1) 水驱分注技术。

20世纪50年代，注水采油在北海油田得到应用后，国外注水技术高速发展。目前主要在完井阶段采用智能完井技术实现分层注水，并将智能开采技术作为研发重点。注水过程中的管理和监管技术也在不断发展，从最初的利用电动机控制开关到现在的连续性闭环控制，大大提高了注水的效率和合格率。近年来，随着数字化油田建设的不断深入，国外油田注水工艺以及管理监控技术取得了新的进展，数据采集、监测和调配的自动化程度更高。注水管理更具信息化和智能化。随着石油开采难度的增加，世界的注水技术在不断发展，国外对注水量的控制已经发展得越来越精细。从电动开关控制到电流连续性控制，有效地改善了注水效率。近年来，随着电子技术、材料和工艺的发展，国外智能完井技术已经基本成熟，国外最先进的注水技术是智能完井技术里的分层注水技术[197]。

(2) 化学驱分注技术。

国外在化学驱方面主要采用两种注入技术：一是笼统注入技术；二是多管分注技术。笼统注入无法解决不同地层不同渗透率的问题，容易造成聚合物的浪费，也不能提高采油效率。美国Salem油田采用了两套互相平行的管柱来实现聚合物的双层注入，这种注入方法虽然实现了分层注入，但每口井都至少需要两套配注设备，成本高，且现场维护复杂。美国贝克休斯公司曾经在注聚合物井中采用了单根油管来实现多层同时注入的方法，驱油效果好，明显提高了原油采收率。相比于传统的注入方式，聚合物驱分层配注技术能够较好地改善低渗透地层的动用程度，限制高渗透地层的注入量，从而很好地解决地层之间的矛盾，从整体上提高聚合物驱采油的效果。采用分层注入技术比采用普通的笼统注入技术能够提高2%的原油采收率。

(3) 分层采油技术。

由于管理方式与国内不同，国外油田直井一般采用由下向上、逐层开采的方式进行生产，分层开采的主要目的是封堵底水，一般采用桥塞封堵工艺，包括液压控制坐封桥塞和电缆控制坐封桥塞。

国外油田水平井分层采油技术主要采用两种方式。一是采用智能机械控制阀，通过油水密度、黏度等参数的差别，利用物理方法进行增油降含水。早期的流入控制装置(ICD)实际上是固定直径的喷嘴，通过调整ICD的数量来调整不同产液段的流压，实现均衡生产。但是，ICD无法根据油藏条件变化进行自动调整，且完井测试数据不准确将导致油藏与ICD设定参数不匹配，对均衡生产效果产生不良影响。自动流入控制装置(AICD)是近年来发展的新一代流入控制装置，通过特定的结构或流道设计使AICD对水、油、气表现出不同的流入控制特性。目前主要发展形成三大类型AICD：浮动圆盘型、夹片型和流道控制型，可以根据油水不同物理特性实现油水比例探测和流入阻力的自动调整，在合理运用条件下均可达到控水、控气和增油的目的。Tendeka公司的FloSure自动流入控制装置依据伯努利原理工作,是典型的浮动圆盘型 AICD。AICD 能够实现油、水、气比例的自动识别和阀门开度的自动调整,从而实现控水、控气和增油于一体的分层段开采。目前,FloSure AICD 在全球的使用数量超过42000个,广泛应用于北海、加拿大、中东、东南亚等地区。二是采用电控或液控控制阀调节边水或底水均匀推进,由穿越式封隔器实现油井分层,每层均安装温度、压力、流量传感器和液压控制滑套,传感器信号通过电缆传到地面的井下动态监测系统,滑套则通过液压管线和地面的液压控制装备相连。目前,国外典型的智能完井系统有哈里伯顿公司的 SmartWell 系统和 SCRAMS 系统、贝克休斯公司的 InForce 和 MultiNode 系统等,在世界各地的高产井中都有一定规模的应用,但智能完井系统复杂、施工难度大、投资成本高,仅适合高产井。贝克休斯公司研制的 MultiNode 系统为业内首款全电动智能井系统,具备远程监测和精确控制产层水、气突破的功能。MultiNode 全电动智能井系统可远程监视和精确控制产层,管理水和气的突破,对高含水和高含气产层进行节流以改变油藏条件,平衡水平井段的生产,提高最终采收率。

2) 增产改造工艺技术发展现状

(1) 压裂技术。

压裂优化设计及平台方面,开发了 Meyer、Stimplan、Gohfer、FracproPT 等为代表的压裂优化设计软件。设计目标由层内单一裂缝到复杂裂缝网络,改造对象由常规油气藏向致密砂岩油气藏、页岩油气藏不断地扩大,发展了直井多层、水平井多级压裂技术及对应优化设计方法。针对储层"甜点区"或剩余油,斯伦贝谢、哈里伯顿等大型油田技术服务公司在地质建模、钻井设计、压裂优化以及后期监测与评价方面形成了一体化设计优化平台,其中最具有代表性的是斯伦贝谢公司一体化设计平台,具备从物探地质、钻完井到油藏数值模拟的数据无缝对接能力的压裂设计软件 Mangrove,在进行水力裂缝模拟时可结合三维属性模型、天然裂缝、地质力学、微地震监测数据,实现各种数据的综合应用。Mangrove 不仅能无缝继承 Petrel 已有三维模型进行水力压裂设计,也能根据测井数据建立新的三维模型进行压裂设计,同时基于 Petrel 油藏数值建模,结合高性能油藏数值模拟器 INTERSECT 和地应力模拟器 VISAGE,能准确定位压裂改造目标及改造工艺。在大数据智能优化设计方面,美国在 2011 年建了 FracFocus 数据库,实现了压裂大数据智能优化设计。

压裂液方面,国外仍以水基压裂液体系的应用为主。压裂液体系经历了由油基向水基、单一向复合转变,满足了超高温、低摩阻、低伤害、低成本、环保的改造需求[198-199],非常规储层压裂以低摩阻滑溜水为主。天然植物胶压裂液使用最多,其中瓜尔胶及其改性产品为典型代表。清洁压裂液或者称为黏弹性表面活性剂压裂液,最早在美国墨西哥湾的油井压裂作业中使用,已成功进行超过 2400 次的压裂作业,取得了很好的压裂效果。滑溜水压裂液应用主要以页岩气和致密油等非常规油气开发为主,由于滑溜水体积压裂成本相对较低,已成为美国 Barnett 页岩常见的压裂方式[200-201]。

支撑剂方面,2014 年以来,北美地区通过技术及管理创新,采用石英砂替代陶粒、就近建砂厂等方式,大幅降低了水力压裂工程作业成本,助推了非常规油气经济高效开发。基于"经济够用"理念,用价格低的石英砂替代陶粒,目前北美地区支撑剂中石英砂占比已达96%,经济成本优势巨大[202-205]。盆地砂异军突起,2019 年占到石英砂支撑剂市场的50%左右。另外,小粒径石英砂成为北美地区支撑剂使用主流,2018 年北美地区开采页岩气所用的 40/70 目和 100 目两种细砂之和占所用支撑剂总量的 70%以上。

压裂工具方面,国外斯伦贝谢、哈里伯顿、贝克休斯和威德福等主要油田技术服务公司开展了改造工具研发,实现了技术引领。哈里伯顿、贝克休斯等公司的不动管柱坐压多段工艺,施工排量可达 $8m^3/min$,目前最多可压裂 13 段。贝克休斯公司的跨式封隔器压裂工艺,最高施工排量 $6.5m^3/min$,管柱可过砂量可达 $300m^3$。哈里伯顿、贝克休斯、TTS 等公司的 CobraMax 工艺,耐温 120℃,承压 70MPa,单趟管柱最多可压裂 15 段,施工效率可达 9 段/d。贝克休斯、哈里伯顿等公司的套管固井压差滑套多级压裂工艺,单井最大级数 29 级,150℃下耐压 70MPa。贝克休斯公司的 Frac-Point™完井分段压裂一体化工艺,耐温 140℃,承压 70MPa。斯伦贝谢、哈里伯顿、Tryton、Magnum 等公司的桥塞压裂工艺,耐温 150℃,承压 70MPa,并已在北美油田进行了商业化推广应用[206-209]。

压裂装备方面,美国压裂装备性能和技术水平居于世界领先地位。北美页岩气施工压力较低,压裂车主要是 2000 型,最高作业以 2300 型为主。随着致密油、页岩气等非常规油气资源的大规模开发和水平井的大规模应用,大功率和大型压裂施工配套装备已经成为北美压裂装备的发展方向。

"工厂化压裂"概念于 2005 年由哈里伯顿公司率先提出,工厂化压裂是规模化、标准化、流程化的高层次压裂模式。自 2008 年以来,美国将工厂化作业成功运用于页岩气开采,并以此开启了"页岩气革命"。工厂化压裂规模大,单平台 22~30 口井,最多 64 口,作业效率 5~7 级/d。北美开发实践表明,工厂化压裂可以缩短投产周期、降低开采成本、大幅提高压裂装备利用率,减少装备动迁和安装,降低工人劳动强度。

(2)酸化解堵技术。

国外中、高渗透油田油井常用的有土酸、有机酸、泡沫酸、胶束酸和 CO_2 等酸化技术。水井通常使用土酸、有机酸或复合酸来达到解堵增注的目的。酸化转向技术、优化设计专家系统及单步酸工艺等比较成熟。其中酸化转向技术中黏弹性表面活性剂具有无伤害、自动转向、易返排、缓速和低滤失等显著优点,已在埃及、墨西哥等多国成功应用。国外大型石油公司研发了多个较为实用的基质酸化优化设计专家系统以及单步法酸化工艺,显著提高了酸化作业效率。

(3)调剖堵水技术。

国外早期使用非选择性的水基水泥浆堵水,经过多年的研究和应用,美国和苏联各国均形成了一套比较完整的适应各种地层、温度等条件的堵水调剖剂体系。其中聚合物冻胶类堵剂是国外使用最多、应用最广的一类堵剂。俄罗斯研制的新型遇水膨胀型聚合物,主要用于封堵大孔道、密封生产套管、消除管外窜流、调整吸水剖面等作业。智能凝胶是目前国外研究机构和实验室的研究重点方向,具有较好的借鉴意义。

3)人工举升技术发展现状

目前,根据 BP 公司数据统计显示,全世界共有 100 多万口机械采油井,其中抽油机共有 90 多万口,并在逐年增加。国外大多数较深油井、超深油井均采用有杆式抽油泵、气举、电潜泵和水力活塞泵四种人工举升方式。

(1)抽油机技术现状。

国外抽油机以游梁式抽油机为主,近 20 年以来,塔架式抽油机、超长冲程抽油机等新式无游梁式抽油机成了研究和应用热点。

美国提出了有杆抽油系统的计算机诊断技术，根据地面示功图、数学模型和整个系统机械特性，对井下泵示功图开展分析。

（2）螺杆泵技术现状。

20世纪80年代初，螺杆泵开始在石油开采工业当中被用作人工举升设备。当时Kois&Myers公司等厂家将螺杆泵的举升工艺技术替代了市场上常规的举升工艺，并成功投放到市场，成为首批采油螺杆泵的制造厂家。从20世纪90年代中期起，螺杆泵得到了广泛应用。

目前国外螺杆泵采油技术已非常成熟，已经实现技术科学化、规范化、系列化，不仅在稠油井、出砂井中得到广泛应用，而且在稀油井、特种工况井中大范围应用。随着螺杆泵研发技术水平的提高，加之新材料、新工艺的不断涌现，国外还研发了金属定子螺杆泵、插入式螺杆泵、多吸入口螺杆泵等几种能够解决专项问题、满足不同需要的螺杆泵。

（3）无杆泵技术现状。

在潜油电泵制造工艺、应用技术方面美国一直处于领先地位。俄罗斯的潜油电泵技术相当成熟，针对含气出泥砂井也有相当成熟的技术被应用在潜油电泵机组上。苏联、美国、法国、加拿大一些公司在20世纪80年代初期开始研制电动潜油螺杆泵采油系统，潜油电机和电缆都与常规电潜离心泵机组中的一样，不同的是用螺杆泵代替了离心泵并增加了机械传动环节，以满足螺杆泵转速需求。

4）修井工艺技术发展现状

（1）井筒完整性技术。

国外石油公司致力于全生命周期井完整性管理，形成了iWIT™等井完整性工具包，指导完整性设计及管理。提出了静动态结合的管柱力学完整性校核方法、套管强度安全评估方法及水泥环完整性实验方法，开发了高精度的完整性检测设备，实现对油气水井全生命周期的完整性评价与设计。

（2）大修工艺技术。

国外油田一般都下有表层套管、技术套管和油层套管，由于表层套管和技术套管对油层套管起到保护作用，油层套管发生套损的概率低，油层套管损坏时多采用管内切割取套换套进行修复，严重损坏的套损井一般采用报废处置。美国采用的套损井修复技术主要以整形、打捞以及挤水泥封堵为主，成熟技术有套管辊子整形器、套管补贴工艺等；俄罗斯开展了井下爆炸整形、井下焊接套管等工艺研究，并取得了成功，然而修复后内通径仅为ϕ100mm，无法满足现有套损井密封加固技术或报废的施工要求。

（3）清洁作业技术。

国外清洁作业主要采用不压井、无放喷作业装置，严格控制作业过程中污染物排放。带压作业装备在北美、中东重大油气产区配套率达到40%，利用率达到90%。北美绝大部分工作量主要为带压下完井管柱、钻磨桥塞、带压打捞、起原井管柱。近五年来，每年带压作业都进行上万井次的作业，最高作业压力达到120MPa，作业井最大井深超过7000m，已成为广为接受且较为普及的工艺选择。

常规小修连续油管在美国和加拿大使用率达到了70%，连续管技术已成为斯伦贝谢、哈里伯顿和贝克休斯三大油田技术服务公司重要的修井与增产作业手段。斯伦贝谢公司将连续管技术放在修井作业8大技术之首，与增产、侧钻、打捞、弃井、钢丝作业、电缆作业、过油管作业等并列；哈里伯顿公司将连续管技术放在修井作业4大技术之首，与带压作业、钢丝作业、过油管作业并列；贝克休斯公司将连续管技术放在压力泵注作业序列中，与压裂、固井、酸化、海上增产作业并列。国外将连续管、测井、油藏等多学科融合，实现作业过程实时测量，精确作业、精准改造，开启智能作业的应用。斯伦贝谢公司的Active技术，利用光纤实现井下实时测量；贝克休斯公司的TeleCoil技术，使用电缆传输实现井下实时测量；哈里伯顿公司的SpecTrum技术，可使用光纤、电缆、无线三种方式传输。

二、采油工程技术对标及发展方向

对标国外油田，明确我国高含水老油田采油工程优势技术，找出存在的差距、短板。围绕"低成本、高效、智能、绿色"的发展趋势，在系统梳理各技术领域面临主要问题的基础上，确定高含水老油田采油工程技术的发展方向，筛选出对老油田发展起到关键作用的核心技术。

1. 与国外先进技术对标分析

1）分层注采工艺技术

（1）水驱分注技术。

在常规分层注水工艺上（表3-8），国外油田中俄罗斯罗马什金油田以多通道分层注水为主，国内油田中常规分层注水技术分注层段已达到7级以上，并配套成熟的测试工艺，单井测调时间控制在4d左右，与国外油田对标，整体处于国际领先水平。

表3-8 分层注水工艺技术对标分析

对标项	国　　内	国　　外	对标结果
智能分层注水工艺	国内智能分注技术主要以电动式流量调节为主，开展了示范区应用，研发了实时监测分层注水工艺技术，已经建立远程综合管理平台，并与油藏工程相结合，实现了注水方案由"滞后调控"向"实时、精细、智能、优化"重大跨越，技术成熟	国外油田分注技术调节方式主要为机械式、液压式、电动式流量调节等。传输方式一般为有缆式数据传输和无缆式数据传输，在地面通过网络进行传输，大大提高了性能	国际领先
常规分层注水工艺	(1)大庆油田：7段以上偏心分注，实现两级配水器最小间距2m，卡距0.7m以内注水层段细分，配套全电控测试技术可实现测调、投捞、验封全程电控直读，7层井测调时间在4d左右。 (2)胜利油田：以精细分层注水为主，可实现3~5段分层注水，测调时间3~5d。 (3)辽河油田：以常规机械分注分采方式开发，前期以常规注水技术为主，后期以热采及蒸汽吞吐为主。 (4)新疆油田：3~5段分层注水，桥式同心为主，通过地面仪器监视流量压力曲线，根据实时监测到的流量曲线调整注水阀水嘴大小直到达到预设流量。 (5)渤海油田：大排量同心分注	俄罗斯：罗马什金油田以多通道分层注水为主	国际领先

在智能分层注水工艺上，国外油田主要应用液控、电控、电—液一体化控制及无线智能完井技术。国内油田研发了实时监测分层注水工艺技术，整体技术基本成熟，与国外油田对标，整体处于国际并跑水平[210-212]。

（2）化学驱分注技术。

国外在聚合物驱油技术的研究和应用上取得了一定的成果，然而，由于国外油田多为海相沉积形成的，并不适合聚合物驱油。国外认为聚合物驱油方法在提高石油采收率方面，效果不是很显著，经济效益不突出，因此聚合物驱采油技术在国外并未得到大规模推广。

通过对标分析认为（表3-9），中国的化学驱分注技术处于国际领先水平。但国外在提高采收率技术方面的发展，对我国提高采收率技术的战略决策非常有启示和借鉴意义。

表3-9 化学驱分注技术对标分析

技术名称	国内油田	国外油田	对标分析
化学驱分注技术	（1）大庆油田：分注管柱采用单管偏心形式，测试以常规钢丝存储式测试为主，分注层段2~7层，最大节流压差2.5MPa，黏损率小于8.2%，流量70m³/d，已成熟配套，基本满足油田现阶段开发需求，已成为大庆油田主体分注技术。 （2）胜利油田：采用2套独立的注入通道，测试调配地面完成，操作简单直观，黏损率小于10%，基本满足现场分层注聚需求；但最多分注2层，且初期投入成本相对较高，无法在油田大规模推广应用	（1）美国采用了两套互相平行的管柱来实现注入，但只能实现两层段分注，且成本高、现场维护复杂。 （2）美国贝克休斯公司采用单根油管实现多层同时注入，驱油效果好，提高了原油采收率	国际领先

（3）分层采油技术。

由于开发理念、管理方式、单井效益、生产井型等方面的差异（表3-10），国内外研究的分层采油技术系列不同。国外一般从完井阶段开始应用控水采油工具，其分层采油以流入控制技术、智能完井技术为代表。中国油田进入高含水期后，研发并应用了机采井找堵水、可调层配产等分层采油技术。我国特高含水后期发展的智能分采技术仍处于起步阶段，相比国外水平较低，仪器测试精度和使用寿命有待提高。

表3-10 分层采油工艺技术对标分析

对标项	国内油田	国外油田	对标结果
机械堵水技术	机械堵水主要采用悬挂式、可钻式等机械堵水丢手管柱结构，后期发展了集调层找水、堵水于一体的高含水机采井测堵联作技术和悬挂式细分机械堵水技术	国外油田直井一般采用由下向上、逐层开采的方式进行生产，采用桥塞封堵工艺封堵底水	水平相当

· 123 ·

续表

对标项	国内油田	国外油田	对标结果
流入控制技术	(1)在油田开发初期形成了自喷同心分层配产和偏心配产技术，在地面确定各层产量，将特定油嘴投入到对应产层，施工后在井下无法调整。 (2)油田进入特高含水阶段，研究应用了液压可调层堵水技术、压力波控制分层配产技术和过环空缆控分层采油技术。 (3)水平井找堵水主要采用机械和化学方法，可分为机械堵水技术和液压可调层找堵水技术	(1)流入控制装置(ICD)实际上是固定直径的喷嘴，通过调整ICD的数量来调整不同产液段的流压，实现均衡生产。 (2)自动流入控制装置(AICD)目前主要发展形成三大类型：浮动圆盘型、夹片型和流道控制型，可以根据油水不同物理特性实现油水比例探测和流入阻力的自动调整，在合理运用条件下均可达到控水、控气和增油的目的	较大差距
智能完井技术	发展形成了预置电缆、振动波控制等分层采油技术，实现井下分层产量、含水率、压力等生产参数的实时监测和调整，采集了大量连续监测数据，为油藏动态分析和实时优化提供了大数据基础	典型的智能完井系统有哈里伯顿公司的SmartWell系统和SCRAMS系统、贝克休斯公司的InForce系统等，在世界各地的高产井中都有一定规模的应用，但智能完井系统复杂、施工难度大、投资成本高，仅适合高产井	较大差距

2)增产改造工艺技术

(1)压裂技术。

从国内外现状对比来看(表3-11)，国内油田形成了适应不同储层类型的压裂技术，整体技术水平与国际接近，但国内优化设计软件自主研发能力与商业化程度较低，尚无成型的地质—工程—油藏一体化压裂优化设计平台，高温、清洁、无水少水压裂液体系有待攻关，压裂工具在部分指标上落后于国外，压裂装备与国外相比在性能、系统成套、集群控制、经济安全性等方面还存在差距，工厂化压裂技术整体上还处在研究和试验阶段，在一体化施工、智能化方面与国外相比有较大差距。

表3-11 增产改造技术国内外技术现状及对标情况

对标项	国　内	国　外	对标结果
压裂优化设计及平台	设计软件商业引进为主，形成了适用不同油藏及工艺的优化设计方法，地质工程一体化设计处于起步阶段	设计软件功能丰富，主要以地质工程一体化设计为主，大数据分析结果直接指导优化设计	压裂优化设计水平与国外相当，但设计软件及地质工程一体化压裂优化设计平台差距较大
压裂工具	直井主要采用直井不动管柱坐压多层压裂工艺，水平井主要采用双封单卡压裂工艺、速钻式可溶桥塞压裂工艺	直井主要采用直井坐压多段压裂工艺，水平井主要采用套管固井压差滑套多级压裂工艺、桥塞压裂工艺等	工具水平与国外相当，部分工具参数稍落后于国外

续表

对标项	国　内	国　外	对标结果
压裂材料	压裂液体系较为完备，能适应各类储层的改造要求；支撑剂以石英砂为主，陶粒和覆膜支撑剂为辅	压裂液技术先进，低摩阻滑溜水成为非常规改造主流；支撑剂以石英砂为主，新型支撑剂研究较多	压裂液体系水平与国外水平整体相当，石英砂应用少于国外
压裂装备	作业压力较高，压裂车主要是2500型和3000型，多采用车载结构，配套装备系统集成不完善，工厂化压裂单平台4~8口井，规模小	作业压力较低，压裂车以2000型为主，最高作业为2300型至3000型，配套装备实现系统集成，工厂化压裂单平台20~32口井，规模大	国内部分压裂设备已达到国际水平，但系统集成方面较差，工厂化压裂整体还处在研究试验阶段

（2）酸化解堵技术。

国内外均根据各自储层特性，研制了不同类型的系列酸化技术（表3-12），其中国内在"十三五"期间形成的油水井不返排酸化技术，解决了环保难题，处于领先水平；在酸化转向技术上与国外存在一定的差距，主要表现为耐温性能上；在优化设计专家系统上国外已研发多个平台，智能化程度高，国内应用较少。

表3-12　酸化技术对比分析

对标项	国　内	国　外	对标结果
酸化技术	新型土酸、盐酸、土酸、氟硼酸、有机酸、粉末硝酸、复合酸、不返排酸化液	土酸酸化、有机酸酸化、泡沫酸、胶束酸、CO_2酸化等	不返排酸化技术领先
转向工艺	自转向酸液基本处于室内研究阶段，现场应用较少。研究出的酸液耐温性能较差，一般用于100℃以内储层	国外黏弹性表面活性剂应用较为成熟，适用于井底温度达到150℃范围	耐温性能存在差距
优化设计专家系统	以伤害特征描述、酸化模式优选和工艺参数优化为依据的水平井高效酸化设计方法，专家系统大多引用国外	研发了多个较为实用的基质酸化优化设计专家系统，如StimCADEA、CDIAMAN专家系统、MAXS系统	参数优化及一体化设计上差距较大

（3）堵水调剖技术。

国内外堵水调剖技术均形成了针对各自储层的技术系列（表3-13），其中现场施工工艺，国内处于领先地位。在选择性调堵剂、智能型凝胶方面与国外相比存在差距。国外软件数值模拟优化设计能够进行定量识别大孔道，达到智能决策水平，在选井、设计方面差距较大。

表3-13　堵水调剖技术对比分析

对标项	国　内	国　外	对标结果
堵调剂	水泥类、无机盐类、水溶性聚合物冻胶类、颗粒类、树脂类、泡沫类、复合材料等	聚合物冻胶类、颗粒型、沉淀型、生物型、泡沫型、选择性凝胶、pH值敏感型凝胶、温度敏感型凝胶	与国外在选择性堵剂、智能型凝胶方面存在差距

续表

对标项	国　　内	国　　外	对标结果
施工工艺	采用注入井调堵,油井调堵施工半径小于10m	根据井况,调堵措施规模偏小	处于国际先进水平
选井、设计	采用决策和大孔道识别技术	商业数值模拟软件数值模拟优化设计	商业化模拟软件与国际水平还存在差距

3)人工举升工艺技术

国内外人工举升技术均形成了针对各自储层的技术系列(表3-14),在有杆泵系统效率、新型人工举升技术、机采井智能化水平、油井设备现场再利用四个方面存在一定差距。国外新型无杆泵技术成熟,广泛应用于海洋石油开采,无杆泵及其配套产品排采范围覆盖面广,适应性好,系统优化及产品优化好,控制智能程度高。

表3-14 人工举升工艺技术对标分析

对标项	国　　内	国　　外	对标结果
有杆泵系统效率	中国石油平均值为24.8%; 大庆油田平均值为26.87%; 长庆油田平均值为23.02%	20世纪90年代美国油田系统效率普遍达到29%以上; 2020年平均水平达到36%	系统效率相差在5%~9%,存在一定差距
新型人工举升技术	除电潜泵和电潜螺杆泵较成熟外,其他技术均在研究成长阶段; 无杆泵及其配套产品排采范围较小,产品成本及作业成本较高,在系统智能优化、控制方面智能化程度不高	无杆泵新型技术成熟,广泛应用于海洋石油开采; 无杆泵及其配套产品排采范围覆盖面广,适应性好,系统优化及产品优化,控制智能程度高	新型无杆举升技术存在差距; 产品排采范围及适应性存在差距; 智能化、数字化还存在差距; 针对致密油、页岩油等储层流体特性,高效举升技术尚未成熟配套,需进一步公关完善
机采井智能化水平	抽油机恒功率动态控制和抽油机不停机智能间抽、机采系统效率在线监测、低成本物联网监测系统等技术取得较大进展	美国大部分油田已实现抽油机井的智能化管理与生产数据的自动采集,自动化程度与准确性较高	数字化建设处于起步阶段,大数据、人工智能等新技术的深入应用与国外一流石油公司还存在一定差距
油井设备现场再利用	个别油田小范围形成抽油杆、抽油泵、螺杆泵转子等采油设备的修复; 高校目前积极投入研究	形成协会、研究中心机构、企业形成了修复产业链	国内资金和研发投入与国外存在差距; 修复覆盖率存在差距

4)修井工艺技术

国内形成了常规与疑难套损修复技术及配套清洁作业技术体系(表3-15),大修工艺技术处于国际先进水平，但在工具自动化、清洁作业技术、井筒完整性评价技术、特种作业技术等方面与国外仍有差距。

表 3-15 修井工艺技术对标分析

对标项	国内油田	国外油田	对标结果
井筒完整性评价技术	（1）完整性评价理论方法方面确立了井下管柱动静态力学评价方法，进行了套损检测及固井水泥体系等方面研究，建立了井口装置完整性评价及环空带压风险评价方法； （2）测井技术应用方面建立了油气水井的套管及水泥环测井检测技术，建立了井筒工程三维可视化系统，可进行井下作业的模拟； （3）井筒完整性信息化方面实现了单一完整性评价技术的系统集成应用	（1）完整性评价理论方法方面研究出定向井、水平井等井下管柱受力情况的计算方法，针对套管及水泥环开展研究，采用更加符合实际的射孔套管模型与井筒密封性评价方法； （2）测井技术应用方面国外公司开发了高精度、适应工作环境更加广泛，仪器可靠性更好，全生命周期的完整性监测技术； （3）井筒完整性信息化方面国外形成了商业化的完整性评价平台，井筒完整性评价技术信息化程度较高	存在差距
大修工艺技术	形成了解卡打捞、整形打通道、密封加固、取换套、测斜、水泥浆封堵报废等大修工艺技术；"多级笔尖冲胀、逆向锻铣、扩径磨铣、恒定钻压扶正磨铣、水力喷射打通道、液压大角度磨铣"等小通径及无通道错断井打通道、吐砂吐岩块井治理等疑难套损井治理技术系列	油层套管损坏时多采用管内切割取套换套进行修复，严重损坏的套损井一般采用报废处置；美国采用的套损井修复技术主要以整形、打捞以及挤水泥封堵为主，成熟技术有套管辊子整形器、套管补贴工艺等；俄罗斯开展了井下爆炸整形、井下焊接套管等工艺研究，并取得了成功，然而修复后内通径仅为 ϕ100mm，无法满足现有套损井密封加固技术或报废的施工要求	技术领先
清洁作业技术	建立了注水、采出、措施三大类井型、16 项技术组成的井筒防喷控制技术系列，并研制形成了热水式和蒸汽式两种杆管在线清洗技术，配套形成了井口集液平台、环保聚氨酯涂层防渗布/钢制杆管摆放平台、负压环保回收装置等"两集一收"地面控制技术	国外清洁作业工艺技术主要采用不压井、无放喷作业装置，严格控制作业过程中污染物排放，带压作业装备配套应用范围广，北美、中东重大油气区利用率达到 90%，美国、加拿大常规小修连续油管使用率 70%，带压作业设备配套率 40%，最高达到 140MPa	存在差距

2. 采油工程技术面临的主要问题

随着高含水老油田开发的不断深入，老区生产规模不断加大、新区储量品位变差，控投资、降成本压力逐渐加大，经济有效开发难度越来越大，面对趋向于"低成本、高效、智能、绿色"的技术需求，采油工程技术发展面临严峻挑战。

（1）中高渗透主力老油田进入开采后期，无效循环严重、剩余油高度分散。注采两端挖潜调整措施工作量逐年增加，稳产成本高。油水井基数逐年增大，井筒及设备维护成本高。低产低效井数居高不下，系统效率低，节能降耗压力大，运行成本高。需要向精准开发理念转变，降低采油综合成本，攻关升级极限开采条件下的工艺技术。

（2）新增储量劣质化严重，致密油、页岩油等非常规油气有效动用难度大，面临开发成本高、效益差等问题，需探索有效开发理念，突破规模效益开发、降本提效的关键技术装备。

（3）采油工程专业种类多，技术跨度大，多学科交叉复杂程度高，需提高数字化、智能化水平，研发采油工艺与信息技术、人工智能和新材料等领域跨界深度融合技术。

（4）油田加快推进绿色低碳发展，需加大清洁生产和节能减排力度，加快新能源发展。

围绕"低成本、高效、智能、绿色"的发展趋势，各技术领域发展存在以下主要问题。

1) 分层注采工艺技术

（1）智能分层注采工艺成本较高，规模推广受到成本制约，需要进一步降低工艺成本。

（2）智能注采技术还未建立完善的油藏分析与分层注采综合管理平台，油田开发调整中自动化与信息化结合得不够充分，物联网和大数据技术未完全应用到现场生产流程中，导致其尚未充分发挥智能化分层注采的技术优势。

2) 增产改造工艺技术

（1）新材料、新技术更新迭代慢，非常规建井成本高。国产压裂工具及装备还需进一步升级，低成本材料及工具尚未成熟配套，导致非常规油藏建井成本居高不下。

（2）一体化、智能化程度低，施工效率低。压前评估、压裂模拟与设计、压裂材料、施工设备和人员、压后评估仍相对独立，技术分享和及时相互支撑的节奏慢；设计、施工等智能化、自动化水平较低，均需要人为参与和经验，单平台井数少，工厂化规模小，效率低。

（3）油田调剖、酸化解堵药剂用量大、添加剂较多，面临的安全环保压力大，需研制新一代低成本、智能、绿色的增产增注体系，以及一体化施工工艺，降低措施成本的同时降低环保压力。

3) 人工举升工艺技术

（1）油田进入高含水开发阶段，抽油机井数不断增加，能耗总量变大，严重的资源劣质化使吨液单耗成本控制难度增大。

（2）水驱抽油机井含水率逐年增高，聚合物驱杆管下行阻力变大，三元复合驱结垢严重，以上原因均会造成杆管偏磨严重，系统效率低，检泵周期变短。

（3）采油井数字化程度还较低，大量数据未得到有效利用，不能对生产进行有效的指导，智能化程度低。

4) 修井工艺技术

（1）多点套变、吐砂吐岩块等疑难套损井修复成功率较低，治理难度大；水平段套变卡阻的落物打捞、整形打通道及套漏封堵存在技术难题。

（2）清洁作业技术未完全配套，修井作业尚未实现全过程清洁化，工艺稳定性和适用性需进一步提升。

（3）修井装备整体自动化、智能化水平低，人身安全的风险仍然存在。

（4）井筒综合评价后，很多油井转为废弃井，报废物资设备数量庞大，再利用程度较低，造成了资源的浪费和环境污染。

3. 发展方向及关键技术

1）降低老油田综合开发成本方面

（1）低成本智能分层注入技术。

战略背景：随着油田测试工作量大与测试队伍有限之间的矛盾日益突出，同时为了进一步提高注水合格率，向精细油藏描述提供连续、翔实的数据，开展了预置电缆智能分注技术研究，目前已形成缆控式、波码无线通信和地面式3种智能分层注水主体工艺技术，且完全拥有自主知识产权，在大庆、长庆、吉林和华北等示范区开展应用，累计应用超4000口井，取得了较好的效果；但是由于智能分注技术成本较高、作业工艺复杂，推广工作进展较慢。

大庆油田主要做法：围绕"注好水、注够水、精细注水、有效注水"目标，找准技术关键点，突破"卡脖子"难题，按照"应用一代、研发一代、储备一代"发展理念，科学规划部署科研项目，为大庆油田可持续发展提供有力的技术保障。一是坚持自主持续创新原则。以支撑大庆油田勘探开发的关键技术研究与应用为重点，坚持自主攻关，以理论、设计创新，推进工艺成本逐步降低，确保关键核心系列技术的形成完善。二是坚持立足当前、着眼长远原则。立足于当前及将来大庆油田勘探开发对分层注水技术需求，重点发展先进适用、能形成规模和新的经济增长点的技术，树立超前意识，超前储备技术研究，促进采油工艺技术的持续进步。三是坚持机电一体化、信息化深度融合原则。以建设智能油田为目标，将机电一体化、大数据、物联网、云计算、人工智能等新技术与传统的采油工艺技术紧密结合，不断强化数据集成分析与共享能力，促进采油工程领域的数字化转型与智能化发展。

技术内涵：目前大庆油田通过示范区规模应用的实践认识，不断完善配套，制定具有指导意义的室内检测、现场施工操作及使用维护等标准、规范，同时逐渐完善注入井井下参数连续监测和自动控制调整等核心工艺形式，逐步开发油藏动态分析一键式调用共享、自动调配、生成管理成果报表等功能，有效提高生产效率，减少人工参与，但是受限于单层工艺成本较高，暂时无法满足油田规模化推广应用需求，需要发展低成本预置电缆智能分层注水工艺技术。

预期效果：2021—2035年，基于虚拟流量计的智能分注技术，降低智能注水工艺成本，提高工艺成功率及使用寿命。2035年以后，攻关井下无线智能分注技术，完善配套智能注水工艺，具备工业化应用条件。技术路线图如图3-31所示。

（2）低成本分层采油技术。

战略背景：智能分层采油技术实现井下分层流量、压力等参数的长期监测及分层产量的连续监测及实时调整，有效提高了采出井分层控制水平及油藏认识水平，为精细油藏分析与挖潜提供了准确的依据。同时，当油藏动态变化需调整生产方案时，具备实时调整能力。但存在应用范围小、工艺不成熟、成本高等问题，应用规模受到制约。

大庆油田主要做法：大庆油田油井端主要采取笼统采出、笼统测压、笼统调整的方

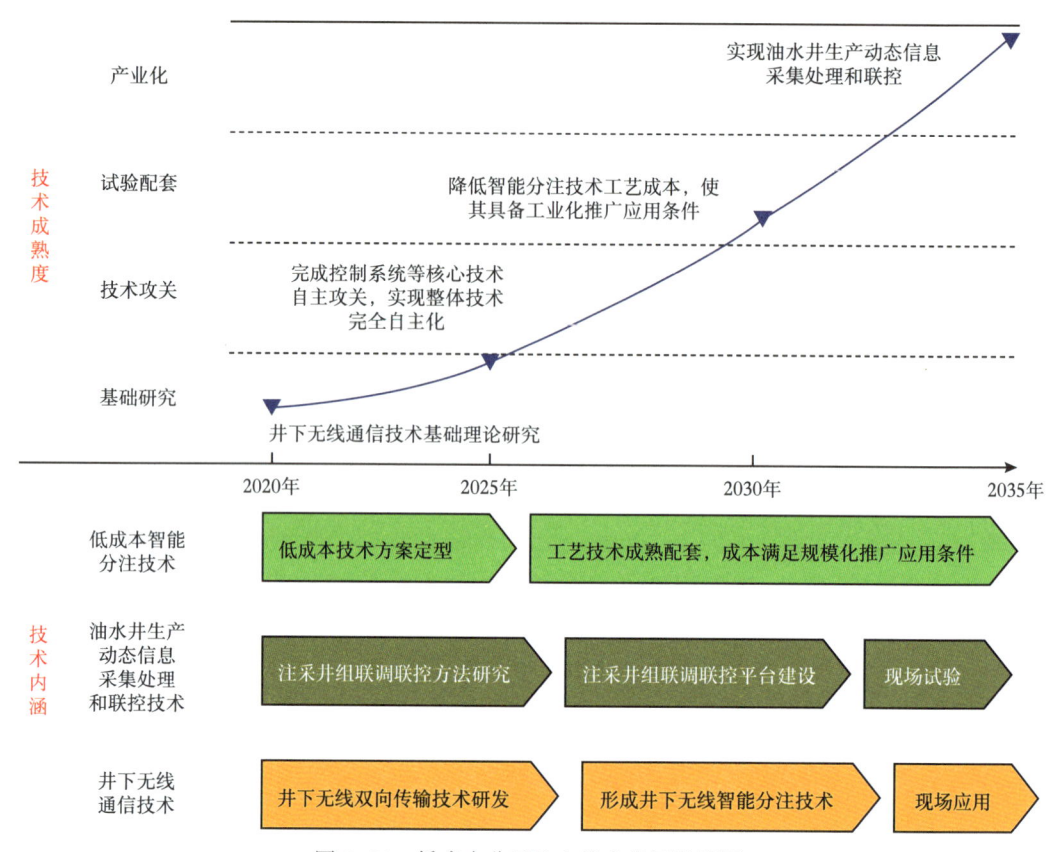

图 3-31 低成本分层注入技术发展路线图

式。油田进入特高含水开发后期,针对常规堵水难度大、分层动态参数不清楚、平面调整效果差等问题,为了使油井压裂、堵水措施制定及周围注水井方案调整更加精准合理,开展了智能分层采油技术研究,形成了由地面控制系统、智能分采管控、无线远程控制系统组成的缆控智能分层采油工艺,实现了井下动态生产参数连续监测和产液量实时调整,无需测试队伍下入仪器监测。累计应用 52 口井,平均单井日降液量 26.46m³,月增油量 0.21t,含水率下降 1.2%。

技术内涵:对于井身结构以及测调和监测数据多的需求,重点发展井下接力通信技术,加强电缆连接可靠性和便捷性攻关,通过有线湿对接或无线方式地面控制器连接,同时攻关高精度井下流量、含水率测量仪,提升井下数据监测精度。对于有限数据传输的油井,重点发展振动波接力通信技术,研发高效信号发生器和信号编码及数据压缩技术,研发大容量电池和井下发电技术,为井下分层配产工具提供足够的电能,使分层配产工具具备单个生产周期服役能力,进而具备生产应用价值。

预期效果:2021—2035 年,完成有缆分层采油实时测控技术试验配套,无线电能与信号传输理论基础研究;2035 年以后,完成无线分层采油实时测控技术和井下自发电技术技术攻关和试验配套;长期目标,实现低成本、高效智能分层采油技术产业化应用,为智慧油田建设提供技术支持。技术路线图如图 3-32 所示。

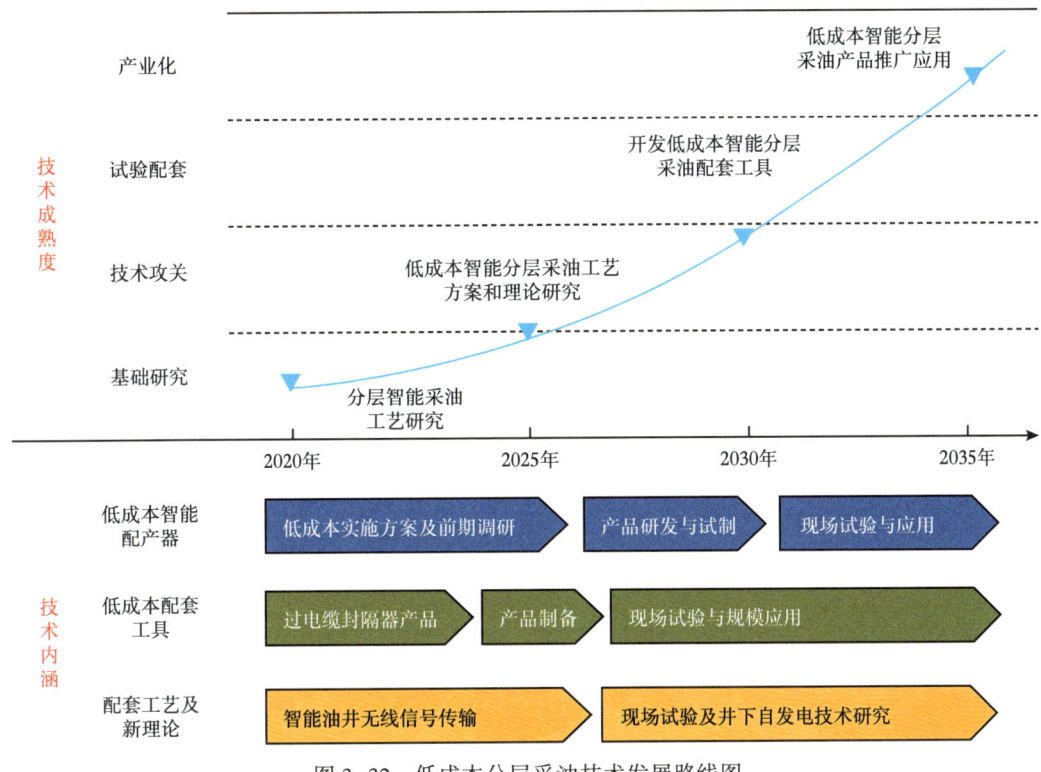

第三章 高含水老油田开发关键技术发展方向

图 3-32 低成本分层采油技术发展路线图

(3) 低成本高效人工举升。

战略背景：油田多种驱替方式并存，举升介质日趋复杂，大斜度井、水平井工况特殊，出砂、结蜡、结垢、偏磨等因素影响加剧，制约了机采井检泵周期进一步延长；机采井数占比高、能耗基数大，等壁厚螺杆泵、超长冲程抽油机等提效新技术推广应用规模小，低产井吨液单耗控制难度大，机采能耗高、系统效率低；机采井数字化程度低，自动优化运行技术还没有成熟配套，机采井井筒动态参数无线监测技术还处于探索性研究阶段，距离油井全过程智能高效生产的目标还有差距；无杆举升新技术需加快技术升级。

技术内涵：针对人工举升存在的检泵周期短、系统效率低、定向井和平台井适应性差等问题，发展三个领域技术——延长检泵周期技术、提高系统效率技术和机采井数字化技术。重点攻关完善机采井电参工况分析故障诊断技术和自动优化运行技术，探索研究井筒动态参数无线监测技术，通过数据自动采集、工况自动分析、远程精细调控，实现提高单井产量、降低单井耗电、降低单井用人目标。

预期效果：2021—2035 年，建立防偏磨措施评价方法研究及实验评价系统，形成有杆泵井防偏磨技术应用规范，对不同类别井建立合理的综合防偏磨措施；研制软转子金属螺杆泵，形成一套完善的软转子金属螺杆泵井不动管柱作业工艺技术；针对页岩油开发初期，单井排量波动范围大、高含气、高含砂、高压力、高 CO_2 含量、小套管内径等问题，形成低成本的宽幅电潜离心泵高效举升及配套技术。2035年以后，形成配套完善的永磁半直驱、塔架式抽油机、超长冲程抽油机及一拖二互平衡抽油机等技术；形成一套完善的稠油热采井注采一体化采油技术；完成适应高黏、高含砂、高含气螺杆泵的研发；针对页岩油开发中、后期，研究不同阶段排采制度，实现排量、井型、井况全覆盖系列化的无杆举升技术。技术路线图如图3-33所示。

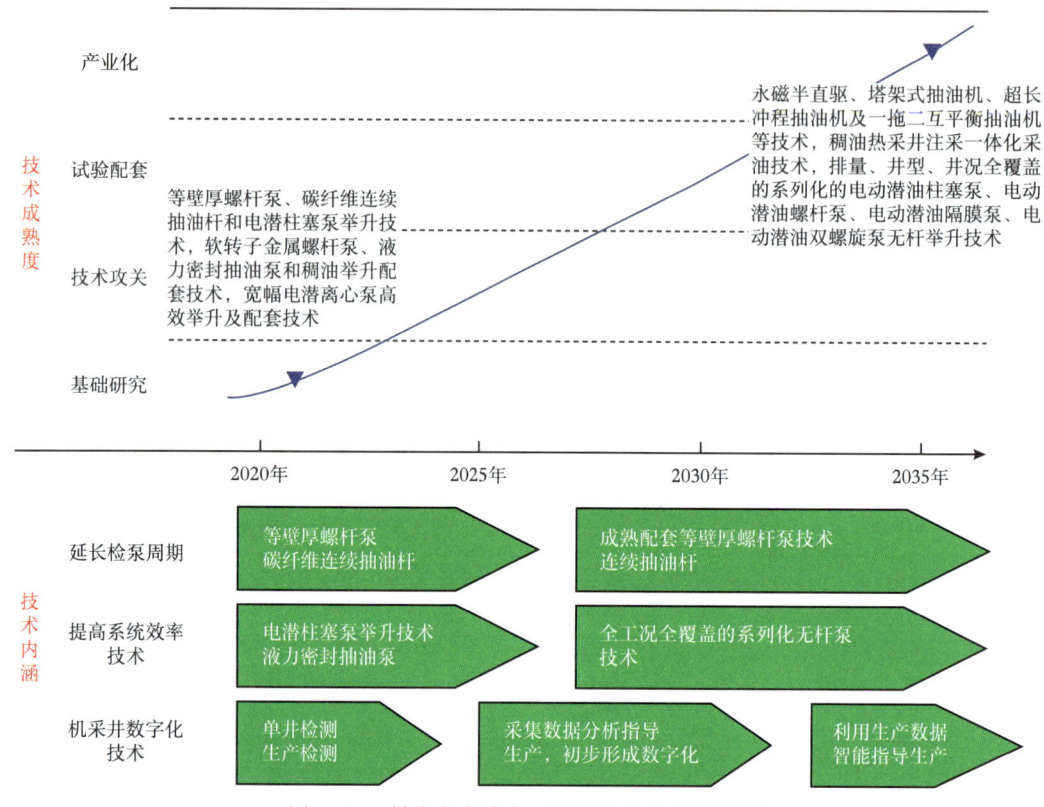

图3-33 低成本高效人工举升技术发展路线图

（4）油田接替储量（致密油、页岩油）低成本开采工艺。

战略背景：我国致密油、页岩油资源丰富，致密油技术可采资源量达 $44.8×10^8 t$，中低成熟度页岩油技术可采资源量为 $700×10^8$ ~ $900×10^8 t$，中高成熟度页岩油地质资源量约 $100×10^8 t$。主要分布在松辽盆地、鄂尔多斯盆地、塔里木盆地、准噶尔盆地等地，是常规油的重要接替资源，也是很长一段时间内我国老油田稳产上产的现实资源。但目前开采成本依然较高，亟需以降低压裂改造费用为核心的低成本开采工艺。

技术内涵：创新开发理念，构建地质工程一体化及学习曲线管理平台、研发压裂数值模拟软件，配套低成本材料及工具，结合工厂化施工，降低致密油及中高成熟度页岩油压裂改造各环节成本。研发中低成熟度页岩油原位改质技术，建立融合多学科多参数的数值模拟平台，形成高效加热和绿色开采技术。

预期效果：2021—2035年，初步形成接替储量低成本开采工艺，致密油、页岩油基本实现效益开发。2035年以后，形成系统的接替储量低成本开采工艺，进一步提高致密油、页岩油开发效益。技术路线图如图3-34所示。

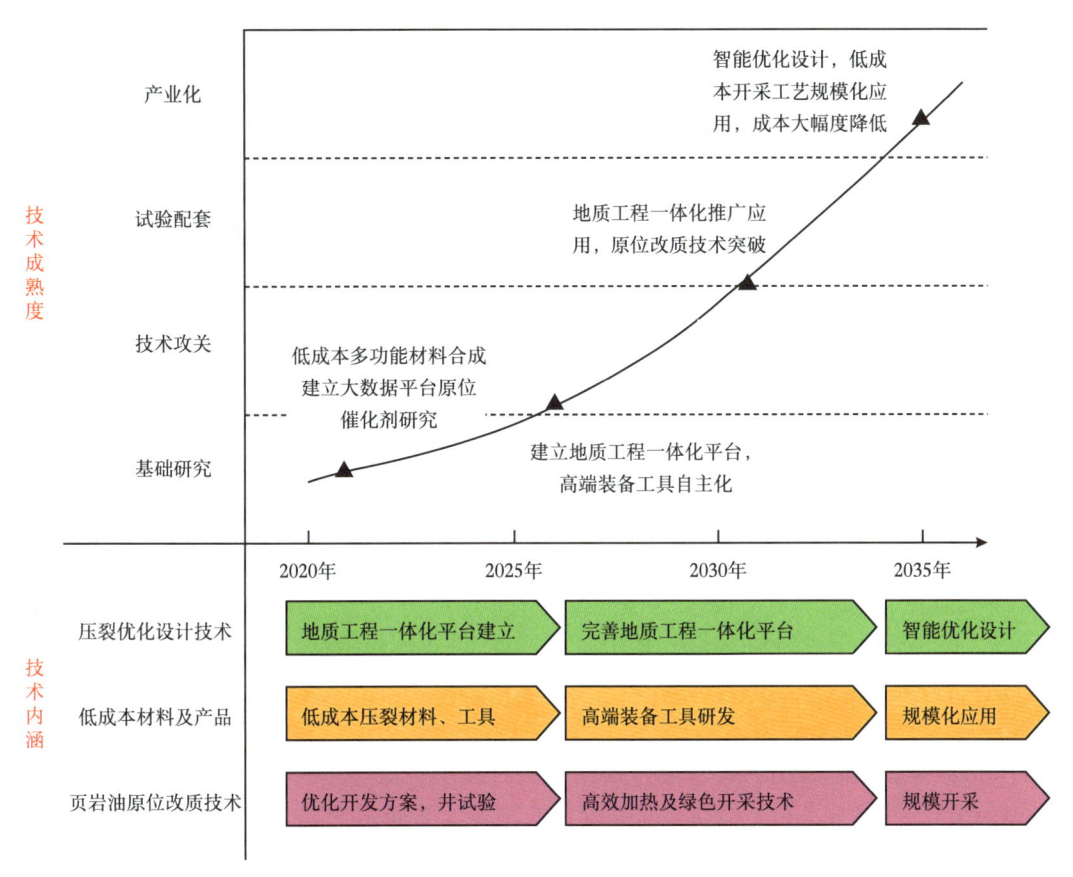

图 3-34　油田接替储量（致密油、页岩油）低成本开采工艺发展路线图

（5）低成本自动化绿色修井作业技术。

战略背景： 伴随国家能源安全对油气稳产、增产的需求，产量任务越来越严峻，今后一段时期，中国石油老油田步入特高含水阶段，低品位资源的有效动用仍是建产主体，并且单井产量持续走低，井数必然会越来越多，修井任务越来越繁重。因此，修井作业对油气田稳产、上产、降本、增效的支撑保障作用将越来越重要。但修井作业面临着施工环境恶劣、操作人员少、劳动强度大、安全风险高、环保管控难等突出问题，传统的以人力劳动为主的作业方式已不能适应高质量发展的要求，持续推进修井作业向自动化、智能化、绿色化、快速高效方向发展，改善工作环境、提高工作效率、降低劳动强度是时代的必然。

大庆油田主要做法： 自2013年以来，大庆油田井下作业自动化技术通过研发—应用—优化—完善，逐步形成了小修自动化和大修自动化作业技术，促进了生产模式和劳动方式的转变，减少用工数量，减轻劳动强度，降低安全风险。目前大庆油田56支普修队已完成自动化装备配套30支，可减少6人/队，年节约人工成本108万元/队，投资回收期28个月。

①小修自动化方面：研发了地面液压猫道，远程操控油管上下、举升、推送等动作，实现油管从地面管桥到井口平台之间的自动化输送，地面由2人推拉油管转变为1人遥控操作；研发了井口一体化平台，在井口集液平台上集成了自动扶管机械手、自动上卸扣装置、气动卡瓦、液压吊卡，通过司钻控制，各系统协同配合，完成油管接送、上卸扣、悬卡、提放，实现井口无人自动化起下油管。小修自动化技术改变了传统作业手动推拉油管、上卸扣的操作方式，促进了作业水平的提升，可减少6人/队，年节约人工成本108万元/队。

②大修自动化方面：在国内首创了地面管柱输送系统、井口管柱处理系统、二层平台自动排管系统、司钻集成控制系统，构建了地面、井口、高空机械联合作业模式，实现了普修井起下作业自动化。

③地面管柱输送系统：由电磁式动力猫道、钻杆盒、行车及控制系统组成，钻杆盒储存钻杆，远程遥控操作，电磁抓手与行车配合，完成地面钻杆的抓取、运送、释放，免除了人工运移，通过四连杆举升猫道输送钻杆上下钻台面，地面由2人减少为1人操作。

④井口管柱处理系统：铁钻工、液压吊卡、气动卡瓦协同配合，实现井口钻具高效崩扣、快速旋扣、吊卡开合及翻转等自动化动作，井口由2人高强度体力作业转变为1人辅助机械作业。

⑤二层平台自动排管系统：形成了以"智能行进、伺服控制、免拆作业"为核心的高空自动排管技术，实现了修井机二层台无人排管作业，大幅降低了高空作业劳动强度和安全风险。

⑥司钻集成控制系统：具备设备操作、实时显示、故障诊断等功能，构建修井设备"物联网络"，实现修井机、高空排管系统、铁钻工、液压吊卡等多种设备之间数字通信、协同作业、精准控制和安全互锁。

⑦清洁作业方面："十三五"以来，按照"井液不出井、出井不落地、落地不污染"的绿色作业要求，逐步发展形成了"井筒控制为主、地面控制为辅"的清洁作业技术系列。攻关形成了注水井、采出井、措施井配套16项井筒溢流控制技术，覆盖率72.8%，实现了井液的有效防控；集成配套了"两集一收"地面废液控制技术，井口和地面集液平台已全面配套，负压环保回收装置配套率78.6%，建立了防止井液污染的最后环节，实现了井口—地面—回收全流程清洁作业。累计应用28.3万井次，减少废液拉运$320.8\times10^4 m^3$，减少固体废弃物（以下简称固废）$7.6\times10^4 t$，覆盖率由23.6%提至100%，有效支撑了油田绿色发展。

技术内涵：结合工业机械手、视觉识别、自动控制、人工智能等技术，突破大修、小修及带压自动化作业技术瓶颈，发展一套完整的低成本自动化绿色修井作业技术，主要表现为井筒内自动防喷，杆管输送、悬吊、上卸扣、高空排列、清洗、探伤及丈量等系统自动化作业，地面废液全密闭回收及处理。最终建立一套适应井场条件强、操作效率高、施工成本低的清洁绿色作业新模式，实现绿色、安全、高效、无人施工作业。

预期效果：2021—2035年，低成本清洁作业技术规模化应用，研发形成自动化小修及大修作业技术；2035年以后，完成全自动化绿色小修及大修作业中试与配套，实现全自动绿色修井作业技术产业化应用，为绿色油田建设提供技术保障（图3-35至图3-38）。

图 3-35　自动化小修环保作业技术

图 3-36　自动化大修作业技术

图 3-37 清洁化作业技术

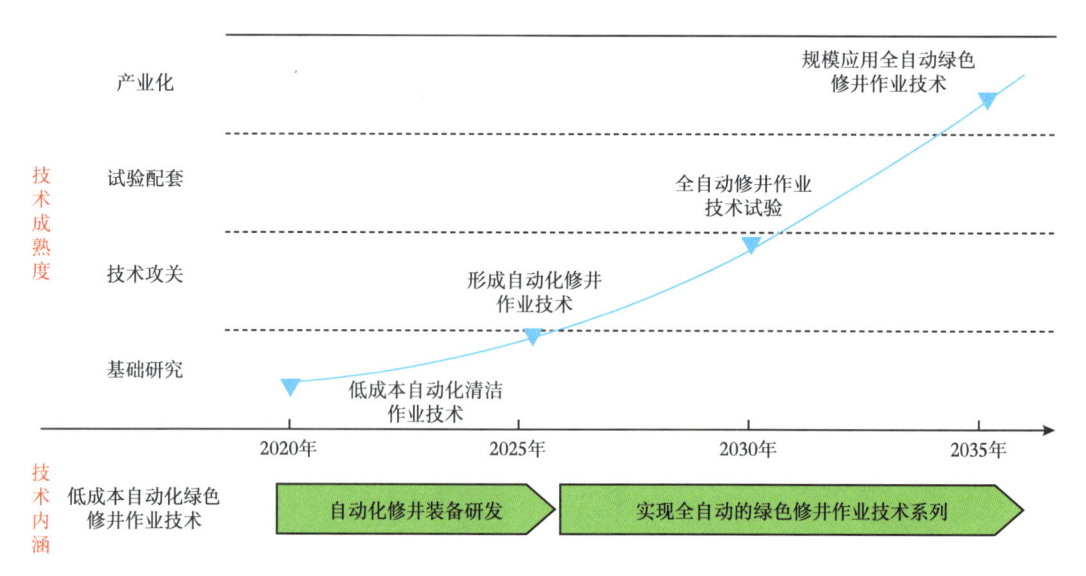

图 3-38 低成本自动化绿色修井作业技术路线图

2）新一代采油工艺新材料新技术

（1）新材料。

战略背景：新材料作为国民经济的先导性产业和高端制造及国防工业发展的关键保障，是各国战略竞争的焦点。我国新材料产业的地位已上升到国家战略层面。油气行业每年要消耗大量的材料，比如钢材、化学剂、驱油剂等。采油工程的技术进步与材料科学的发展密切相关，发展关键战略性材料是支撑油田绿色高效发展和实施重大战略需要的关键保障。

技术内涵：纳米驱油。利用纳米材料的突变与智能特性，可将低渗透油藏常规无法驱替的微纳米孔隙中的原油有效驱替出来，目前较成熟的方向是在驱替液和压裂液体系中添加纳米驱油剂，能够显著降低油水界面张力，且增大油与岩层的接触角，使原油易于从岩层上剥落，显著提高原油采收率，改善开发效果（图 3-39）。

第三章　高含水老油田开发关键技术发展方向

降低老油田综合开发成本技术		2021—2025年	2026—2035年	2035年后
市场	宏观环境	数字化油田建设转型升级	全面实现智能化、智慧油田	
	规模	降成本20%+其他效益	降成本30%+其他效益	
政策	核心政策	强化采油工程顶层设计		
		设立国家重大专项	设立国家重点实验室	设立示范区
		政府增加专项资金	减免税收	引进先进技术
	配套政策	完善核心人才培养政策	前沿技术	国际化政策
		产业目标规划	技术引进、消化、吸收、转化	
核心关键技术	低成本压裂改造工艺技术	低成本多功能材料合成、建立大数据平台、原位催化剂	建立地质工程一体化平台、高端设备自主化	
	低成本分层注采工艺技术	智能分层注采技术基础理论研究	建设示范区现场试验	规模化应用
	低成本高效举升工艺技术	高效举升工艺技术	先进的技术装备	规模化应用
	低成本自动化绿色修井作业技术	自动化小修及大修作业技术	全自动化绿色修井技术	规模化应用
资源		高精尖人才队伍	采油工程新技术	石油资源
		资金投入	采油工程装备	
注释		非常重要	重要	

图3-39　降低老油田综合开发成本发展方向技术路线图

微纳机器人油藏探测：微纳米尺度机械装备，能将外部环境能量等转化为自身运动动能，并通过自身或外界物理场操控，实现负载及定向运动。通过对微纳机器人结构设计、表面修饰与驱动优化，可以深入地层各个层段进行内容反馈，实现储层流体属性及资源分布探测，为油层的智能调堵、选择性解堵增产提供数据支撑。

超分子智能调堵：利用超分子结构易受外界环境影响产生性质变化的特点，可开展超分子智能调堵技术研究。具有pH值和温度共同控制成胶特性，可以更好地实现调堵剂成胶时间及成胶黏度的控制，体系成分单一，不受注入工艺、地层剪切、地下污水等条件的干扰，实现定点定位封堵。

预期效果：2021—2035年，对新材料进行创新性的分子设计与改性研究，赋予其特殊功能与智能特性，使其具备采油功能，开展纳米材料智能驱油、超分子智能调堵、微纳机器人油藏探测等技术的矿场试验；2035年以后，完成纳米、超分子等新材料在油田应用的配套体系，具备规模化应用条件。技术路线图如图3-40所示。

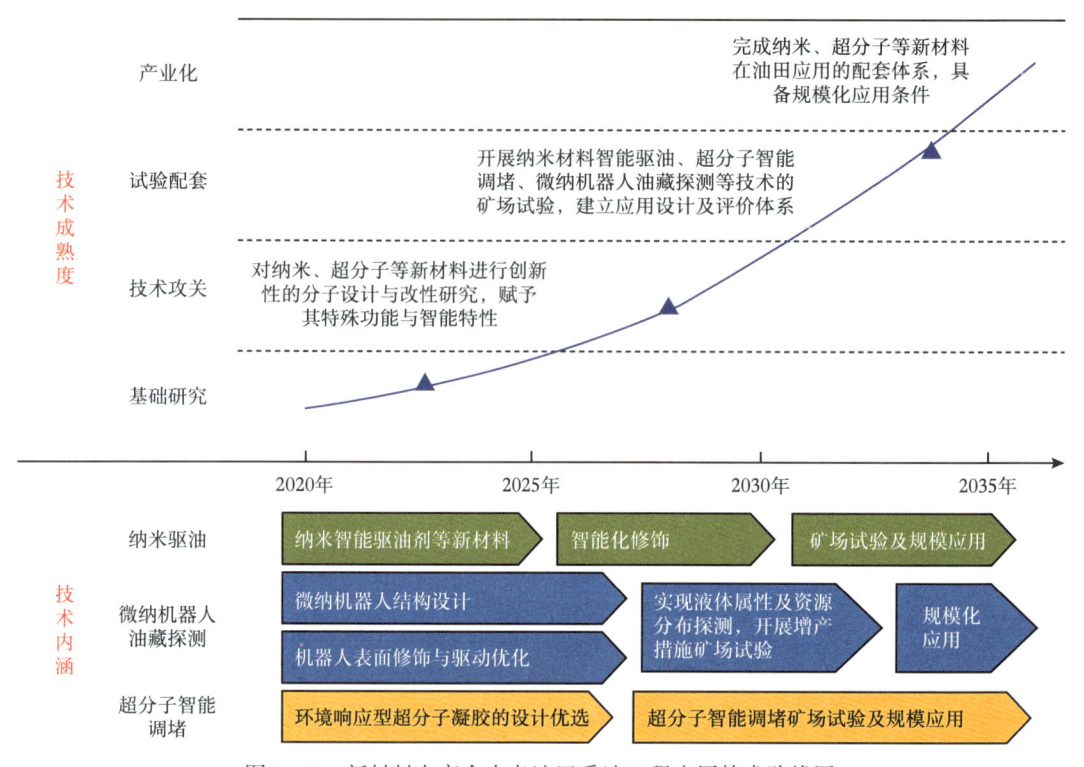

图3-40 新材料在高含水老油田采油工程应用技术路线图

(2) 新技术。

①同井注采技术。

战略背景：随着油田不断开发，油井采出液含水率逐渐提高，高含水老油田可持续发展已成为各产油国的共性难题[213]。采出液含水率不断提高，导致人工举升设备、集输管线、地面水处理系统已接近或达到正常运行的设计极限。

技术内涵：同井注采工艺可解决上述难题，该技术是对油井产出液在井下通过重力或者机械的方式进行油水分离，分离出的水被直接注入该油井的另一层（注水层），分离后的富油流被举升到地面。该工艺的实施，一方面可控制无效产液，减少油井产出水量，有效缓解后续水处理压力；另一方面，可辅助水井注水，减少地面注水量，提高注水效率，降低地面设备能耗水平和水处理成本；同时还可以增加注水层系及注水井点，为完善注采关系提供有利条件；此外减少水处理化学药品的使用，减少地面废水排放，降低对环境的影响[214-215]。井下油水分离及同井回注技术打破了单采单注和井筒产出水地面处理回注的传统理念和方式，将地面无效循环变为油藏内部循环，有效延长油田经济开采周期。

预期效果：2021—2025年扩大试验规模，形成较为完善的同井注采配套工艺技术，实现井下油水分离同井注采配套产品系列化,具备工业化推广的水平,建立同井注采试验区,实现降低开发成本20%、回注率达到80%的技术目标。2035年以后实现同井注采技术的小型化、智能化,使其根据井况自动调节生产参数,充分发挥同井注采的技术优势。技术路线图如图3-41所示。

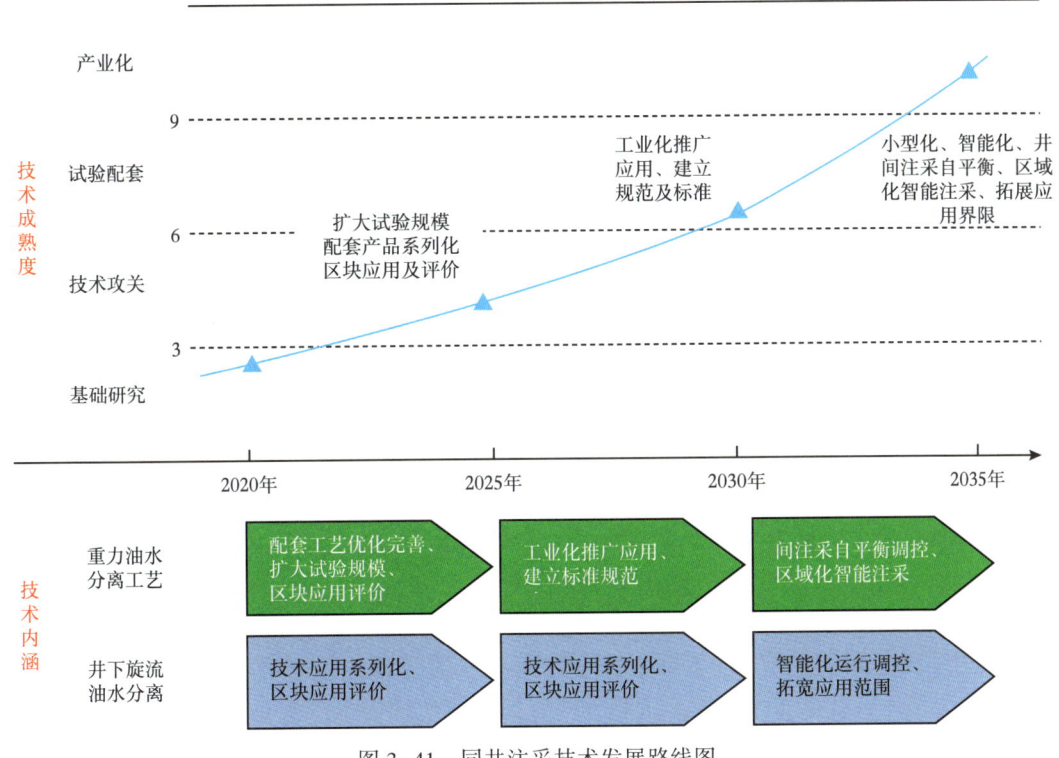

图3-41 同井注采技术发展路线图

②自支撑相变压裂技术。

战略背景:为了解决目前水力压裂(尤其是体积压裂)存在的砂堵、改造体积小、设备和管线磨损严重等问题,提出了"自支撑相变压裂技术"。该技术将注入的压裂液就地转化为高强度支撑剂,压裂过程无须携带支撑剂,无须添加稠化剂,减少储层伤害,降低流动阻力,提高改造体积和裂缝导流能力,解决管线磨损以及砂堵等问题,消除潜在施工和安全风险。

技术内涵:自支撑相变压裂技术的核心是相变压裂液体系,与聚合物凝胶相比,智能凝胶技术和相变支撑剂控制技术通过修饰有机小分子凝胶的结构,引入功能化基团和刚性杂环,具备良好的相转化刺激响应性,实现裂缝闭合之前完全固化,起到支撑作用。

预期效果:2021—2035年,明确自支撑相变压裂液流动规律,优化压裂液配方,开展先导性试验;2035年以后,实现粒径自由控制,形成配套施工工艺技术,规模化应用,实现"液到砂到",大幅度提高非常规储层压裂改造效果(图3-42)。

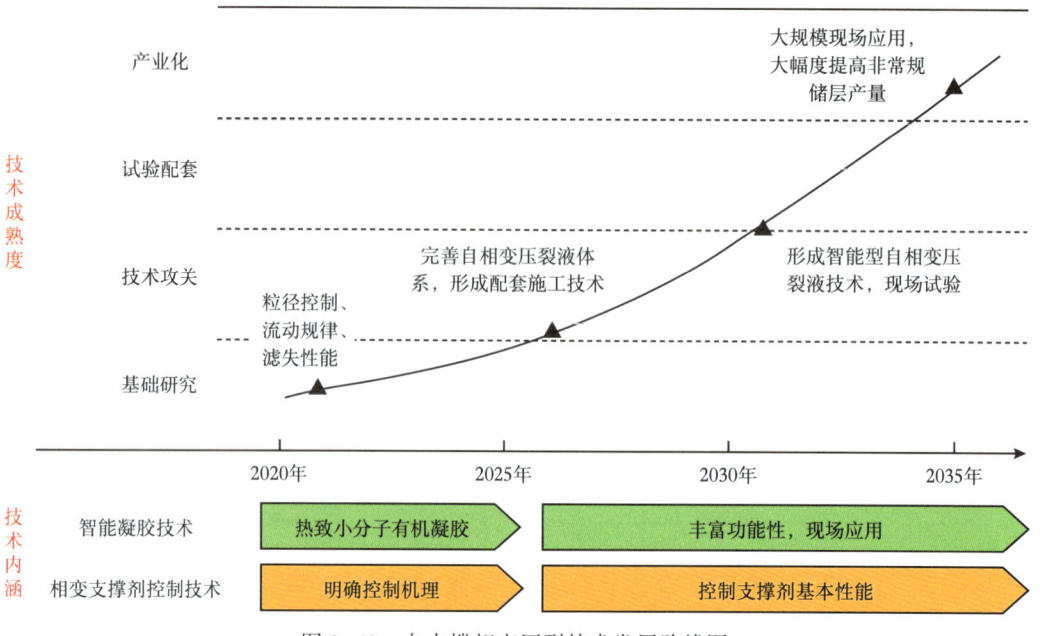

图 3-42 自支撑相变压裂技术发展路线图

3）基于大数据、物联网的地质工程一体化智能优化控制方面

(1) 油水井生产动态信息采集处理和联控技术。

战略背景：国内油田经过多年攻关，分别形成了智能分层注水技术、智能分层采油技术，且进行了现场应用，实现了井下分层生产数据的远程连续监测、注水量和产液量调控，分注合格率、找堵水水平得到大幅提高。但目前两种技术没有有机结合，单独一种技术采集的数据与常规工艺数据联合分析无法准确对应，效果较差，未充分利用工艺连续监测数据的优势，未发挥出分层注采的协同效应。研究集采集、处理分析、对应调整一体的智能分层注采技术，支撑智慧油田建设。

技术内涵：通过开展智能分层采油、分层注水技术的区块协同应用，强化采出端和注入端层段的对应分析，利用同一区块注入端和采出端多层段连续、长期、丰富的井下监测数据，分析区块注采变化关系，建立智能注采井组联控模型，形成智能注采井组联控方法。为油藏流体饱和度和压力场演化模型提供分层注采实时数据，深化对油藏非均质性及流动条带的认识，降低剩余油分布预测的不确定性。最终利用实时调控技术进行注入端和采出端参数匹配调整，实现开发调整由"滞后调控"向"实时优化"转变，控制自然递减率和含水率上升，提高动用程度和采收率。将数字化人工举升与分层注采系统整合，充分利用井下监测数据进行动液面实时监测等功能性拓展，实现抽油机井的全过程自动化控制。同时，两者结合可搭建更加完备的分层采油技术与管理综合平台，实现地面和井下一体化管理。

预期效果：2021—2035 年，完成注采井联调联控理论研究；2035 年以后，完成分层采油技术与管理综合平台和注采井联控联调平台的试验配套，实现抽油机井的全过程自动化控制，完成分层采油技术与管理综合平台和注采井联控联调平台的产业化应用，实现注

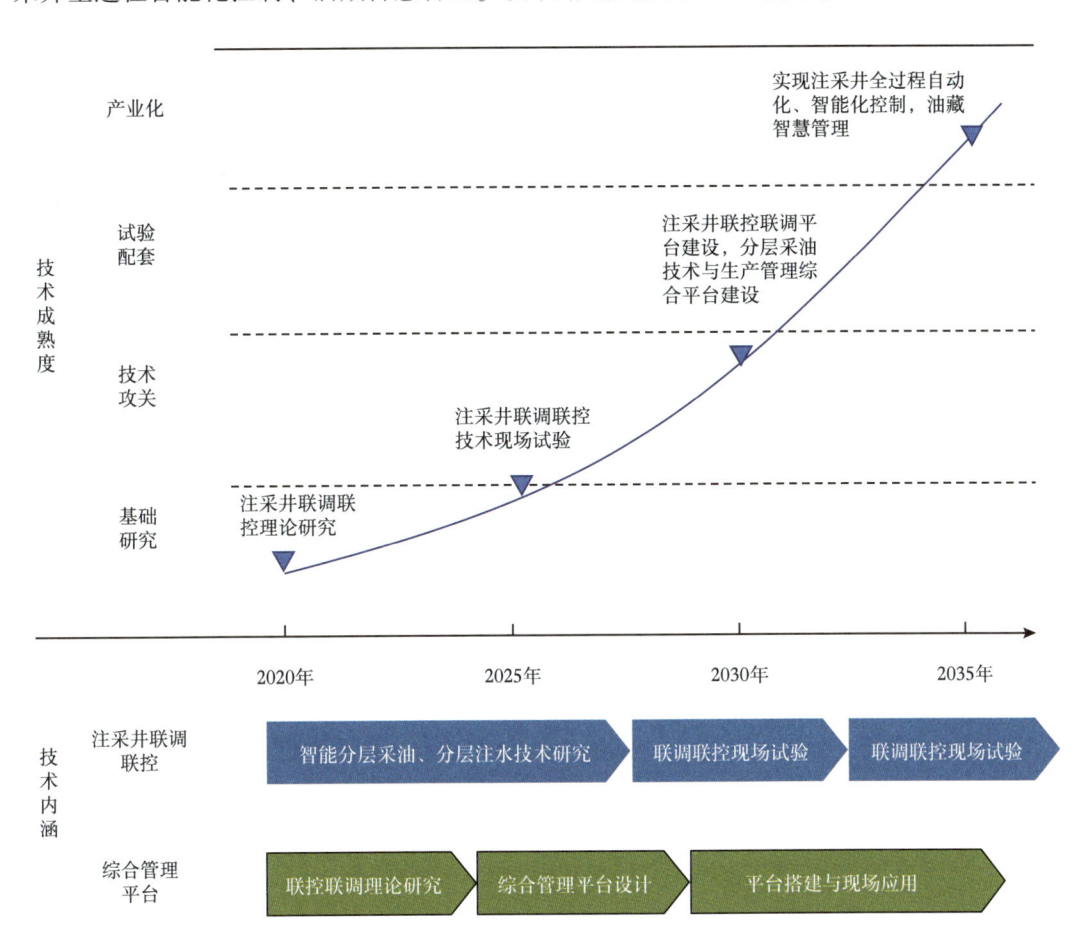

采井全过程智能化控制、油藏智慧管理。技术路线图如图 3-43 所示。

图 3-43　油水井生产动态信息采集处理和联控技术发展路线图

(2) 智能高效采油技术。

战略背景：以抽油机井举升为代表的油井高效开发是整个油田生命周期中的重中之重。油井开发前期，主要靠人工定时检查设备仪表的运行情况，依据经验开展工况诊断和方案调整，周期长且效率低。

技术内涵：人工智能举升技术涵盖油井数据自动采集、智能优化决策、闭环生产管控三方面。结合大数据技术开展实时工况分析及诊断，实现油井全面自感知、自监控，无人采集，故障自动预警。

预期效果：2021—2035 年，初步建成智能采油，实现智能化油井监测、故障预警报警、优化决策，工况诊断符合率达到 95% 以上。2035 年以后，全面建成智能油气田，实现自动感知油井动态、自动操控油井运行、自动预测变化趋势，持续优化管理和辅助科学决策，油田将进入更高维度、更高水平的信息全息化智慧油田阶段（图 3-44）。

(3) 基于大数据云计算的人工智能压裂设计及自动化施工技术。

战略背景：大数据、云计算、人工智能等新一代信息技术作为新一轮科技革命和产业

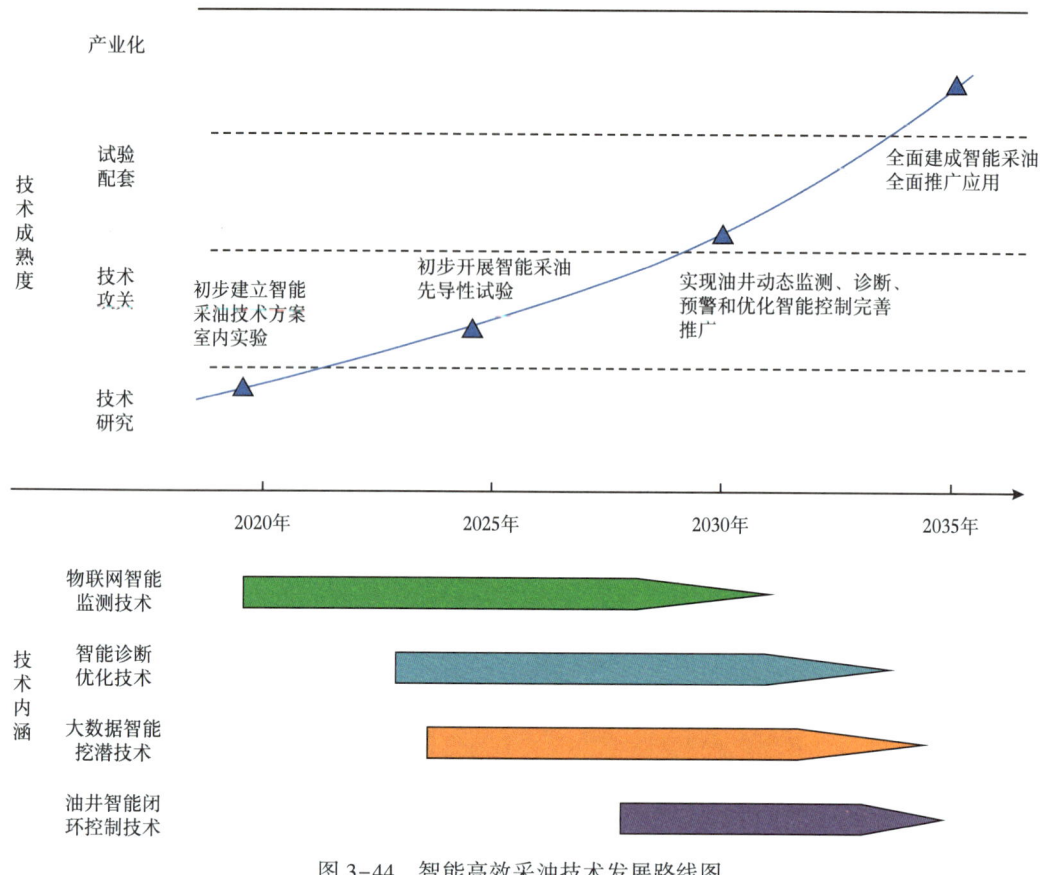

图 3-44　智能高效采油技术发展路线图

变革的新引擎和核心驱动力，将给油气工业带来一系列颠覆革命，使之从"数字油气"时代跨入"智能油气"时代，深刻改变未来油气工业的技术、生产和管理等方面。目前，国外油田服务公司已开始布局，人工智能、云计算、机器学习、数字孪生等新兴技术在北美非常规资源勘探开发领域正快速渗透及应用。基于大数据云计算的人工智能压裂设计及自动化施工技术是推动非常规资源高效开发和智能油田建设的重要支撑。

技术内涵：智能压裂技术研究涵盖智能优化设计、自动化施工和远程决策三大方面。以三维模型为核心、以地质—储层综合研究为基础，构建一体化设计平台，实现数据共享与挖掘，智能设计、分析和预测。建立智能采集和控制系统，研发自动化压裂装备、智能化自适应材料、工具，实现整个作业过程数据实时采集分析、自动优化控制。借助大数据物联网技术，建立远程协同工作平台，实现远程决策控制。

预期效果：2021—2035 年，初步形成地质—油藏—工程一体化设计平台，建设压裂数据库，形成自动化压裂装备，完成远程控制系统建设；2035 年以后，完善一体化设计平台，建成示范工程，形成专家决策系统，研发智能化压裂材料、全可溶入井工具，进行现场试验。技术发展路线图如图 3-45 所示。

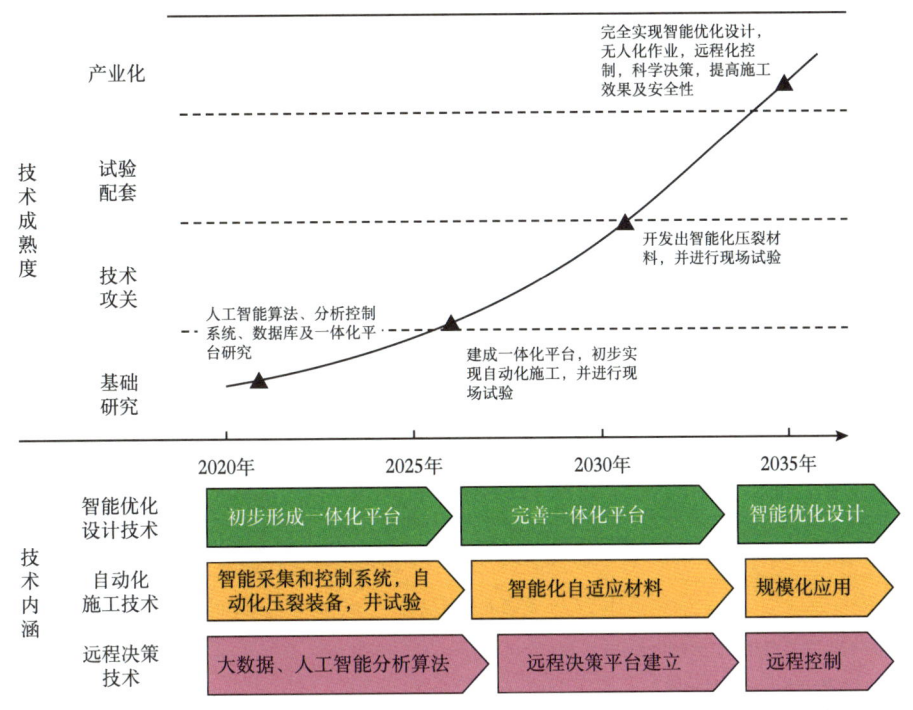

图 3-45　基于大数据云计算的人工智能压裂设计及自动化施工技术发展路线图

4）弃置（报废）油水井再利用

目前我国废弃井总数已突破 10 万口，施工现场迫切需要解决好弃置井的问题，做好弃置井评价、封堵、再利用等方面的工作。

（1）弃置油水井完整性评价及封井技术。

①弃置井完整性评价技术。

战略背景：高含水老油田相当部分井受井筒状况等因素影响，需弃置（报废）或再利用。此类井通常不进行精细化完整性评价，无法充分挖掘再利用潜力。目前无精确的测试数据为井筒完整性精细化评价提供支撑，且尚无系统的弃置井井筒完整性评价技术及体系，评价结果对实际生产的指导作用有限。井筒状况的精确检测、评价是决策井可否再利用及确定再利用方式的关键。

技术内涵：在检测精度及适用范围上开展技术攻关，利用新的井下信号捕捉原理，提高探测精度，并在自适应井眼尺寸方面开展研究，提升探测工具的适应性。探索建立井筒与地层一体化数学模型，实现对不同再利用方式产生的风险进行定量预判，形成弃置（报废）井再利用评价标准，指导再利用或弃置（报废）工艺的选取及实施。

预期效果：2021—2035 年，初步形成高精度、模块化井下检测设备，建立油套管、水泥环及地层的耦合模型，考虑整个生产系统的温度、流量、压力影响，对井筒作业全过程进行风险评价。2035 年以后，完善井下检测设备，对全井筒进行实时的应力变化检测，结合大数据分析技术进行套损预警，形成更加科学合理的弃置再利用工艺与目标井选取标准（图 3-46）。

基于大数据、物联网的地质工程一体化智能优化控制技术		2021—2025年	2026—2035年	2035年后
市场	宏观环境	大数据、物联网、人工智能等技术高速发展	智能化、智慧化全面推广	
	规模	降成本20%+其他效益	降成本+其他效益	降成本+其他效益
政策	核心政策	国家重大专项支持 / 政府增加经费投入 / 引进、吸收国外先进技术	设立示范区 / 政府补贴老油田智能化建设 / 减免油田智能化产品税收	产业目标规划
	配套政策	人才培养与引进 / 产业目标规划	学术前沿学科设计 / 技术引进、消化、吸收政策	国际化政策
核心关键技术	基于多专业一体化的油水井生产动态信息采集处理和联控技术	可行性分析及技术储备	现场试验	与其他技术结合，规模化推广
	基于采油井连续监测数据+物联网的智能高效采油技术	技术研究及现场试验	建设示范区	规模化推广应用
	基于大数据云计算的人工智能压裂设计及自动化施工技术	平台建设，设备技术研究	建设自动化示范工程	实现远程化、无人化
资源		人才 / 资金	采油工程技术应用研究 / 水资源	石油资源量
注释		非常重要	重要	

图3-46　基于大数据、智能优化的油气水井弃置及再利用工艺技术发展方向路线图

②安全环保低成本封井技术。

战略背景：相当数量的老井面临井况下降、产能下降、井网调整等实际问题，需及时进行封井处理。受成本限制和技术水平制约，采用现有常规工艺封井存在永久封井可靠性差等系列问题，需采用更可靠、更环保、更经济的技术措施，实现弃置井环保低成本永久封井。

第三章　高含水老油田开发关键技术发展方向

技术内涵：在油水井封井工艺技术成果基础上，综合考虑地质特征、储层物性、井身结构、水泥环完整性等因素，开展具有针对性的低成本环保封堵剂及注入工艺研发。提高对井筒、水泥环裂缝、近井地层孔隙的封堵效果，并形成可对全井段实现有效封堵的配套注入工艺，提高封堵强度、封堵覆盖范围以及长效封堵稳定性，达到油水井安全环保弃置目的。

预期效果：2021—2035 年，初步建立安全环保封堵剂体系及配套注入工艺，开展先导性试验。2035 年以后，完善安全环保封堵剂体系及配套注入工艺，最终实现成本控制以及有形化技术的定型，并开展示范区规模化应用。技术路线图如图 3-47 所示。

图 3-47　安全环保低成本封井技术发展路线图

（2）系统性延长油水井寿命。

将废弃的油水井进行地热改造或储气库改造，可妥善治理尾矿，盘活废弃油水井资源。

①改造废弃油水井开发水热型地热。

战略背景：利用废弃井开发地热资源有望成为解决地热井开发成本问题的有效途径。中国石油前期在水热型地热资源利用方面，开展了含油污水余热利用、长关井取热供暖小规模先导性试验，取得了一定的节能效果，为水热型地热资源的开发利用积累了丰富的经验[216-217]。

技术内涵：以废弃油水井为基础进行地热改造，重点攻关弃置井多分支径向侧钻关键技术，增大单井控制面积，提高取热效率。利用现有生产数据制定科学、合理的地热开发方案，为油田生产提供清洁能源，有助于实现地热资源的科学、高效开发。

预期效果：2021—2035 年，完善废弃井改造地热条件及改造标准，改善废弃井系统取热性能，评价优选换热器类型，建立油田废弃井改造工艺技术，开展先导性试验。2035 年以后，逐渐建立工业示范区。

②废弃油藏改造储气库。

战略背景：油气藏型地下储气库具有油气藏开发历史情况清楚、建库地质资料丰富、投资经济、建设周期短、投产快等特点。中国环渤海地区已经建设运行的两大地下储气库库群主要为气藏型。在该地区的天然气供需产业链中发挥了"削峰填谷"、平稳安全供气的重要作用。库调峰供气规模比例、高峰期日调峰供气量占高峰日天然气消费量比例均达到或超过天然气利用发达国家水平[218-219]。地下储气库在天然气供需产业链中发挥了其他任何调峰方式都无法替代的重要作用。

技术内涵：依据测井检测数据及气井实际井况，形成储气库老井密封完整性评价方法，确保储气库运行后老井密封可靠。根据储气库运行工况及井筒参数，建立准确的储气库运行寿命预测方法，实现安全风险预警。建立满足储气库交变载荷条件下的安全高效修井治理工艺，实现储气库老井安全运行。

预期效果：2021—2035 年，完善废弃油藏改造储气库条件及改造标准，开展废弃油藏改造储气库评价及先导试验。2035 年以后，完善废油田废弃油藏改造储气库技术，建立示范区。技术路线图如图 3-48 所示。

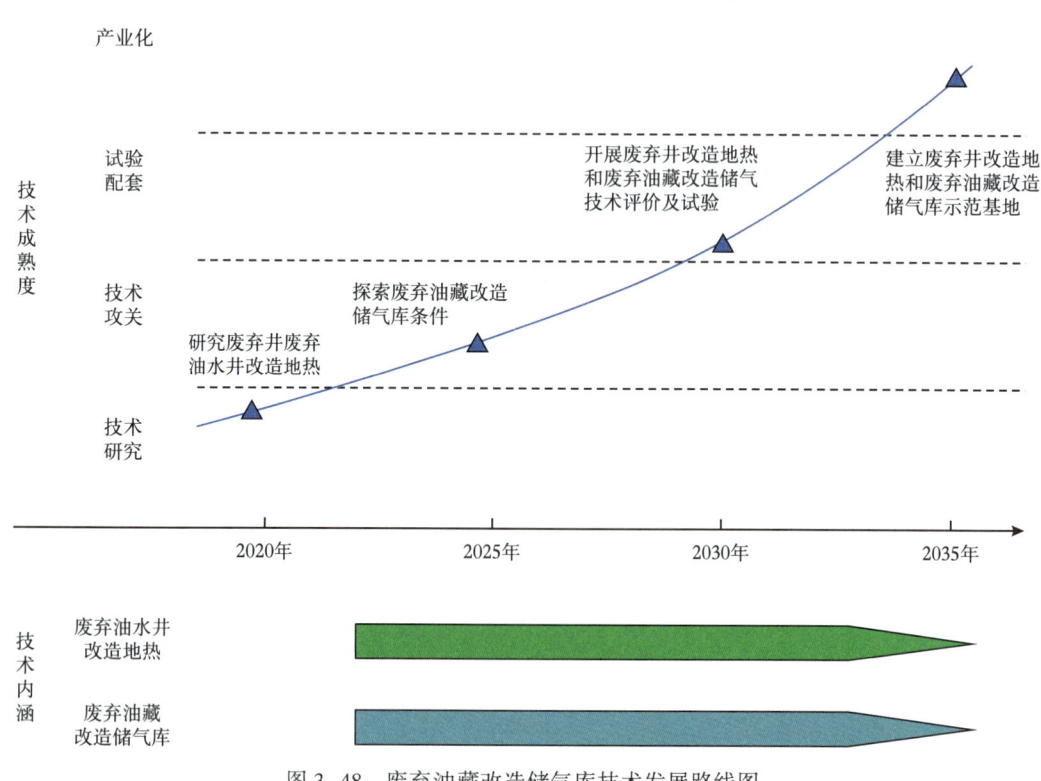

图 3-48 废弃油藏改造储气库技术发展路线图

(3)废弃采油设备再制造、循环利用发展方向。

研究背景：再制造作为循环经济发展的重要支撑，已成为我国政府大力支持并推动的新兴产业。随着油田进入高含水开采后期[220-221]，每年更换下来的废旧品和生产投入也随之不断增加，实现废旧产品或设备的再制造、再利用，对进一步降低生产成本、提高油田经济效益和增加就业、促进社会和谐发展等具有十分重要的意义。

技术内涵：研发适用于废旧采油设备的表面工程技术、自动化再制造技术、柔性化再制造技术、绿色再制造技术、智能化再制造技术，实现油管杆再制造、泵阀类表面增材再制造、抽油机再制造。

预期效果：2021—2035年，吸收、引进废弃采油设备再制造先进技术理论。2035年以后，实现核心技术自主，并提高再制造过程中资源高效清洁利用和控制有害废弃物排放水平，普及采油设备全过程绿色设计与循环利用，同时达到有害废弃物零排放。技术路线图如图3-49和图3-50所示。

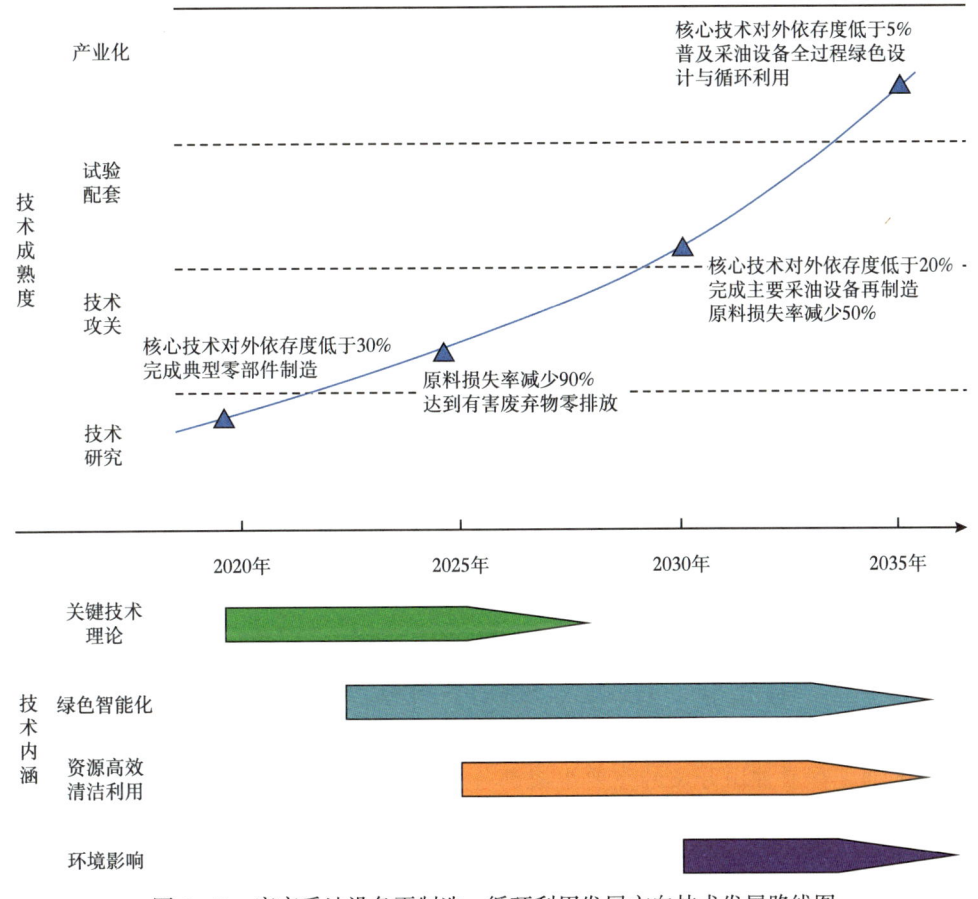

图3-49 废弃采油设备再制造、循环利用发展方向技术发展路线图

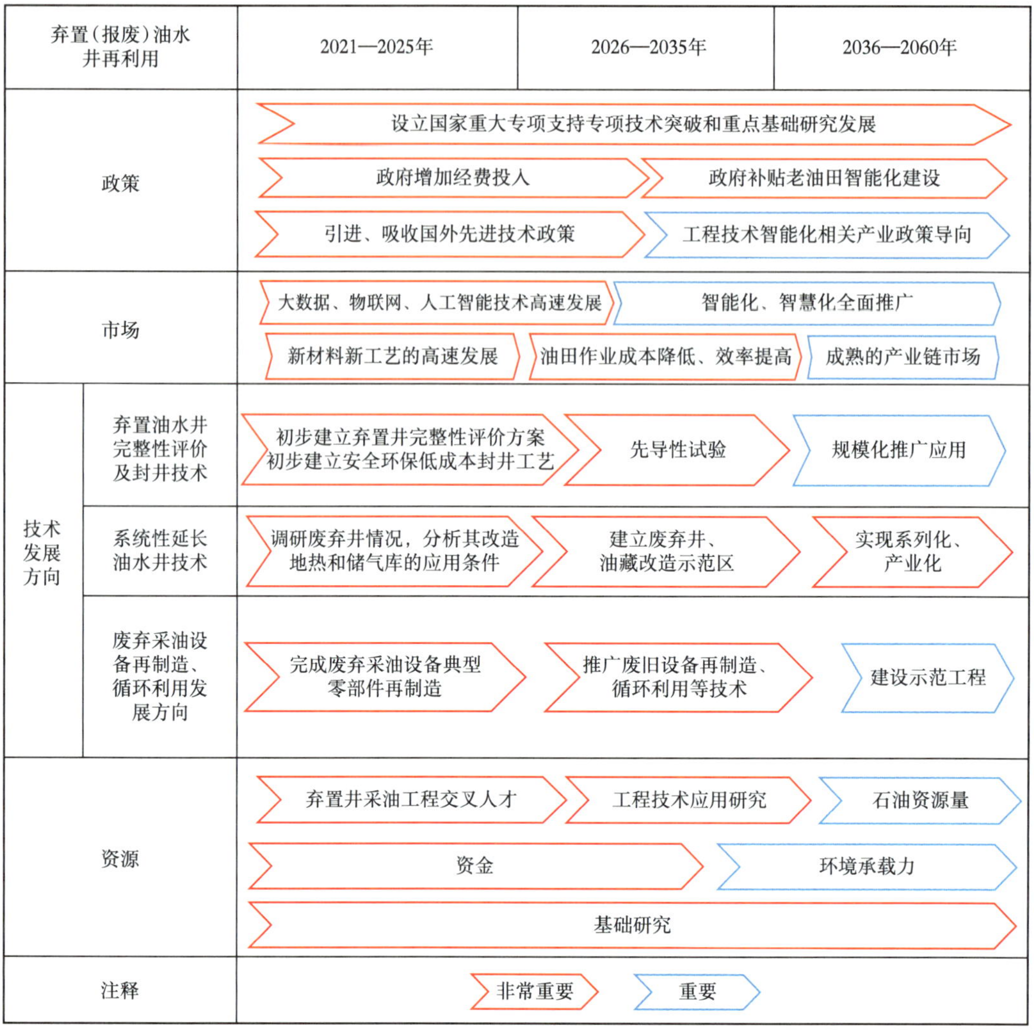

弃置（报废）油水井再利用	2021—2025年	2026—2035年	2036—2060年
政策	设立国家重大专项支持专项技术突破和重点基础研究发展		
	政府增加经费投入	政府补贴老油田智能化建设	
	引进、吸收国外先进技术政策	工程技术智能化相关产业政策导向	
市场	大数据、物联网、人工智能技术高速发展	智能化、智慧化全面推广	
	新材料新工艺的高速发展	油田作业成本降低、效率提高	成熟的产业链市场
技术发展方向 — 弃置油水井完整性评价及封井技术	初步建立弃置井完整性评价方案 初步建立安全环保低成本封井工艺	先导性试验	规模化推广应用
技术发展方向 — 系统性延长油水井技术	调研废弃井情况，分析其改造地热和储气库的应用条件	建立废弃井、油藏改造示范区	实现系列化、产业化
技术发展方向 — 废弃采油设备再制造、循环利用发展方向	完成废弃采油设备典型零部件再制造	推广废旧设备再制造、循环利用等技术	建设示范工程
资源	弃置井采油工程交叉人才	工程技术应用研究	石油资源量
	资金		环境承载力
	基础研究		
注释	非常重要	重要	

图 3-50 废弃采油设备再制造、循环利用发展方向技术路线图

第三节 地面工程技术现状及发展方向

  油田地面工程是油田开发的重要组成部分，也是安全、清洁生产的主要载体，更是控制投资、降低成本的重要源头，在优化管理、提质增效、实现高效开发、体现开发效果和水平等方面尤为关键。高含水老油田地面建设规模庞大而且逐年增长，在实现本质安全、绿色生产和节能降碳中发挥着越来越重要的作用。中国石油的高含水老油田在役各种站库 1.7 万余座、各类管道 33.9 万余千米、净资产已经高达 3300 亿元。中国石化在役各种站库 0.85 万余座、各类管道 7.0 万余千米，并逐年增长。高含水老油田开发方式复杂多样，主要有水驱、化学驱、蒸汽驱等，地面配套工艺差距大，集输处理的介

质也复杂多样，主要包括油、气、水、H_2S、CO_2、SO_2、蒸汽以及各种油田化学药剂等；为了实现大容量高含水采出液循环驱替、达标生产，地面生产系统能耗占生产总能耗 70% 以上，节能降碳任务艰巨。地面生产系统多处于环境敏感区和人口稠密地区，安全风险高，安全环保责任重。

本节在高含水老油田地面工程技术发展现状系统分析的基础上，通过与国外先进地面工程技术的对标，研究提出了我国高含水老油田绿色高效地面工程技术在今后一个时期的发展路线。

一、地面工程关键技术发展现状

1. 油田地面工程建设模式

油田地面工程涵盖油、水井到油、气外输交接（销售）的整个生产环节，主体工艺包括气液集输、油气水分离、原油脱水脱烃、采出污水处理回注等技术，主要产品是原油、天然气、轻烃，并配套水、电、信、路等系统。我国高含水老油田地面工程典型生产流程如图 3-51 所示。

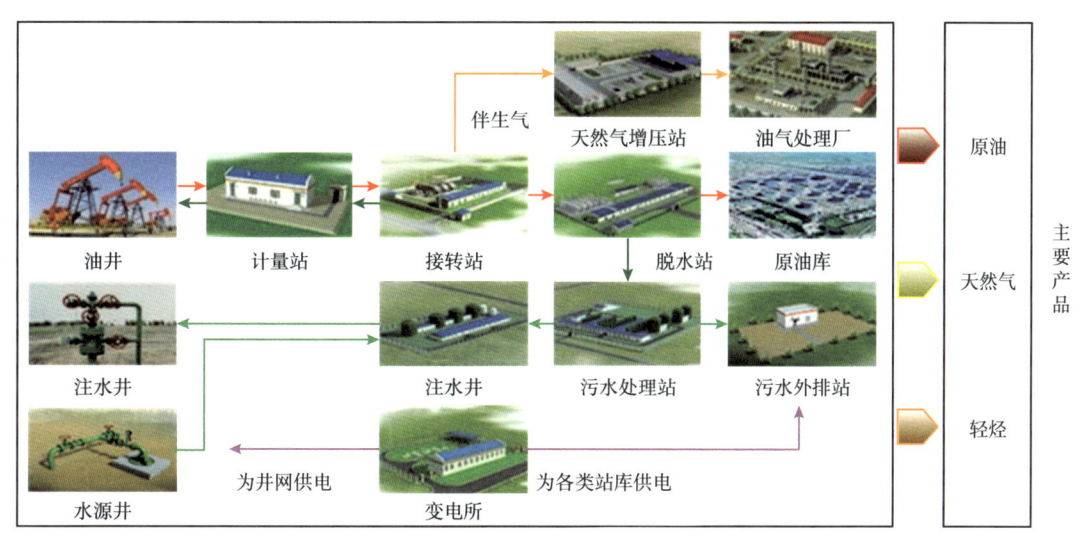

图 3-51　我国高含水老油田地面工程典型生产流程图

油田地面工程是油田开发的重要组成部分，在油田开发过程中作用突出、系统环节多、规模庞大。其作用主要体现在：
(1) 是油气开发的重要组成，可实现产能建设和高效开发的目标；
(2) 是绿色安全生产的主要对象，可保障安全清洁生产；
(3) 是控制投资、降低成本的重要环节；
(4) 是优化管理、提质增效的重要抓手；
(5) 是连接油气开采与销售的桥梁，可生产外销达标油气产品。

高含水油田地面工程布局上主要有整装开发油田、低产低渗透油田、分散断块油田、沙漠油田和滩海油田等类型；开发方式上主要有注水、注化学剂和稠油注蒸汽三种地面工艺，流程有明显的区别且产量较大。国内各油田经过多年开发建设和持续优化简化，形成了各具特色的地面工程技术系列，满足了开发生产需要（表3-16）。

表3-16 我国高含水老油田地面工程典型建设模式

序号	油田类型	地面工程特色建设模式	代表性油田
1	整装开发油田	形成了"站场布局优化、油井软件计量、油井单管串接、不加热集输及配套原油脱水和采出水处理、注水井稳流配水"的地面建设模式	大庆油田等
2	低产低渗透油田	形成了"丛式井单管集油、软件计量、恒流配水"的地面建设模式	长庆油田、大庆油田（外围）、吉林油田、华北油田、玉门油田、延长油田等
3	分散断块油田	形成了"短小串简、配套就近"的地面建设模式	华北油田、胜利油田、大港油田、江苏油田等
4	沙漠油田	形成了"优化前端、功能适度，完善后端、集中处理"的地面建设模式	新疆油田、塔里木油田、塔河油田等
5	滩海油田	形成了"简化海上、气液混输，完善终端、陆岸集中处理"的地面建设模式	大港油田、冀东油田、渤海油田等
6	化学驱油田	形成了"集中配制、分散注入、多级布站、单独处理"的地面建设模式	大庆油田、胜利油田、大港油田等
7	热采稠油油田	形成了"高温密闭集输、注汽锅炉分散与集中布置相结合、软化水集中处理、采出水回用锅炉"的地面建设模式	辽河油田、新疆油田等

（1）整装开发油田。主要指一次建成产能规模大，单井产量较高、井站相对较多、管网系统复杂、生产期较长的油田。地面工程整体建设、站场布局优化、油井软件计量、油井单管串接、不加热集输及配套原油脱水和采出水处理、注水井稳流配水、系统配套、功能完善。例如，喇嘛甸油田（图3-52）。

（2）低产低渗透油田。主要指井数多、单井产量低、注水水质要求较高、注水压力高、生产成本较高的油田。地面工程通常采用单管集油、软件计量、恒流配水（图3-53和图3-54）。例如，长庆、大港等油田形成适应不同举升工艺的油井在线计量技术，集输管网由辐射状变为枝状串接，极大简化地面集输工艺布站方式，实现了数字化管理，投资仅为原计量站流程的32%；研发并规模应用恒流配水装置，取消了配水间，减少了注水支线，实现了智能注水、远程控制。已在1.6万口注水井推广应用，与单干管多井配水流程相比，单井地面投资降低10万元以上。

（3）分散断块油田。主要指地面建设产能规模较小，产建区域较分散的油田。地面建设整体规划、分年实施、短小串简、功图量油、配套就近。特别适宜采用一体化集成装置。例如，华北西柳10断块油田（图3-55）。

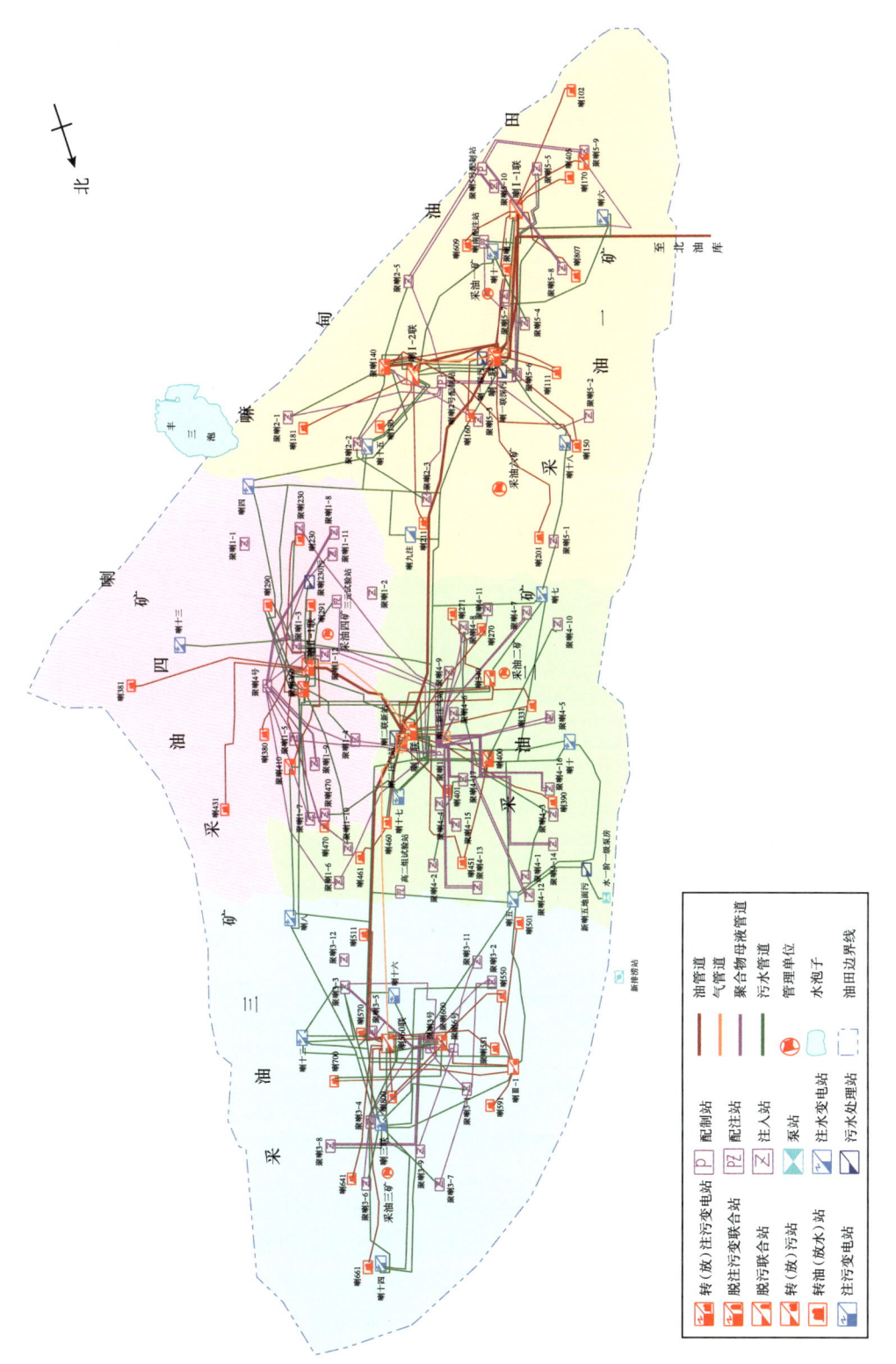

图 3-52　喇嘛甸油田地面系统流程示意图

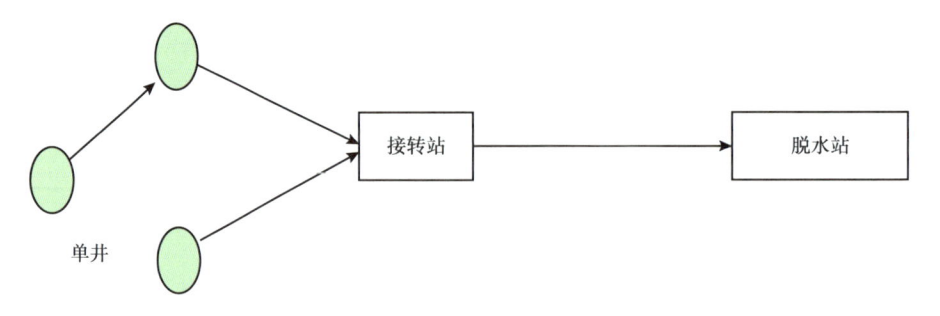

图 3-53　单管不加热(加热)集输工艺流程图

(a) 软件量油简化地面系统

(b) 恒流配水技术简化地面工艺

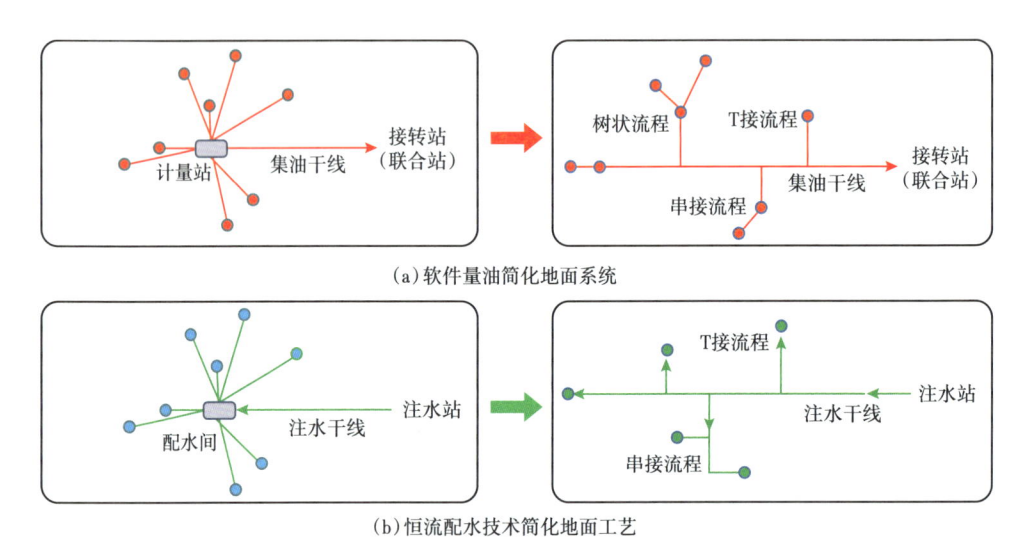

图 3-54　软件量油简化地面系统和恒流配水技术简化地面工艺流程图

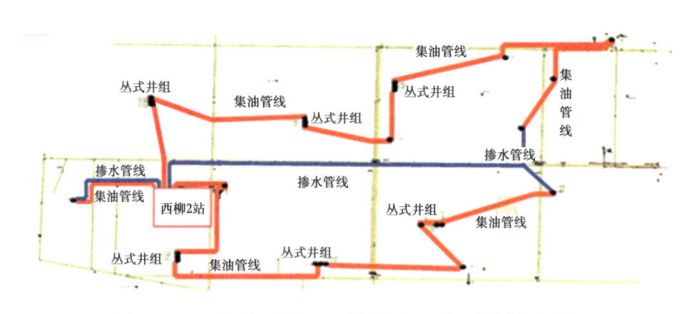

图 3-55　华北西柳 10 断块油田地面系统布局

(4) 沙漠油田。主要指处于沙漠或戈壁荒原，自然环境条件恶劣，社会依托条件差的油田。地面建设简化前端、完善后端、集中处理。典型沙漠油田站场如图 3-56 所示。

(5) 滩海油田。主要指靠近陆地、水深较浅的油田。滩海油田的潮差、风暴潮、海流、冰情、海床地貌和工程地质复杂。地面建设模式——简化海上、气液混输，陆岸集中处理。典型沙漠油田站场如图 3-56 所示。

图 3-56　典型沙漠油田站场效果图

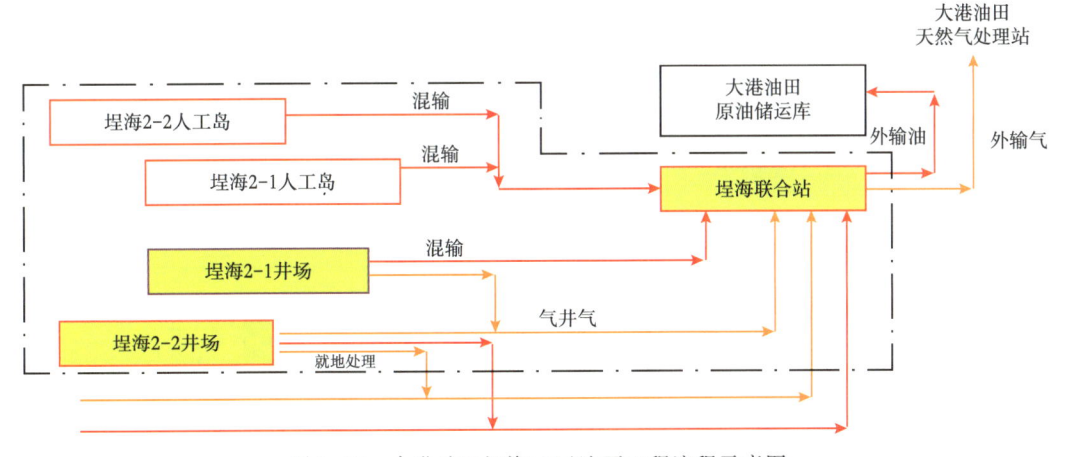

图 3-57　大港油田埕海二区地面工程流程示意图

(6)化学驱油田。主要指通过采用各种物理、化学方法改变原油的黏度和对岩石的吸附性，以增加原油的流动能力，进一步提高原油采收率的油田。地面建设主要为集中配制、分散注入、多级布站、单独处理。例如，大庆油田（图3-58和图3-59）。

(7)热采稠油油田。主要指原油中沥青质和胶质含量较高、黏度较大、热采开采，生产成本高的油田。地面建设模式——高温密闭集输，注汽锅炉分散布置与集中布置相结合，软化水集中处理、污水回用锅炉。例如，新疆油田风城重32稠油油田（图3-60）。

通过全面调研国内外不同类型如整装开发、零散断块、滩海和沙漠油田等高含水老油田油气水的收集、处理、加工、产品外输以及采出水处理、回注（回用）或达标外排直至合格的油、气、水、轻烃产品的全过程工艺技术，重点从优化简化、低碳环保、智能运维、本质安全四方面归纳总结了国内外高含水老油田地面工程技术现状。

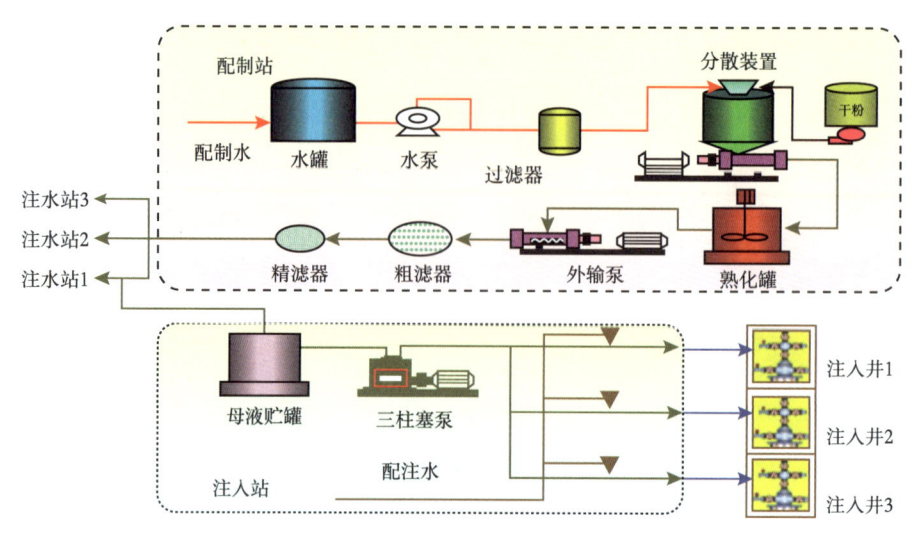

图 3-58　大庆油田聚合物驱"集中配制、分散注入"流程图

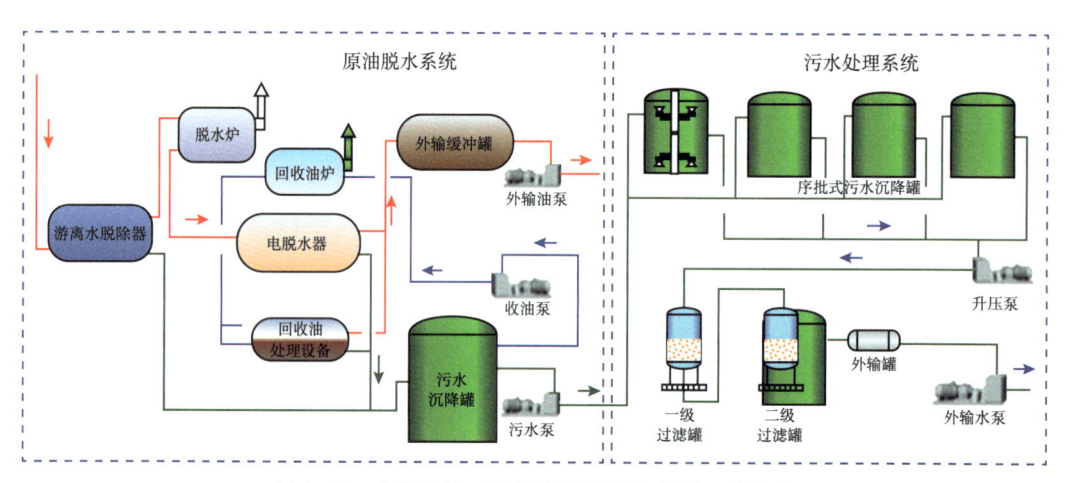

图 3-59　大庆油田三元复合驱采出液处理工艺流程

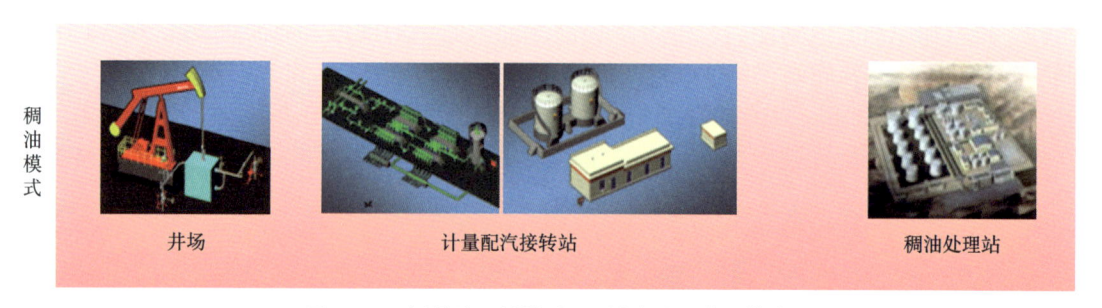

图 3-60　新疆油田风城重32稠油油田建设模式

· 154 ·

2. 地面工程的优化与简化

1）建设模式和工艺流程上的"三优一简"

随着油田开发，面对不断增多的油水井和地面设施，国内高含水老油田持续"优化布局、优化参数、优选设备和简化工艺"，逐渐形成地面工程优化简化技术体系，降低了地面工程建设投资，提高了地面系统运行效率，保障了油田效益开发。例如，大港油田通过大幅缩减系统规模，取消各类场站 558 座（降幅 79%）、管道 2453km（降幅 37%），地面不再新建计量站和配水间，年减少运行成本和维护费用 1.39 亿元（图 3-61）。

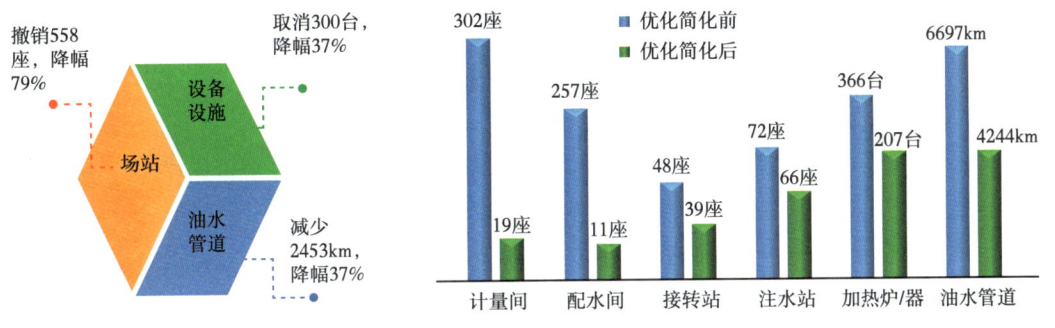

图 3-61 大港油田优化简化实施情况

近年来，中国石油大力推进集油工艺简化，三管集油流程不断减少，中国石油所属老油田单管集油流程井数占比已经达到 48%（图 3-62）。

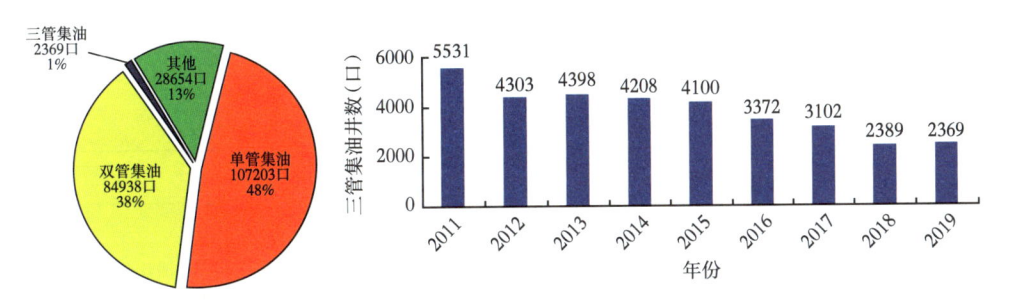

图 3-62 中国石油集油工艺简化实施情况

(1) 优化布局技术。

高含水老油田地面系统布局优化是提高油气田系统效率和降低投资的重要措施，主要包括优化调整地面系统布局和规模，需要依据开发预测，在核实老区各系统运行负荷、运行时间长短及存在问题的基础上，通过"关停并转减"等措施进行系统总体优化调整。

大庆油田结合开发调整，采取合并、停运、改造等方式，坚持少建站、建大站，缩减站点数量。通过规模应用优化简化措施，"十三五"期间少建大中型站场 149 座，减少占地 $3.36 \times 10^7 m^3$，节省地面建设投资 35.89 亿元，平均年节省运行费用 6300 万元。例如，杏十区纯油区聚合物驱产能工程，将污水处理站、转油放水站、配制站、注水曝氧站和变电站这 5 座不同功能的中型站场合并建设为聚杏 V-1 联合站，并采用合岗布站代替传统的分岗布站，按照集中监控、集中配电、集中布局、专业融合、厂房融合的"三集中、两融合"原则,严格控制防火间距,形成"集中监控、无人值守""前中控、后工厂"的大型站场布站模式。与分散建站相比,占地面积减少9645m^2,减少采暖、道路等公用工程建设投资200万元(图3-63)。

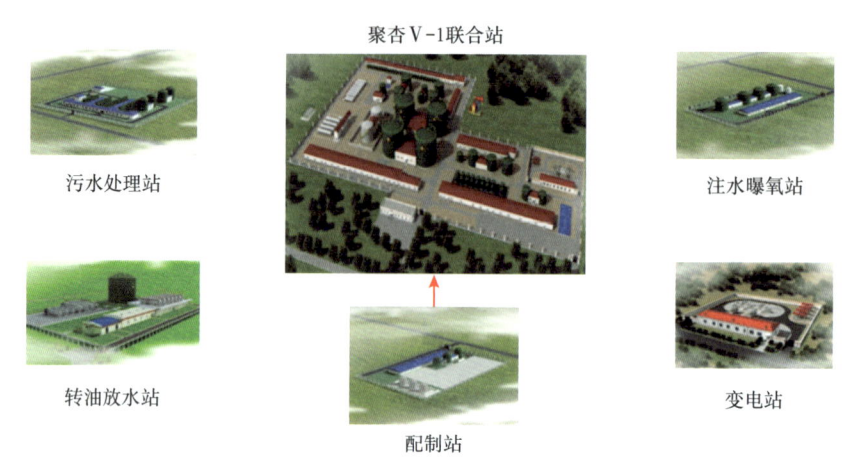

图3-63 大庆油田聚杏V-1联合站合并建站

(2)优化参数技术。

大庆、吉林、胜利、绥中等油田积极开展已建设施集油工艺、脱水工艺、水处理工艺、天然气处理工艺的参数优化及化学药剂与加注方案优化,以应对开发方式的调整,在新建产能和老油田改造中充分利用已建设施能力,大幅减少新建站场数量和规模,有效降低了工程投资和运行成本(表3-17)。

表3-17 我国高含水老油田地面工程优化参数典型措施表

序号	参数	典型措施	代表性油田
1	集油工艺参数	油田进入高含水开发阶段,集输介质的热力和水力特性已发生了较大变化,通过集油工艺参数的优化,实现不加热、不掺水或季节性掺水集输,加热参数应随着环境温度介质条件的变化实时调整	大庆油田、吉林油田、玉门油田、长庆油田等
2	脱水工艺参数	在高含水开发阶段,通过优化沉降温度和时间,实现游离水常温预脱除,并在优选药剂的辅助下,降低原油脱水温度	大庆油田、胜利油田、辽河油田、新疆油田、华北油田等
3	水处理工艺参数	优化节点控制参数,保障水质达标	大庆油田等
4	天然气处理工艺参数	对工艺设备、单元装置动态能量优化,节能降耗;通过优化动态调整运行参数,改进工艺流程和操作条件,提高产品收率	大庆油田、冀东油田、塔里木油田等
5	化学药剂与加注方案	地面集输与处理过程中需要使用大量各类药剂,药剂费用占生产成本的比例越来越高,优选高效药剂是降本增效的有效途径	渤海油田、绥中油田、大庆油田、辽河油田、新疆油田、华北油田等

(3)优选高效设备。

大庆、大港、河南、中原等油田通过优化选择节能高效设备、优先选择成熟国产设备、减少备用设备,同时注重对闲置设备的再利用,实现地面工程降本增效(表3-18)。

表3-18 我国高含水老油田地面工程优选典型设备部分列表

序号	系统	典型设备名称	功能及处理效果	应用油田	适用范围
1	原油处理系统	高效三相分离器	将含水率90%以上的原油一次处理成含水1%以下的净化油	大港油田、长庆油田等	油水分离性质较好的原油处理
2		翼型板油水分离设备	实现采出液的高效分离,比常规设备单台处理能力提高50%以上	大庆油田等	原油气液分离或一段脱水
3		电脱水器	采用电化学脱水方式将原油处理到含水率0.5%以下,提高油水分离效果	大庆油田、胜利油田等	原油二段脱水
4		多功能合一装置	将气液分离、沉降、加热、电脱水、缓冲等多种功能在一台设备内组合布置,降低投资30%以上	大庆油田、延长油田等	低产分散区块油田
5		壳程长效相变加热炉	可解决化学驱加热困难,设计热效率90%以上,运行热效率88%以上	大庆油田等	集输加热
6	采出水处理系统	一体化预分水集成装置	可代替传统的预分水装置和整个采出水处理站,节省投资50%、节约占地70%、节约运行成本60%	塔河油田等	采出水处理
7		立式斜板沉降罐	在普通除油罐中心反应筒的分离区设置了板组,提高除油能力1~1.5倍	渤海油田、长庆油田等	采出水沉降
8		气浮沉降罐	在沉降罐内增加气浮释放设施,在沉降罐外增加气浮溶气设备,可使处理后出水中的含油量和悬浮固体含量去除率提高20%以上	大庆油田、绥中油田等	采出水沉降
9		双层滤料压力过滤器	使用石英砂—磁铁矿双滤料压力过滤技术,含油量和悬浮固体的去除率提高20%以上	大庆油田、绥中油田等	采出水过滤
10	注水系统	大排量离心泵	离心泵效率提高2%以上	大庆油田等	排量≥10000m³/d;压力≤20MPa
11		柱塞泵	柱塞泵的泵效普遍比离心泵高出12.5%以上,节电率15%以上	大庆油田等	排量≤250m³/h

(4)简化工艺技术。

①在集油工艺简化方面,推广应用单管集油工艺及加密井和老井进行串接集油工艺简化[222]。

随着高含水老油田单井产液含水率不断上升,经过不断探索、简化,逐渐摸索并推广应用了不加热、环状掺水、不加热深埋、电加热、通球等单管集油工艺。

为充分挖掘剩余储量,提高采收率,弥补递减,高含水老油田逐年开展加密新井、滚动扩边等开发综合治理工作。对于新布井或调整后新转换的油井，一般按新井布局、新井与老井位置关系及老井产液量的不同，充分利用邻近已建油井集油、掺水管道和基础设施的能力，并采取了可行的配套技术措施，从而使集油流程得以大幅简化，使工程建设投资大幅降低。与双管掺热水常规流程相比，简化流程的油井集油管道建设工程量减少了79.2%。

②在注水工艺简化方面，稳流配水技术集稳流配水、计量、调节等功能为一体，实现了智能注水、远程控制，取消了传统的配水间，减少了注水支线，可实现无人值守（图3-64）。大港、华北等油田在1.6万口注水井推广应用，与单干管多井配水工艺相比，单井地面投资降低10万元以上。

图 3-64 稳流配水工艺简化前后示意图

2）地面配套工艺的完善

在高含水油田，新的提高采收率开发方式的实施，使采出液乳化程度不断增大、地面工艺流程越来越复杂、地面建设投资和生产成本比常规水驱增加。老油田目前已经实施的提高采收率技术主要有三大类：化学驱、热采和气驱，其配套地面工程技术现状见表 3-19。

表 3-19 老油田新的提高采收率开发方式地面工程技术配套列表

序号	驱替方式	已形成的主要技术	攻关发展的主要技术
1	化学驱	聚合物驱、三元复合驱、二元复合驱	新型高性能驱油剂、微生物降解油成气技术
2	热采	蒸汽吞吐、蒸汽驱	完善并规模应用SAGD、火驱
3	气驱	CO_2驱、天然气驱	减氧空气驱

随着高含水老油田新的开发方式的规模应用，地面工程技术发展趋势和特色如下。

(1)化学驱配注工艺持续简化。

随着提高采收率开发方式的不断变化，化学驱配注系统研发了相应的低成本高效地面配套工艺技术。

大庆油田聚合物驱"集中配制、分散注入"（图3-65）：可实现聚合物母液一管多站供液和目的液一泵多井橇装注入，投资降低20%~30%。

大庆油田三元驱"低压三元、高压二元"（图3-66）：可实现"单剂调浓、梯次投加、在线混配"，浓度误差小于3%，投资降低26.5%。

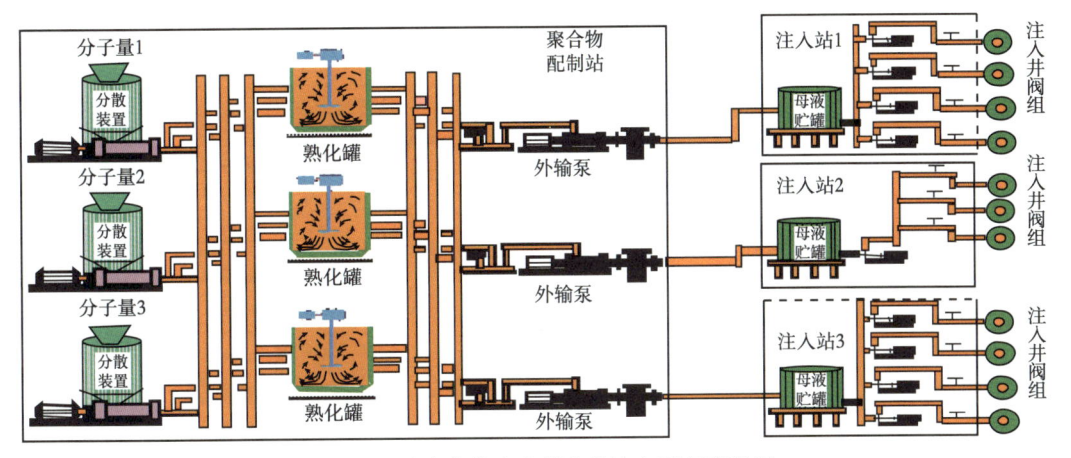

图 3-65　聚合物集中配制分散注入原理流程图

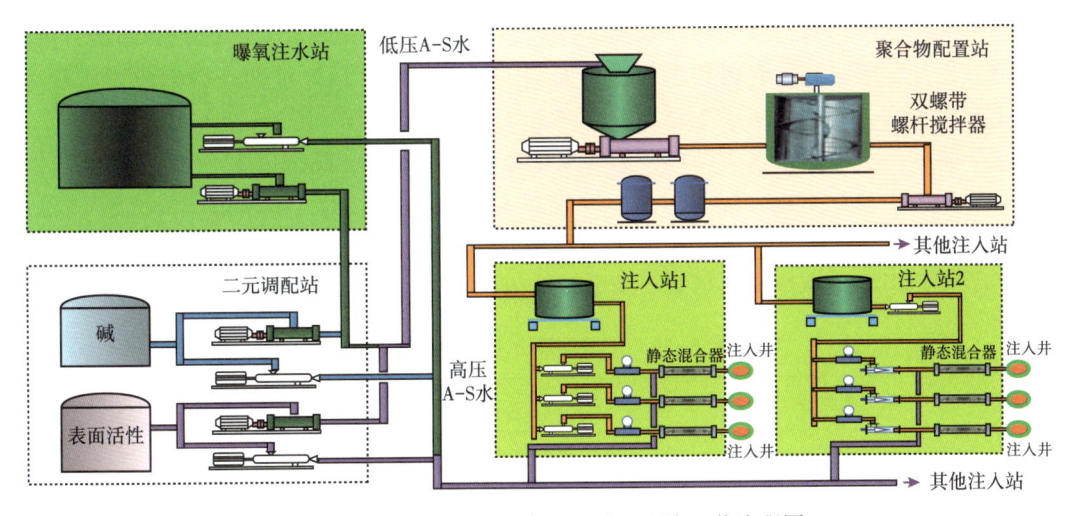

图 3-66　"低压三元、高压二元"配注工艺流程图

(2) 采出液、采出水处理技术追求高效。

化学驱采出液脱水工艺技术及参数与常规水驱油田相比有较大差异，通常自成系统、单独处理。

大庆油田三元复合驱采出液高效处理技术：揭示了空间位阻和过饱和是采出液难分离的主控机理，发明水质稳定剂和破乳剂，研发出 2 类工艺、8 种专用设备，建立技术标准，实现原油达标外输、污水达标回注，满足每年近亿立方米采出液的高效处理。三元复合驱采出液处理工艺流程如图 3-67 所示。

胜利油田二元复合驱高频聚结油水分离技术：针对二元复合驱采出液处理难度大，常规分水设备无法满足分水需求的问题，攻关了高频聚结油水分离技术，在东四、埕东等站场推广应用，可在低温、高含水状态下建立稳定电场，缩短处理时间 90%，降低能耗 80% 以上。

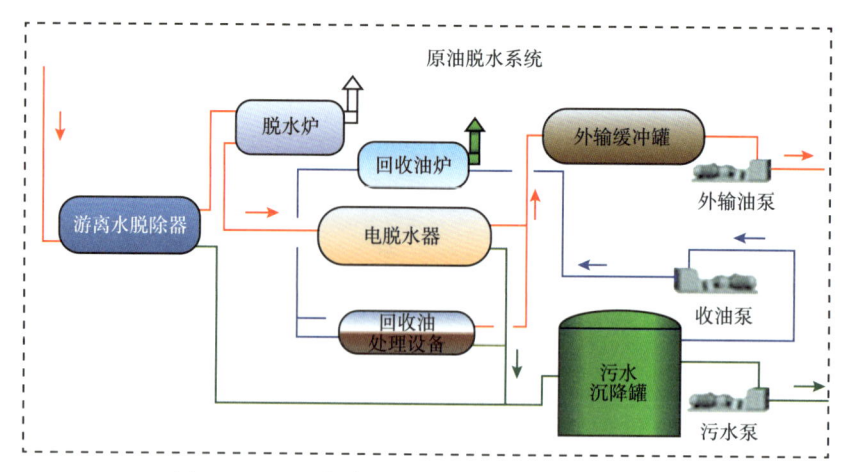

图 3-67 三元复合驱采出液处理工艺流程示意图

新疆油田 SAGD 采出液稠油高效脱水技术：创新提出了先破胶、再破乳的油水分离方法，研发了配套的耐高温有机药剂体系，发明了基于两段聚结原理的高温仰角脱水装置，实现了高效油水分离，脱水成本降低约 50%。

化学驱采出水根据来水类型可分为普通聚合物驱采出水、高浓度聚合物驱采出水、二元复合驱采出水和三元复合驱采出水。处理技术方面主要采用"油水分离+过滤"，油水分离段主要采用自然沉降、混凝沉降、气浮沉降、序批式沉降、气浮选和生化处理技术，过滤段主要采用重质颗粒滤料过滤。化学驱采出水主要处理工艺见表 3-20。

表 3-20 化学驱采出水主要处理工艺

序号	采出水类型	处理类型	主要采出水处理工艺
1	普通聚合物驱采出水（聚合物浓度≤450mg/L）	回注普通处理	自然沉降+混凝沉降+一级过滤
			气浮选+混凝沉降+一级过滤
		回注深度处理	气浮+微生物+固液分离+一级过滤
			序批式沉降+三级过滤
2	高浓度聚合物驱采出水（聚合物浓度>450mg/L）	回注普通处理	气浮沉降+混凝沉降+一级过滤
			自然沉降+气浮沉降+一级过滤
3	二元复合驱采出水	回注普通处理	自然沉降+生化处理+一级过滤气浮沉降+生化处理+一级过滤
4	三元复合驱采出水	回注普通处理	序批式沉降+两级过滤

辽河油田稠油采出水深度处理回用蒸汽锅炉给水工艺：稠油采出水经过深度处理后通常用于蒸汽锅炉给水，首先对采出水进行油水分离和过滤，末端需要对采出水进行软化处理以符合进锅炉要求。

3) 弃置资源合理再利用方向的拓展

随着国内部分油田进入石油开采后期，废弃井及废弃设施、站场等数量逐渐增加[223]。对于弃置资源，各油田根据实际情况制定了相关规定规范，规定了地面设施检测评估方法，对部分弃置地面设施进行了合理利用。

(1)油井：按照中国石油经济评价标准，结合开发油田实际资产状况，采用经济极限综合评价方法确定高含水井的关停时间。油井关停后，采用中国石油封井标准，对于废弃油井井下采用打双层水泥塞，恢复地貌，地面井口设置明显标识牌进行封井处置。

胜利油田为充分利用油田废井，在东营盐卤矿床的不同地点，选取了8口报废油井，对所选报废井从井身结构、井内状况、卤水层位、报废原因、试油期间的水性分析、卤水层孔隙度、砂体面积、地质储量、与周围生产井的连通情况及井口地面状况进行全面分析，进行了提卤试验，掌握了利用电潜泵、提油机开采东营深层卤水的方法，取得了油田废井提卤的初步经验，实现了废井的再生利用。

(2)地面设施：将所有地面设施全部拆除，恢复地貌。位于保护区内的站场，需要在恢复地貌后达到自然保护区规定的要求。拆除后的设备进行安全检测，检测合格满足设计要求和施工验收要求的设备可以调剂使用。

对有纪念意义的典型油井、站场及设施进行工业遗产保护，保证建筑遗产的完整和再现，重新塑造油田工业发展历程回顾，展示建筑历史价值和意义及对石油开发与城市发展的影响（图3-68）。

图3-68　延长油田延一井旧址

依托油田弃置的公共场所及设备设施，建设培训基地（图3-69）。

(3)废旧管材：进行清理、壁厚、焊缝检测，满足设计要求和施工验收要求的，进行调剂使用。

3. 节能与环保

1) 能耗"瘦身"

(1)工艺节能。

国外油田应用工艺系统优化这种方法来设计最佳工况，提高生产效率、降低消耗，占

图 3-69　玉门铁人干部学院

领市场。目前国际先进的油田生产管理系统是对油田生产过程进行建模（建立油藏、机采、油气集输、注水生产、热采、污水处理和电力系统等模型），然后通过开放模拟环境将油田生产模型集成起来，形成完整的油田生产整体模型，即虚拟油田生产系统。近年来英国、美国、西欧等地区有多家石油公司在实施流程模拟、先进控制与过程优化项目，以避免热值损失、优化生产、节省能耗、减少生产故障。如 Shell、AGIP 等石油企业都相继建立了综合优化系统[224]。

国内油田根据各自特点，分别应用低温集输、采出液预脱水处理、余热换热回收利用、注水系统优化、油田生产系统用能优化等技术实现工艺节能。

低温集输技术：已在大庆、吉林、大港、辽河、冀东、新疆、青海、华北、长庆、玉门、吐哈、塔里木等油田得到了规模化应用。截至 2019 年底，中国石油不加热集油井数达到 122547 口，占总井数的 57%，取得了良好的节能效果。各油田都做了大量的研究和现场试验工作，确定了不同工艺条件下较明确的工艺界限。

采出液预脱水处理技术：通常通过三相分离器预分离大部分游离水，只对分离出的低含水原油加热，以实现大幅降低生产用热。

余热换热回收利用技术：2012 年起，新疆油田在重油、风城等稠油单位利用稠油计量站采出液采暖、高温采出液换热采暖、加热炉烟气余热加热原油、天然气压缩机烟气余热综合利用等技术，开展采出液采暖改造 527 座，节能效益 32 万元。

注水系统优化技术：系统优化调整包括局部增压注水、分压注水、仿真优化、水力自动调压泵、管网清除垢等。大庆油田在萨北油田注水系统进行了仿真优化研究，已逐步趋向于采用模拟优化的方法系统诊断，解决能耗问题。

油田生产系统用能优化技术：中国石化在胜利、中原、江苏等油田研究应用了油田生产系统用能优化技术。通过不断的深入研究，逐步完成了地面集输和注水系统建模、管理平台的构建，以及能耗评价、分析优化、运行跟踪等流程化的业务管理，并制定了项目推广方案、技术解决方案、配套管理方案，取得了良好的节能效果。

第三章　高含水老油田开发关键技术发展方向

（2）设备节能。

低效电动机高效再制造技术：电动机高效再制造，是将低效电动机通过重新设计、更换零部件等方法，再制造成高效率电动机或适用于特定负载和工况的系统节能电动机（如变极多速电动机、变频电动机、永磁电动机等）。电动机高效再制造不光用到新的材料，还有新的拆解、加工工艺，实施个性化重新设计。电动机高效再制造是个性化、系统化的再制造，再制造后的电动机能效等级可达到 GB 18613—2012 能效等级 3 级或 2 级，且使用寿命可达到新电动机的要求，其经济效益、环境效益都优于普通维修。

注水泵变频调速技术：变频调速就是通过改变电动机定子绕组供电的频率实现的，把工频电源转换成频率可调的电源，达到改变电动机转速的目的。高压变频调速技术的原理与低压变频调速相同。根据电压组成方式，高压变频技术可以分为"高—低—高"式间接变频和"高—高"式直接变频两种。辽河油田、玉门油田注水系统应用了变频调速技术。

注水泵带载启动矢量控制技术：已在长庆油田第一采油厂、第三采油厂、第五采油厂、第六采油厂等单位 26 个注水站实施带载启动技术改造，完全消除注水泵启动过程的回流，实现注水泵直接带压起泵，降低了注水泵能耗，减少现场操作风险和劳动强度。

智能燃烧控制技术：2015 年起新疆油田开展加热炉提效改造节能技术，涉及燃烧器更新自动配风燃烧器 116 台。

远红外耐高温辐射涂料技术：远红外耐高温辐射涂料涂刷在加热炉火管内壁，可以提高传热效果。2017 年大庆油田第七采油厂应用远红外高温辐射涂料技术涂敷加热炉 129 台。

2）清洁能源替代

随着世界能源格局变化，传统油气业务与新能源发展高度融合将成为时代主流。世界能源正在加快向多元化、清洁化、低碳化转型，能源结构"四分天下"（油、气、煤炭、清洁能源）格局将逐步形成，传统油气与新能源高度融合、共同发展将成为时代特征[225]（图 3-70）。

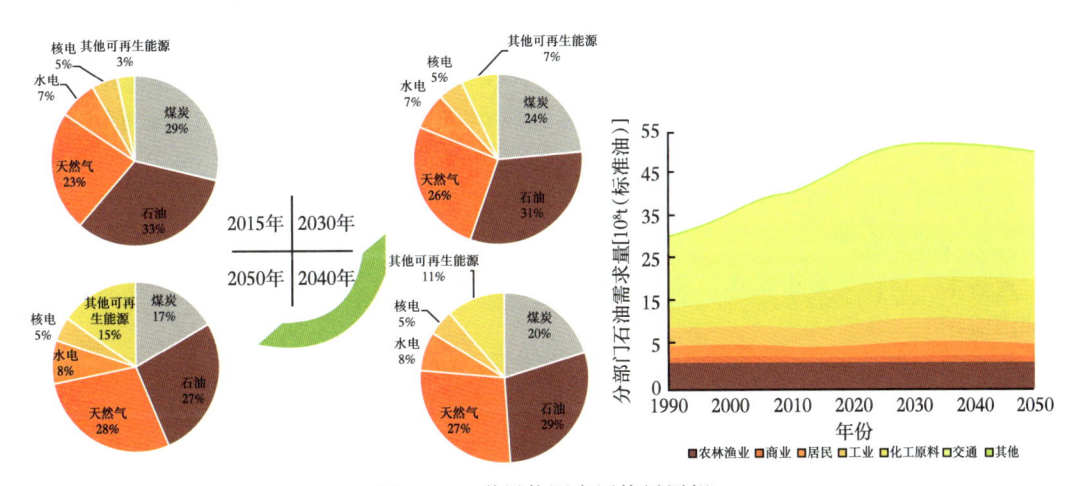

图 3-70　世界能源发展格局展望

习近平总书记在第七十五届联合国大会上，提出"中国将提高国家自主贡献力度，采取更加有力的政策和措施，二氧化碳排放力争于 2030 年前达到峰值，努力争取 2060 年前实现碳中和"；在科学家座谈会上，也明确指出"能源资源方面，石油对外依存度达到70%以上，油气勘探开发、新能源技术发展不足"。因此，高含水老油田要加快推进绿色低碳发展，认真贯彻总书记关于"碳中和"和"绿色低碳转型"等重要指示，加大新能源发展，争取产业扶持和税收支持。以大庆、胜利、玉门、华北等高含水老油田为代表，与地方政府协调推进，开展国家级示范区建设，例如"国家可再生能源综合应用大庆示范区"。充分发挥高含水老油田风、光、工业余热、地热等绿色能源优势，大力开发和利用可再生的清洁能源，实现高含水老油田"碳中和"的目标。对于油田自产绿电消纳、上网给予政策支持，对于地热水、干热岩等资源开发给予税收支持，向绿色低碳发展迈出坚实步伐，最终实现高含水老油田向综合能源公司转型。

目前，我国高含水老油田应用较好的主要有太阳能和地热能。

(1)光伏+光热技术在多个典型项目中的应用。

胜利、大港、长庆油田利用太阳能给边远拉油井储罐维温，胜利油田2019年应用"橇装式单井原油光热循环加热装置"36井次。

胜利、塔里木油田建设太阳能分布式光伏发电。

新疆油田已应用10套太阳能+空气源热泵组合加热工艺。油田应用太阳能部分典型案例如图3-71所示。

(a)"太阳能集热+电加热"油管维温　(b)井场光伏发电　(c)联合站光伏发电　(d)边远岗位分布式+建筑应用　(e)太阳能+空气源热泵

图3-71　油田应用太阳能部分典型案例图片

(2)地热能替代生产和生活用热得到一定规模的应用。

采出水余热，作为地热能的一种应用形式，在大庆、胜利等油田较大规模应用。大庆油田从2002年开始规模应用，建成24座热泵站(总供热能力46.3MW，供暖面积27.4×10^4m^3)。

长关井可实现"取热不取水"，既降低了能耗，又实现了老油田弃置设施有效利用，已在大庆等油田应用。

地热水，可作为城市供热、温泉洗浴、生活热水等各类产业来开发，已在冀东、新星等油田应用。

3)废液和固废无害化处理技术应用

(1)废液无害化处理技术。

废液处理工艺及综合利用技术发展总体要求：一是废液处理的基本原则是处理后回注或回用，不外排，当发生外排时要严格执行地方排放标准，严保达标，并尽量做到资源化利用；二是废液处理要依托和利用油田已建油水处理系统设施，对不满足进液条件的废液进行预处理，再进入已建系统；三是钻井废弃液应随钻处理，尽量不要建固定处理站。各类油田废液典型处理方式见表3-21。

国内各油田都以建设自行管理的处理站为主，处理后达到所在地政府环保要求、实现无害化。

表 3-21 各类油田废液典型处理方式列表

序号	废液类型	典型处理方式	处理工艺技术	应用油田	存在问题
1	钻井废弃液	固液分离处理	来液→钻井液卸液池→脱稳搅拌池→振动筛→均质缓存池→加压缓冲→固液分离装置	吉林、大庆等	运输费用高,处理费用较高。虽然可以作为处理水基废弃钻井液的完整处理工艺,但对于油基废弃钻井液,还需要进行后续处理
2	压裂返排液	回用处理	井口→除砂器→水池沉降→过滤装置→配制压裂液	西南等	回用配液技术依赖可回收压裂液体系,应用不够广泛
		回注处理	气浮→絮凝→磁离→过滤	大庆等	处理工艺复杂,处理成本高,二次污染风险大
3	综合废液	依托已建系统处理后回注	罐车卸液→卸车池→提升→预处理罐→污水站	大庆等	还没有形成相关行业标准;各油田处理技术多为外部公司提供,缺少自主知识产权;高效可搬迁处理装置及相应的工艺技术有待研究和完善
		独立建站处理后回注	罐车卸液→隔油沉淀池→调节池→电催化→絮凝沉淀→铁碳微电解→过滤→净化水罐→回注站	冀东等	
4	外排含油污水	独立建站处理后排放	前段常规处理:两级隔油→两级压力过滤 生化处理:预处理→厌氧+好氧悬浮→沉淀池	冀东、新疆等	处理站场的建设投资和运行费用相较回注处理方式高;未来将会面临工艺升级改造,投资和运行成本增加的问题;有效降解聚合物是含聚合物污水 COD 达标关键;油田过剩含油污水虽然满足环保要求达标排放,但未能实现资源化利用

(2)废渣处理工艺及综合利用技术。

废渣处理工艺及综合利用技术总体要求:一是含油污泥必须先减量化,尽可能回收原油和降低污泥的含水率;二是废渣处理的结果应符合国家环保的规定,最终应实现无害化、资源化。

针对含油污泥来源广泛、产生量大的特点,今后通过提高油田生产运行管理,源头上减少产量,产生的污泥按危险废物加强分类存储管理。遵循减量化、无害化、资源化的方针,利用油田成熟的减量化技术处理,并配合现行的环保标准处置要求选用适宜的工艺进行处置,做到无害化处理,达标外排;寻求合理的资源化利用途径。通过研发高效的处理技术和设备,降低处理成本。

油田生产操作过程中产生的含油废弃包裹物处置技术也应当遵循减量化、无害化和资源化的原则,减少危险废物对环境影响的前提下,再考虑合理利用处理后产物。建议油田含油废弃包裹物采用清洗+造粒方式进行处理,清洗后的编织袋等用于造粒,清洗产生的含油固体颗粒按含油污泥采用热解等工艺处理。

现有钻井废弃液产生的废渣处理,需要提高成熟技术的应用水平及规模。针对水基钻井废弃液处理后产生的废渣可采用固化法,其发展方向为开发并研制高效环保的固化剂或复合固化剂,减少固化物总量,实现固化体的再次利用,降低后续处置或综合利用费用。针对油基钻井废弃液处理后产生的废渣,采用微生物处理技术和热解析+焚烧法。微生物处理技术今后发展方向是减少占地，提高处理效率，增强工艺适应性。热解析+焚烧法今后的发展方向为降低投资，提高处理效率同，降低能耗，进行烟气回收。各类油田固废典型处理方式见表3-22。

表3-22　各类油田固废典型处理方式列表

序号	废液类型	典型处理方式	处理工艺技术	应用油田	存在问题
1	含油污泥	化学热洗+离心脱水	污泥收集→预处理→调质→离心→铺垫井场	大庆油田等	随着油田开发助剂的使用，含油污泥的黏度增大导致已建设施处理量下降；含油污泥处理后资源化利用不充分，利用途径单一
		热解析	污泥预处理→热解→冷却→铺垫井场、制砖等	新疆油田、辽河油田等	
		焚烧	污泥脱水晾晒→与煤混合→按比例焚烧→废渣排放	胜利油田、大庆油田等	
		微生物	污泥收集→预处理→与菌剂混合→洒水及翻耕→植物种植	胜利油田、青海油田等	
		地层回注	污泥均质→调配→回注	胜利油田、长庆油田	
2	含油废弃包裹物	热解析	破碎→筛分→热解→冷却→铺垫井场	大庆油田	各油田针对含油污废弃包裹物主要是采用对外招标的形式进行处理；含油废弃包裹物处理后资源化利用途径单一
3	钻井废弃液处理后废渣	固化	废弃物收集→固液分离→搅拌固化→就地填埋	西南油气田等	固化技术后续处置或综合利用制砖费用较高；土地耕作处理技术简单易行，成本较低，运行费用低，但是净化过程缓慢，不适用于冬季较长的地区；微生物技术对温度、湿度等环境条件要求严格，周期长，难以去除一些不可生化有机物和无机有毒离子
		土地耕作	选择土壤→预处理→投加菌剂→保持必要条件→检测效果	国内未见	
		微生物	钻井废弃液渣泥→接种→驯化→分离→纯化→筛选→获得优势菌种→制成固体菌种→现场应用	西南油气田	

4. 完整性管理技术的发展与本质安全

完整性管理技术体系用整体优化的方式管理资产的整个生命周期，以达到资产的安全、经济、环保要求，并实现可持续发展，是解决高含水老油田本质安全问题的最佳途径。

1）工艺完整性技术对地面设施全流程的工艺安全的保障

工艺完整性从设计阶段开始充分考虑可能潜在的各种风险，并采取保护措施降低工艺安全风险，以达到资产的安全、经济、环保和高效运行的要求。工艺完整性是指由工艺合理性、防腐措施选择及危害因素控制组成的工艺安全保障。

国外管道公司遵循资产完整性管理理念，在设计阶段充分考虑地面设施各种风险，确保风险可控，在过程管理中通过严格的制度程序和技术保障，确保设备的完整性，提升本质安全。例如，荷兰壳牌公司遵循资产完整性管理理念，在设计源头综合考虑关键安全设备（SCE）中"结构安全系统""工艺流程系统""检查系统""紧急关断系统""应急报警系统""紧急救生系统"等八大关键系统的完整性，确保生产过程中的每一个工艺环节的安全。总体来说，国外工艺完整性管理技术初步形成了管理理念、工作流程，目前正向着形成完整的技术体系、建设配套的标准/规范发展。

国内工艺完整性技术发展较晚，在工艺安全设计、操作安全设计、安全等级划分等方面各有局部应用，但是缺乏技术统合及完整性建设。例如，塔里木油田强调要在设计阶段开展包括规范性、完整性、合理性在内的设计审查，大庆油田尝试在设计阶段开展危险与可操作性分析（HAZOP），塔河油田提出的"源头控制、全流程密闭"的设计理念等，均处于工艺完整性的萌芽阶段，而适合国内高含水老油田的工艺完整性原则、策略、方法、流程、技术、标准均未建立健全。

（1）工艺安全设计。

"源头防控、防患于未然"，从工艺合理选择的角度出发，整体考虑装置的本质安全问题，是开展工艺完整性保障工艺安全的基础。

中国石化塔河油田属于高温高盐含硫油田，污水水质pH值低与溶解氧引起的腐蚀问题，一直是困扰该油田的技术难题。该油田的污水处理系统在设计阶段采用了"预氧化水质改性+配套改性药剂体系"的技术方案，同时，改变了系统半开放、曝氧环节多的工艺设计，对整个流程，尤其是缓冲罐及罐车开展隔氧、除氧技术，减少溶解氧含量。从源头解决污水水质pH值低的问题。应用后单井管线腐蚀率降低了50%。水质改性流程如图3-72所示。

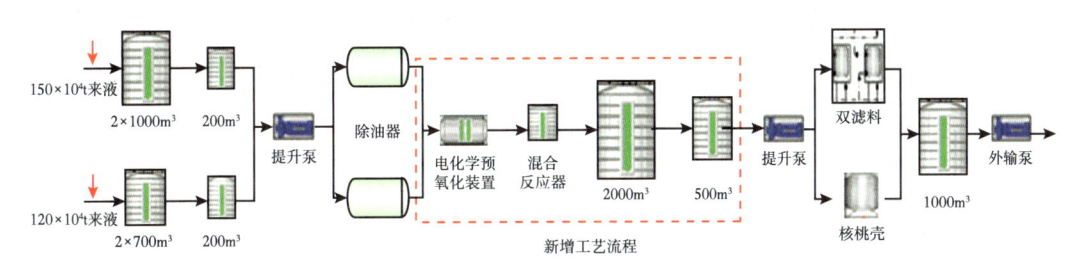

图3-72 水质改性流程图

塔里木油田强调要在设计阶段开展包括规范性、完整性、合理性在内的设计审查（图3-73）。在设计期及建设期推进"专章、专案、专监、专检、专验"五专规范实施，加强"设计选标、技术规格书和定商、设备监造和出厂验收、入场检验、单点单项验收"五控管理，实现地面系统"优生"。

（2）防腐措施优选。

高含水油田大多已经步入油田开发的中后期，随着三次采油技术的应用与推广，聚合物驱、三元复合驱、CO_2驱等三次采油区块中管道及设备内腐蚀问题比较突出。材质及防腐措施优选是解决上述腐蚀问题相对安全和经济的途径之一。

针对不同区块、不同环境、不同工况腐蚀存在的差异性，塔河油田因地制宜优化选材及配套防腐措施，从"被动治理"向"主动防控"转变。在高H_2S气藏的高9区，单井管线采用20#+825双金属复合管[图3-74（a）]；集输管线采用L245NS+缓蚀剂。在植被丰富、

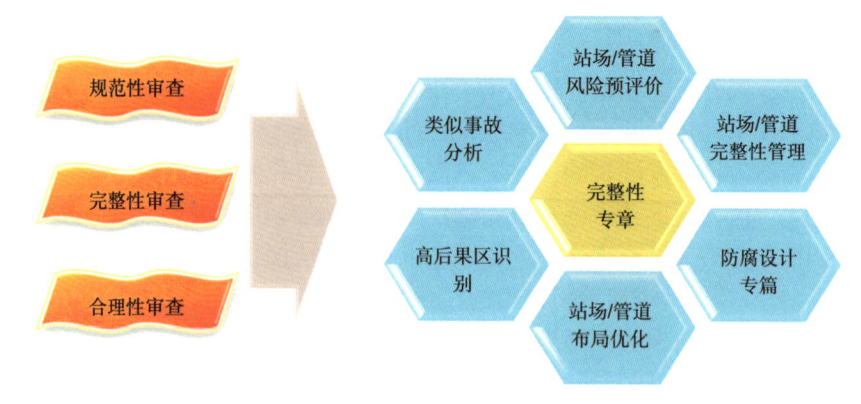

图 3-73 塔里木油田的工艺完整性初步框架

环境敏感的跃进区块，集输管线采用碳钢管内衬 PE 管 [图 3-74(b)]，单井管线采用连续增强复合管。高含水老区产建上，塔河 2、塔河 8、塔河 10、塔河 12 区单井管线自主研发了 BX245-1Cr 管材，试验应用降低点腐蚀 37% 以上 [图 3-74(c)]。

(a) 高9区高 H_2S 气藏　　(b) 自然环境丰富的跃进区块　　(c) 高含水老区产建

图 3-74 塔河油田腐蚀控制措施优化设计

(3) 危害因素控制。

危害因素控制主要以危险与可操作性分析 (HAZOP) 技术、保护层 (LOPA) 分析技术、量化风险评价 (QRA) 技术为基础，在设计阶段开展风险分析，制定工艺安全措施。

危险与可操作性分析 (HAZOP) 技术：国家出台相关政策加速 HAZOP 分析工作的开展，如国家安全生产监督管理总局《危险化学品建设项目安全评价细则（试行）》、国务院安全生产委员会《国务院安全委员会办公室关于进一步加强危险化学品安全生产工作的指导意见》。目前 HAZOP 分析方法已成功应用于西气东输管道、庆铁线、陕京线和兰郑长成品油管线、中亚天然气管道等油气集输系统干线、站场、阀室和储气库等工艺系统中。我国现存的大量在役管道和站场仍没有进行 HAZOP 分析，因此，有必要将 HAZOP 分析方法在油气管道集输系统中进行推广应用。然而国内 HAZOP 分析在高含水老油田地面工程中的应用存在评价范围受限、偏差选择不当、建议适用性不强等诸多问题，亟待进一步完善。

保护层分析技术 (LOPA)：国内主要在化工领域应用较为广泛，在油气田站场与管道的工艺完整性应用上还处于探索阶段。一般在定性的危害分析如 HAZOP，检查表等完成之后，对得到的结果中过于复杂的、过于危险的以及提出了 SIS 要求的部分进行 LOPA 分析。

定量风险评价（QRA）技术：2011 年 7 月 22 日，国家安全生产监督管理总局颁布了《危险化学品重大危险源监督管理暂行规定》，规定指出对于毒性气体、爆炸品、液化易燃气体的一级或二级重大危险源，必须委托安全评价机构采用定量风险评价（QRA）方法进行评价。目前国内的 QRA 分析中，尚缺少一致性通用方法。结合国内油气田站场的实际情况，提出一套适合国情的危险辨识方法是国内 QRA 研究人员的当务之急。

2）设备完整性技术对地面设施全生命周期的设备安全的保障

（1）管道完整性技术。

管道完整性管理技术就是对油气管道运行中面临的风险因素进行识别和评价，通过监测、检测、检验等各种方式，获取与专业管理相结合的管道完整性信息，制定相应的风险控制对策，不断改善识别到的不利影响因素，从而将管道运行的风险水平控制在合理的、可接受的范围内，最终达到持续改进、减少和预防管道事故发生，经济合理地保证管道安全运行的目的。

目前，中国石油已经形成了油田管道完整性管理体系文件架构、气田管道完整性管理技术体系及系列技术标准规范。自 2015 年起，连续四年开展油气田完整性管理试点工程，管道失效率明显降低，投入产出比平均超过 1:4，治理成效显著。如图 3-75 所示，长庆油田的管道失效率由 2015 年的 0.101 次/(km·a) 降低至 2017 年的 0.045 次/(km·a)，降幅达 55%；塔里木油田的管道失效率由 2015 年的 0.033 次/(km·a) 降低至 2017 年的 0.018 次/(km·a)，降幅达 45%；大港油田的管道失效率由 2015 年的 0.484 次/(km·a) 降低至 2017 年的 0.379 次/(km·a)，降幅达 22%。

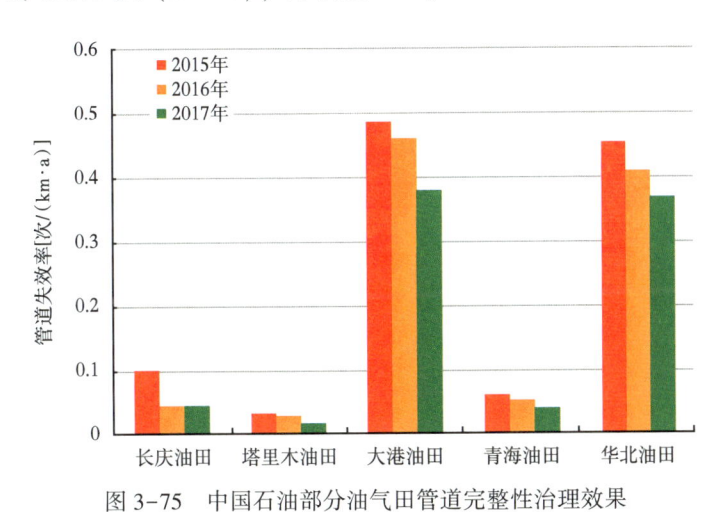

图 3-75 中国石油部分油气田管道完整性治理效果

（2）站场完整性技术。

站场完整性技术通过不断识别风险和采取风险减缓措施，降低设备运行风险，将站场运营的风险水平控制在合理的、可接受的范围内，逐步实现站场设备设施本质安全。典型站场完整性管理流程如图 3-76 所示。

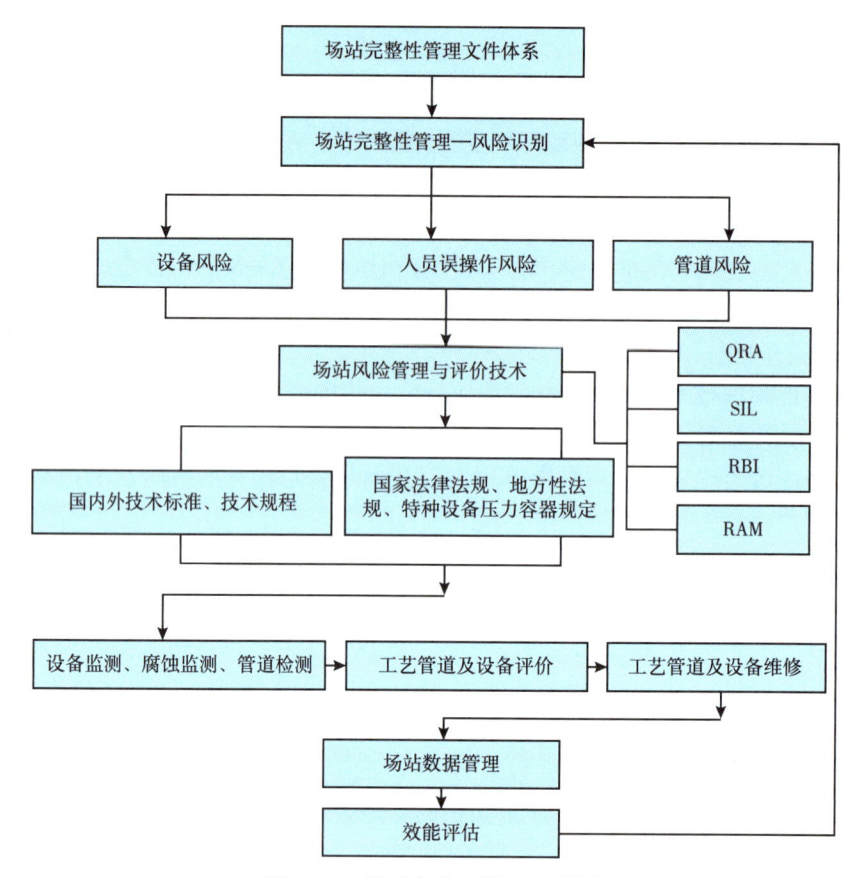

图 3-76 站场完整性管理流程图

国内各油田已经基本明确了以基于风险管理为核心的油田站场完整性管理思路，在中国石油制定的《油气田管道和站场完整性管理规定》中，规定了站场完整性管理的原则、策略、流程、分级分类方法、保障措施等工作内容。

但是，高含水老油田场站完整性管理理念来源于资产完整性管理理念；工作流程借鉴管道完整性管理流程；核心技术参照炼油、化工装置的风险评估技术，尚未构建形成有机的完整性管理技术体系。

3）操作完整性技术对地面设施全天候运行安全的保障

操作完整性指装置按照设计运行，有合格的人员、良好的沟通等，没有环境、安全和资产风险。主要从 HSE 等各项规章制度的角度阐述人的因素在本质安全中的作用。操作完整性的核心是：指导设备的运行范围，并且始终将设备控制在运行范围内。主要包括 7 个方面的内容（图 3-77）：（1）高效"工作许可"系统；（2）旁路管理；（3）运行参数范围管理；（4）员工技能管理；（5）有效沟通；（6）文档及数据；（7）报警信息管理。在现场作业中，从操作角度去保证一切按规范运行，保证操作安全。

国外石油公司强调作业区的生产操作遵循操作完整性体系（OI），将企业资产的操作运行完全与企业《HSE 设计手册》和《HSE 作业手册》保持一致，从而使企业能够做到

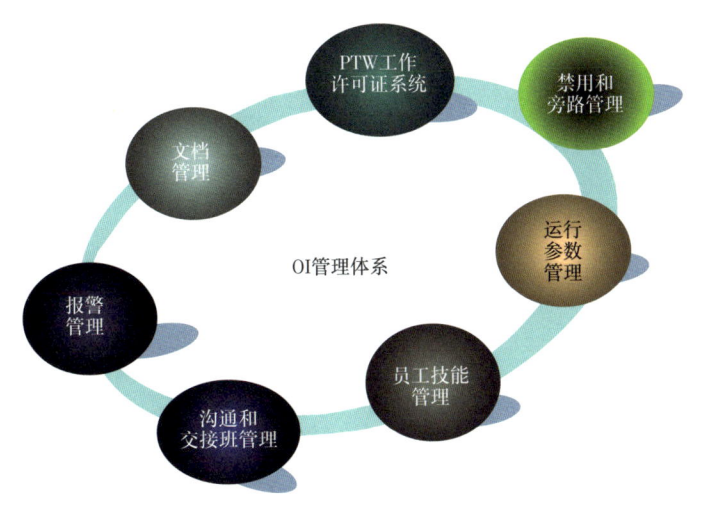

图 3-77　OI 管理体系

在实现生产目标的同时，风险的控制措施都能够得到全面贯彻执行。其中 OI 管理中的七个关键要素相互关联、相互协调，针对关键要素制定相应规章制度并监督执行，定期进行审核评定。

国内油田针对站内设备设施，从安全、生产、成本等多方面建立了相关管理制度，并以企业标准的形式进行固化。但是，目前的管理模式包括油气田管道及站场生产管理、QHSE 管理、完整性管理三个体系，体系之间交互重叠，缺乏统一的指导思想及管理目标。

5. 数字油田建设

1）油田数字化建设、智能化运维内容不断丰富

随着物联网技术的快速发展和广泛应用，我国各油田陆续开展数字油田建设工作。其目标是，建立覆盖油气井区、计量间、集输站、联合站、处理厂的规范、统一的数据管理平台，实现生产数据自动采集、远程监控、生产预警，支持油气生产过程管理。通过生产流程、管理流程、组织机构的优化，实现生产效率的提高、管理水平的提升。数字油田的实施可以带来以下成效。

（1）转变生产方式，提高工作效率。通过生产过程实时监控、工况分析等功能，将现场生产由传统的经验型管理、人工巡检，转变为智能管理、电子巡井。节约了人力，降低了劳动强度，提高了工作效率。

（2）优化劳动组织架构，减员增效显著。压缩了管理层级，井场、中小型站场无人值守，为优化用工结构奠定了基础。

（3）精确操控为精细化管理创造了条件，生产安全得到加强。精确掺水、调温、加药，减少了生产成本，促进了节能降耗；通过自动感知、实时监控等功能，跑、冒、滴、漏等隐患提前得到消除，生产本质安全得到加强。

中国石油建立了一套物联网建设标准体系、构建了一个油气生产物联网平台、建成了一批物联网示范工程，通过示范和推广，已建成数字化井 14.4 万口、数字化站 9000 余座，分别约占井、站总数的 52% 和 43%。在油田数字化建设中，油井通过应用功图计产、

视频监控、数据实时采集等方法,实现了全方位监控生产环节,快速准确掌握生产动态;地面系统通过生产数据进行自动采集、监测和分析预警,实现了数据实时推送,为实施精确注水、精确掺水、精确调温、精确加药、软件计量、错峰用电等节能降耗、能效优化、提质增效措施提供了数据支持。已建主要数据系统,包括油气水井生产数据管理系统(A2)、中国石油采油与地面工程运行管理系统(A5)、油气生产物联网系统(A11)等。系统业务范围及数据量情况见表3-23。

表3-23 A2、A5、A11系统业务范围及数据量情况表

系统	系统概述	业务范围	数据量
A2	以油气生产产量管理为核心,统一规范油气生产数据采集、处理汇总和展示的数据管理系统	稀油、稠油、天然气及煤层气的生产管理。油气水井分别按井站库管理;按组织机构管理;按地质单元管理	30万口油气水井生产数据,近60年单井和区块数据约30亿条
A5	为满足中国石油总部、各油气田公司、各采油采气厂三个层面的采油工程与地面工程生产运行管理与决策支持需求的工程信息管理平台	采油工程规划与方案管理、完井管理、采油气及注入生产管理、井下作业管理、综合管理;地面工程的前期管理、建设、生产、辅助、综合管理	采油工程约4092个数据项,地面工程约4197个数据项。数据1.5余亿条
A11	利用物联网技术,实现对油气水井、计量间、站库、集输管网等对象的生产数据采集和控制、运行监控和管理	油气举升、产量计量、油气集输、油气水处理、油气储运等多个环节	管理6400多个数据项,8000余口油气水井及370余座站库数据

长庆油田基本建成了数字化油田(图3-78),主要成效有:

(1)应用25项关键技术,实现了"油水气井远程监控、管道安全监控、数据智能分析、报表自动生成"等功能;

(2)56032口油水井、2100座站点实施数字化,实现井、站、线过程管控;

(3)建成生产指挥应急管理一体化平台,实现对全油田井站监控,对10条长输管道实施远程截断。

胜利油田实现了陆上油田数字化全覆盖(图3-79),共建成"四化"(信息化提升、标准化设计、标准化采购、模块化建设)管理区112个、覆盖油井24799口、水井7800口、配水间1785座、站库470座。通过现场生产物联网能够自动采集数据,实现生产全过程的实时感知、管控和超前预警;搭建了包括智能生产指挥平台在内的科学决策系统平台、精细管控优化平台,初步建立了油田基础设施云。

2)数字孪生建设技术逐渐由"虚拟"变为现实

数字孪生也叫数字双生、数字双胞胎、数字镜像或数字化映射,是充分利用物理模型、传感器更新、运行历史等数据,集成多学科、多物理量、多尺度、多概率的仿真过程,在虚拟空间中完成映射,从而反映相对应的实体装备的全生命周期过程。

(1)数字孪生与数字化交付。

伴随着智能化建设在油田的推进,数字孪生站场将作为智能油田的一个基本要素,将

第三章　高含水老油田开发关键技术发展方向

(a) 25项关键技术体系框图

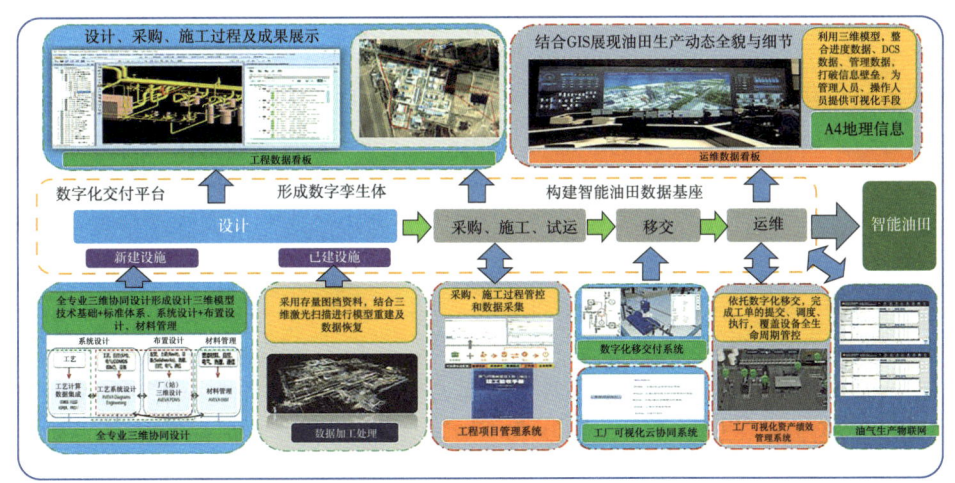

(b) 长庆油田数字化建设蓝图

(c) 无人机智能巡线　　　　　　(d) 机器人智能巡检

图 3-78　长庆油田数字化建设案例

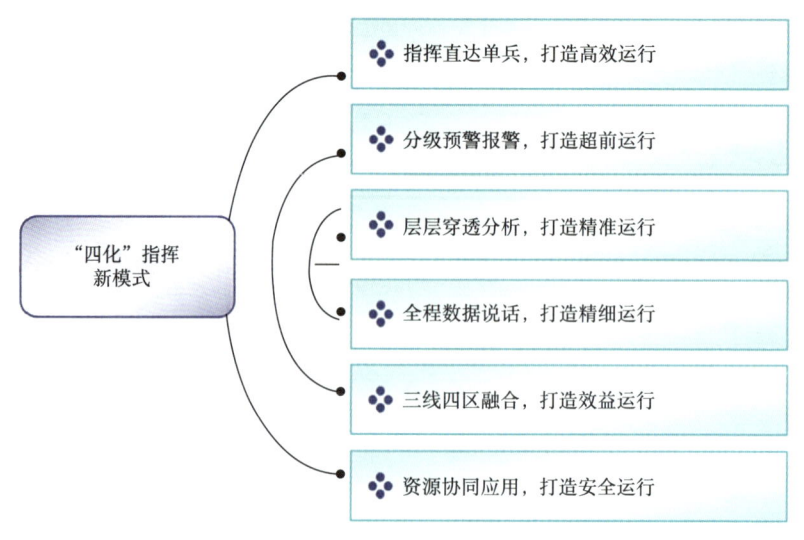

```
                    ┌─ 指挥直达单兵，打造高效运行
                    │
                    ├─ 分级预警报警，打造超前运行
                    │
  "四化"指挥          ├─ 层层穿透分析，打造精准运行
   新模式            │
                    ├─ 全程数据说话，打造精细运行
                    │
                    ├─ 三线四区融合，打造效益运行
                    │
                    └─ 资源协同应用，打造安全运行
```

图 3-79　胜利油田"四化"指挥新模式

成为智能油田建设的数据基座与载体，而数字化交付就是建立数字孪生体的重要技术手段，将有效解决工程设计、采购、施工、调试等阶段产生的数据、文档、模型集成与关联问题。

数字化移交是以工厂对象为核心，对工程项目建设阶段产生的静态信息进行数字化创建直至移交的工作过程。涵盖信息交付策略制定、信息交付基础制定、信息交付方案制定、信息整合与校验、信息移交和信息验收。

尽管数字化交付概念由来已久，但在国内真正意义上落地的数字化交付项目并不普及。国内只有大石化、电力等行业中的一些大型企业对数字化交付有所涉猎。目前完全结构化的数据模型技术水平还没有达到，且数据独立于程序外的完善标准也未完全形成，所以较为方便的是直接采用各软件厂家成熟的数字化交付平台去完成数字化交付工作。

（2）数字孪生与智能运维。

在油田运维管理中，数字孪生以数字化交付的模型和数据为基础，结合地理信息、动态数据接口等，应用虚拟技术在虚拟信息空间中对物理实体进行映射、虚拟仿真、反映和预判物理实体的行为与状态（图 3-80）。为油田提供包括运行风险分析、健康评估和实时再现场景的能力、在 3D 沉浸式无风险环境中培训人员的能力以及在控制对象达到控制极限之前及早发现故障的能力。以地理信息系统为导航平台，展示油田全貌，展示井、间、线细节，以移交平台展示油田站场细节，以智能运维平台进行日常管理、优化运行。基于系统动态仿真实现生产实时监控及预警、工艺流程的三维模拟；搭建油田多种生产系统动态计算模型，针对实时工艺监测、虚拟仪表及仪表校验、虚拟计量、异常工况预警、设备效率监测等方面开展功能研究及测试，构建感知生产动态、辅助生产决策、实时优化生产运行、精准维修维护的"智能化运维"体系，推动最终智能油田、智慧油田的实现。

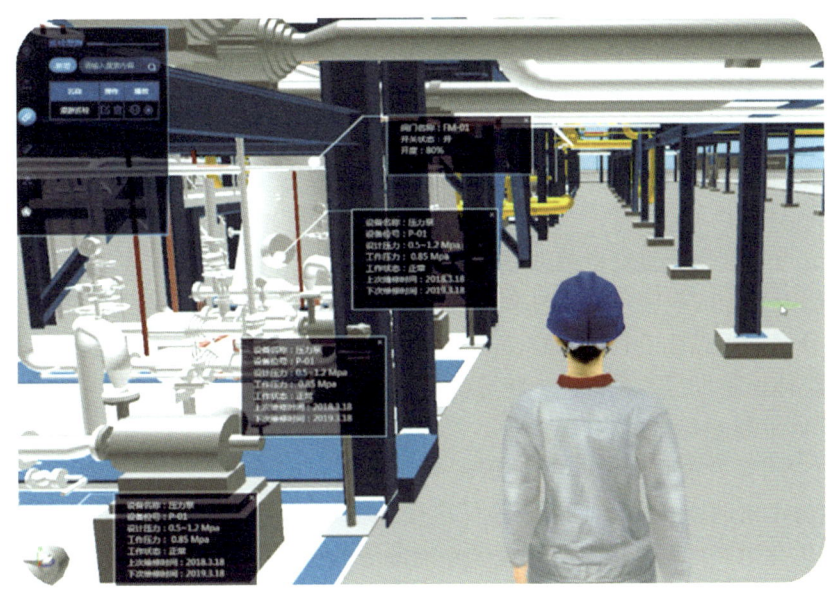

图 3-80　虚拟巡检系统演示图

二、地面工程关键技术对标及发展方向

1. 地面工程优化简化技术

高含水老油田地面系统庞杂、注水和集输管网复杂，综合含水率逐年上升、产液量和能耗居高不下，多种驱替方式并存、采出液成分复杂，亟需持续创新"优化布局、优化参数、优选设备、简化工艺"技术体系，降低地面工程建设投资、提高地面系统运行效率，保障油田效益开发。

1）三优一简技术

高含水老油田随着开发的深入将不断面临新的矛盾和问题，调整改造将是一项长期的动态调整过程，需持续不断地推进优化简化工作[226]。

重点针对众多约束节点，开发大容量多约束地面系统优化简化技术，持续创新"优化布局、优化参数、优选设备、简化工艺"技术体系[227]，应用新材料、新技术，优化简化地面工艺，研发高效处理设备、配套高效处理药剂，减少站场数量、输送距离和处理成本，实现地面资产轻量化、集约高效，以提升工程建设效益[228]。

2）新的提高采收率开发方式地面配套技术

当前高含水老油田已进入深度开发阶段，油层内剩余油已呈高度分散状态，但仍有相对富集的部位，需要攻关新的开发方式来有效提高采收率。

但新的开发方式及多种开发方式并存将导致采出液成分越来越复杂、地面系统达标处理困难，需要及时研究不同提高采收率开发方式下的高乳化复杂乳状液性质、成分，开发有针对性的高效破乳技术、设备和药剂，攻关处理工艺、优选高效设备、科学投加化学剂，实现复杂采出液高效达标处理，以满足油田高效绿色开发要求。

3) 弃置资源再利用技术

随着开采年限的增加和产能的递减，越来越多的高含水老油田及配套的地面设施会进入到弃置阶段，采取以下措施可以有效实现弃置资源的再利用。

(1) 完善并全面实施资产全生命管理周期制度，做到资产从设计、加工、使用、维修到报废全过程跟踪，详细掌握资产的使用寿命、使用条件等相关信息，以便对资产是否再利用进行准确评估。

(2) 建立可再利用弃置资产数据库，方便相关部门及时准确地查询调用。

(3) 开展弃置地面设施环境恢复政策研究，实现与环境和城市建设的和谐发展。

(4) 充分发掘标志性或有纪念意义的废弃井、场等，建设教育或培训基地。

(5) 在整体评估可行的基础上，将可再利用的井站场作为探索性现场试验基地。

2. 地面工程低碳环保技术

按照"中国努力争取2060年前实现碳中和"的目标要求，高含水老油田耗能高且所处区域多蕴含丰富的风、光、地热能等可再生能源，具备氢能、生物质能等制备基础条件，亟需在优化生产系统能效基础上发展新能源清洁替代业务。生产过程中产生的污染物种类多而杂，仅仅做到无害化处理，尚未实现资源化利用，亟须持续创新低碳环保技术，最终实现零排放、零污染。

1) 生产系统能效优化与减排技术

地面生产系统能效优化与减排技术发展总体要求：(1) 高含水老油田集输系统能效优化技术发展战略围绕提高加热设备和输送设备运行效率以及降低掺水能耗技术开展；(2) 高含水老油田注水系统能效优化技术发展战略围绕提高注水设备运行效率、降低系统压损技术开展；(3) 高含水老油田减排技术围绕碳排放规律、全链全生命周期减排技术以及生产与碳达峰协同技术开展。

集输系统能效优化技术的发展方向主要是：集输系统智能控制掺水技术；加热炉正压精准配风技术；地面设施保温技术。

注水系统能效优化技术的发展方向主要是：注水系统智能控制技术；注水管网生产运行调度优化技术；油藏—井筒—地面一体化调控注水节能技术；注水泵提效技术。

减排技术的发展方向主要是：油气开发碳排放特征与测试评价技术；主要开发方式碳排放量强度研究；主要生产工艺全生命周期碳足迹研究；油气开发上产稳定与碳达峰协同技术；全链全生命周期减排技术。

2) 清洁能源综合利用技术

清洁能源综合利用技术发展总体要求：(1) 高含水老油田工业余热利用技术发展战略围绕提高热泵效率、开发工业余热回收新技术开展；(2) 高含水老油田工业地热能利用技术发展战略围绕腐蚀防护、开发地热发电新技术开展；(3) 可再生能源有效利用技术发展战略围绕光热储技术和多能互补协同优化等方面开展；(4) 其他清洁能源有效利用技术发展围绕生物质能、绿氢、煤炭地下气化、清洁利用指标体系建设等方面开展。

工业余热利用技术的发展方向主要是：开发直燃型吸收式热泵生产80℃以上高温热水，深入研究如何提高热水温差和能效系数；高温回收技术，深入研究余热锅炉、燃气轮机、高温空气燃烧技术；低温回收技术，深入研究有机工质循环发电、热泵技术、热管技术、温差发电技术、热声技术。

地热能利用技术的发展方向主要是：突破换热设备、管道耐腐蚀、防结垢换热技术；研究地下水回灌技术和井下换热技术及推广应用可行性；中低温地热发电及增强型地热发电技术开发；地热能供暖逐步向地热农业方向发展，由单一的地热能作为供热热源向地热能+多种清洁热源互相补充的多种热源方向发展。

风能、光能等可再生资源利用技术的发展方向主要是：高寒地区储能技术；光热储综合利用技术；多能互补协同优化及综合利用调控技术。

其他清洁能源利用技术的发展方向主要是：生物质能的有效利用技术；氢能清洁制备技术；氢能安全有效利用技术；煤炭地下气化配套技术；清洁利用指标体系研究。

3）废液处理工艺及综合利用技术

废液处理工艺及综合利用技术发展总体要求：（1）废液处理的基本原则是处理后回注或回用，不外排，当发生外排时要严格执行地方排放标准，严保达标，并尽量做到资源化利用；（2）废液处理要依托和利用油田已建油水处理系统设施，对不满足进液条件的废液进行预处理，再进入已建系统；（3）钻井废弃液应随钻处理，尽量不要建固定处理站。

钻井废弃液处理应该从源头管控抓起，开发新的环保型钻井液和钻井液添加剂，加大钻井液回收再利用比例。废弃钻井液不落地收集，橇装化随钻处理将成为钻井废弃液处理技术发展的必然趋势。"破胶脱稳—固液分离"技术，今后发展方向是开发研制大分子量、高电荷密度的高效絮凝剂、高效破胶剂、脱稳剂，新型固液分离技术研究。

面对国内高含水老油田压裂返排液产量逐年增加以及环保要求日益严格的现状，压裂返排液处理发展方向是处理后回用和回注，不外排。综合处理难度和处理成本，回用配液成为压裂返排液处理最理想的发展方向，其次是回注地层。回注处理优先采用"预处理+污水站"模式，可充分实现对已建设施的利用。对于不具备采用"预处理+污水站"模式的地区，可采用"直接处理、达标回注"模式，实现压裂返排液不落地处理，减少环境污染。

针对综合废液处理存在种类多、成分复杂、来液波动大、处理难度大、处理设施投资和运行费用高的问题，未来综合废液处理要依托利用油水处理系统设施进行处理回注，对难处理废液通过预处理后再进入油水处理系统，同时，要研发高效低成本橇装化的处理技术和设备，降低投资和运行费用，提高装置利用率。

针对含油污水处理技术存在工艺流程长、含聚合物污水降解难度大，处理设施投资和运行费用高，以及未能实现资源化利用的问题，未来要与油藏地质充分结合，完善地面系统设施，加强管理，尽量不外排或少外排。同时，要研发高效低成本的处理技术和设备，降低投资和运行费用，外排水要尽量做到资源化利用，如道路保洁、浇灌绿地和农业灌溉、生态利用等。

4）废渣处理工艺及综合利用技术

废渣处理工艺及综合利用技术总体要求：（1）含油污泥必须先减量化，尽可能回收原油和降低污泥的含水率；（2）废渣处理的结果应符合国家环保的规定，最终应实现无害化、资源化。

针对含油污泥来源广泛、产生量大的特点，今后通过提高油田生产运行管理，源头上减少产量，产生的污泥按危险废物加强分类存储管理。遵循减量化、无害化、资源化的方针，利用油田成熟的减量化技术处理，并配合现行的环保标准处置要求选用适宜的工艺进行处置，做到无害化处理，达标外排，寻求合理的资源化利用途径。通过研发高效的处理技术和设备，降低处理成本。

油田生产操作过程中产生的含油废弃包裹物处置技术也应当遵循减量化、无害化和资源化的原则，减少危险废物对环境影响的前提下，再考虑合理利用处理后产物。建议油田含油废弃包裹物采用清洗+造粒方式进行处理，清洗后的编织袋等进行造粒，清洗产生的含油固体颗粒按含油污泥采用热解等工艺处理。

现有钻井废弃液产生的废渣处理，需要提高成熟技术的应用水平及规模。针对水基钻井废弃液处理后产生的废渣可采用固化法，其发展方向为开发并研制高效环保的固化剂或复合固化剂，减少固化物总量，实现固化体的再次利用，降低后续处置或综合利用费用。针对油基钻井废弃液处理后产生的废渣，采用微生物处理技术和热解析+焚烧法。微生物处理技术今后发展方向是，减少占地、提高处理效率、增强工艺适应性。热解析+焚烧法今后发展方向是，降低投资、提高处理效率、降低能耗、进行烟气回收。

3. 地面设施本质安全技术

高含水老油田随着开发时间的延长，地面管道、设备等设施腐蚀、结垢、壁厚减薄必不可免，跑、冒、滴、漏等现象时有发生。国内高含水老油田地面管网失效率高，站场设备故障率高，安全环保形势不容乐观，需要继续创新工艺、设备、操作本质安全技术。通过建立具有高后果区识别、风险评价、监检测计划、维修维护计划、风险预警及成因分析、腐蚀诊断与评估、残余寿命预测等系列功能的地面设施完整性辅助决策系统，消减设施泄放风险，实现以风险预控管理为核心的地面设施本质安全。

1）工艺完整性技术向体系建立健全方向发展

工艺完整性概念起源于国外管道公司，适合国内高含水老油田的工艺完整性理念、原则、策略、方法、流程、技术、标准均未建立健全，相应的智能辅助工艺优化设计技术未能开展，阻碍了工艺完整性的发展。具体体现在：

（1）工艺完整性的理念/原则/策略需要探索，面对高含水老油田地面工艺优化简化的大趋势，应从设备全生命周期的角度管理资产、控制成本，建立基于本质安全的一体化设计理念、原则、策略，平衡安全与投资之间的关系；

（2）工艺完整性的方法/流程需要创新，设计阶段规范性审查、完整性审查、合理性审查的对象、内容需要进一步丰富、完善，设计端审查方法及流程需要进一步创立、创新，充分发挥多专业协同优势；

（3）工艺完整性的技术/标准体系需要完善，面对经济适用的新材料应用带来的工艺安全问题，需要针对性建立健全设备风险评价、材料适应性评价、设备设施寿命预测在内的工艺完整性技术体系及标准体系；

（4）工艺完整性的智能辅助工艺优化设计需要发展，风险管控重心前移，必定对设计端造成巨大压力，要利用人工智能、大数据等信息化手段，结合安全专家知识库、风险识别数据库等数据资源，开展辅助智能工艺优化设计。

2）设备完整性技术向基于风险的主动维修维护方向发展

（1）管道完整性管理技术。

以风险管理为核心，突出低成本理念，以"分类分级""双高管理"为抓手，找出重点管理对象，实现从以泄漏事件处理为主的被动管理模式向基于风险评价主动维修维护为主的完整性管理模式的转变。目前，油气田管道完整性管理技术体系尚未健全，涵盖的31类技术中，引用技术7类，已攻克技术6类，在研技术6类，还有12类技术待攻关（图3-81）。

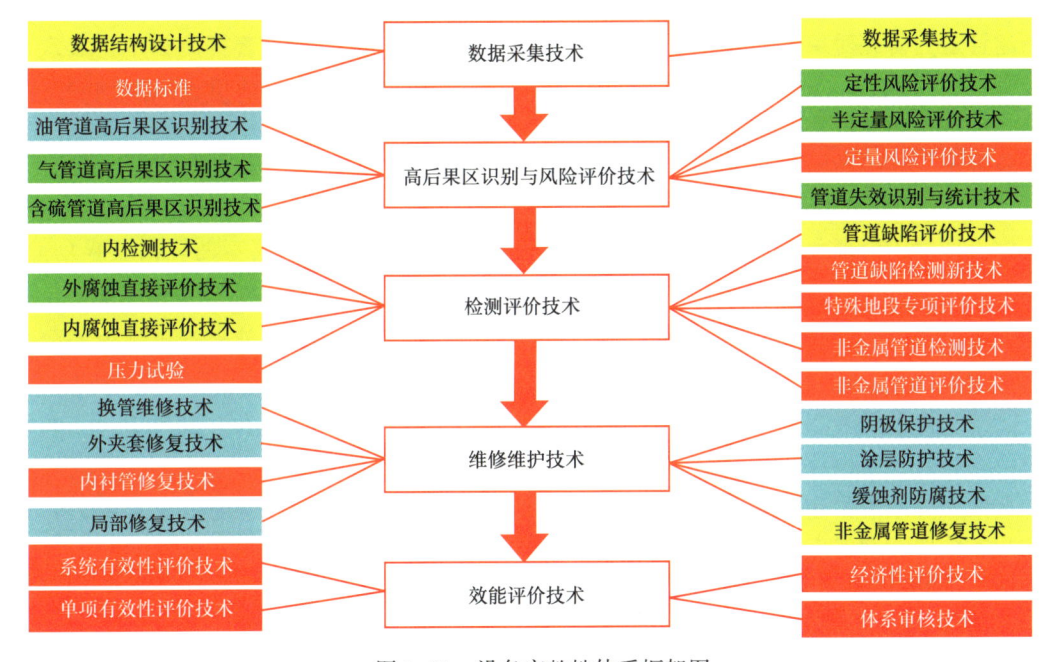

图3-81 设备完整性体系框架图

针对管道完整性存在的问题，认为高含水老油田未来应着重从以下几个方面开展管道完整性技术攻关。

①加强完整性管理关键数据积累：首先，开展地面管道早期数据修复工作，对缺失的数据进行补录，为后续评价工作提供基础支撑。同时，整合现有的数据资源和现场最新测试结果，着手关键数据信息库的建立，为各类分析评价模型建立提供数据依据。

②细化完整性管理作业规程：一是根据不同材质、不同功能、不同服役环境管道的技术特点和要求制定不同的作业文件及作业规程；二是生产单位结合自身管理模式，建立适用于自身的完整性管理体系。

③开发智能化评价技术：在充分完善各类管道评价数据的基础上，对已有的评价模型参数、权重进行校正，提高其与现场实际情况的契合度。对于地质灾害评价、检测周期选择、维修维护方案选择、效能评价等尚未建立评价系统的环节进行模型开发，力争实现完整性管理全智能化，并逐渐形成自动预警机制，突出"提前预防"的思想。

④提高机械化管理模式可靠性：随着各油气生产单位地面管道本质安全方面的问题逐

渐显现，完整性管理工作量逐渐增大，以传统人工的方式开展数据采集、测试、巡线以及评价分析等工作，工作时效和准确性都不理想。因此，目前各个单位正在积极地应用现代化技术及设施改善工作现状。下一步要加强机械设备质量控制工作，提高机械管理的可靠性。

⑤建立管道维修维护质量监督规范：对所有管道修复施工队伍建立公开考核评价机制，形成行业内部排名，促进管道修复技术能力提升。同时对修复后的管道制定维修质量检测标准，确保维修效果，杜绝无效修复。

⑥非金属管道的完整性管理技术探索：以建设期为着力点，将风险管控关口前移，即以新建管道为研究对象，建立质量评价体系，丰富数据采集内容，完善探测技术，实现非金属管道"可控、可查、可见"，然后再探索管道寿命预测、适应性评价、风险预警等完整性管理技术的实现方式，从而构建完整的非金属管道完整性管理体系，最终实现预防失效事故发生、减缓腐蚀、降本增效、保障油田生产系统安全稳定的目标。

（2）站场完整性管理技术。

国内站场完整性管理处于探索性阶段，管理理念还不完善，要结合油气田实际情况，开展相关方法的探索，推动站场完整性管理工作的开展。具体表现为以下四个方面。

①管理体系需要创新。国内油气田站场形成了独特的管理体系，外来管理理念需要与中国管理模式相互融合，创新发展建立在本土管理模式之上的管理体系。

②技术体系需要改进。油气田站场生产工艺与化工装置工艺差别大，来源于化工装置的风险评价、完整性评价等技术体系需要改进。

③标准体系需要建立。与油气田站场完整性管理技术相关的标准/规范非常匮乏，建立在化工装置、油气田管道基础上的标准并不适用，需要逐步建立健全。

④核心技术需要攻关。基于物联网的损伤预测方法、基于大数据的事故预警技术、基于 AI 的风险识别与评价技术等核心技术需要攻关研究。

3）操作完整性技术向多种管理模式互相融合的方向发展

随着完整性管理工作全面深入推进，需要建立健全完整性管理工作机制，将完整性管理理念与两个"三化"、基层站队 QHSE 标准化建设和日常生产管理相融合，逐步达到全领域、全生命周期、全流程完整性管理。

4. 地面设施智能化运维技术

高含水老油田均已经建成了十分庞大且复杂的地面生产系统，维护、管理难度增大，亟需持续创新"数字化、智能化、智慧化"技术体系，实现全面感知、预警预测、分析优化、集成协同、数字交付，最终解放人力资源、提高经济效率、提高生产效率、保障安全生产，促进油田绿色高效运营[229]。

1）从基础设施上实现全面感知

油田生产运维技术的发展程度以油田基础设施建设水平为前提，从油田油气集输系统、污水处理系统、油田注水和注入系统、电力供应分配等核心工作入手，以生产现场到决策中心的生产流程和工作流程为场景，按照生产运维的拟定目标和国内外智能技术应用对比分析情况，实现自下而上和自上而下两个方向上的全面感知和互联，从前期重硬件设施建设向后期重集成应用过渡[230-231]。

2）从油田生产上实现协同管理

建立油田生产指挥系统，完成生产运行环节的调度可视化监控建模，建立生产运行图等并与工业电视集成；建立关联油田生产上、下游的异常报警模型和分析模型；建立决策知识库，实现预案智能检索；完成调度和操作命令、生产与能耗运行等内容的协同管理。

建设厂级操作管理系统，对现场作业人员进行实时定位、有毒有害提醒，提供关键作业流程指导书，推送作业点的相关信息。

3）从生产能耗上实现节能管理

建设能源管理系统，实现对能源运行状态的跟踪和确认，明确能源产耗状况，分析存在的问题和可优化空间。

建设单井综合监测与优化系统，通过单井效益评价知识及筒底来液等主要参数，建立单井产量动态预测及生产组合模型，实现单井智能排产和动态优化，提高采出效率，降低无效耗能。

4）从安全生产上实现风险管控

提升关键场站或区域的HSE管理及风险管控水平，建设事故模拟与虚拟演练，完成对火灾、泄漏和爆炸等典型事故的三维数值模拟并开展相应的虚拟演练。

建立安全管理在线跟踪与处理监控平台，利用AR、VR等增强现实技术，实现智能的和远程的巡、检、护、修。依据爆炸、泄漏和火灾等分析模型计算事件扩散影响范围，快速响应，指导现场救援。

建立"环保地图"，实现污染物排放的实时监控、异常报警和信息推送。

通过对全生命周期管理完成资源共享、信息推送，直接将传统的油田建设转变为智能油田建设（图3-82）。

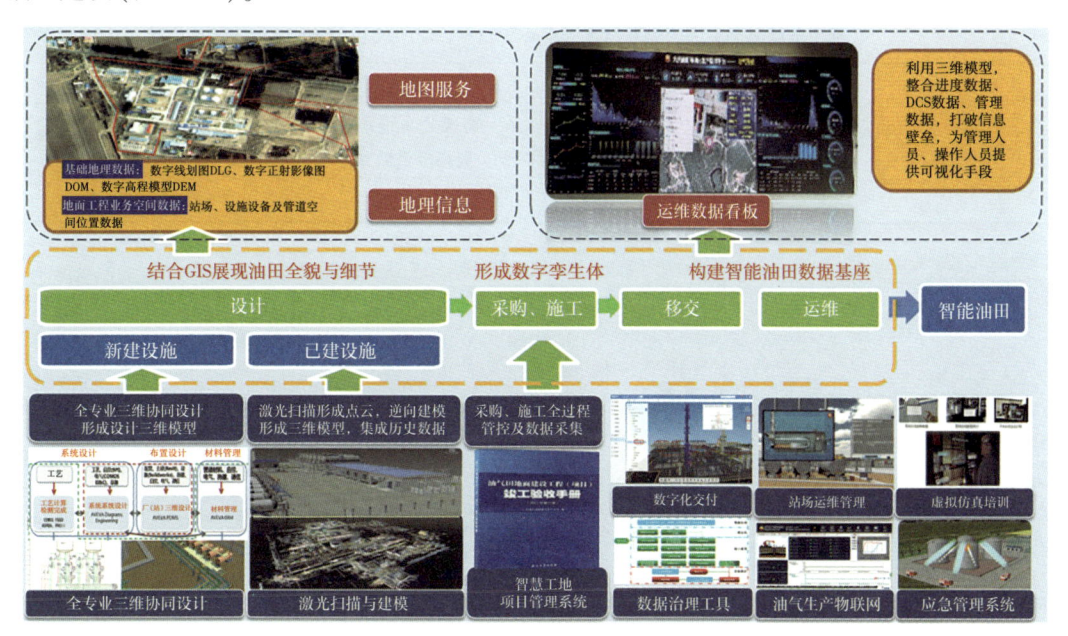

图3-82 全生命周期管理系统演示图

通过上述现状分析、技术对标，明晰了我国高含水老油田地面工程技术需要向高效、绿色、智慧方向发展[232]，发展潜力重点聚焦于优化简化、完善配套、清洁能源替代、废液和固废无害化处理、设施完整性管理和数字化油田建设六大方面[233]（表3-24）。

表3-24 我国高含水老油田地面工程技术发展潜力分析列表

序号	典型做法和技术措施	潜力分析	发展方向
1	优化简化	高含水老油田油水井和已建设施数量越来越庞大，造成地面系统容量越来越大、约束越来越多，需要持续创新基于大容量多约束的优化简化技术体系；高含水老油田地面系统越来越复杂，常规优化运行手段已经没有提高能效的空间，需要创新在线优化运行技术来进一步提高生产能效	高效
2	完善配套	高含水老油田为了不断提高采收率，新的开发方式层出不穷，采出液油水分离越来越困难，采出液达标回注越来越困难，需要针对性地创新复杂采出液油水高效分离技术和高污染物采出水达标回注处理技术	
3	清洁能源替代	高含水老油田蕴含丰富的可再生能源，能耗居高不下，具备可再生能源规模消纳能力，是油田"清洁替代、资源接替、绿色转型"的有效途径，需要创新综合有效利用技术、大幅拓展新能源业务	绿色
4	废液和固废无害化处理	高含水老油田废液、固废量大、种类多、成分复杂，基于环保法的要求，实现了无害化处理，处理后的废渣等通常用于铺路，没有深度资源性利用，需要创新回用、回注等资源化利用技术及被污染土壤等修复技术	
5	设施完整性管理	高含水老油田管道和设施老旧，跑、冒、滴、漏时有发生，基于《安全生产法》和《环境保护法》的压力，不断强化管道完整性管理，从被迫维修到主动维护，基于手段限制，需要创新智能安全运维技术，以实现基于本质安全的绿色环保	
6	数字化油田建设	高含水老油田地面系统庞大而复杂，无论是建设、还是运维，都需要持续创新"数字化、智能化、智慧化"技术体系，实现全面感知、预警预测、分析优化、集成协同、数字交付，最终解放人力资源、提高经济效率、提高生产效率、保障安全生产，促进油田绿色高效运营	智慧

第四章　高含水老油田发展总体战略

我国老油田整体进入了产量递减、综合含水率高于60%的中后期开发阶段。面临着油田内部资源品质日益下降、开采成本居高不下、管理体制机制僵化等一系列问题，面对国际油价长期低位和外部市场急剧变化以及国企深化改革要求的严峻形势，国内高含水老油田不仅需要在油气勘探开发等领域技术突破性创新，也要进一步探索不同开发阶段的划分与开发规律的认识，更需要在企业经营管理和发展模式等体制机制方面深化改革、调整发展战略。

可持续发展是高含水老油田的战略目标。在新形势和新任务的要求下，我国高含水老油田应结合自身发展特点，汲取国内外油企可持续和转型发展的先进经验，以"创新、协调、绿色、开放、共享"新发展理念和"四个革命、一个合作"能源安全新战略为统领，以不断增强可持续发展能力和油气能源安全保障能力为目标，以发挥潜力优势、化解矛盾问题、提升质量效益为主线，着力推进科技创新、转型升级、绿色低碳、降本增效、数字智能五大核心战略，积极争取国家政策扶持，不断提升高含水老油田可持续发展能力，努力让中国高含水老油田在应对困难挑战中不断焕发生机与活力，切实保障国家能源安全。

本章对国内外油田企业发展战略、经营管理模式、转型升级路径以及油气能源政策等开展了调研分析，并对高含水老油田战略定位、矛盾问题和关键技术发展方向开展了深入研究，在此基础上，系统提出了适应我国高含水老油田可持续发展的总体战略及相关扶持政策建议。

第一节　高含水老油田企业总体战略分析

本节在明确高含水老油田战略定位的基础上，采用战略分析方法对我国高含水老油田从主要矛盾问题、发展潜力优势、外部环境机遇及面临主要挑战等四个方面进行战略分析，为科学制定高含水老油田总体战略目标方向和路径对策进一步提供指引。

一、高含水老油田企业发展面临的矛盾问题与发展优势

1. 主要矛盾问题

(1)剩余资源劣质化严重，后备资源接替不足矛盾突出。

我国石油地质资源探明程度34%，但主要含油盆地尤其东部盆地资源探明程度高，例如，渤海湾(陆上)石油资源探明程度超过50%、松辽盆地北部常规石油资源探明程度达68.1%。剩余资源劣质化趋势明显，物性差、丰度低、优质后备资源接替不足的矛

盾十分突出，提高开发效益的难度进一步加大。新增探明储量主要以低渗透—特低渗透油藏为主，占比达到80%以上。此外，当前我国高含水老油田储采比仅为10.6，中高渗透油藏储采比仅有7.8。随着国内主力老油田综合含水率逐年增高，无效注采日益严重，剩余油分布更加分散，老油田经过多年水驱挖潜，加密潜力减少，资源接替矛盾更加突出。

（2）单井产量偏低和成本高涨，开发边际效益持续递减。

总体来看，国内老油田开发已进入"低品位、低单井产量，高投入、高成本"阶段，油气资源开发边际效益持续递减。以中国石油为例，单井日产油从上市之初的4.2t降至1.4t，天然气单井日产只有$1.7×10^4m^3$；原油完全成本从上市之初的11.9美元/bbl增长到2019年的52美元/bbl。以中国石化为例，2010—2019年，单井日产油由3.6t降至2.4t，原油单位完全成本从38.4美元/bbl上升至52.7美元/bbl。尤其是在低油价背景下，油气开发业务经营效益持续下滑，平均投资资本回报率持续下降，给老油田生产经营带来巨大压力（图4-1）。

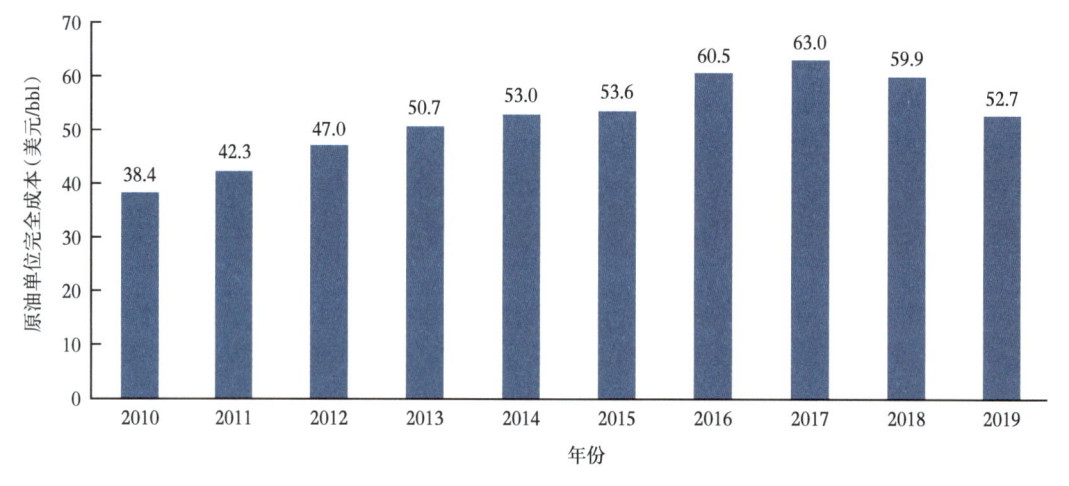

图4-1 2010—2019年中国石化原油单位完全成本

（3）体制机制尚待健全完善，发展的内生动力后劲不足。

①"地区公司—采油厂—采油矿—采油队"的组织架构普遍存在，管理层级偏多，决策链条长，对市场变化反应较慢，管理效能不高的问题仍较突出。中国石化集团的三级组织架构已经到位，但配套的运行机制仍需进一步完善。②管理体制与责权利不匹配，差异化管控不到位，市场化运营机制未有效建立，市场化价格信息传导机制未充分形成。部分老油田虽然在法律结构上分别设立了甲乙方分开的运作模式，但业务板块间存在大量内部关联交易，过度依赖油田公司资源，部分业务外部市场竞争力不强。此外，部分油田企业市场主体地位没有真正确立，活力不足。③从油田整体效益最大化角度出发，快速有效应对市场变化的高效联动机制较为薄弱，一体化优势尚未有效发挥。④基于业绩和贡献导向的激励约束机制尚不健全，针对中长期激励约束机制做了一些初步探索，但仍处于起步阶段，缺乏中长期整体规划和精准施策，激励机制应用不足，组织和人才激励效能有待进一

步提升。

(4)人员结构矛盾突出和劳动生产率偏低,导致竞争力严重削弱。

①员工总量过大,冗余员工分流安置任务艰巨。②国际化领军人才、高层次经营管理人才和高水平技能人才缺乏,队伍结构有待进一步优化。③结构性冗员现象较为突出,一线人员紧张、老化严重。以大庆油田为例,未来10年,其油气生产系统退休离岗员工近4万人,而每年新增各类开发井4000~5000口,用工矛盾凸显。④人均劳动生产率偏低,人均油气当量相较于国际大石油公司处于较低水平(图4-2),人工成本与劳动生产率的匹配需进一步加强,人力资源价值未有效发挥。

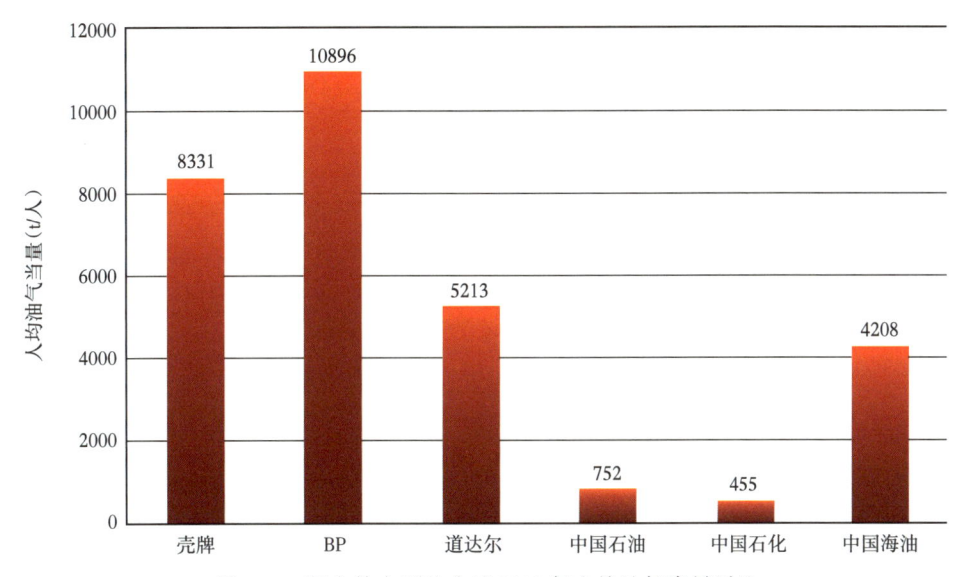

图 4-2 国内外大石油公司 2018 年人均油气当量对比

(5)科技创新能力亟待增强,重大理论创新和颠覆性技术需要加速突破。

①在进一步提高采收率、难采储量有效动用等关键技术领域存在瓶颈和短板,缺少重大理论创新和颠覆性技术突破,国际技术和标准引领能力不强。②创新体系和激励机制不能有效催生科研价值,协同攻关和成果转化效能不高,科技人才队伍存在结构性矛盾。③数字化转型、信息化建设在高标准、高质量统筹规划与落地,云平台标准与应用,数据治理体系与基础设施云能力等方面存在不足和差距。集团层面,缺乏对数字化、智能化转型的整体规划和开发路线图,缺乏统筹协调,各个油田各自为政,投入分散,难以形成规模效应。组织机构上,没有将数字化、智能化转型提高到足够的管理层级,普遍缺少专业人才和运营团队。

(6)业务结构较为单一,转型升级与绿色低碳发展任务艰巨。

①油气主业一支独大,"油公司"向"能源公司"转型缓慢,新能源、可再生能源布局滞后,支撑油田可持续发展的新模式、新业态、新增长极尚未形成。②绿色低碳业务比重偏低,生态环境敏感区内生产操作与设施违法风险依然存在,温室气体排放总量控制压力较大。③外部市场开拓能力有待加强,海外资产布局尚未实现区域化、规模化,工程技

术服务"市场向内"、竞争力不强和同质化竞争问题十分突出,高端市场比例偏低。同时,缺乏集团整体规划,目前仍处于各自为战的阶段;国内外业务分离,部分老油田企业缺乏对海外业务的战略和角色定位。

(7)加快转型升级、推动可持续发展,急需国家政策支持。

近年来,国家石油天然气体制"放管服"改革不断深化,出台一系列有利于油田企业的政策,但对高含水老油田的政策支持尚显不足。①受矿权改革加速影响,老油田矿权保护压力、矿权环保压力、矿权持有成本和新增矿权难度有所增大。②资源税从价计征[按油价3000元/t,从价定率折算税费150元/t,是从量定额(30元/t)的5倍]、城镇土地使用税高倍增长、石油特别收益金未实施差异化征收等,增大了老油田成本负担。③财税优惠政策侧重煤层气、页岩气和煤炭开采伴生的油母页岩气,尚未完全覆盖页岩油、致密油等非常规油气资源,不利于老油田非常规油气勘探开发。④新能源、新业态等产业政策尚未对老油田转型升级发展形成有力支持。

2. 发展潜力优势

(1)油气资源仍有较大潜力,具备可持续发展空间。

①油气发现处在早中期阶段。我国东部石油探明程度高,西部石油探明程度较低。以大庆探区为例,虽经长期精细勘探,仍有较为丰富的油气资源,松北中浅层泥岩油、页岩油还有大量未获勘探突破的潜在资源。②剩余石油资源依然丰富。以中国石化为例,矿权区内石油剩余资源量 202×10^8 t,渤海湾(陆上)、塔里木、准噶尔、鄂尔多斯盆地占剩余资源的70%。渤海湾(陆上)、塔里木盆地、准噶尔盆地、鄂尔多斯等四大盆地仍将是今后石油勘探的主战场。③非常规油气具有巨大潜力。页岩油气资源是老油田资源接替的重要领域,资源量可观,其中页岩油资源量大庆油田约 100×10^8 t(中高成熟)、胜利油田约 48×10^8 t。全国页岩气技术可采资源量规模达 21.8×10^{12} m^3。

(2)勘探开发理论技术不断丰富发展,支撑老油区增储稳产。

以中国石油集团大庆油田为例,大型陆相砂岩油田勘探开发理论和技术不断发展,形成了较为完备、部分具有世界领先水平的水驱、聚合物驱、复合驱以及聚合物驱后等一整套油田开发技术系列。近四年共提交石油探明储量 2.16×10^8 t,油田储采平衡系数由0.65回升到0.67,特别是中高成熟的古龙页岩油展示了巨大的勘探前景;三次采油年产量连续21年保持 1000×10^4 t 以上,三元复合驱年产量超过 400×10^4 t,国内原油年产量继续保持在 3000×10^4 t 水平。以中国石化东部老油田为例,复杂断块油田开展油藏精细描述,抓精细注水;稠油热采实施优质提效工程,加强全过程热效管理,提高经济效益,年产量保持在 480×10^4 t 以上,油气比稳定在0.53;三次采油推广无碱二元复合驱,实施非均相复合驱,提升效果、扩大应用规模,年产油 250×10^4 t 以上;东部老油田原油年产量持续保持在 2700×10^4 t 以上。

(3)拥有高素质人才队伍,勇于进取和攻坚啃硬。

以中国石油大庆油田为例,孕育了超越权威、超越前人、超越自我的"三超"精神,构建了应用一代、研发一代、储备一代的科技研发体系,同时,培养了一大批攻大难关、克大难题的科技领军人才。以中国石化老油田为例,具有60多年的陆相油气藏及海相碳酸盐岩油气藏勘探开发经验,拥有高素质多学科的人才队伍,熟悉国内油气勘探开发业务。

(4)管理基础扎实深厚，发展动能不断增强。

以岗位责任心为灵魂的大庆油田岗位责任制，为奠定新中国工业管理体系基础作出了重要贡献。无论是艰苦创业年代，还是石油上产各个重要历史阶段，岗位责任制作为企业管理的一项基本制度，在提高总体管理水平和保证持续稳定发展中，都发挥了不可替代的历史性作用。此外，近年来各油田生产经营已与专业化、标准化、信息化和 HSE 等现代管理体系深度融合，在建立现代企业制度上迈出重要步伐，老油田现代化水平不断提高。

(5)海外业务形成规模，初步形成新的增长极。

老油田企业在我国大力实施"引进来、走出去"的国际化战略中发挥了中流砥柱的作用。国内老油田企业积极拓展海外市场，取得了丰硕成果，目前已进入北非、中东、拉美等多个国家和地区，在油气勘探、油田开发、工程技术、工程建设等项目操作上积累了宝贵经验。以大庆新铁人李新民团队等为代表的老油田海外队伍，享誉国际市场。以大庆油田为例，已形成伊拉克、苏丹、蒙古 3 个重点地区的海外市场，逐步构建了覆盖中东、亚太、中亚、非洲、美洲 5 大区域的市场开发格局。"十三五"期间，大庆油田海外权益产量达到近千万吨规模，海外市场收入突破百亿元大关，迈出海外业务重大跨越新步伐。

(6)党的建设保障有力，优秀文化育人铸魂。

具有石油特色的党建、思想政治工作体系健全完善、保障有力，石油精神、大庆精神、铁人精神历久弥新，苦干实干、"三老四严""四个一样""宁要一个过得硬，不要九十九个过得去"等优良传统成为中国石油企业文化的鲜明特征，这些优秀文化既体现了精细严谨的良好作风，又体现了永不满足、事事争第一的进取精神，构筑了老油田振兴发展的核心竞争优势，推动了我国石油石化工业的快速发展。

二、高含水老油田企业发展外部环境机遇与主要挑战

1. 外部环境机遇

(1)石油天然气在相当长时期内仍是全球一次能源消费主体。

根据国际权威机构预测，到 2030 年乃至更长一个时期，油气仍然是主力能源，在全球一次能源结构中仍占 50% 以上。截至 2019 年底，全球 85% 的一次能源需求是由化石燃料满足的，其中石油为 34%，天然气为 23%，煤炭为 28%，其余 15% 为核能、水电和可再生能源。到 2040 年，可再生能源在全球一次能源消费中占比将从目前的 4% 增至 15%，核能和水电占比将基本稳定在 11% 左右，化石能源在一次能源消费中占比仍将高达 73%。其中，石油为 27%，天然气为 26%，煤炭为 20%。到 2050 年，化石能源仍将是能源消费主体，占比保持在 70% 左右。其中，石油和天然气占比在 50% 以上（图 4-3）。

(2)国内油气需求旺盛，老油田保障国家能源安全责任重大。

2019 年，我国进口原油 5.1×10^8 t，对外依存度超过 70%，至 2035 年，我国一次能源中油气年需求占比将从目前的 24% 上升到 29%。当前，世界处于百年未有之大变局，我国作为全球第一大油气净进口国，油气安全形势日趋复杂严峻。目前，高含水老油田产量占全国产量的 70%、老油田地下剩余资源还有接近 70%。实现国内原油稳产 2×10^8 t 以上，把握好剩余资源开发、发挥好高含水老油田主力军作用，既是国有油田企业践行"三大责任"的使命担当，也是综合一体化发展的内在要求（图 4-4 和图 4-5）。

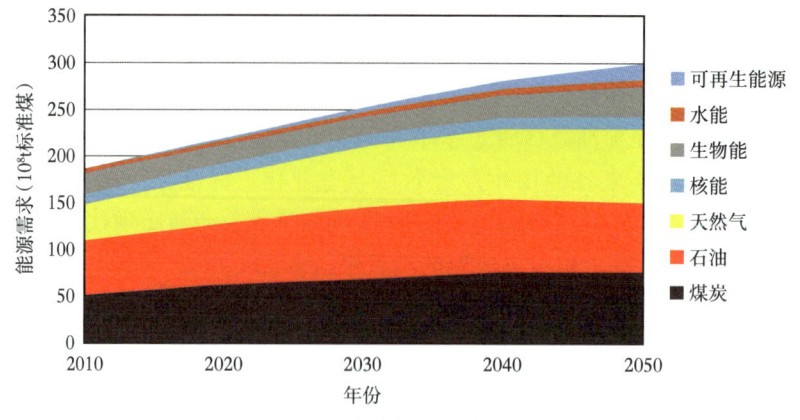

图 4-3 全球能源需求结构

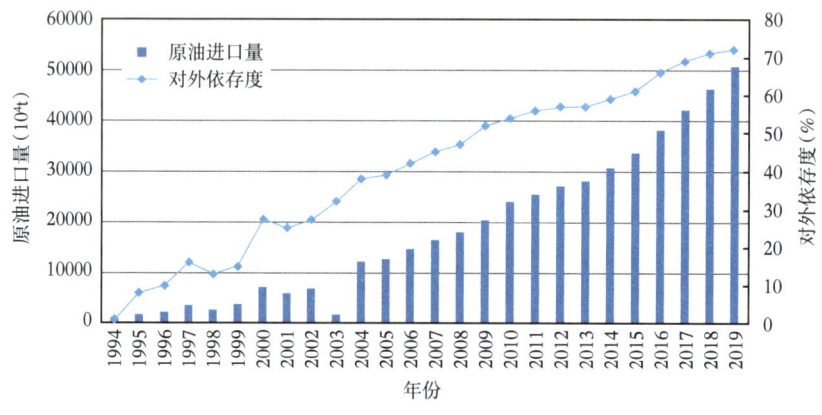

图 4-4 我国原油对外依存度

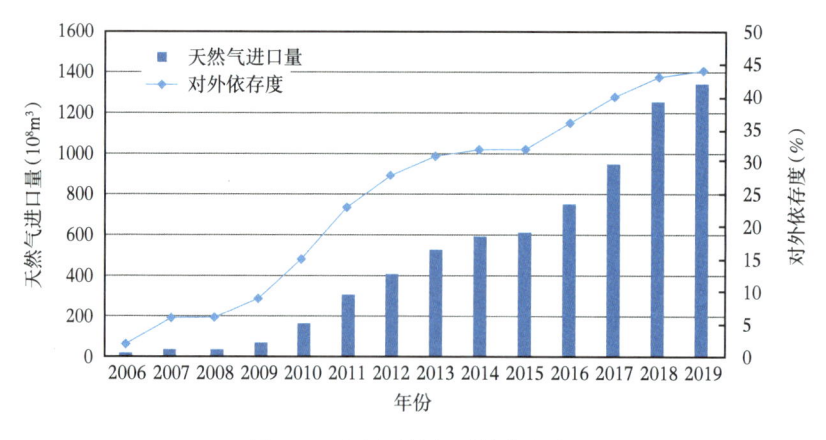

图 4-5 我国天然气对外依存度

(3) 国家高度重视和支持油气产业绿色低碳发展。

国家出台了一系列政策鼓励油气勘探开发,特别是对天然气产业的支持力度进一步加大。为大力推动我国页岩气勘探开发,2015 年 4 月 17 日财政部、国家能源局下发《关于页岩气开发利用财政补贴政策的通知》(财建〔2015〕112 号),2016—2020 年中央财政对页岩气开采企业给予补贴，其中：2016—2018年补贴标准为0.3元/m³；2019—2020年补贴标准为0.2元/m³。为进一步深化石油天然气体制改革，2017年5月21日中共中央、国务院颁布《关于深化石油天然气体制改革的若干意见》，2017年6月16日中共中央办公厅、国务院办公厅印发《矿业权出让制度改革方案》，2017年7月4日多部委联合印发《加快推进天然气利用的意见》。天然气生产和存储能力将稳步提升，国家能源局、国家发展改革委印发的《能源生产和消费革命战略（2016—2030）》提出，到2025年我国管道气进口能力达到$1500×10^8 m^3$，LNG进口能力达到$1×10^8 t$；国内天然气产量$3600×10^8 m^3$，其中页岩气$1000×10^8 m^3$，煤层气$300×10^8 m^3$，天然气供应能力达$6600×10^8 m^3$。国家发展改革委印发的《中长期油气管网规划》提出：到2025年全国建成天然气管网$16×10^4 km$，储气设施能力与调峰需求匹配。天然气将逐步转变为能源主体，2017年，国家发展改革委等十三部委（局）以发改能源〔2017〕1217号文件联合印发《加快推进天然气利用的意见》，意在将天然气培育成主体能源，鼓励在有条件的地区推进天然气在工业、发电、化工、商业领域的应用。国家发展改革委发布的《北方地区冬季清洁取暖规划（2017—2021）》提出，中央将北方地区清洁取暖视为重大民生工程，加大雾霾严重地区煤改气工程实施力度。

（4）技术进步将为老油田效益发展不断注入新的动能。

技术进步将推动可采储量不断增长。根据权威机构研究预测，利用当今技术，全球可开采的油气资源为$4.9×10^{12} bbl$油当量。到2050年，随着技术不断进步，可再增加$2×10^{12} bbl$油当量的技术可采量，石油可采储量和天然气可采储量将分别增长约50%和25%，可开采油气总量将达到$7.3×10^{12} bbl$油当量，这足以满足至2050年全世界$1.8×10^{12}$～$2.5×10^{12} bbl$的预计需求。此外，技术进步将不断推进油气生产成本下降。到2050年技术进步有望将各类油气资源每桶油当量的平均生命周期成本降低30%左右。水平井、数字化、提高采收率、井工厂等技术的不断应用将使得生产作业和油田勘探开发持续优化，在促进产量快速增长的同时，进一步助推节约成本（图4-6）。

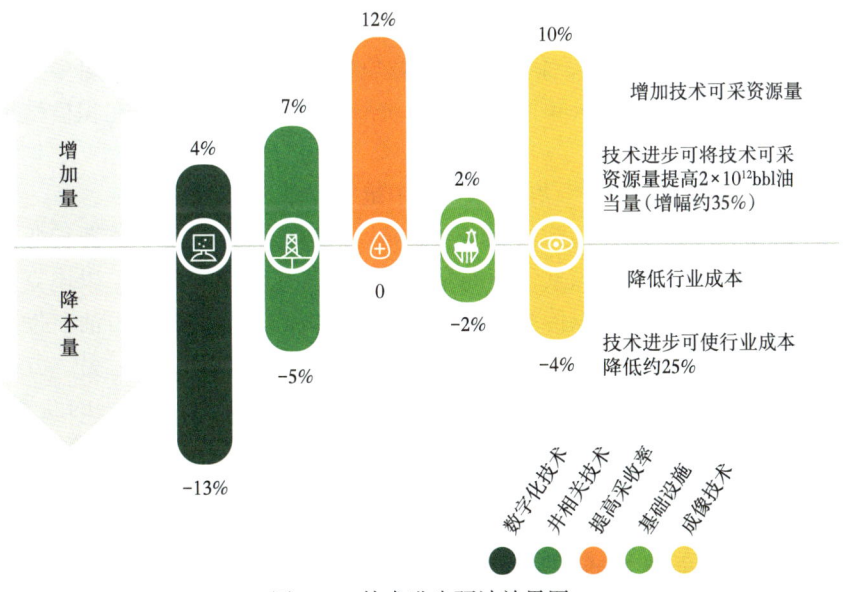

图4-6 技术进步预计效果图

2. 面临的主要挑战

（1）逆全球化抬头，世界经济增长不确定性持续增大。

2016年以来，国际经济低迷，逆全球化思潮持续升温，新型贸易保护主义出现，保守化倾向严重，民族主义抬头。2020年以来，新冠疫情在全球肆虐，美国无视其作为经济全球化最大受益者的客观事实，提出"美国优先"，挑起中美争端，中美博弈全面升级，日本等国鼓励本国企业回迁，对世界经济造成深远影响，进一步增加了全球经济的不确定性。

（2）疫情和低油价叠加影响深远，国际油气供需将更加宽松。

与历史上4次油价暴跌有所不同，2020年油价下跌由需求侧和供给侧两相夹击造成。2020年3月以来，受新冠疫情蔓延影响，"欧佩克+"减产协议破裂和全球经济内生动力不足，导致油气需求增长乏力，油价振荡下行，甚至出现了WTI原油期货价格历史上首次跌至负值的极端市场事件。随着"欧佩克+"石油联盟达成减产协议，部分国家重启经济，在短期内对油价的提振产生效力，但维持低位运行的可能性依然很大。受此影响，国内外油企效益风险、市场风险、生存风险不断上升，危机与挑战前所未有。

（3）油气资源品位变差，勘探开发难度越来越大。

资源潜力依旧具备，但资源禀赋条件变差，资源品位不断下降。就当前发展态势看，国内外常规油气开发高峰期已过，油气勘探开发趋势已由常规向非常规、陆上向海域、浅层向深层演变。近期，自然资源部开展了新一轮油气资源评价工作，评价领域涉及常规油气和非常规油气所有系列，资源评价结果显示国内陆上待探明油气资源埋深较大、物性更差、类型更隐蔽，未来勘探开发难度进一步加大。

（4）能源转型、非化石能源发展对化石能源企业造成冲击。

当前，全球能源向低碳化转型成为必然趋势，传统能源工业对世界经济发展的"表观重要性"日益降低。中短期油气公司的主要挑战是低成本高效益油气储量的更新与生产。风能与太阳能发电成本已经接近或低于碳燃料发电成本，电网级储电技术与规模化发展已成为低碳化/零碳化的关键环节，新能源成本竞争优势日益显现。中长期多元化、智能化电力全产业链和零碳化将是油公司面对的转型挑战，国内外油公司正在积极试水多种新能源技术。

（5）国际巨头转型步伐加快，在国际竞争中抢得先机。

积极布局新能源新业态，实施低碳发展战略。清洁低碳化是近年能源行业发展的重要趋势，国际各大石油公司积极探索传统油气业务低碳化和新能源业务。以埃克森美孚和雪佛龙为代表的美国石油公司，以传统油气业务为发展重点，形成"大石油"发展模式，一方面利用新技术降低生产过程中的碳排放，加强碳捕集、利用和存储，另一方面则积极发展天然气和LNG等低碳化石能源。以BP、壳牌、道达尔、埃尼为代表的欧洲石油公司，除在传统油气领域强化低碳发展力度外，主动拓展太阳能、风能和生物燃料等新能源领域，积极发展电力传输、电动车等业务，构建"大能源"发展模式。企业数字化转型突飞猛进。目前，国际各大石油公司均已实施数字化转型战略，通过工业技术与信息技术深度融合引发产业变革，推动石油企业组织管理转型升级，大幅提升能源效率并降低生产成本。

(6)我国油气市场逐步放开，老油田竞争压力持续加大。

国家确定了"四个革命、一个合作"的能源安全新战略。2017年，中共中央、国务院印发《关于深化石油天然气体制改革的若干意见》，部署了8个方面重点改革任务。国家油气体制改革加快推进，油气勘探开发市场有序放开，油气全产业链对外开放，市场主体多元化，市场竞争多极化，管网改革将使得行业竞争更加激烈。

(7)环保要求更加严格，老油田发展难度与成本加大。

近年来，随着公众环保意识的提高，国家环保执法日益严格，国家陆续出台一系列新标准新规定，特别是生态核心保护区已成为油气勘探开发的禁区，制约了油田企业发展空间。此外，2019年生态环境部发布《关于进一步加强石油天然气行业环境影响评价管理的通知》，明确要求油气生产企业强化生态环境保护措施，对涉及向地表水体排放污染物、废水回注、产生废弃油基钻井液、含油钻屑及其他固体废物的油气开采项目，均要严格遵守国家和地方污染物排放标准，合理妥善处置，这些要求无疑增加了油气勘探开发作业难度和成本。

第二节　国内外高含水老油田运营管理模式及能源政策

本节从国内与国外两个角度详细分析了油气企业运营管理模式、油气等能源企业及资源型地区转型发展模式，对国内外主要能源政策进行了细致梳理，为后续提出我国高含水老油田发展总体战略奠定基础。

一、国外油气企业运营管理模式及能源政策

1. 国外石油公司运营管理模式

1)"油公司"模式主要内涵

"油公司"模式源于西方油企，特指石油公司专注于油气价值链中产炼运销等上中下游业务及其相关的资本与商务运作，不附带油田服务、工程建设、装备制造、基地维护等专业化服务的运作模式。该模式遵循效益最大化、风险最小化的经营理念，在体制架构方面，油公司聚焦主营业务，重点构建精干高效的经营管理层和勘探开发技术队伍，专注于油气勘探开发，专业化服务队伍完全通过市场机制招标，优选最适合的服务资源，实现市场化运作、合同化管理[234]。

2)业务归核化、多元化

(1)埃克森美孚公司上游业务归核化。

近年来埃克森美孚公司油气产量持续下滑，为扭转这一趋势及保证未来增长目标得以实现，公司于2019年实施了上游业务组织结构重组，打破原来上游业务按产业链生产环节不同和按资源类型不同进行条块分割管理的结构，建立了机构更加简化、更突出产业链一体化运营、更注重技术和知识全球共享的组织架构(图4-7)。

埃克森美孚公司的上游业务由之前的6家上游公司整合简化为4家公司。分别为：油气公司，主要负责埃克森美孚公司全球范围内5类油气资源的生产和价值链管理，包括非常规油气资源、LNG、深水油气资源、重油和常规油气资源；业务开发公司，主要负责监

```
                    2019年4月前    埃克森美孚公司上游业务
                    ┌─────────┬──────────┬─────────┬─────────┐
                    勘探公司    开发公司     生产公司    研发公司
                        └─────────┬──────────┘
                               XTO公司        电器销售公司

                    2019年4月后    埃克森美孚公司上游业务
                    ┌─────────┬──────────┬─────────┬─────────┐
              一体化解决方案公司  全球项目公司  业务开发公司   油气公司
```

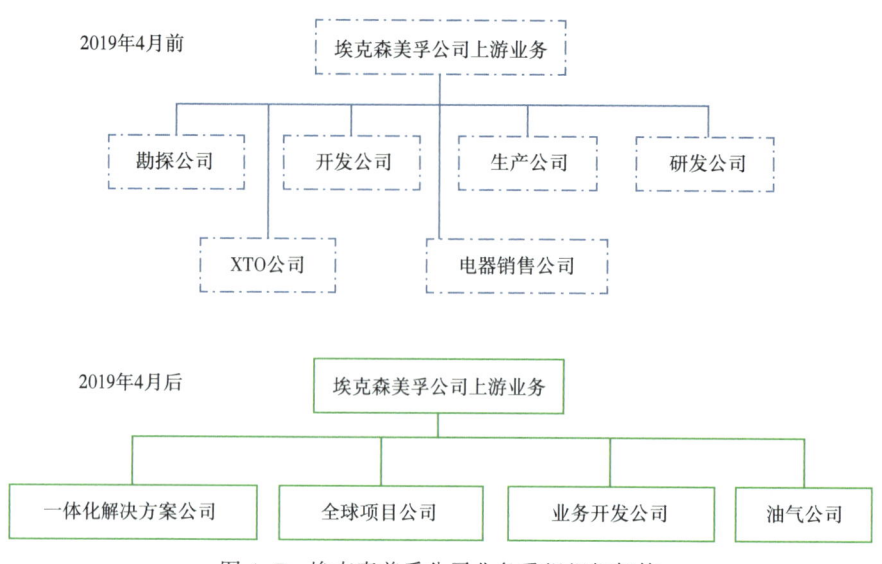

图 4-7 埃克森美孚公司业务重组组织架构

督公司上游战略的实施，上游资产的勘探、收购、资产剥离，并着重管理上游资产组合；一体化解决方案公司，主要负责提供相关技术和商业技能，如钻井研究和技术、天然气和电力市场优化方案，以及资源全球部署方案等；全球项目公司，主要负责集中管理重要投资项目的规划和执行方面的业务，并统一为公司三大业务板块（上游板块、下游板块和化工板块）提供支持服务。

通过组织结构重组，上游板块在公司的决策地位进一步提升，上游各公司在公司整个组织结构中的地位进一步提升，特别是一体化综合决策权和管理权有所增加。上游非核心资产的剥离不断增加。2019年，公司以45亿美元出售挪威资产股权，并计划在2021年前剥离150亿美元资产，从而提升海外经营资产集中度，集中资金发展核心资产并保证现金流稳定。

（2）英国石油公司（BP）业务多元化。

基于对新冠疫情、低油价、石油需求峰值论、可再生能源时代将提前到来等多重因素的研判和考量，BP 公司坚持多元化发展，一方面缩减化石能源的投资和生产，另一方面逐步增大发展非化石能源的力度，以实现从油气公司向综合性能源公司的转变。

2020年8月，BP 公司出台最新10年发展战略。首先，在每年仍保有约90亿美元的投资用于油气业务的基础上，大幅度削减（包括出售）油气产量，要求从2019年起的10年内，公司油气产量从 260×10^4 bbl 油当量/d 减至 150×10^4 bbl 油当量/d；可再生能源发电能力从 2.5GW 增长到约 50GW；生物能源产量从 1.2×10^4 bbl/d 增加到 10×10^4 bbl/d 以上；氢能业务增长到拥有核心市场10%的份额。与此同时，BP 公司每年向低碳领域投资50亿美元，10倍于当前的年度低碳投资额。

3）运行市场化专业化

（1）马来西亚国家石油公司与油服公司的市场化运作。

2014年下半年油价惨遭"腰斩"后，马来西亚国家石油公司（以下简称马国油）与油服公司（为马国油提供服务的国内外油田服务公司）经营业绩受到重创，马国油于2015年3月主动牵头与25家石油承包商及油服公司建立了为时五年（2015—2019年）的降本联盟2.0，旨在通过市场化运作，通过共同努力促进利益相关方的相互合作，实现优化成本、提升效率和促进产业创新的目标。

马国油通过市场化运作与国内外25家油服公司合作，一方面有利于本地油服公司借助国际合作伙伴的专业技术提升自身能力，加快公司发展并提升竞争力，增强本地公司对行业快速发展的适应能力，从而达到节省成本、提高工作效率和质量的目的；另一方面通过持续优化成本，马国油的经营状况得到不断改善，2016年马国油可控成本由2015年128亿美元降至118亿美元，降幅8%，公司税后利润由2015年50亿美元增长至2016年的57亿美元，涨幅12%；2017年利润大幅升至110亿美元，涨幅高达91%。基于马国油财务状况强劲发展的势头，2017年标准普尔将马来西亚长期主权信用评级前景确定为"稳定"。

（2）斯伦贝谢公司专业化发展。

斯伦贝谢公司始终在公司管控模式方面以专业化发展为核心，经过数次重大调整，不断提高公司业务结构的灵活性，满足专业化要求。1998年之前，斯伦贝谢公司由5个独立的业务板块事业部组成，各个业务板块事业部独立核算，独立管理。1998年，该公司改为以业务板块为主、地域组织为辅的矩阵式组织架构，将部分决策权从业务板块转移到地区公司，以便顺应国际市场单项任务招标的新形势，更好地满足甲方需求。2008年，斯伦贝谢公司将各业务板块的研发与工程技术业务进行整合，建立统一的研发管理平台。2010年，公司将各业务板块的供应链、运输、设备管理、后勤、维修、分销等服务支持部门进行整合，建立统一的服务支持管理平台。经过10多年的调整，斯伦贝谢公司形成了统一职能管理平台上的"业务—地域"矩阵式组织架构；统一的职能管理平台涵盖技术研发、设备制造、服务支持、公共关系、投资者关系等多个业务领域，为各个业务板块和地域组织提供共享式的后台支持服务，以全球标准化的职能管理为主轴，实现资源协同，提高服务质量、降低管理成本。

4）国际化经营

印度石油天然气有限公司（ONGC）是印度石油和天然气的最大生产企业，业务涉及整个石油石化工业，公司油气产量占印度油气总产量的75%。2018—2019年，ONGC的石油产量为$2423×10^4$t，天然气产量$258×10^8m^3$。由于印度油气需求大，国内供应严重不足，近年来ONGC加大了海外油气资源的获取力度和国际化进程。

印度海外油气业务统一由ONGC全资子公司OVL负责开拓及经营。虽然OVL受到外部竞争的压力，但公司通过建立核心区域，与美国、非洲和俄罗斯构建并且强化合作等方式，扩大公司在海外的经营规模。

目前，印度海外权益油气产量已达$27×10^4$bbl油当量/d（约$1350×10^4$t/a），占其总产量份额已达25%。OVL在27个国家有56个投资项目，资产主要分布在拉美、非洲、中东、东南亚、中亚及萨哈林地区。近年来，印度海外油气业务发展迅速，海外产量已达$27×10^4$bbl油当量/d，主要来自俄罗斯（30%）、越南（19%）、苏丹和南苏丹（7%）、阿塞拜疆（11%）。公司计划在全球建成4个生产基地，涉及常规、非常规、LNG等多个领域，稳固和扩大在阿塞拜疆和哈萨克斯坦的油气业务和管道业务，到 2030 年国外产量提高到 $6000×10^4$t 油当量。

5）数字智能转型

（1）美国百年二叠盆地的数字化转型和智能化管理。

美国二叠盆地是全球油气行业数字化转型、云计算技术覆盖范围最广的案例。二叠盆地的油气开发已达百年，其油气生产经历了辉煌、衰落和重新焕发青春的传奇历程，而技术创新则是其重新崛起的关键所在。2015—2019 年的五年期间里，二叠盆地应用机器人钻井系统，构建自动压裂技术平台，建立智能化生产管理系统，通过数字化转型、利用云计算和人工智能（AI）等先进技术对油田实行智能化经营管理，实现了钻井和完井自动化，使油气田运营商提高了油气产量和运营效率，并大幅减少了油井的开发和生产成本。

（2）威德福油田服务公司实施智能化油气开采。

2019 年 5 月，威德福油田服务公司公布新一代油井自动控制系统，即 ForeSiteEdge 生产优化数字系统，该系统于 2018 年 11 月在谷歌云上线。Edge 系统属于油田智能油气开采的 4.0 技术，基于物联网的 CygNetSCADA 平台，采用先进的数据分析、云计算和物联网技术，实现油田生产优化。CygNetSCADA 平台支持任何来源的无缝数据集成，并为全企业生产优化提供用户友好界面，是世界上第一个将油气开采人工举升、生产优化与物联网基础设施相结合的油田技术，已经监测和优化全球 46 万口井。

实施三年来，该系统的价值不断提高。无 CAPEX 的解决方案给出了提高日产量近 6000bbl 的措施，三年内增加了 1.56 亿美元的收入，这意味着平均每年增收 5200 万美元。该软件平台将所有数据集成到一个单一系统中，消除了数据质量问题，使数据质量的 KPI 符合性提高了 95%。新获得的集成数据和改进的数据质量使客户能够通过机器学习实现 ESP 井的故障预测分析，也为其他形式举升作业的故障优化和预测奠定了基础。

2. 国外能源企业及地区转型模式

1）德国鲁尔区转型

德国鲁尔区的转型路径经历了传统产业的成熟和衰退，新兴产业的初生和壮大，是资源型城市转型成功的典型之一。

德国鲁尔区的形成源于煤炭资源的开采，其工业发展有近两百年的历史。20 世纪 50 年代，鲁尔区是欧洲最大的煤炭、钢铁重工业区。然而，随着 1958 年煤炭危机的爆发，煤炭行业逐渐失去优势，环境污染问题频发，鲁尔区的经济和社会发展陷入困境。自此，鲁尔区开始了长达半个多世纪的转型之路。先后历经了四个阶段，通过确定转型体制机制，成立权威领导机构，制定整体阶段性、区域性转型规划，同时政府大力扶持，政策指向性明确且时间长久，积极开展产学研合作，快速推动技术成果转化，坚持工业遗产保护与开发并重，鲁尔区实现了由单一产业结构到多元化、由传统工业到服务业的转化，形成了传统工业与高新技术产业协调发展的现代产业体系。同时人力资本大幅提升，城市形象和城市服务得到大幅改善，鲁尔区也成了科技创新、文化创意、旅游展览的集聚地，能源技术、环保技术、医疗卫生的先行者[235]。

对我国资源型城市高质量发展，鲁尔区的转型升级之路具有较大程度的借鉴意义。（1）鲁尔区在资源较丰富时开始探索转型，经历了成熟期、衰退期和再生期三个发展阶段，包括了资源型产业转型发展的大部分过程，与我国大部分资源型城市的现状类似。(2)鲁尔区的产业结构由一支独大向高级化、协调化发展，完成了从传统工业向现代工业服务业全面发展的转变，其间经历了多种探索。(3)传统煤炭冶金行业从业人数不断下降，结构性失业问题得到缓解，劳动力结构得到优化。(4)医疗教育和城市服务大为改观，城市形象和吸引力大幅提高。

鲁尔区打破了对煤炭、钢铁等资源型产业的路径依赖，生物医药、信息技术、环保和文化等非资源型产业得以培育、发展、壮大，其产业转型升级之路可以为我国资源型城市走向高质量发展提供多方面的启示。(1)资源型城市转型升级是场持久战，向非资源型产业转型发展是必然。(2)重视教育培训和科技研发，为接续产业发展培育人力资本。(3)转型规划放权至地方，因地制宜促进非资源型产业发展。(4)完善产业所需基础设施，并对产业进行因势利导。

2）美国休斯敦转型

休斯敦是因石油开采而兴起的城市。随着1901年得克萨斯油田的开发，休斯敦逐步成为美国南部地区最大的石油石化工业中心。在市场需求的刺激下，休斯敦石油产业经历了三次发展与扩张，带动了相关辅助产业的发展，但也导致了对石油产业的高度依赖，从而形成相对单一、缺乏多元化的产业结构。20世纪80年代中期，石油价格的暴跌和地下油量储备的减少使休斯敦的石油产业进入衰退期，产业结构单一的缺陷开始暴露。

随着石油资源逐渐衰退以及国际市场的不断动荡，休斯敦方面开始意识到高度依赖石油资源的产业结构单一化发展并不能实现经济的可持续增长，开始制定相应的转型模式，通过产业延伸或替代等产业多样化手段实现由资源型产业到高新技术产业的轨道跃迁，从而趋向于产业结构合理化和高级化。一方面，休斯敦强调充分发挥市场的导向作用，按照"延伸资源产业—带动纵向产业—完善产业结构"的思路，围绕石油产业，通过延伸产业链和产品深加工带动了石油化工、石油工程技术服务业以及装备制造业等纵向相关产业的迅速发展。另一方面，休斯敦实行资源就地转化战略，从对石油资源单纯的开发利用转变为追求实现更高的附加值。休斯敦并没有选择将石油资源作为一种原材料出口，而是将其进一步应用于铁路、造船、机器设备、航空航天以及医疗等附加值更高的行业。在充分利用石油资源的同时促进了产业多元化发展，从而全方位地推动了休斯敦的经济增长[236]。

在依托资源型产业向纵向相关产业延伸的基础上，休斯敦致力于发展高新技术产业，依靠科技创新政策以及科研教育引领传统产业的轨道跃迁。首先，休斯敦制定了与美国政府相关政策相契合的高科技发展规划，成为美国国家航空航天局（NASA）航天中心的所在地。在NASA的带动下，该地区已孵化出1300多家与宇航服务相关的高技术企业，门类涉及电子、仪表、精密机械等行业。其次，有赖于莱斯大学、休斯敦大学、南得克萨斯大学和圣托马斯大学等诸多名校，休斯敦成为美国第一大医疗中心、纳米技术的发源地以及得克萨斯州的软件开发基地。此外，政府通过减税政策对新兴产业给予扶持，给予高科技企业、再生能源企业、环保项目、生产设备的再利用项目等较大程度的退税优惠。这些举措最终使休斯敦从早期单一的石油城成功转型为以石油为主、多元化产业集群发展的综合性基地,集资源、资本、知识和高新技术于一身的现代化都市。其经验对我国油气资源型城市转型具有重要借鉴意义。

3. 国外油气能源政策

世界各主要产油国都非常注重通过优惠的税费政策鼓励低品位储量资源的开发和利用,美国、加拿大、委内瑞拉的低品位资源开发比较成功,其所制定并实施的鼓励政策和优惠措施,对现阶段我国高含水老油田开发具有借鉴意义。

1)美国油气政策

(1)常规油气政策。

美国政府实施了一系列的鼓励政策。实行弹性矿区使用费政策:对于平均日产量小于2.1t的低产井,实行弹性费率制,产量高,费率高;产量低,费率低。免征或减半征收矿区使用费:油价下跌至某一水平以下时,享受免征或减半征收政策。实行勘探费用税前扣除政策:应纳税所得额准许扣除勘探钻井过程中的人工费、材料费等费用,勘探失败可以全额扣除,勘探成功扣除70%。美国税法规定,石油行业开采的投资可以用来抵减股票、债券等主动收入的应纳税所得额。

(2)页岩气政策。

大力推行了天然气价格市场化改革,主要采用政府直接投资、项目支持、财政税收优惠和减免矿业权费等政策,其中税收优惠应用最多,也最有效,页岩气开发利润30%来自政府政策优惠。美国1989年出台《天然气井口价格解除管制法》,要求1993年1月1日前解除所有天然气价格管制,以实现由市场供求关系来决定天然气的井口价格。在推行天然气产业税收优惠方面,美国在《原油暴利税法案》和《能源政策法案》中制定了一系列对天然气及页岩气等非常规天然气的税收优惠政策措施。为进一步减轻能源企业的成本压力,2005年美国在《能源政策法案》中基于市场价格对墨西哥湾浅水区天然气等能源产品的勘探开发,实行了矿业权减免政策。

(3)页岩油政策。

美国政府通过减税和直接补贴的方式,鼓励企业进行页岩油开发。根据1980年《原油意外获利法》,对常规油气因原油涨价(与1979年相比)获得的额外利润征税,并将该税收收入定向补贴给非常规能源开发,鼓励新型能源的勘探开发。根据1997年《纳税人减负法案》,美国对非常规能源开发实行税收减免,减轻企业负担。美国还对生产非常规能源的油气井进行直接补贴,2006—2010年五年期间,补贴额度达到每吨油当量25.05美元。此外,美国政府还设立了非常规油气资源研究基金,从20世纪80年代开始,先后投入了60多亿美元。

总体来看,美国的油气政策效果明显,大大促进了油气行业发展,特别是有力推动了页岩革命,油气产量大幅增加,美国因此实现了油气能源独立[237-238]。

2)英国油气政策

为鼓励油气行业投资,英国政府连续出台减税政策。为了应对油气产量持续下滑、油价下跌的状况,2015年3月,英国政府在2015年度财政预算中公布了一系列油气行业财税改革措施,通过削减税收、延长支出计入成本的期限、提供税收补贴和投资减免纳税等措施,激发投资者的投资信心,进而促使产量提升。

(1)降低油气税率,提升财税竞争力。

在 2014 年 12 月的秋季预算中,将附加税税率从 32% 降低至 30%,是英国北海近 21 年来第一次削减税率。2015 年新的英国财政预算中,将 2015—2016 年企业所得税率从 30% 降低至 20%,附加税税率进一步降低 10%~20%。从 2016 年起,把 1993 年前批准的老油田石油收益税从 50% 降至 35%,以提高老油田的经济性和延长关键基础设施的寿命,2015 年,大约 100 个缴纳石油收益税的老油气田中 60 个几乎无利可图。此次降税是自 1993 年以来的最大降幅,降低 10 个百分点,使 1993 年前批准的老油田开发的综合税率从 2015 年的 80% 降至 67.5%,无石油收益税的新油田开发的综合税率从 2015 年的 60% 降至 50%。此次财政预算中,英国政府确定进一步削减整体税收来确保油气行业的长期发展,旨在提升英国大陆架整体的财税竞争力。

(2)延长了计入生产成本的期限以吸引投资者。

对于发生在 2013 年 12 月 5 日之后符合规定的开支,英国还允许投资者将篱笆圈内可计入生产成本的期限从目前的 6 年延长至 10 年。这一举动将会促进海上和陆上油气生产,并能吸引新的投资者。

(3)进一步改革财税体制以简化税制。

英国政府在 2015 年财政法案中引入了集群津贴,对整个大陆架范围内的项目引入简化的投资减免纳税(陆上项目不包括在内),新发生资本支出中的 62.5% 可以计入附加税计算中的抵扣项目,以鼓励投资更加复杂的项目,该措施从 2015 年 4 月 1 日起实施。为了刺激勘探活动,政府还决定在 2015—2016 年间,给予有待进一步开发海上区域的地震勘探项目总计 2000 万英镑的资金支持。

(4)成立新机构以加强行业监管。

授予新成立的监管机构石油天然气管理局管制权力,监督项目运营和废弃方案,从 2015 年 4 月起正式运营。该管理局还推行考虑基础设施的财税改革,增加设备弃置转让的税收优惠和合作,以及引入支持高温高压项目的政策,以减缓北海油气产量递减的速度。

(5)对非常规等难开采资源给予税收补贴。

2013 年成立了非常规油气办公室,监督页岩气行业的发展,还将页岩气生产商的适用税率由 62% 降至 30%,页岩气项目的优惠期限由 6 年延长至 10 年。此外,对投资开发超高压、高温油气田的企业免征油气田生产附加税,公司适用税率由 62% 降至 30%。为了提升北海油田的产量水平,英国宣布对新开发的"大型浅水天然气田"获得的首个 5 亿英镑收益以及符合条件的老油田项目免征 32% 的附加税。

(6)推行老油田废弃支出减负计划。

2013 年,英国政府为支持老油田发展,制定了废弃支出减负计划。投资者在生产经营末期面临较大额度的废弃支出时,可以申请税收返还得到废弃支出减负。英国北海地区所有油田均享受该政策。具体操作为若在废弃作业期间,油气公司当年的油气销售总收入扣除成本(包括弃置费)后的数额为负时,油气公司可以将当期发生的弃置费,作为历史上纳税抵扣项的一部分,计算废弃支出减负的返还税收额[239]。

3)俄罗斯油气政策

俄罗斯财税实行矿税制,税种主要包括矿税、出口关税、所得税以及一些小税种,其中矿税和关税占80%~90%。优惠财税政策实行考虑开采程度、储量规模、渗透率、油品的矿产资源开采税。

为了鼓励油田企业加大对开发后期、稠油和东西伯利亚新油田的开发力度,加强开采税的调节作用,根据俄联邦法案2006年151号,政府出台开采税税收优惠政策,引入"采出程度折减系数",对采出程度高于80%的油田给予税收优惠,对原油黏度超过200mPa·s的油田或层系免征开采税,对东西伯利亚地区部分新油田实行"假期"制度,减免一定时期内的税收。

为了鼓励油田企业加大对储量规模较小油田的开发力度,进一步加强开采税的调节作用,根据俄联邦法案2011年258号,引入"储量折减系数",对原始可采储量小于$500×10^4$t且采出程度不大于5%的油田给予税收优惠。为了进一步细化开采税优惠政策,根据俄联邦法案2014年366号,引入"石油开采特征指数",该指数的制定综合考虑了油田的地理位置、储量规模、采出程度、开发难度、原油品质等多项指标。

此外,俄罗斯对页岩油和海上石油勘探开发实施税收减免,按照矿层的渗透性指数等因素,减免系数最高为80%。巴热诺夫组等页岩油区块,可享受零税率政策[240]。

4) 加拿大油气政策

加拿大在制定油气相关政策方面主要参考美国油气政策。在鼓励开发边际油田方面,采取矿区使用费减免措施。停产一年以上的井,重新开井后的产量减免一年矿区使用费,1993年2月以后重新开井的减免两年;三次采油产量在投资回收前,可减免矿区使用费的4%~5%。针对低产油田出台矿区使用费优惠政策。阿尔伯达省规定,产量长期低于或等于矿区使用费最低要求产量5%的油井,其矿区使用费率不得超过5%。

此外,加拿大还对页岩油气等高风险投入的矿产行业给予税收补贴鼓励,可以同时享有联邦政府和省区政府的税收优惠政策,在生产前的投入税收全免,生产后税收减免30%。

二、国内老油田企业运营管理模式及能源政策

1. 国内老油田企业运营管理模式

1) 业务结构优化

(1) 辽河油田业务归核化。

辽河油田于2018年全面启动"油公司"模式改革,按照"做强做大主营业务,做精做优生产辅助业务,萎缩退出低效无效业务"的发展思路,明确了"611"业务归核化发展框架,积极主动对其现有的油气勘探开发板块、工程技术工程建设板块、生产保障板块、石油化工板块、矿区服务板块、新能源板块、外部市场板块和多元经济板块等八大板块26类业务进行战略调整,确保公司整体产业结构更趋合理、更加聚焦。

截至2019年底,辽河油田修井作业、物资供应、后勤服务、运输与特车、注水五大业务基本剥离完毕,公司整体产业结构更趋合理,增储增产增效能力进一步提升。

(2) 长庆油田业务归核化。

长庆油田在调整组织机构、压减管理单元的基础上,积极推动机构系统压减和人员优化配置,持续优化调整业务结构,形成了油气主业70%、生产辅助20%、后勤保障10%的"721"业务格局,实现业务结构更加合理、油气主业更加突出。截至2020年底,通过实

施业务归核化,共计3万余人转岗至油气主业,油气主业从业人员占比达84.7%,"油公司"模式基本成型,管理体制机制更加集约高效。

2)体制机制完善

(1)长庆油田"三项制度"改革。

近年来,长庆油田坚持问题导向和市场化改革方向,以构建"油公司"模式和提高效率效益为目标,以干部人事、劳动用工、收入分配"三项制度"改革为抓手,聚焦资源配置、活力激发、人才发展"三大主题",突出重点、循序渐进、精准发力,着力深化干部制度改革、实施组织机构变革、推进用工方式转型、创新考核分配机制、推动人才资源开发,有效破解现实难题,积极化解当前矛盾,促进企业转型升级,平稳实现用工总量7万人"零增长",现代"油公司"模式不断完善。

(2)胜利油田优化组织架构。

胜利油田大力推进"油公司"体制改革,按照"公司机关—厂—管理区"实施扁平化分级管理,队伍更加精干,各级管理职责更加清晰,管理效率、用工效率、资源资产使用效率进一步提高。截至2015年,两级机关部门设置和定员编制均减少20%,减少基层采油单位130余个。

3)国际市场拓展

(1)大庆油田国际化经营体制机制创新。

近年来,大庆油田按照"集中管理、分部经营,权责对等、主题明晰,前线精干、后台服务,合规经营、规范运作"的思路,积极开展国际化经营体制机制创新。一是构建综合矩阵管理模式,总部管理、海外支持、业务经营三大模块各司其职;二是实施海外油气业务垂直管理调整,着力强化对海外油气业务的技术支持和服务保障;三是理清海外非油业务管理权责,逐步形成了集"大组织""专管理"于一体的生产组织新格局。目前,海外业务进入中东、中亚、亚太、非洲和美洲五大区域,超亿美元市场3个,海外市场收入突破百亿元。

(2)玉门油田在乍得市场赢得成功。

面临资源逐渐枯竭、生产经营形势日趋严峻的现状,玉门油田除了大力推进内部挖潜外,还组织精兵强将,积极开拓国际市场,于2009年进入乍得石油市场,为乍得石油工业提供上下游一体化服务。根据乍得油田勘探开发实际需求,玉门油田协调组织并实施了勘探开发、稠油开采、加工生产的一体化方案。加大了勘探开发力度,将难动用储量变成优质资源,进一步夯实油气资源开发基础;在开发工作上,深入研究采油工艺技术,寻求原油降凝降黏优化技术,确保乍得油田稳产上产。

2019年原油产量突破$500×10^4$t,建成了乍得炼化工业体系,加工原油$70×10^4$t,总收入4.67亿美元,实现利润0.5亿美元。总体实现了自主勘探、高效开发、上下游一体化经营,将乍得发展为中国石油非洲油气合作的重要接替区。

4)数字智能转型

(1)塔里木油田积极推进数字化建设。

近年来,塔里木油田以打造智慧油田为目标,优化完善专业库和工作平台,开展云数据集成与应用集成,重点突出协同研究环境、物联网和ERP应用集成系统建设,实现了大数据信息化协同共享和地质、井筒、地面一体化管理，信息化对勘探开发主营业务的支撑作用明显增强。

（2）中国海油引入阿里云大脑 AI 精准管理南海气田每口井。

2020 年 4 月，中国海油引入阿里云工业大脑 AI 精准管理南海气田每口井，优化南海天然气的开发生产，打通天然气气井、生产平台、运输管网、上岸加工等全链路的毛细血管，为南海气田复杂地质环境下的生产系统装上智能"大脑"，协同各个气田的生产，延长开采周期。

2. 国内能源企业及城市转型模式

1）神华集团转型

神华集团是我国最大的煤炭能源企业、世界最大的煤炭经销商，产业领域覆盖煤炭、煤化工、电力、铁路、港口、航运。2014 年，神华集团提出"1245"发展思路，即"1 个目标"（打造国际化清洁能源供应商）"2 个转变"（转变发展观念、转变发展方式）"4 个发展"（安全发展、转型发展、创新发展、和谐发展）"5 个提高"（提高企业发展质量和效益、提高企业管理水平、提高国际化能力、提高企业软实力、提高履行社会责任能力）。神华集团开始由过去靠投资驱动、规模扩张的发展模式转向产业纵向一体化发展。通过推进煤炭清洁高效绿色生产，构建现代化煤电生产体系，发展煤制油和煤化工产业，做大做强现代化运输服务业，稳步发展可再生能源业务，进军非常规油气开发和节能环保服务领域，下大力气对产业进行优化组合，实施多产业一体化运营，煤炭板块在集团营业收入中的占比逐步下降，利润结构也明显优化，电力和运输板块的利润贡献率在 2014 年就首次超过煤炭板块。

2）延长石油转型

延长石油兴起于石油开采，一直以来凭借石油资源谋求企业发展，但企业很早就认识到"一油独大"存在的经营风险，早在 2012 年企业就已经开始依托资源优势积极谋求转型升级、低碳循环的创新发展之路。经过多年的探索，延长石油创造性地提出了实施"油气并重、油化并举、油气煤盐综合利用"和"一体两翼"发展战略，走出了一条差异化、特色化的发展道路。横向"油气煤化电"多产业耦合发展，纵向向下不断延伸产业链，加快培育新能源、新材料和高端精细化工产业。目前，延长石油现有产业覆盖了油气勘探与开采、加工、储运、销售、石油炼制、煤油气综合化工、煤炭与电力、技术研发与中试、新能源、金融服务等多个领域，综合型能源化工产业格局基本形成。企业在谋求自身发展的过程中秉持着"感恩自然，低碳延长"的环保理念，通过打造绿色油田、清洁工厂，努力构建企业发展与自然环境的良性关系。

3）我国油气资源型城市定位及发展方向

根据《全国资源型城市可持续发展规划（2013—2020 年）》，按照资源型产业的发展阶段差异，可以将资源型城市分为成长型、成熟型、衰退型和再生型四种类型。我国现有 262 个资源型城市，其中油气资源类城市 16 个（表 4-1），其中成长型 6 个、成熟型 4 个、衰退型 3 个、再生型 3 个。关于我国资源型城市的定位，成长型城市定位为我国能源资源的供给和后备基地；成熟型城市定位为现阶段我国能源安全保障的核心区；再生型城市定位为资源型城市转变经济发展方式的先行区；衰退型城市定位为加快转变经济发展方式的重点难点地区。

表 4-1　我国油气资源型城市定位及发展方向

类型	数量	城市	定位	发展方向和重点任务
成长型	6	松原 鄯善 榆林 鄂尔多斯 庆阳 延安	我国能源资源的供给和后备基地	应规范资源开发秩序，形成一批重要矿产资源战略接续基地，并提高开发准入门槛，严格环评机制
成熟型	4	大庆 东营 任丘 克拉玛依	现阶段我国能源安全保障的核心区	应高效开发利用资源，延伸产业链条，推进产业结构升级，尽快形成若干支柱型接续替代产业
衰退型	3	濮阳 玉门 潜江	加快转变经济发展方式的重点难点地区	应着力化解历史遗留问题，促进失业矿工再就业，推进棚户区改造，综合治理废弃矿坑等
再生型	3	盘锦 南阳 唐山	资源型城市转变经济发展方式的先行区	应优化经济结构，培育战略性新兴产业，建成区域中心城市、生态宜居城市、著名旅游城市

成长型和成熟型城市应尽快转变发展理念，未雨绸缪，在资源型产业稳定发展的同时，鼓励地方将大部分资源型产业收入储蓄起来，用于民生投入和环境治理，并探索非资源型产业的培育与发展。具体来讲，成长型城市应规范资源开发秩序，形成一批重要矿产资源战略接续基地，并提高开发准入门槛，严格环评机制；成熟型城市要高效开发利用资源，延伸产业链条，推进产业结构升级，尽快形成若干支柱型接续替代产业；再生型城市应优化经济结构，培育战略性新兴产业，建成区域中心城市、生态宜居城市、旅游城市等；衰退型城市应着力化解历史遗留问题，促进失业矿工再就业，推进棚户区改造，综合治理废弃矿坑等[241]。

3. 国内油气等能源政策

1）油气矿权政策

矿权是油田企业生存发展的基础和前提。近年来，国家油气矿权改革主要基于贯彻落实党中央、国务院关于石油天然气体制改革、提升油气勘探开发力度等决策部署，通过放开市场、引入竞争、盘活要素、严格监管等，深化"放管服"改革，充分发挥市场配置资源的决定性作用和更好地发挥政府作用[242]。

油气矿权改革与政策要点，表现为以下五个环节的特征。

(1) 矿权获取环节。油气探矿权实行竞争出让，扩大矿权竞争性出让范围，开展油气探矿权竞争出让试点，探索积累实践经验，稳步推进油气勘查开采管理改革；油气市场（矿权）有序放开，逐步形成以大型国有油企为主导、多种经济成分共同参与的勘查开采体系；油气矿权实行探采合一，石油、天然气等矿产资源探矿权人发现可供开采的油、气等矿产资源的，有权在报告国务院自然资源主管部门后即可进行开采。

（2）矿权持有环节。缴纳矿权出让收益，将探矿权、采矿权价款调整为矿权出让收益，并在出让时一次性确定；提高矿权占用费标准，矿权占用费实行累进动态调整机制。

（3）矿权延续环节。探矿权期限将调整为(5+5+5)年，探矿权期限为5年，有效期届满可以续期两次，每次期限为5年；探矿权续期逐次扣减证载面积，申请延续登记时应扣减首设勘查许可证载明面积的25%。

（4）矿权退出环节。探矿权到期将全部退出，新立探矿权区块占有时间的上限为15年，期满后如未能转采，探矿权将全部退出；保护区内矿权环保标准提高，要求自然保护区内矿权须全面有序退出，新立矿权不得设于保护区内。

（5）合规管理环节。加强油气勘查开采全面全过程监管，自然资源资产离任审计全面实施，矿业权人勘查开采信息实行公示。

2）油气财税及价格政策

国家财税价格政策在引导油田企业发展方向、促进可持续发展上发挥了重要作用。近年来，国家完善油气财税政策，旨在以促进油气资源合理开采为目标，以提高资源利用率为重点，不断推动油气田企业发展模式由资源驱动型向效益驱动型转变。价格政策调整主要基于国家加快完善社会主义市场经济体制、石油天然气体制改革，统筹推进自然垄断行业改革、能源价格市场化改革等决策部署，通过不断完善机制，总体上实现了与国际接轨和市场化改革。

其中，油气财税政策主要包括资源税、增值税、企业所得税、城镇土地使用税、石油特别收益金和其他税费等税费政策。油气价格政策主要包括原油、天然气、成品油价格政策。

（1）资源税。调整计征方式，由从量定额向从价定率转变，2010年率先在新疆油田试点从价计征，2011年起全面施行，原油、天然气适用税率为5%；撤费并税，进一步提高税率，矿产资源补偿费费率降为0，相应将税率由5%提高至6%；减免力度有限，对低丰度油气田、三次采油、稠油、高凝油、高含硫天然气给予20%~40%的资源税减征。

（2）增值税。2016年全面"营改增"以来，近年减税力度逐年增大，油气田企业提供的生产性劳务由原来统一的17%调整为6%、9%两档，销售原油、天然气分别由原来的17%、13%调整为13%、9%。

（3）石油特别收益金。两次提高起征点，一定程度上减轻了企业税负。采取按月计算、按季申报、按月缴纳的方式，从2006年起，当油价高于40美元/bbl时，实行5级超额累进税率征收；起征点分别于2011年、2015年提高至55美元/bbl、65美元/bbl。

（4）企业所得税。税制基本成型，各项减税措施不断完善。加计扣除比例增加，研发活动中实际发生的研发费用，费用化部分在据实扣除的基础上，再按实际发生额的75%在税前加计扣除；资本化部分按照无形资产成本的175%在税前摊销。优惠目录项目增多，企业购置并实际使用《环境保护、节能节水项目企业所得税优惠目录》和《安全生产专用设备企业所得税优惠目录》规定的环境保护、节能节水、安全生产等专用设备的，设备投资额的10%可从企业当年应纳税额中抵免。摊销折旧力度增大，对油气田企业在开始商业性生产前发生的矿区权益支出、勘探支出摊销、开发资产折旧等给予当期扣除，实行加速摊销折旧的优惠政策。

(5) 城镇土地使用税。税额大幅提高，油气产业征免范围日趋缩小。每平方米应纳税额大幅提高，将原来的定额税率提高了两倍，但由于定额税率采用有幅度的差别税额，实际涨幅更大；压缩减征范围，取消了油、气、水井用地，通信、输变电线路用地及油气生产、生活用地等原免征优惠项目，已于 2017 年开始全额征收。

(6) 其他税费。包括个人所得税、城镇维护建设税及教育费附加、环境保护税、耕地占用税、关税、房产税、土地增值税、车辆购置税、印花税、契税、矿区使用费等，合计占油气田企业整体税负比例较小。

(7) 价格政策方面。原油价格方面，2016 年，国家发展改革委发布《石油价格管理办法》（发改价格〔2016〕64 号）规定，国内原油价格与国际市场接轨，实行市场调节价。天然气价格方面，2013 年，直接规定门站销售价格，门站价格采取最高限价或"基准价+浮动幅度"的价格管理方式。加强油气勘查开采全面全过程监管，自然资源资产离任审计全面实施，矿业权人勘查开采信息实行公示。

3）新能源政策

布局新能源和可再生能源业务，是加快老油田转型升级的重要路径，离不开国家、地方政策支持和引导。

(1) 产业发展政策。为支持、鼓励和引导新能源产业有序健康发展，2008 年以来，国家及有关部委和省市政府通过制定法律法规、编制产业规划、下发工作意见等，形成了较为完备的国家和地方新能源产业政策体系，主要从宏观上规划产业发展目标和规模。

(2) 行业准入政策。2008 年以来，国家及有关部委出台工作意见、制定准入标准，政策涉及工艺装备与研发测试、节能环保和资源综合利用，引导风电、光伏持续有序健康发展，鼓励地热、氢能、铀矿、储能（油气电）领域发展，适度放开市场准入。

(3) 市场价格政策。为逐步取消价格补贴，引导产业转型升级和结构调整，2017 年以来，国家有关部委及相关省市出台多项政策，涉及完善上网电价、补贴调整等方面，主要针对风电、光伏领域，其他领域价格政策较少。

(4) 新能源财税政策。为支持和鼓励绿色、低碳、环保清洁能源发展，2016 年以来，国家及有关部委出台相关法规政策，涉及绿色电力证书、碳税等方面，但激励略显不足、有待完善。

(5) 市场消纳政策。为破解限电难题，保障市场消纳，促进新能源产业供应侧与需求侧平衡，2017 年以来，国家有关部委及相关省市出台政策，包括消纳方案、消纳指标、保障措施等方面，主要侧重风电、光伏领域，其他领域由于产业规模较小尚未涉及。

4）工业遗产政策

国家工业遗产，是指在中国工业长期发展进程中形成的，具有较高的历史价值、科技价值、社会价值和艺术价值的厂房、车间、矿区等生产和储运设施，以及其他与工业相关的社会活动场所，是工业文化的重要载体。

我国坚持政府引导、社会参与、保护优先、合理利用、动态传承、可持续发展的原则，鼓励在有效保护的前提下，加强工业遗产合理利用，促进传统产业转型升级，加快推进新旧动能转换，为经济社会发展服务。

2018年11月，工业和信息化部发布《国家工业遗产管理暂行办法》（工信部产业〔2018〕232号），加强了工业遗产管理的顶层设计和总体布局，分别从认定程序、保护管理、利用发展、监督检查等方面制定了针对性的保障措施。2018—2019年，国家分两批发布了《中国工业遗产保护名录》，共计200处。其中，大庆油田、独山子油矿、克拉玛依油田、玉门油矿、青海油田、延长石油、苗粟油矿（台湾省）入选。

对于工业遗产的发展利用，《国家工业遗产管理暂行办法》做出规定：一是要符合规划要求，充分听取社会公众的意见，科学决策，保持整体风貌，传承工业文化；二是建设工业博物馆，支持有条件的地区和企业，发掘整理各类遗存，完善工业博物馆的收藏、保护、研究、展示和教育功能；三是开发工业旅游，开发具有生产流程体验、历史人文与科普教育、特色产品推广等功能的工业旅游项目，完善基础设施和配套服务，打造具有地域和行业特色的工业旅游线路；四是加强宣传推广，合理利用互联网、大数据、云计算等高科技手段，开展工业文艺作品创作、展览、科普和爱国主义教育等活动，弘扬工匠精神、劳模精神和企业家精神，促进工业文化繁荣发展；五是建设创意产业园区，建设工业文化产业园区、特色小镇（街区）、创新创业基地等，培育工业设计、工艺美术、工业创意等业态；六是强化学术研究，加强工业遗产资源调查，开展专业培训及国内外交流合作，培育支持专业服务机构发展，提升保护利用水平和能力。

此外，在中国国家矿山公园名录中，也包含了3个油田矿山公园：河北任丘华北油田国家矿山公园、黑龙江省大庆油田国家矿山公园和甘肃玉门油田国家矿山公园。大庆石油工业建筑群——萨55井还入选第二批中国20世纪建筑遗产名录。

5）土地管理政策

土地作为油田企业的基本生产资料，是生产经营中不可或缺的物质基础，更是促进油田可持续发展的重要战略资源。近年来，土地改革逐步深化，《中华人民共和国土地管理法实施条例》等政策相继出台，国家对于土地资源的监管愈加严格。加强土地科学管理，合理规划利用土地，是新时期下油田企业的重要任务之一。根据《中华人民共和国土地管理法实施条例》和《中华人民共和国矿产资源法》的规定，油气田企业用地属于建设用地中的工矿用地，包括用于油气勘探的勘查用地，石油、天然气开采的采矿用地，管道建设的管道运输用地。依据具体用途可划分为临时占用的土地、永久性建设用地、道路交通用地和管道占用土地四种类型。对于承担国家能源战略安全重任的国有石油天然气企业，国家在土地供应方式上给予了特殊的政策支持，土地资产的来源主要包括划拨、出让、授权经营、租赁、作价出资或入股等多种形式。油田企业土地资产主要是通过划拨方式取得。随着《划拨土地使用权管理暂行办法》的废止和《中华人民共和国土地管理法实施条例》的实施，针对油田企业划拨用地的范围将会缩减，以往国家无偿提供油田企业大面积土地资源时代已经过去。油田企业获得土地资源主要将采用出让方式，获得土地的成本以及现有土地保有成本也将大幅度上升。

与国外石油企业"发展型"的转型模式相比，国内油企倾向于走分步推进改革道路。在业务归核化、管理国际化运作方面，国际公司表现积极主动，通过机构重组、并购与剥离等举措增强核心业务；而国内油田企业在经历大规模发展后，不得不在经营业绩下滑时采取加大核心业务整合等改革措施。国外公司凭借多年的国际市场运作经验，能够独立开拓海外市场，通过招投标、并购、合资合作等方式获取油气项目，进行主导开采或参股经营；国内老油田企业走出去，主要依靠集团所属的国际公司，大多是借船出海，无论是广度还是深度均有待提升。集约化方面，国外石油企业（包括国际油服公司）普遍采用剥离非核心业务与资产、裁减人员、重组上市或内部调整等做法，突出了适应技术发展和市场变化的要求；由于发展普遍较晚，我国油企更倾向于将发展与稳定结合起来，走局部重组和分步推进重组上市的路。市场化运作方面，国际石油公司或油服公司通常按照外部市场机制运行，而我国油企行业格局纵向一体化程度较高，内部市场化管理模式更有利于规避组织结构繁杂等管理问题。在数字化和智能化经营管理方面，国际大石油公司的技术研发起步较早，在研究深度和不同领域的探索都优于国内水平，国内数字油田等先进技术的适用性和普遍程度均有待提高。

国内外油田企业既具有一般油公司模式的共性，同时也因市场等外部环境的不同各自表现出其鲜明特色。借鉴国际大石油公司先进的管理模式，国内油田企业可在一些共性特点上借鉴，如管控模式（包括运营型、财务型或混合型管控模式）、三级管理架构与矩阵式组织结构相结合的管控架构、专业化管理和集中控制的业务管理模式、以市场化机制为原则的运营机制、通过服务共享提升企业标准化水平等方面。受市场运行基础、社会责任、产品定价权和历史遗留问题等多方面因素的影响，国外油公司模式的管理经验无法完全适用于国内，国内石油企业更趋向于走纵向一体化的、具有中国特色的油公司模式。

第三节　我国高含水老油田发展总体战略目标和路线

本节在老油田主要矛盾问题及开发技术现状梳理基础上，站在推动老油田可持续发展的高度，系统提出了我国高含水老油田未来发展总体战略。

一、总体思路和战略目标

1. 总体思路

以"创新、协调、绿色、开放、共享"新发展理念和"四个革命、一个合作"能源安全新战略为统领，以不断增强可持续发展能力和油气能源安全保障能力为目标，以发挥潜力优势、化解矛盾问题、提升质量效益为主线，着力推进科技创新、转型升级、绿色低碳、降本增效、数字智能五大核心战略，努力让中国高含水老油田在应对困难挑战中不断焕发生机与活力，在构建我国新发展格局的伟大实践中不断发挥更大作用、作出更大贡献[243-246]。

2. 战略目标

可持续发展是高含水老油田总的战略目标，具有非常丰富的内涵，其核心是追求能源主业的永续发展，实现基业长青。一方面，要聚焦建设能源强国，主动服务国家战略，围绕保障国家能源安全的重大责任，高效勘探增资源，大幅度增加可采储量，精准开发保稳产，把提高采收率作为永恒主题，牢牢端稳能源饭碗。另一方面，要聚焦实现"双碳"目标，顺应能源产业变革大势，围绕绿色发展，践行"两山"理念，推进化石能源清洁高效开发利用，积极发展非化石能源，形成多能互补协调发展的良好格局。高含水老油田的可持续发展具体目标可以从资源、技术和管理三个维度进行阐述。

1）资源基础

资源是基础。在资源基础上，油气储采比不断优化，常规油气资源替代率和采收率稳中有升，非常规油气资源持续扩大，资源潜力充分挖掘，为高含水老油田高质量可持续发展奠定坚实的物质基础。

2）技术水平

技术是核心。在技术水平上，绿色智能高效配套技术创新发展，提高采收率技术、非常规油气勘探开发技术实现突破，应用基础研究更加扎实，为高含水老油田进一步延长开发寿命、降低开发成本提供有力的技术支持。

3）经营管理

管理是保障。在经营管理上，业务转型升级不断推进，体制机制变革和经营管理模式创新持续深化，经营管理效益效能不断提高，为高含水老油田高质量可持续发展注入更强活力和更大动能。

二、核心发展战略

1. 科技创新战略

坚持把科技创新摆到事关高含水老油田可持续发展的全局和战略高度，切实发挥科技第一生产力作用，不断增强创新驱动和引领能力，创新发展高含水老油田油藏、采油、地面三位一体的绿色、智能、高效开发技术，攻克一批革命性、颠覆性和"卡脖子"技术，探索实施一批大科学工程，加快解决高含水老油田后备资源不足、桶油成本上升、产量效益下滑等重大根本性难题（图4-8）。

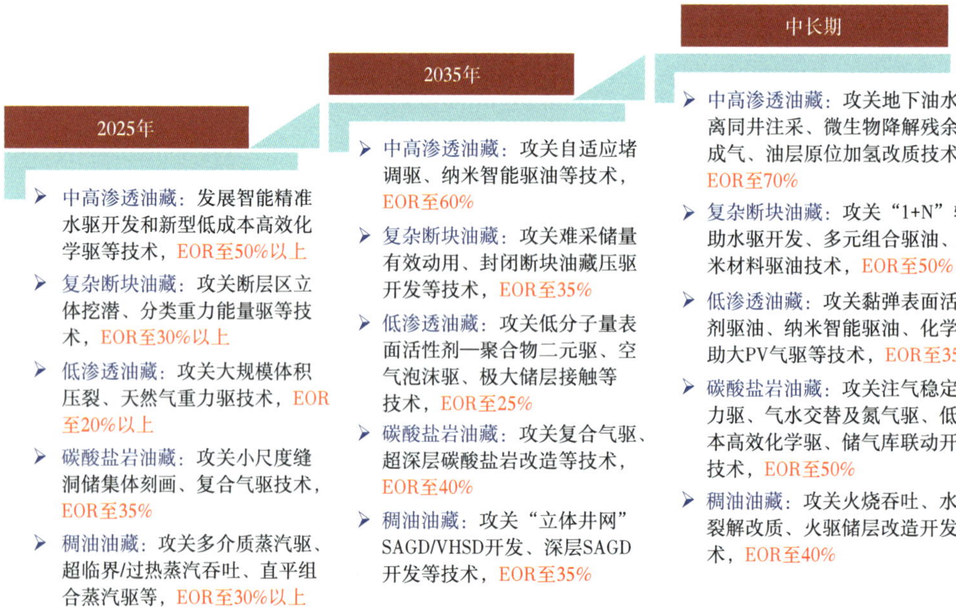

2025年

- 中高渗透油藏：发展智能精准水驱开发和新型低成本高效化学驱等技术，EOR至50%以上
- 复杂断块油藏：攻关断层区立体挖潜、分类重力能量驱等技术，EOR至30%以上
- 低渗透油藏：攻关大规模体积压裂、天然气重力驱技术，EOR至20%以上
- 碳酸盐岩油藏：攻关小尺度缝洞储集体刻画、复合气驱技术，EOR至35%
- 稠油油藏：攻关多介质蒸汽驱、超临界/过热蒸汽吞吐、直平组合蒸汽驱等，EOR至30%以上

2035年

- 中高渗透油藏：攻关自适应堵调驱、纳米智能驱油等技术，EOR至60%
- 复杂断块油藏：攻关难采储量有效动用、封闭断块油藏压驱开发等技术，EOR至35%
- 低渗透油藏：攻关低分子量表面活性剂—聚合物二元驱、空气泡沫驱、极大储层接触等技术，EOR至25%
- 碳酸盐岩油藏：攻关复合气驱、超深层碳酸盐岩改造等技术，EOR至40%
- 稠油油藏：攻关"立体井网"SAGD/VHSD开发、深层SAGD开发等技术，EOR至35%

中长期

- 中高渗透油藏：攻关地下油水分离同井注采、微生物降解残余油成气、油层原位加氢改质技术，EOR至70%
- 复杂断块油藏：攻关"1+N"辅助水驱开发、多元组合驱油、纳米材料驱油技术，EOR至50%
- 低渗透油藏：攻关黏弹性表面活性剂驱油、纳米智能驱油、化学辅助大PV气驱等技术，EOR至35%
- 碳酸盐岩油藏：攻关注气稳定重力驱、气水交替和氮气驱、低成本高效化学驱、储气库联动开发技术，EOR至50%
- 稠油油藏：攻关火烧吞吐、水热裂解改质、火驱储层改造开发技术，EOR至40%

图4-8 油藏工程关键技术发展路线图

第四章 高含水老油田发展总体战略

分类优化确定油藏工程技术发展方向，形成颠覆性大幅度提高采收率技术，采收率提高 20 个百分点以上。

形成智能高效采油工程配套技术，实现采油工程由数字化、自动化向智能化、智慧化转变（图 4-9）。

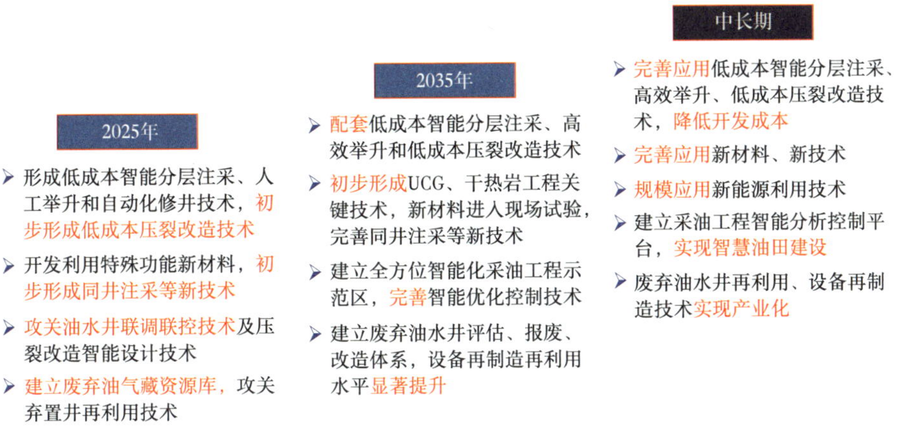

2025年
- 形成低成本智能分层注采、人工举升和自动化修井技术，初步形成低成本压裂改造技术
- 开发利用特殊功能新材料，初步形成同井注采等新技术
- 攻关油水井联调联控技术及压裂改造智能设计技术
- 建立废弃油气藏资源库，攻关弃置井再利用技术

2035年
- 配套低成本智能分层注采、高效举升和低成本压裂改造技术
- 初步形成UCG、干热岩工程关键技术，新材料进入现场试验，完善同井注采等新技术
- 建立全方位智能化采油工程示范区，完善智能优化控制技术
- 建立废弃油水井评估、报废、改造体系，设备再制造再利用水平显著提升

中长期
- 完善应用低成本智能分层注采、高效举升、低成本压裂改造技术，降低开发成本
- 完善应用新材料、新技术
- 规模应用新能源利用技术
- 建立采油工程智能分析控制平台，实现智慧油田建设
- 废弃油水井再利用、设备再制造技术实现产业化

图 4-9 采油工艺关键技术发展路线图

形成绿色智能高效的地面工程技术，实现"碳中和"排放目标（图 4-10）。

2025年
- 大容量多约束地面系统优化简化技术，达到国际先进水平
- "三废"无害化处理技术成熟、资源化利用模式形成
- 高含水老油田数字化全面覆盖，初步建成智能油田
- 生产用能清洁替代率达到 20%以上

2035年
- 基于数字油田的高效能运维技术体系，达到国际领先水平
- "三废"全部资源化利用
- 建成智能油田，实现生产系统的自我学习、自我决策
- 新能源业务实现产业化，油田供能结构实现转型，新能源折油当量达到油气产量10%以上

中长期
- 高含水老油田地面工程技术达到世界一流，引领世界老油田开发地面建设与运维
- 2050年前实现"近零排放"
- 2060年前实现"碳中和"排放目标

图 4-10 地面工程关键技术发展路线图

战略要点：

(1) 设立国家重大专项，突破关键瓶颈技术。争取设立国家油气重大科技专项，重点在高含水老油田可持续发展关键技术等方面加强研究，积极探索实施以石油工程千米深井（可视化油藏）为代表的一批大科学工程，推动关键技术早日突破。

(2) 加强创新平台建设，提高科技创新效能。坚持开放创新，汇聚优势力量，设置老油区资源绿色深度开发等国家重点实验室，加大前瞻性基础理论与技术协同研究力度。

(3) 健全人才发展机制，激发创新创造活力。加快科技领军人才培养，重视高端人才引

进,加强高水平创新团队和激励机制建设,进一步打造引才聚才、育才用才的人才高地。

2. 转型升级战略

积极推进老油田企业全方位多层次转型升级,主业布局由油气为主向多能互补转型;价值创造由重数量产量向重经济效益转型,大力推动高质量发展;发展动因由资源驱动向创新驱动转型,不断增强发展动能活力;生产运营由工业化向数字化、智能化转型,不断加快生产方式转变;地企关系由相对独立发展向地企协同发展转型。更好履行"三大责任",推动高含水老油田高质量可持续发展,努力破除高含水老油田业务结构单一、内生动力不足等体制机制束缚。

战略要点:

积极推进具有中国特色的"油公司"模式改革。

(1)业务布局归核化、差异化,着力提升老油田生存发展能力。

业务归核化:以业务向核心能力靠拢、资源向核心业务集中为目标,大力实施业务结构调整,做强做精油气生产等核心支柱业务,做专做优工程技术等次核业务,实现业务集中管理,资源高效利用、高度共享。

布局差异化:以高水平、高效益、高质量发展为目标,发挥各自优势和潜力,坚持"一企一策",全方位做好可行性论证评估,在不断优化传统业务布局的同时,以新模式、新业态为承载,布局和发展各具特色的新能源、新业务和价值链。

(2)管理体制扁平化、专业化,着力提升老油田发展活力效能。

组织扁平化:按照精干高效、权责统一的原则,通过注重职能优化、压缩管理层级、精简机构设置、明确职责定位、厘清管理界面、优化管理流程、配套建立考核激励政策,提升油田组织和管理效能。

保障专业化:坚持低成本和效益优先理念,通过择优重组、保留提升、合资合作、关停退出、转让移交等方式,有序推进辅助业务分类分级专业化重组整合,建立业务突出、队伍精干、管理精细、服务高效的专业化管理模式,有效提升油田保障创效能力。

(3)企业运营市场化、国际化,着力提升老油田发展质量效益。

运营市场化:以公正有序、开放共享、竞争择优为原则,培育开放规范的内部市场准入和价格竞争机制,积极推进次核业务开拓外部市场,加强过程监管与考核,不断提高服务保障能力,加快内外两个市场由"被动数量型"向"主动质量型"转变。

拓展国际化:以"增强海外业务发展活力和国际化运营管理水平"为目标,发挥综合一体化优势,强化上下游业务衔接,做大海外油气生产业务运营与管理,实现海外业务的规模跨越发展。

3. 绿色低碳战略

以我国"碳达峰、碳中和"目标为引领,顺应能源变革和转型大势,树立人与自然和谐共生理念,坚持"生态优先、绿色发展",把清洁低碳作为油气能源发展的主导方向,按照"清洁替代、资源接替、绿色转型"步骤次序,推进油气资源清洁高效开发利用,逐步培育壮大绿色能源产业,不断提升高含水老油田的发展空间和活力。

战略要点:

(1)清洁高效开发利用油气资源。统筹油气资源开发利用与生态环境保护,有序发展先进产能，加快淘汰落后产能；注重老油田绿色高效开发技术的研发和应用；大力推进油气清洁生产标准化制度化建设；加快常规天然气增产步伐，推动页岩气、煤层气等非常规天然气开发利用；推进天然气储气调峰设施建设，提升天然气调峰能力。

（2）大力发展非化石能源。加快可再生能源布局，发展风能、光能、地热能、生物质能及共生伴生等能源，先实现老油田自耗化石能源的清洁替代，再推动形成绿色能源供应增长极；选择发展绿氢制取、储运和应用等氢能产业链技术；着手开展储能与分布式能源技术研究；发挥老油田用碳埋碳主战场作用，加快推进 CCUS 技术应用。

（3）妥善处置废弃油区。加强老油田废弃矿井"水油"转换、设备挖潜、地热利用、安全环保等技术路线研究和可行性论证，进一步争取废弃矿井资源综合利用的产业、税收政策，废弃时环保达标处理争取废弃补贴，促进废弃矿井残余资源综合利用，开展废弃油水气井（站）土地复垦，逐步盘活存量建设用地。经过长期开发建设，高含水老油田形成了独特的勘探开采、储运炼化等生产设施，具有丰富典故和精神文化内涵的工作生活旧址和大量史料等，历史价值、科技价值、生态价值深厚。发展工业遗产旅游业，改善当地基础设施建设，促进地方经济发展；积极会同地方政府，进一步争取和出台开发工业遗产价值、发展工业旅游、建设创意产业园区、加强工业遗产学术研究等方面的就业、财政、产业支持、联合开发利用等政策，努力实现工业遗产保护与开发价值最大化。打造城市后工业公园，保留部分工业遗迹或片段，创造特色休闲景观，促进工业与生态融合发展，加快绿色矿山建设。

4. 降本增效战略

坚持"效益优先"理念，把低成本发展作为长期战略常抓不懈，以全产业链结构性优化为主线，大力推进提质增效，突出效益勘探开发，整体优化油气业务与新领域新业态、常规油气与非常规油气、生产经营与合规管控，积极争取国家财税政策支持，努力提升高含水老油田应对低油价、效益递减等重大风险挑战能力和企业生存发展能力。

战略要点：

（1）优化生产降本增效。优化运行方案，优化生产组织，加大油藏治理力度；大力实施精准开发，减少低效注入，控制无效采出，稳定地下形势，改善开发效果，提高投入产出率；合理控制产量规模。

（2）加强管控降本增效。加强投资和资产管理，提高资产质量；建立低油价下长效成本要素压降管理机制，压降成本费用；建立健全以市场为导向的成本倒逼机制；加强现金流管理，提高资金运作水平，压降"两金"占用。

（3）安全环保降本增效。严厉惩处"三违"行为，强化过程安全绩效考核；严抓承包商、高风险作业、关键领域监管和隐患排查治理；落实防范措施，严控安全风险；严抓问题整改，严肃追责问责，坚决遏制重大事故。

5. 数字智能战略

按照"数字油田、智能油田、智慧油田"三步走战略总体部署，深化"大、物、云、移、智、链"等信息技术应用，发挥数字智能计算对油田生产运行效能的放大、叠加、倍增作用，加快勘探开发、油气水井和大中型站场的数字化建设，推进传输网络、云资源等基础设施与数据生态、技术研发平台等信息化建设，积极研发与应用智能化系统，切实推动高含水老油田生产方式变革和生产管控效能提升。

战略要点：

(1) 建设数字油田。全面推进油气生产物联网的建设，通过数字油田建设，推动油田数字化转型和"油公司"模式改革。

(2) 建设智能油田。依托大数据、人工智能、区块链和虚拟现实等技术，建成覆盖勘探开发、生产运行、经营管理和工程建设等油田各领域全业务链的智能化生态。

(3) 建设智慧油田。进一步深入应用物联网、空间信息、认知计算、智能仿真与控制等信息技术，建立油田数字孪生体，通过实时模拟和仿真，实现现实油田与模拟油田的互动，建成全息有机的智慧油田。

三、可持续发展战略路线

在结合我国高含水老油田发展现状走势，借助理论模型评价可持续发展水平的基础上，总结提出到2050年我国高含水老油田可持续发展三类战略实施路线。

1. 高强内生模式

油气主业发展始终保持在较高水平，坚持以油气主业为核心，依托主业进行转型升级和环境协同，着力发展新能源业务，不断改善自身业务结构，寻找新的增长点，逐步建成以油气为主的综合性能源企业。

适用于油气资源剩余技术可采储量丰富、油气生产规模较大的老油田企业，如大庆油田、胜利油田、新疆油田、辽河油田等（图4-11）。

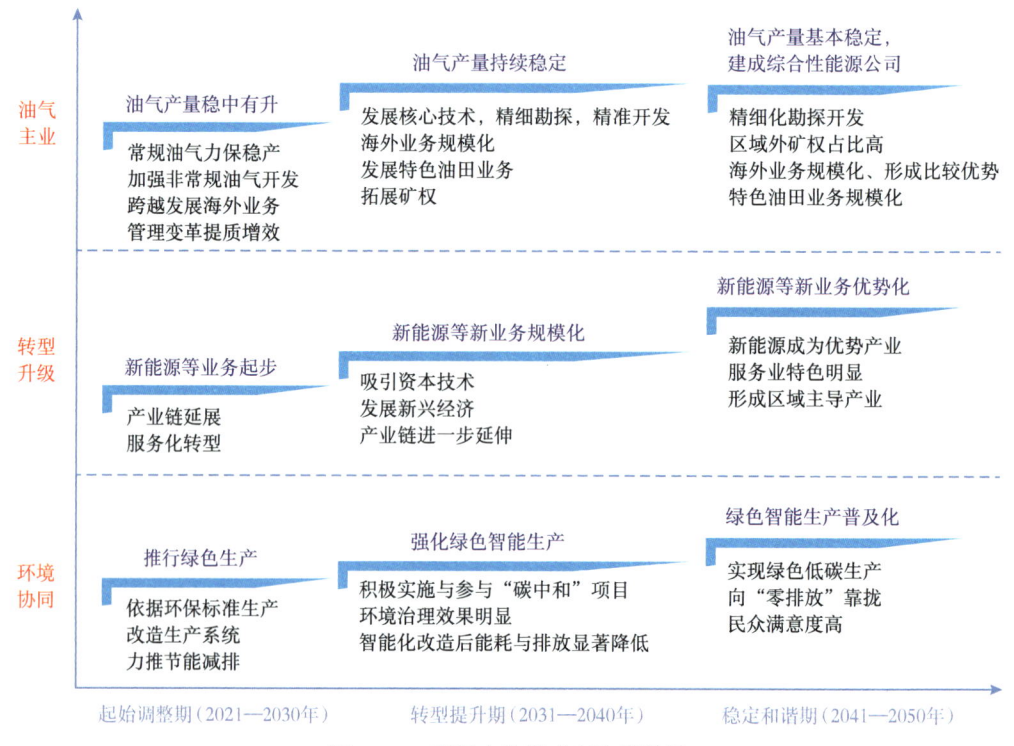

图4-11 高强内生模式实施路线图

2. 均衡内生模式

油气业务发展保持在中等水平，油气产量基本保持稳定，注重推进转型升级和环境协同，发展新能源业务的同时，充分发挥区域特色优势，积极发展新业态，从新兴业务中寻求新的增长极，未来逐步形成新兴业务能够比肩油气业务乃至逐渐超越的发展格局。

适用于油气资源剩余技术可采储量较多、油气生产规模中等的老油田企业，如吉林油田、大港油田、华北油田等（图4-12）。

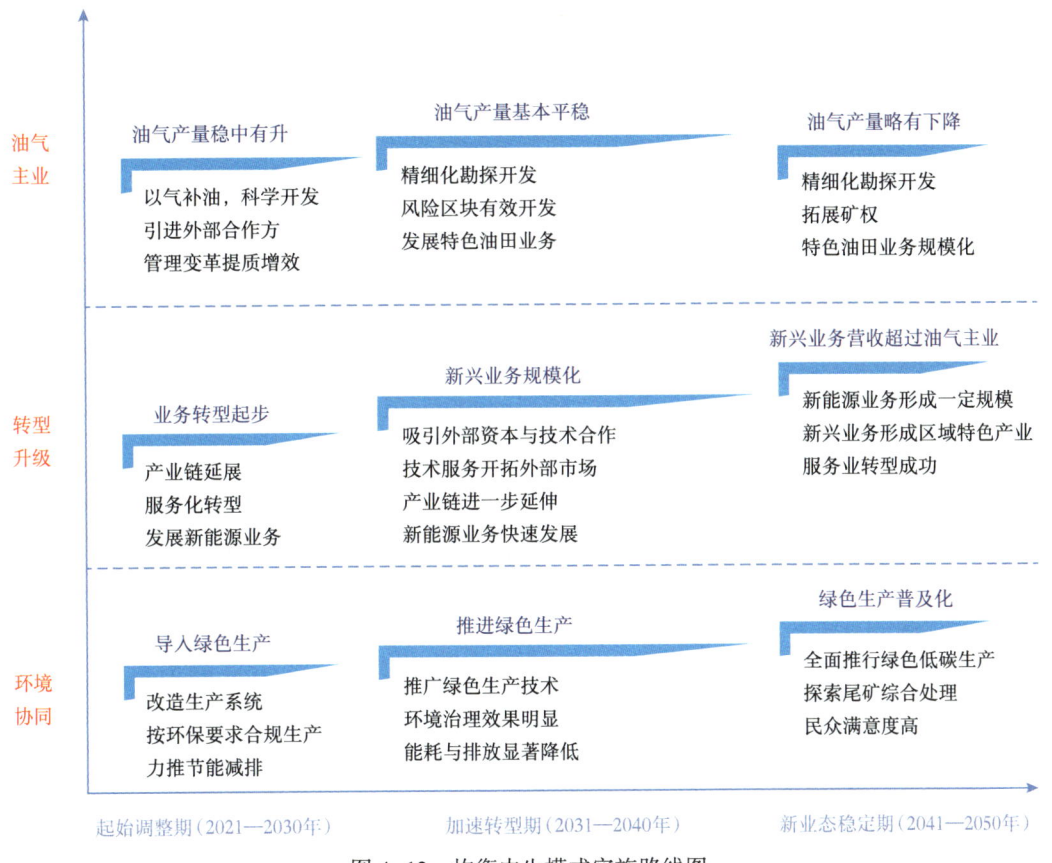

图4-12 均衡内生模式实施路线图

3. 低降外拓模式

油气业务发展水平较低、困难较大，油气产量逐年下降且保持在低位，着力推进转型升级和环境协同，迅速发展新业态，积极向油气产业以外的领域转型，大力发展非油业务，新兴业务逐步取代油气业务乃至能源业务，实现较为彻底的转型发展。

适用于油气资源剩余技术可采储量较少、油气生产规模较小的老油田企业，如河南油田、中原油田、江苏油田、江汉油田等（图4-13）。

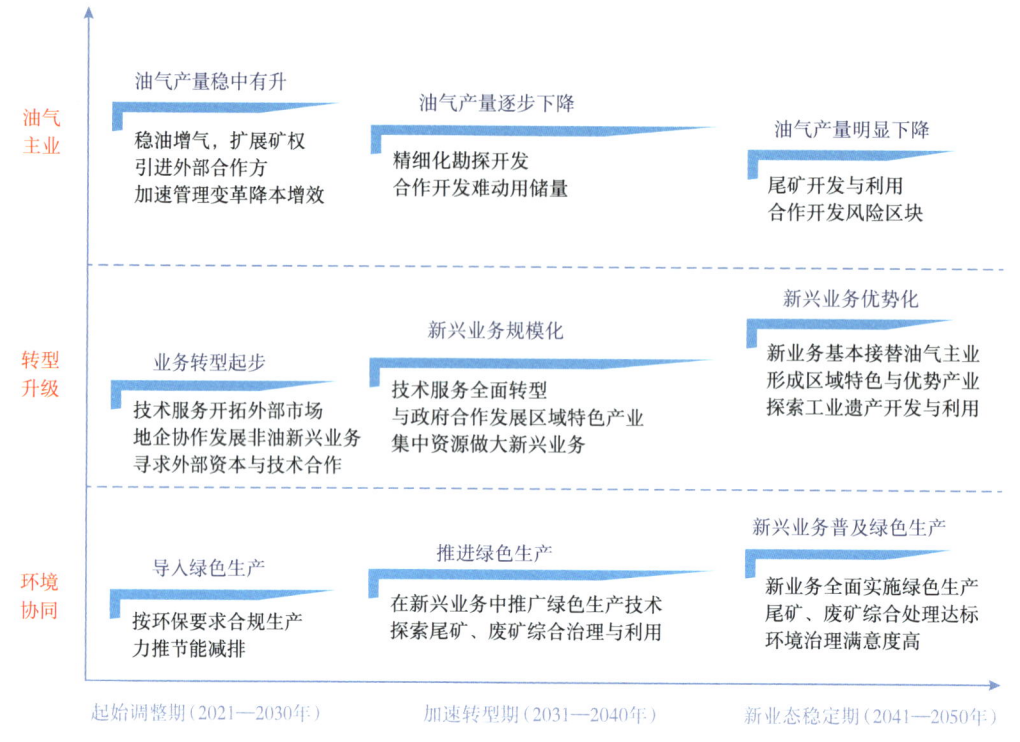

图 4-13　低降外拓模式实施路线图

第四节　健全完善高含水老油田政策支持体系

基于我国油气资源禀赋与不同开发阶段产量演化趋势，要实现高含水老油田高质量可持续发展，国家需要从战略层面进一步完善配套机制和政策支持体系，赋予高含水老油田更大支持，保障高含水老油田更好地发挥国内油气产量"压舱石"作用。

一、老油田开发阶段划分的新探索及启示

从油田开发历史看，油田可采储量不断增长对产量演变规律产生重大影响，据此可以建立新的产量演变方程。研究表明储采平衡系数小于 1 与产量递减具有很好的相关关系，以其陡降起始点作为递减阶段的起始点。含水率 90% 与可采储量采出程度 80% 具有统计学意义上的匹配性，可以作为老油田特殊支持政策启动的关键时间节点。通过不断增加可采储量，延长老油田生命期。

（1）老油田划分开发阶段关键时间节点的确定。

依据油田开发生产数据和经验做法，结合油藏工程原理，可以得到如下几个统计规律，为油田开发关键时间节点的确定提供依据。

①基于可采储量的油田产量演变规律。

在可采储量标定、开发规划编制等工作中，油田产量预测主要应用 Arps 递减方程、驱替特征曲线等方法[247-248]，但油田开发战略研究要对整个开发过程的产量演变趋势进行

预测。此方面代表性的成果有翁文波[249]提出的"泊松旋回"模型，陈元千[250]提出的HCZ等模型以及哈伯特（Hubbert）模型和龚帕兹模型。

值得注意的是，油田开发是一个极其复杂的过程，开发过程中大量调整措施和新区块新层系逐年投入，且受到经济、政策和技术等多因素影响，开发目标具有动态变化特点。因此，产量演变模式不能仅用其随时间变化的公式描述。广义"翁旋回"模型适用性受限，如在大庆油田、胜利油田均属于此种情况。

实际上，油田开发属于开放式系统，产量演变趋势除受油藏地质与渗流物理特性等自然因素的影响外，也受逐年投入地质储量、不断增加可采储量等人工干预因素的重大影响，并且这种影响贯穿于开发的全过程。油田产量与可采储量是两个相互依存、相互影响和相互制约的开发指标，在产量演变模式中应该考虑可采储量的作用。

受广义"翁旋回"模型的启示，同时进一步突出可采储量的作用，提出如下产量演变模型：

$$Q(t) = A[N_r(t)]^B e^{-Dt} \tag{4-1}$$

式中　$Q(t)$——第 t 年产量，t；

$N_r(t)$——第 t 年的可采储量，t；

A，B，D——系数；

t——开发时间，a。

其中，$N_r(t)$ 为可采储量，是控制产量上升的因素；$-Dt$ 是控制产量递减的因素。在可采储量信息难以准确获取情况下，可采用地质储量替代，仅系数发生变化，见式（4-2）：

$$Q(t) = A_1[N(t)]^B e^{-Dt} \tag{4-2}$$

式中　A_1——系数；

$N(t)$——第 t 年已动用的地质储量，t。

在可采储量随时间正比例增长的特殊情况下，本节提出的产量演变模型即为广义"翁旋回"模型。运用式（4-1）和式（4-2）对几个典型油田产量进行了拟合。图 4-14 为大庆

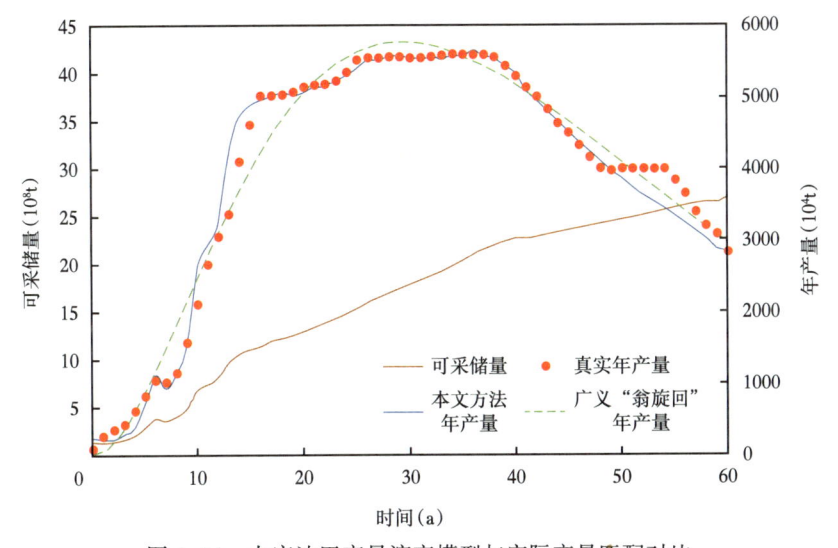

图 4-14　大庆油田产量演变模型与实际产量匹配对比

油田产量演变拟合结果,拟合公式采用式(4-1),可采储量作为控制量。图4-15为胜利油田产量演变拟合结果,拟合公式采用式(4-2),地质储量作为控制量。

大庆油田拟合结果见式(4-3):

$$Q(t) = 136.6 N_r(t)^{1.7} e^{-0.04t} \tag{4-3}$$

胜利油田拟合结果见式(4-4):

$$Q(t) = 0.00089 N(t)^{1.31} e^{-0.046t} \tag{4-4}$$

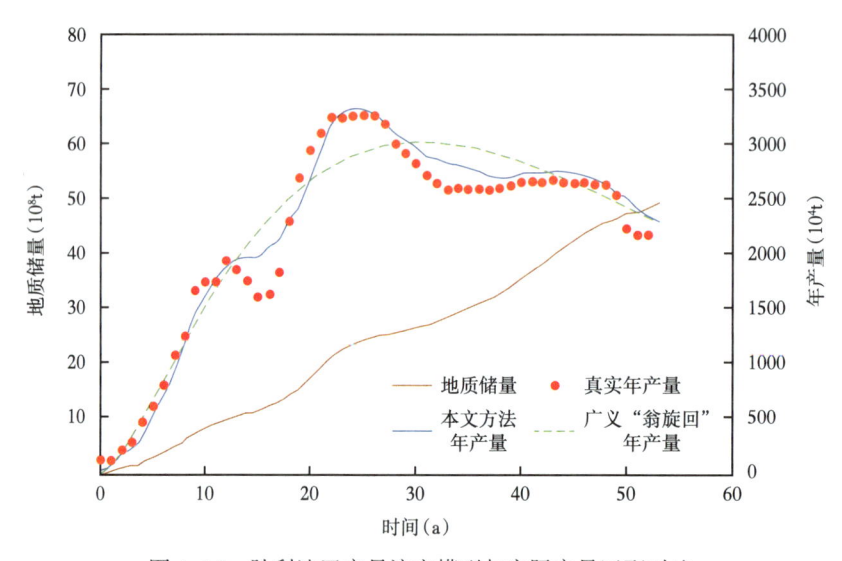

图4-15 胜利油田产量演变模型与实际产量匹配对比

其他油田运用本文模型与广义"翁旋回"模型得到的产量演变方程对比,见表4-2。

表4-2 不同油田本文方法与广义"翁旋回"产量对比

油田	广义"翁旋回" 产量演变方程	相关系数	本文方法 产量演变方程	相关系数
大庆油田	$Q = 46.7 t^2 e^{-t/14.5}$	0.976	$Q = 136.6 N_r(t)^{1.7} e^{-0.04t}$	0.988
胜利油田	$Q = 74.5 t^{1.5} e^{-t/20.1}$	0.913	$Q = 0.00089 N(t)^{1.31} e^{-0.046t}$	0.978
罗马什金	$Q = 15.4 t^{3.2} e^{-t/6.0}$	0.949	$Q = 0.7 N(t)^{1.0} e^{-0.1t}$	0.955
东得克萨斯	$Q = 2342 t^{0.1} e^{-t/27.4}$	0.897	$Q = 3.1 N(t)^{0.6} e^{-0.03t}$	0.945
中原油田	$Q = 116.6 t^{1.2} e^{-t/9.1}$	0.930	$Q = 0.003 N(t)^{1.25} e^{-0.08t}$	0.958
江苏油田	$Q = 0.4 t^{2.5} e^{-t/11.8}$	0.929	$Q = 0.02 N(t)^{1.0} e^{-0.04t}$	0.962
江汉油田	$Q = 34.1 t^{0.52} e^{-t/39.4}$	0.806	$Q = 0.001 N(t)^{1.4} e^{-0.05t}$	0.907
河南油田	$Q = 202.9 t^{0.18} e^{-t/40.6}$	0.856	$Q = 0.78 N_r(t)^{0.72} e^{-0.04t}$	0.925

②产量递减与储采失衡匹配规律。

式(4-1)表明,随着开发年限的延长,可采储量增幅变小,指数递减趋势项起主导作用,油田产量出现递减趋势。大量生产数据统计表明,储采平衡系数[251-252](即当年增加可采储量与当年产量之比,相当于SEC准则下的储量替代系数)陡降起始点的年限与产量开始出现递减的年限具有较好的匹配关系(图4—16),呈现出非常好的统计规律。只有大庆油田在储采平衡系数小于1的情况下又稳产了4年,主要是三次采油可采储量采油速度较高的原因。

产量稳产主要是依靠新发现储量的接替和提高采收率措施,即不断增加可采储量来维持[253-255],因此储采平衡系数陡降起始点,即储采严重失衡作为产量递减期出现的判据也具有一定的油藏工程依据。

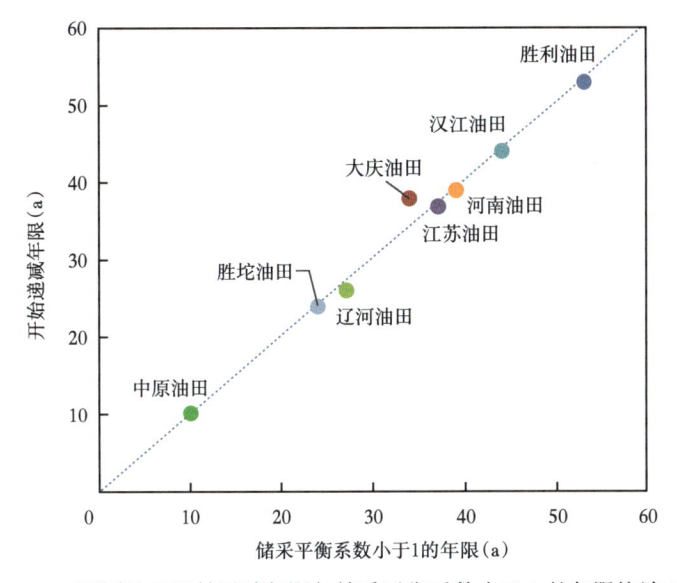

图4—16 不同油田开始递减年限与储采平衡系数小于1的年限统计对比

③含水率与可采储量采出程度匹配规律。

含水率与可采储量采出程度是表征水驱油田开发阶段的重要指标。一些学者将含水率大于90%作为开发后期,也有学者将此阶段的标志定为可采储量采出程度大于80%[256],但含水率与可采储量采出程度之间的定量关系还有待进一步研究。

a. 基于相对渗透率的含水率—可采储量采出程度关系。

相对渗透率曲线是认识油田开发规律的重要依据之一,可以在理论上研究含水率与可采储量采出程度的关系。根据分流方程、相对渗透率与含水饱和度统计关系式、地质储量采出程度与含水饱和度关系式,可以推导出地质储量采出程度与含水率的关系式:

$$R_t = a + b\ln\left(\frac{f_w}{1-f_w}\right) \tag{4-5}$$

式中 R_t——地质储量采出程度,%;

a,b——系数;

f_w——含水率,%。

按照惯例,取含水率98%时采出程度为采收率R_e,引入水油比概念,则得到可采储量采出程度:

$$\frac{R_{\mathrm{t}}}{R_{\mathrm{e}}} = 1 - \frac{b}{R_{\mathrm{e}}} \ln \frac{49}{R_{\mathrm{wo}}} \tag{4-6}$$

式中 R_{e}——采收率，即含水率98%时地质储量采出程度，%；

R_{wo}——水油比。

对不同类型油藏基于相对渗透率的含水率—可采储量采出程度关系进行统计发现（图4-17），系数 $\frac{b}{R_{\mathrm{e}}}$ 分布区间为（0.12，0.16），比较集中，均值为0.15。式（4-6）起到"归一化"作用，使得该值适用于多种类型油藏，比水驱特征曲线呈现出更好的规律性。含水率90%对应可采储量采出程度集中分布在（74%，80%），均值为76%。含水率95%对应可采储量采出程度区间（85%，89%），均值为87%。

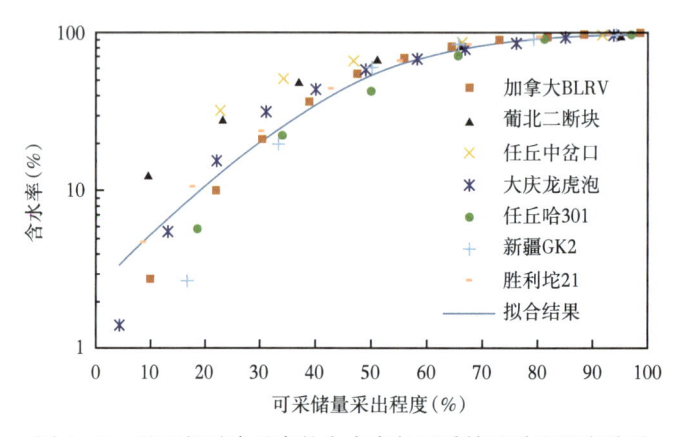

图4-17 基于相对渗透率的含水率与可采储量采出程度关系

b. 基于生产数据的含水率—可采储量采出程度关系。

油田群或广义油田一般由多个狭义油田或油藏组成，不仅地质条件不同，发现与投产时间也相差较大，无疑使含水率与可采储量采出程度的关系进一步复杂化。

假设油田群由 n 个狭义的油田（或油藏）组成，由式（4-6）可推出：

油田群综合可采储量采出程度：

$$\frac{\overline{R_{\mathrm{t}}}}{\overline{R_{\mathrm{e}}}} = 1 - w \frac{\sum_{i=1}^{n} r_{\mathrm{N}i} R_{\mathrm{e}i} \ln \frac{49}{R_{\mathrm{wo}i}}}{\sum_{i=1}^{n} r_{\mathrm{N}i} R_{\mathrm{e}i}} \tag{4-7}$$

式中 $\overline{R_{\mathrm{t}}}$——平均地质储量采出程度，%；

$\overline{R_{\mathrm{e}}}$——平均采收率，%；

w——系数；

i——油田群中狭义油田（或油藏）的编号；

n——油田群包含狭义油田的数目；

$r_{\mathrm{N}i}$——第 i 个狭义油田地质储量比例，%；

R_{ei}——采收率,即含水率98%时第i个狭义油田的地质储量采出程度,%;
R_{woi}——第i个狭义油田的水油比。

油田群综合水油比:

$$\overline{R}_{wo} = \sum_{i=1}^{n} r_{oi} \times R_{woi} \tag{4-8}$$

式中　$\overline{R}_{wo}$——平均水油比;

r_{oi}——第i个狭义油田产油量比例,%。

显而易见,各狭义油田(或油藏)的水油比分布、储量比例和产油量比例决定了油田群的可采储量采出程度和水油比的关系,但这个关系还不能用解析式表达。通过式(4-7)和式(4-8),利用 Monte Carlo 随机模拟方法,以储量比例、产量比例和水油比作为随机数,可以得到不同组合情形下油田群的可采储量采出程度和水油比的关系。模拟计算结果表明,含水率90%情况下可采储量采出程度集中分布在(75%,80%),均值为78%,表明即使对于油田群,由于"归一化"作用,特高含水阶段平均的可采储量采出程度与平均含水率的关系也呈现出较好的规律性。

对大庆油田、胜利油田等9个油田进行统计,可以看出各油田在含水率90%情况下可采储量采出程度集中分布在(74%,84%),均值为79.6%,尤其是大庆油田、胜利油田和中原油田更加贴近均值。罗马什金油田由于后期调整加大,特别是低含水油藏的投入和多种提高采收率措施的实施,含水率或水油比结构发生变化,开发效果变好(图4-18)。

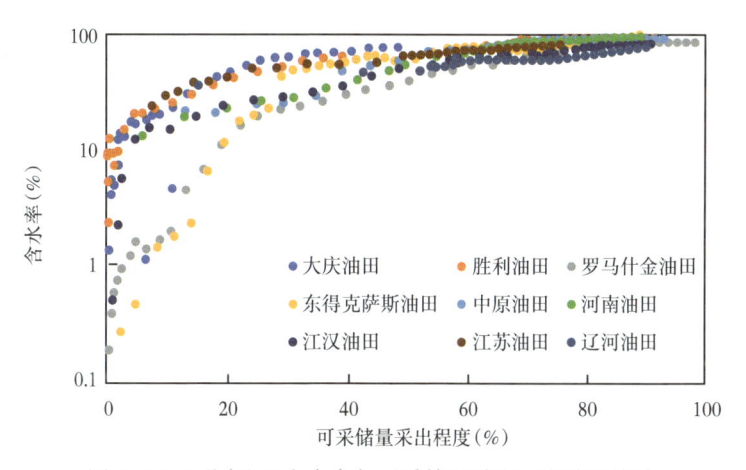

图4-18　不同油田含水率与可采储量采出程度关系统计

(2)产量演变模式与开发阶段划分方法。

油田开发是一个不断认识与调整的过程,同时不同类型油田又有不同的做法,进一步增加开发阶段划分难度,在稳产阶段可能有多台阶产量生产,在递减阶段也可能有一定时期相对稳产的情形,因此,开发阶段分界点的确定需要深入研究。

①开发阶段分界点确定方法。

a. 稳产阶段起始点确定方法——dQ/dt 曲线 0 值法。

油田稳产期与每年产量时间导数(实质上是差分)0值线的一段相对稳定区间相对应。其起点即为稳产阶段的起始点。大量油田生产数据表明了该方法的实用性(图4-19)。

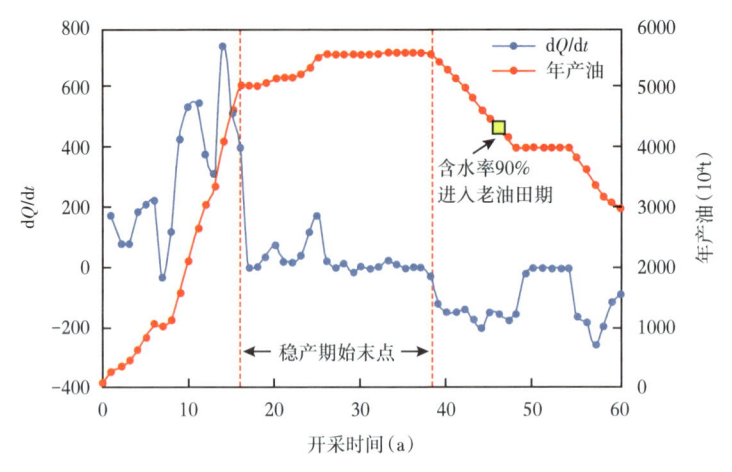

图4-19 大庆油田产量导数和年产油随开采时间的变化

b. 递减阶段起始特征点确定方法。

根据前面给出的产量递减与储采失衡匹配规律,可以将储采平衡系数作为递减期起始点。例如胜利油田的递减期出现在开发53年后(图4-20)。

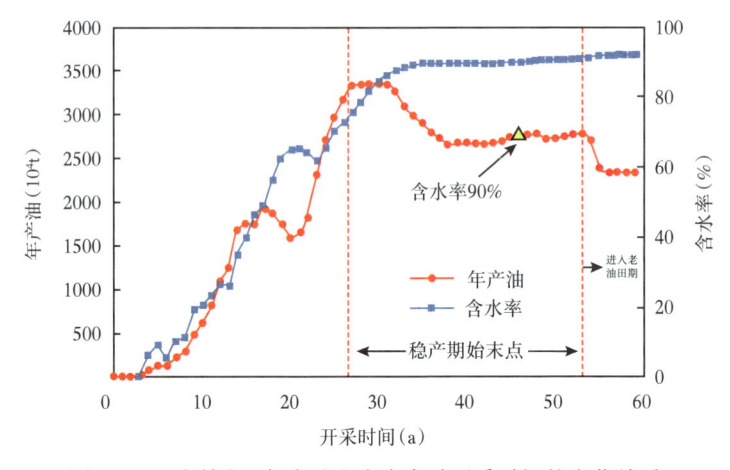

图4-20 胜利油田年产油和含水率随开采时间的变化关系

②产量演变的几种典型模式。

依据前述研究结果,统计大量油田产量数据发现,产量演变模式有上产—稳产—递减型和上产—递减型。其中稳产阶段又有峰值稳产和台阶稳产2种类型,产量递减阶段有快速递减和台阶递减2种类型。进一步概括为以下5种模式。

a. 产量上升—峰值稳产—台阶递减模式,以大庆油田和罗马什金油田为代表。如大庆油田[257]$5000×10^4$~$5600×10^4$t稳产,之后进入$4000×10^4$t和目前$3000×10^4$t台阶递减阶段(图4-19)。罗马什金油田以$8800×10^4$t稳产7年,进入递减阶段17年后又以

1800×10⁴t 稳产至今。

b. 产量上升—台阶稳产—台阶递减模式，以胜利油田为代表。胜利油田稳产阶段的两个台阶，分别为3300×10⁴t 与2700×10⁴t，进入递减阶段后以台阶2300×10⁴t 稳产至今（图4-20）。

c. 产量上升—台阶稳产—快速递减模式，以河南、江汉油田为代表。河南油田稳产期以220×10⁴~250×10⁴t、170×10⁴t 和230×10⁴t 三个台阶稳产，之后进入快速递减阶段。江汉油田稳产期以100×10⁴t、80×10⁴t 和90×10⁴t 三个台阶稳产后进入快速递减阶段（图4-21）。

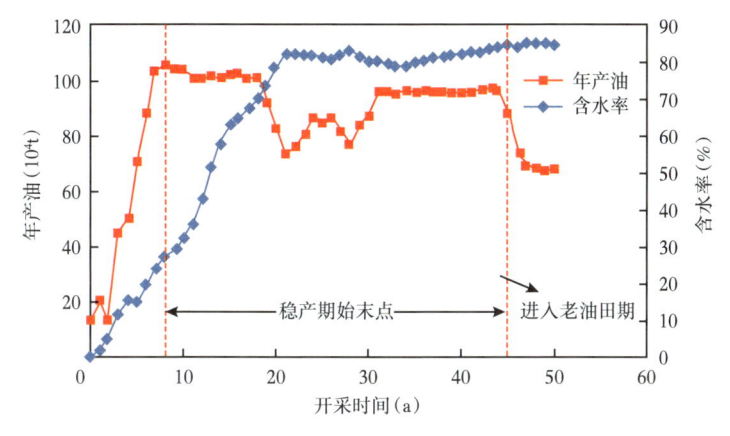

图4-21 江汉油田年产油和含水率随开采时间的变化

d. 产量上升—峰值稳产—快速递减模式，以江苏油田为代表。江苏油田以峰值170×10⁴t 稳产后进入快速递减阶段。这样的油田难以持续发现可供开发的储量，缺乏大规模提高采收率措施（图4-22）。

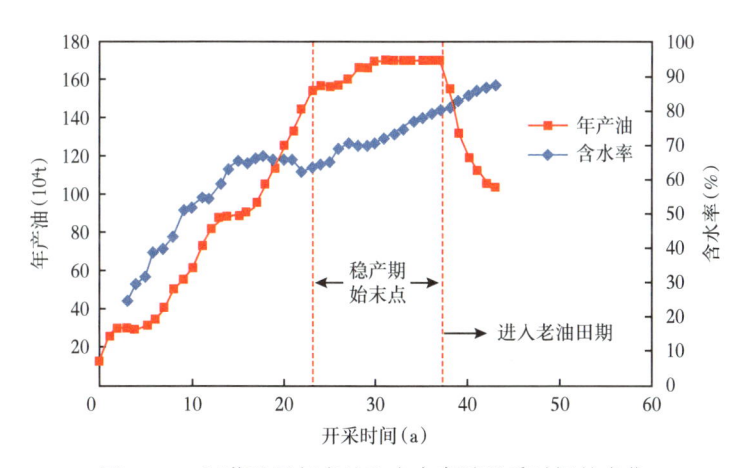

图4-22 江苏油田年产油和含水率随开采时间的变化

e. 产量上升—持续递减模式，以中原油田、美国东得克萨斯油田为代表。中原油田上产到峰值730×10⁴t 后，没有规模化地质储量探明与投入开发，难以稳产，直接进入长期递减阶段（图4-23）。

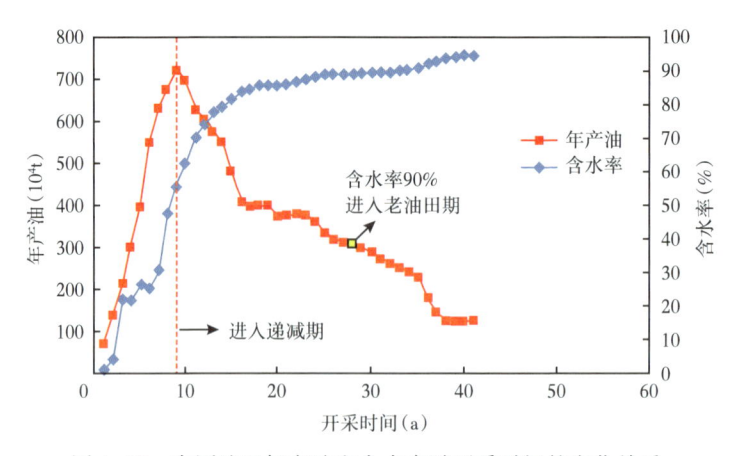

图 4-23 中原油田年产油和含水率随开采时间的变化关系

③ "老油田"内涵及判据。

"老油田"或开发后期是一个相对模糊概念。结合前面研究成果,综合考虑产量与含水率因素,可以对老油田内涵及其判据提出如下认识。

a. 产量递减期起始点作为"老油田"的判据不合适。例如中原油田、东得克萨斯油田过早进入递减期,可采储量主体在此阶段采出。

b. 仅以含水率 90% 作为"老油田"判据也不合理。例如胜利油田在第二台阶稳产含水率已达到 90%。

c. 以开采年限作为"老油田"判据更不合理。东部油田统计资料表明,在达到一定可采储量采出程度情况下,开采年限过于分散,规律较差(图 4-24)。

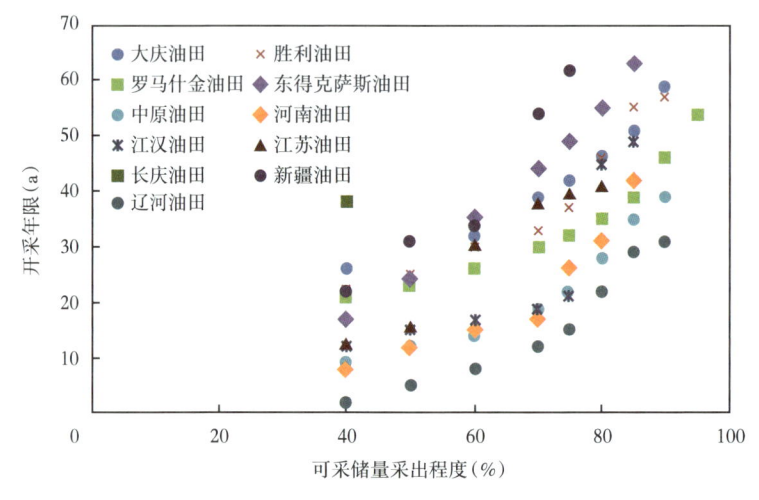

图 4-24 不同油田可采储量采出程度与开发年限的关系

d. 根据前述分析结果,用含水率 90%(或可采储量采出程度 80%,两者具有较好的匹配性)与递减期起始点"双标准"作为"老油田"判据更为科学。标准一,含水率 90% 出现在递减期,则以其为判据(此时可采储量采出程度分布在80%左右),如含水率未达到90%,但可采储量采出程度80%出现在递减期(此时含水率接近90%),同样以此点作为判据。标准二,含水率90%或可采储量采出程度80%匹配点出现在递减期之前,则以递减期起始点作为划分"老油田"的判据。

按照上述判据,确定出大庆油田、胜利油田、中原油田、河南油田、江汉油田、江苏油田、罗马什金油田和东得克萨斯油田进入"老油田"的时间(表4-3)。

表4-3 几个典型"老油田"出现时间

油田	储采平衡系数小于1年限(a)	含水率90%或可采储量采出程度80%对应年限(a)	进入老油田时年限(a)	可采储量采出程度(%)
大庆油田	39	46	46	80.4
胜利油田	53	46	53	82.4
罗马什金油田	25	35	35	80.5
东得克萨斯油田	3	59	59	82.7
中原油田	9	28	28	78.8
河南油田	39	31	39	79.0
江汉油田	44	45	45	80.6
江苏油田	37	41	41	81.0

(3)开发阶段划分实例。

运用本文方法对我国东部一些油田的开发阶段进行划分,并确定老油田起始点。研究结果表明,几个典型油田均已进入老油田开发阶段,但不同的盆地类型和油田类型,不同的油藏地质特点和开发做法,产量上升、稳产和递减阶段年限不同,阶段可采储量采出程度不同,进入老油田的途径有所不同(表4-4),但"老油田"期可采储量采出程度采出程度集中在20%左右。限于篇幅,下面仅举几个典型案例。

表4-4 不同油田各生产阶段年限及可采储量采出程度对比

油田	上升期 年限(a)	阶段可采储量采出程度(%)	稳产期 年限(a)	阶段可采储量采出程度(%)	递减期 阶段可采储量采出程度(%)	老油田期 阶段可采储量采出程度(%)
大庆油田	16	13.0	23	56.0	31.0	19.6
胜利油田	27	53.1	26	29.3	17.6	17.6
罗马什金油田	19	35.5	6	14.4	50.1	19.5
东得克萨斯油田	3	8.0	0	0	92.0	17.3
中原油田	9	43.3	0	0	56.7	21.2
河南油田	3	12.4	36	68.2	19.4	19.4
江汉油田	7	19.2	37	60.1	20.7	19.4
江苏油田	23	51.0	14	17.7	31.3	19.0

①大庆油田。

大庆油区早期发现的喇萨杏老油田，储量占比近70%，在大庆油田产量贡献中占主导地位。依据长期高产稳产和最大程度提高采收率的开发方针，分区块有序动用，接替稳产。同时伴随着层系细分、井网加密、分层注水和三次采油稳产增储措施与技术的广泛应用[258-263]，加强外围油田勘探、评价和动用，可采储量持续增加，保证了年产$5000×10^4$t以上生产27年，成为大型多层砂岩油田开发的典范。

油田建设上产期16年，期间可采储量采出程度13%。$5000×10^4$～$5600×10^4$t稳产期23年，期间可采储量采出程度56%。之后4年逐渐递减到$5000×10^4$t，开发46年后进入"老油田"递减阶段，之后又以$4000×10^4$t和$3000×10^4$t相对稳产至今（图4-19）。

②胜利油田。

胜利油田为断陷盆地复杂油藏群，油藏类型多样，包括复杂断块、整装、低渗透、稠油、古潜山碳酸盐岩和海域油藏等。主力油藏储量发现呈阶段性特点，上产阶段长达27年，期间可采储量采出程度高达53.1%。峰值产量$3300×10^4$t，采油速度高达3.3%，稳产5年后，进入第2个台阶产量$2700×10^4$～$2800×10^4$t稳产。开发53年后总体进入产量递减阶段，同时也进入"老油田"序列。由于探明地质储量仍然逐年有较大发现，可采储量不断增加，目前仍以2300多万吨相对稳产（图4-20）。

③中原油田。

主力油田储量早期发现，建设上产期9年，期间可采储量采出程度43.3%。峰值产量$730×10^4$t，峰值采油速度高达2.8%，之后没有大规模储量投入，可采储量增加幅度过小，储采严重失衡，难以实现稳产，随即进入持续递减期（图4-23）。

按照进入递减期后含水率90%判据，中原油田开发28年后进入"老油田"序列。

④罗马什金油田。

油田建设上产期19年，峰值产量$8800×10^4$t稳产，采油速度高达3.5%，稳产7年后进入递减阶段，开发35年后进入"老油田"序列[264-265]（含水率88%，可采储量采出程度80%）。"老油田"期后又以$1800×10^4$t，采油速度0.7%稳产30年。此阶段采油速度低，自然递减率低，因此投入的新储量、提高采收率措施可以弥补产量递减，实现稳产（图4-25）。

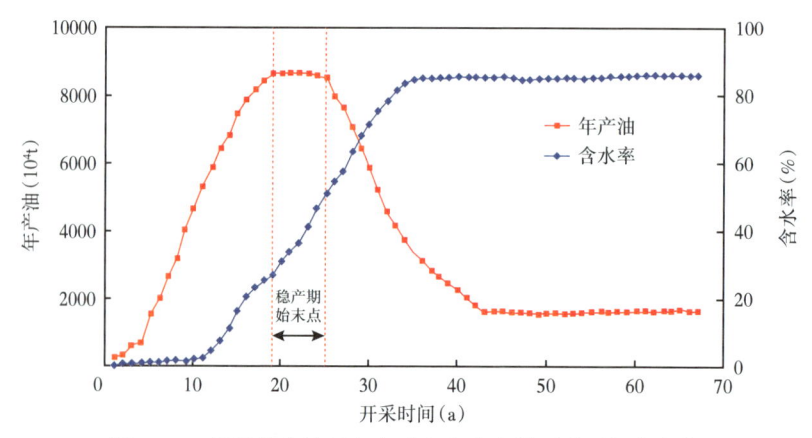

图4-25 罗马什金油田年产油和含水率随开采时间的变化

(4)老油田开发阶段划分的几点启示。

①由于地质条件、开发方式等诸多因素不同,油田不同开发阶段年限长度不同,稳产与递减阶段均具有相对性特点,稳产阶段有可能呈现多个台阶产量模式,递减阶段也有可能呈现低采油速度下的相对稳产情形。

②储采平衡系数是决定油田进入递减期的关键因素,陡降起始点可以作为递减期标志点。含水率与可采储量采出程度具有良好的统计学意义上的匹配性,含水率90%条件下可采储量采出程度集中在80%附近。

③老油田只是油区开发生命周期的一个特定阶段,是一个可以维持长期低速、有效开发的新发展阶段,从全开发生命周期看,其产量贡献仍然很大。虽然整体上处于递减阶段,但在局部时段内以一定的产量规模(或采油速度)长期稳产仍是可能的。利用递减期起始点与含水率90%双标准作为老油田定义的重要判据更为合理,"老油田"期可采储量采出程度集中在20%左右。

④油田开发全过程产量演变模式可以概括为产量上升—峰值稳产—台阶递减模式、产量上升—台阶稳产—台阶递减模式、产量上升—台阶稳产—快速递减模式、产量上升—峰值稳产—快速递减模式、产量上升—持续递减模式5种模式。

⑤发挥好老油田的作用,一是不断依靠未来技术进步,二是国家给予政策支持,不断提高采收率和精细勘探增加可采储量,不断延长生命期。

二、高含水老油田迫切需要完善的政策支持

1. 将"稳油增气"上升为国家油气发展战略

(1)将"稳油增气"发展战略写入"'十四五'全国能源发展规划"和"国民经济和社会发展第十四个五年规划",并在国家统一规划部署下,依靠科技创新与制度创新"双轮驱动",大力提升油气勘探开发力度。

(2)石油坚持"新老并重、陆海并进",实施"深化东部、加大西部、加快海洋",力争实现石油产量2022年回升至$2×10^8$t,并保持相当长时间基本稳产。

(3)天然气坚持"常非并举、深浅并进",实施"加快西部、拓展东部、加大海洋",力争实现天然气产量2025年达到$2300×10^8 m^3$左右,2035年增长到$2700×10^8 m^3$左右,突破$2×10^8$t油当量。

2. 常规油气分类分阶段差异化财税政策

面对常规油气勘探开发难度加大和资源禀赋变差等矛盾问题,突出"越老越优惠、越贫越优惠、越难越优惠"思想,按油气田不同开采阶段和程度、不同开发难度和技术要求,给予差异化财税政策支持。

初期(采出程度小于20%),免征资源税,减征企业所得税,适度给予财政补贴;中期(采出程度40%~60%),适当提高税率;后期(采出程度超过80%或含水率超过80%),再减免资源税。同时针对三次采油等提高采收区块建立财政补贴基金,鼓励油气田应用新技术、新工艺,提高低产低效油气资源开发效益(图4-26)。

3. 贫矿尾矿、废弃矿井利用财政补贴、税收政策

贫矿尾矿、废弃矿井赋存大量资源,我国已关闭矿井中仍赋存煤炭资源量约420×

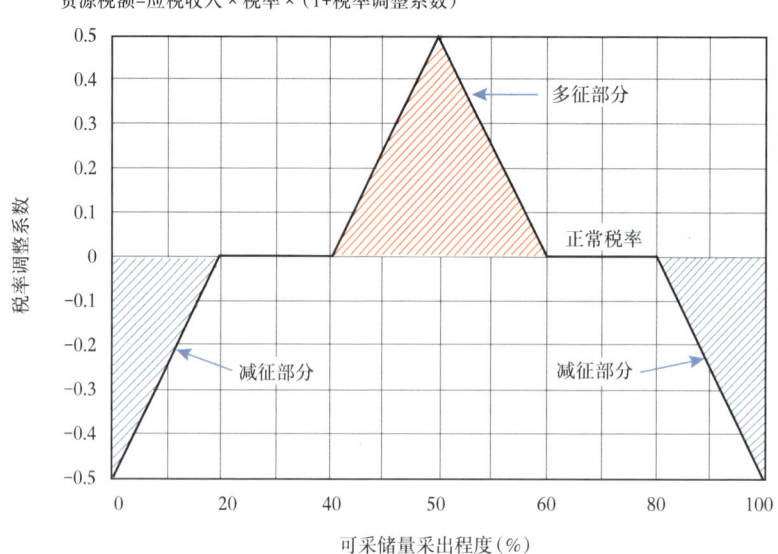

资源税额=应税收入×税率×(1+税率调整系数)

图 4-26　高含水老油田开采不同阶段资源税征收示意图

10^8t，非常规天然气近 $5000×10^8m^3$，矿井水、地热等资源也非常丰富，如果"一关了之"，将造成巨大浪费并引发安全、环境及社会等问题。

（1）对于老油田贫矿尾矿，通过国家阶段性税收减免、设立风险勘探基金、建立财税优惠国家级示范工程等给予政策支持。

（2）加强老油田废弃矿井"水油"转换、设备挖潜、地热利用、安全环保等技术路线研究和可行性论证，进一步争取废弃矿井资源综合利用的产业、税收政策，废弃时环保达标处理争取废弃补贴，促进废弃矿井残余资源综合利用。

4. 油气矿权"延续时间+差异退出"政策

矿权是老油田生存和发展的根基。根据国家 2017 年 2 月发布的《关于划定并严守生态保护红线的若干意见》，2020 年底前，我国将完成生态保护红线划定，红线内的矿权必须退出。而老油田矿权与自然保护区重叠情况普遍存在。

（1）应积极争取在核心保护区内允许开展已依法设立的油气探矿权勘查活动，一般控制区内允许已依法设立的油气采矿权（不扩大生产区域范围）继续开采活动，努力夯实高含水老油田可持续发展的资源基础。

（2）采取"退出+保护"的方式，将生态保护区内的部分优质储量和远景资源作为国家油气战略储备资源加以"保护"。

5. 设立国家重大专项和研发平台政策

科技创新是高含水老油田转型升级和可持续发展的重要支撑。

（1）建议设立"老油区资源绿色深度开发国家重点实验室"，围绕老油区深度开发理论与技术、老油区资源拓展与有效开发、老油区绿色开发与综合利用三个方向，集中配置各学科高层次优势资源，开展前瞻性基础理论研究与技术攻关，推动破解进一步提高采收率、高质量延长老油田开采寿命的世界级难题。

（2）建议设立"高含水老油田可持续发展关键技术研究"等国家重大科技专项，发挥体制机制优势，加强科学规划统筹，在政策和资金上给予支持，借助国家级开放研发平台，充分整合利用国内外资源力量，加速破解制约老油田的"卡脖子"技术难题。

（3）建议国家有关部门围绕重大油气应用技术和绿色发展技术的开发利用，加大国家工程技术中心和研发中心布局力度，进一步健全产学研和成果转化机制，加速推进老油田可持续发展和绿色低碳发展。

6. 工业遗产开发利用地企协同配套政策

经过长期开发建设，高含水老油田形成了独特的勘探开采、储运炼化等生产设施，积淀了具有丰富典故和精神文化内涵的工作生活旧址和大量史料等，历史价值、科技价值、生态价值深厚。

积极会同地方政府，在《国家工业遗产管理暂行办法》框架下，进一步争取和出台开发工业遗产价值、发展工业旅游、建设创意产业园区、加强工业遗产学术研究等方面的就业、财政、产业支持、联合开发利用等政策，努力实现工业遗产保护与开发价值最大化。

7. 非常规油气更加全面的财税优惠政策

非常规油气勘探开发在我国油气产业中的战略地位日益凸显。我国页岩油资源丰富且开发潜力巨大，中高成熟度页岩油资源总量超过 100×10^8 t，中低成熟度页岩油原位转化技术可采资源量为 $700\times10^8\sim900\times10^8$ t，中等油价（60~65 美元/bbl）下的经济可采量为 $150\times10^8\sim200\times10^8$ t，是高含水老油田的重要战略性接替资源。

（1）建议将财税优惠和财政补贴对象从煤层气、页岩气，进一步扩大到页岩油、致密油、致密气等领域，确保非常规油气勘探经济有效开发。

（2）建议设立国家非常规油气勘探开发专项基金，鼓励油气田企业积极研发非常规油气关键核心技术，加快解决瓶颈问题和"卡脖子"技术难题。

（3）建议允许非常规油气前期研发和勘探费用冲抵部分上缴税费，同时在非常规油气资源投入开发初期的 3~5 年内免征资源税。

8. 应对低油价返还特别收益金等政策

在低油价下，高含水老油田经营难度和风险极大增加、效益大幅度下滑，对油田转型升级和可持续发展形成严重制约。

（1）建议实行国家石油特别收益金返还政策，利用高油价时期国家征收的巨额收益金，形成低油价时期支持上游业务良性发展的政策机制，降低老油田企业经营难度和不可控风险。

（2）建议以增值税、资源税、企业所得税为切入点，探索国家多税种综合叠加优惠示范工程。

（3）建议在低油价下，适当减免油气田企业城镇土地使用税。

9. 新能源产业准入和放宽政策

依靠市场化机制发展新能源产业，既是实现我国 2030 年"碳达峰"、2060 年"碳中和"目标的战略之举，也是推动老油田绿色低碳发展、高质量转型升级的必由之路。

（1）建议借鉴国家油气体制"放管服"改革经验做法，在发展新能源、新业态方面，加快形成支持老油田参与市场竞争的政策措施，明确准入条件，合理设置门槛。

（2）建议设立国家老油田可再生能源综合应用示范区，鼓励企地因地制宜、协调推进，做大做强风、光、工业余热、地热等绿色能源优势。

（3）建议完善新能源财税政策体系，对于老油田自产绿电消纳、上网等给予支持，对于地热水、干热岩、生物质能等资源开发利用给予支持。

10. 央地税收分配与财政转移支付政策

（1）建议改革现有税收分配体制，聚焦企业所得税，油气资源开发税收所得按中央与地方6:4比例分享，在惠及地方税收的同时，进一步促进企地协同良性发展。

（2）建议加大对资源型城市的转移支付力度，助力资源枯竭城市转型。进一步完善现有转移支付方法，在系数计算公式中，适当加入资源贡献因素。同时，避免转移支付由省到市等基层的过程中出现截留挪用现象。

11. 进一步健全人才政策

人才是老油田实现转型升级、高质量可持续发展的根本保障，人才政策是优化人才结构、充分挖掘和释放人才潜能的关键保障。

建议国家有关部门会同油田企业加强人才政策研究，建立健全人才政策法规。重点针对油气能源领域艰苦地区和基层一线人员以及技术拔尖领军人才，在编制管理、职称评审、人才培训、柔性流动和薪酬待遇、个人所得税优惠减免等方面出台更加有吸引力的配套政策，通过人才政策引领，进一步创新"产学研一体化"等人才培养模式，加大油气能源高端人才和新兴产业专业人才开发引进力度，健全多样化人才激励机制和手段，真正实现人才引得进、用得好、留得住。

参 考 文 献

[1] 王小林，常毓文，窦宏恩．东得克萨斯油田对我国大型油田开发的启示［J］．国外油田工程，2010(9)：15-18.

[2] 刘新，安飞．东得克萨斯油田开发措施分析及几点认识［J］．中外能源，2011，16(2)：44-50.

[3] 张朝琛．普鲁德霍湾油田—北美洲最大的现代化油藏开发实例［R］．北京：中国石油天然气总公司开发生产局，1994.

[4] 刘颖，冯明溪，孙国昕，等．国外陆上砂岩老油田延长开发寿命的主要经验和做法［C］．油气田勘探与开发国际会议论文集(下册)，2021：637-643.

[5] 郭军辉，朱丽红，曾雪梅，等．喇萨杏油田特高含水期调整潜力评价方法与研究［J］．长江大学学报(自然科学版)，2016，3(8)：58-63.

[6] BP. Statistical review of world energy［R］．BP. 2020.

[7] 油控研究项目课题组．中国石油消费总量控制路径与实施路线图［J］．中国煤炭，2020，46(2)：32-38.

[8] 岳来群．如何应对中国原油消费峰值的到来［J］．能源，2019(9)：33-37.

[9] 李越，杨舟，田智宇．中国石油消费达峰与总量控制［J］．中国能源，2019，41(5)：32-57.

[10] 聂炜．国际原油价格对中国工业行业影响及提高原油利用效率研究［D］．上海：上海社会科学院，2019.

[11] 齐景丽，申传龙，王凡，等．我国石油消费新趋势研究［J］．当代石油石化，2020(8)：20-24.

[12] 油控研究项目课题组．中国石油消费情景与峰值分析［J］．中国煤炭，2019，45(12)：20-26.

[13] 王越．以全球视角分析新冠疫情对我国石油行业的影响［J］．中外能源，2020，25(3)：6-10.

[14] 刘合．新冠肺炎疫情及低油价情景对我国油气工业发展的挑战［J］．科技导报，2020，38(10)：49-51.

[15] 孙华平，李亮，王佳妮．新冠疫情对能源产业链的影响与对策［J］．煤炭经济研究，2020，40(4)：8-12.

[16] 舟丹．新冠疫情对国际石油市场供给侧的风险冲击［J］．中外能源，2020，25(3)：33-33.

[17] 中国石油经济技术研究院．2050年世界与中国能源展望(2019版)［R］．北京：中国石油经济技术研究院，2019.

[18] 郭可为．疫情冲击与减产协议下的油价走势［J］．中国外汇，2020(8)：72-73.

[19] 黎斌林．全球石油峰值预测及中国应对策略研究［D］．北京：中国地质大学(北京)，2014.

[20] 李富兵，樊大磊，王宗礼，等．油价断崖式下跌对石油上游市场的影响分析［J］．中国能源，2020，42(7)：31-34.

[21] SHARIPOV F F，TIMOFEEV O A. Market and consumption of oil in China in the first half of 2020：preliminary review［J］．IOP Conference Series：Materials Science and Engineering，2020，976(1)：012027.

[22] WANG Q，SONG X. Forecasting China's oil consumption：A comparison of novel nonlinear-dynamic grey model (GM)，linear GM，nonlinear GM and metabolism GM［J］．Energy，2019，183(Sep. 15)：160-171.

[23] 张振，唐仁敏，王大千．世界能源转型面临的双重挑战—BP世界能源展望2019成果研讨［J］．中国经贸导刊，2019(11)：11-16.

[24] 杨智，侯连华．吉木萨尔凹陷芦草沟组致密油、页岩油地质特征与勘探潜力［J］．中国石油勘探，2018(4)：76-85.

[25] 王文广，林承焰，郑民，等．致密油/页岩油富集模式及资源潜力——以黄骅坳陷沧东凹陷孔二段为例［J］．中国矿业大学学报，2018(2)：332-344.

[26] 王社教，郭秋麟，吴晓智，等. 致密油资源评价技术与应用［M］. 北京：石油工业出版社，2014.

[27] 赵文智，胡素云，侯连华，等. 页岩油地下原位转化的内涵与战略地位［J］. 石油勘探与开发，2018（4）：537-545.

[28] 高辉，何梦卿，赵鹏，等. 鄂尔多斯盆地长7页岩油与北美地区典型页岩油地质特征对比［J］. 石油地质实验，2018（2），133-140.

[29] 胡素云，朱如凯. 中国陆相致密油效益勘探开发［J］. 石油勘探与开发，2018（4）：737-748.

[30] 赵政璋，杜金虎. 致密油气［M］. 北京：石油工业出版社，2012.

[31] 侯启军，何海清，李建忠，等. 中国石油天然气股份有限公司近期油气勘探进展及前景展望［J］. 中国石油勘探，2018，23（1）：1-12.

[32] 贾承造，邹才能，李建忠，等. 中国致密油评价标准、主要类型、基本特征及资源前景［J］. 石油学报，2012，33（3）：343-350.

[33] 杜金虎，刘合，马德胜，等. 试论中国陆相致密油有效开发技术［J］. 石油勘探与开发，2014，41（2）：198-205.

[34] 邹才能，朱如凯，吴松涛，等. 常规与非常规油气聚集类型、特征、机理与展望：以中国致密油和致密气为例［J］. 石油学报，2012，33（2）：173-187.

[35] 郑曼，王社教，王瑞，等. 三肇凹陷扶余油层致密油资源评价与参数研究［J］. 地质科学，2016，51（1）：177-188.

[36] 王社教，李峰，郭秋麟，等. 致密油资源评价方法及关键参数研究［J］. 天然气地球科学，2016，27（9）：1566-1582.

[37] 邹才能，杨智，董大忠，等. 非常规源岩层系油气形成分布与前景展望［J］. 地球科学，2022，47（5）：1517-1533.

[38] 伊文婧，梁琦，裴庆冰. 氢能促进我国能源系统清洁低碳转型的应用及进展［J］. 环境保护，2018，2（628）：32-36.

[39] 娄奇鹤，谢国辉，李娜娜. 平价上网时代新能源发电经济性分析和发展趋势［J］. 中国电力，2019，52（12）：1-9，104.

[40] 黄幼平. 风力和太阳能光伏发电现状及发展趋势［J］. 科技展望，2015，25（36）：134-135.

[41] 刘东洋. 浅谈风力发电现状与发展趋势［J］. 商讯，2019，182（28）：132-133.

[42] 罗承先. 世界海上风力发电现状［J］. 中外能源，2019，24（2）：22-27.

[43] 刘志超，王洪彬，沙浩，等. 我国风电利用技术现状及其前景分析［J］. 发电技术，2019，40（4）：389-395.

[44] 曹湘洪. 氢能开发与利用中的关键问题［J］. 石油炼制与化工，2017，9（48）：4-9.

[45] 汪广溪. 氢能利用的发展现状及趋势［J］. 低碳世界，2017（29）：295-296

[46] 杨洁. 氢能源开发与利用发展现状浅析［J］. 深冷技术，2017（6）：3.

[47] 国网研究院. 中国能源发电发展展望2019［R］. 电力行业节能环保公共服务平台，2019.

[48] 李松峰. 我国风电设备行业发展现状及发展趋势［J］. 价值工程，2019，38（33）：37-38.

[49] 马维唯. 国际太阳能发电产业现状及发展趋势［J］. 太阳能，2020（1）：5-12.

[50] 中国石油经济技术研究院. 能源数据统计［R］. 北京：中国石油经济技术研究院，2020.

[51] 刘朝全，姜学峰. 2019年国内外油气行业发展报告［M］. 北京：石油工业出版社，2020.

[52] EIA, International energy outlook 2021［R］. Dec 2021. https://www.eia.gov/outlooks/ieo/.

[53] 张抗. 中国石油天然气发展战略［M］. 北京：地质出版社，2002.

[54] 唐玮，冯金德. 油田生产经营应对低油价的思考及建议［J］. 石油科技论坛，2016（2）：33-36.

[55] 李小地，赵文智，张国生. 中国西部地区石油资源潜力与开发前景［J］. 资源科学，2003（4）：20-24.

[56] 邱中建，赵文智，胡素云，等. 我国油气中长期发展趋势与战略选择［J］. 中国工程科学，2011（6）：75-80.

[57] 赵翰卿. 对储层流动单元的认识及建议［J］. 大庆石油地质与开发，2001，20(3)：8-10.

[58] 王渝民. 油田开发30年技术实践［M］. 北京：石油工业出版社，2000.

[59] 李操，王彦辉，姜岩. 基于井断点引导小断层地震识别方法及应用［J］. 大庆石油地质与开发，2012，31(3)：148-151.

[60] 冉建斌，李建雄，刘亚村. 基于三维地震资料的油藏描述技术和方法［J］. 石油地球物理勘探，2004，39(1)：102.

[61] 姜岩，李纲，刘文岭. 基于地震解释成果的地质建模技术及应用［J］. 大庆石油勘探与开发，2004，23(5)：115.

[62] STUART FAGIN，赵改善. 断层阴影问题：机理与消除方法［J］. 勘探地球物理进展，1997(2)：51-55.

[63] 宋亚民，赵红娟，董政. 基于地震正演的断层阴影校正技术及其在南海A油田的应用研究［J］. 工程地球物理学报，2016(2)：51-55.

[64] 梁文福. 喇嘛甸油田厚油层多学科综合研究及挖潜［J］. 大庆石油地质与开发，2008，27(2)：68-72.

[65] 李洁，郝兰英，马利民. 大庆长垣油田特高含水期精细油藏描述技术［J］. 大庆石油地质与开发，2009，28(5)：83-90.

[66] 孙龙德，李峰，朱如凯，等. 中国沉积盆地油气勘探开发实践与沉积学研究进展［J］. 石油勘探与开发，2010，37(4)：385-396.

[67] 陈海清，戴晓云，潘良云，等. 时间剖面上的假构造及其解决方法［J］. 石油地球物理勘探，2009，44(5)：590-597.

[68] 王学忠. 探讨简单直接法在油田开发中的应用［J］. 特种油气藏，2010，17(1)：19-22.

[69] 刘义坤，毕永斌，隋新光. 高含水后期油田开发指标预测［J］. 大庆石油地质与开发，2008，27(1)：58-60.

[70] 崔传智，李松，杨勇，等. 特高含水期油藏平面分区调控方法［J］. 石油学报，2018，39(10)：1155-1161.

[71] 刘丁曾，王启民，李伯虎，等. 大庆多层砂岩油田开发［M］. 北京：石油工业出版社，2006.

[72] 朱丽红，杜庆龙，姜雪岩，等. 陆相多层砂岩油藏特高含水期三大矛盾特征及对策［J］. 石油学报，2015，36(2)：210-216.

[73] 黄昌武. 2012年中国石油十大科技进展［J］. 石油勘探与开发，2013，40(2)：208.

[74] 刘合，裴晓含，罗凯，等. 中国油气田开发分层注水工艺技术现状与发展趋势［J］. 石油勘探与开发，2013，40(6)：733-737.

[75] 杨国庆，侯宪文，刘玉龙. 萨北油田注水工艺技术发展方向及评价［J］. 大庆石油地质与开发，2006，25(S1)：51-53.

[76] 谭文斌. 油田注水开发的决策部署研究［M］. 北京：石油工业出版社，2000.

[77] 吴奇. 提高注水开发效果工艺配套技术文集［M］. 北京：中国石化出版社，2010.

[78] 刚振宝，卫秀芬. 大庆油田机械分层注水技术回顾与展望［J］. 特种油气藏，2006，13(5)：4-9.

[79] 王玉普，王广昀，王林，等. 大庆油田高含水期注采工艺技术［M］. 北京：石油工业出版社，2001.

[80] 刘合，裴晓含，贾德利，等. 第四代分层注水技术内涵、应用与展望［J］. 石油勘探与开发，2017，44(4)：608-614.

[81] 贾德利, 王凤山, 徐建, 等. 变论域自适应模糊的分层注水工艺控制 [J]. 电机与控制学报, 2012, 16(2): 66-70.

[82] 贾德利, 于泳, 陈召, 等. 分层注水工艺中涡街流量计信号处理方法研究 [J]. 传感技术学报, 2015, 28(10): 1513-1519.

[83] 唐曾熊. 大庆油田注水开发 [J]. 石油学报, 1980, 1(1): 63-76.

[84] 郭军辉. 水驱多层砂岩油田注采关系定量评价方法研究 [J]. 石油天然气学报, 2012, 34(7): 132-135.

[85] NELSON R C, POPE G A. Phase relationships in chemical flooding [J]. SPE Journal, 1978, 18(5): 325-338.

[86] MEYERS J J, PITTS M J, WYAR K. Alkaline/surfactant/polymer flood of the West Kielh, Minnelusa Unite [R]. SPE 24144, 1992.

[87] STOLL W M, SHUREQI H A, FINOL J, et al. Alkaline/surfactant/ polymer flood: From the laboratory to the field [J]. SPE Reservoir Evaluation & Engineering, 2011, 14(6): 702-712.

[88] DENNEY D. Progress and effects of ASP flooding [J]. Journal of Petroleum Technology, 2013, 65(1): 77-81.

[89] 程杰成, 吴军政, 胡俊卿. 三元复合驱提高原油采收率关键理论与技术 [J]. 石油学报, 2014, 35(2): 310-318.

[90] 王德民, 王刚, 吴文祥, 等. 黏弹性驱替液所产生的微观力对驱油效率的影响 [J]. 西安石油大学学报(自然科学版), 2008, 23(1): 43-55.

[91] 何曼君, 陈维孝, 董西霞. 高分子物理 [M]. 上海: 复旦大学出版社, 2003.

[92] 程杰成, 王庆国, 王俊, 等. 强碱三元复合驱钙、硅垢沉积模型及结垢预测 [J]. 石油学报, 2016, 37(5): 653-659.

[93] KARAMBEIGI M S, ABBASSI R, ROAYAEI E, et al. Emulsion flooding for enhanced oil recovery: Interactive optimization of phase behavior, microvisual and core-flood experiments [J]. Journal of Industrial & Engineering Chemistry, 2015, 29(2): 382-391.

[94] POPE G A. The application of fractional flow theory to enhanced oil recovery [J]. SPE Journal, 1980, 20(3): 191-205.

[95] KARAZINCIR O, THACH S, WEI W, et al. Scale formation prevention during ASP flooding [R]. SPE 141410, 2011.

[96] ALWI N, BORHAN N, IBRAHIM J, et al. Managing micro-emulsion and scale during ASP flooding for North Sabah Field EOR [R]. SPE 24984, 2014.

[97] WILSON A. Modeling, monitoring aid fight against scale in alkali/surfactant/polymer floods [J]. Journal of Petroleum Technology, 2014, 66(6): 122-126.

[98] DWYER P, DELAMAIDE E. Produced water treatment: Preparing for EOR projects [R]. SPE 174537, 2015.

[99] 孙焕泉, 李振泉, 曹绪龙, 等. 二元复合驱油技术 [M]. 北京: 中国科学技术出版社, 2007.

[100] 谭中国, 卢涛, 刘艳侠, 等. 苏里格气田"十三五"期间提高采收率技术思路 [J]. 天然气工业, 2016, 36(3): 30-40.

[101] 卢涛, 刘艳侠, 武力超, 等. 鄂尔多斯盆地苏里格气田致密砂岩气藏稳产难点与对策 [J]. 天然气工业, 2015, 35(6): 43-52.

[102] 邹才能, 李熙喆, 朱如凯, 等. 致密砂岩气地质评价方法: GB/T 30501—2014 [S]. 北京: 中国标准出版社.

[103] 杨华，付金华，刘新社，等．鄂尔多斯盆地上古生界致密气成藏条件与勘探开发［J］．石油勘探与开发，2012，39(3)：295-303.

[104] 庞彦明，王永卓，周永炳，等．低渗小砂体隐蔽油藏精细评价优化建产技术及应用［J］．大庆石油地质与开发，2018，37(5)：43-48.

[105] 韦智力．大庆外围低渗透油田地应力变化研究［J］．内蒙古石油化工，2013(5)：121-123.

[106] 孟宪波，徐佑德，王曰静，等．多场耦合作用下致密储层地应力场变化规律研究—以准噶尔盆地某区为例［J］．地质力学学报，2019，25(4)：467-474.

[107] 王文环，彭缓缓，李光泉，等．大庆低渗透油藏注水动态裂缝开启机理及有效调整对策［J］．石油与天然气地质，2015，36(5)：52-55.

[108] 刘仁强，段永刚，谭锋奇，等．用试井资料研究低渗透裂缝性油藏渗流模式及演化特征——以准噶尔盆地火烧山油田为例［J］．吉林大学学报（地球科学版），2016，36(9)：610-616.

[109] 王俊魁，孟宪君，鲁建中．裂缝性油藏水驱油机理与注水开发方法［J］．大庆石油地质与开发，1997，16(1)：35-38.

[110] 李鹭光．四川盆地天然气勘探开发技术进展与发展方向［J］．天然气工业，2011，31(1)：1-6.

[111] 邹才能，杨智，陶士振，等．纳米油气与源储共生型油气聚集［J］．石油勘探与开发，2012，39(1)：13-26.

[112] 吴胜和．储层表征与建模［M］．北京：石油工业出版社，2010.

[113] 杨丽，韩甲胜，高蓓，等．准噶尔盆地低渗砾岩油藏难采储量动用研究与应用——以克拉玛依油田五$_2$东区克上组油藏为例［J］．新疆石油天然气，2014，10(4)：41-45.

[114] 郭建林，郭智，崔永平，等．大型致密砂岩气田采收率计算方法［J］．石油学报，2018，39(12)：1389-1396.

[115] 李海平，贾爱林，何东博，等．中国石油的天然气开发技术进展及展望［J］．天然气工业，2010，30(1)：5-7.

[116] 马新华，贾爱林，谭健，等．中国致密砂岩气开发工程技术与实践［J］．石油勘探与开发，2012，39(5)：572-579.

[117] 杨华，牛小兵，徐黎明，等．鄂尔多斯盆地三叠系长7段页岩油勘探潜力［J］．石油勘探与开发，2016，43(4)：511-520.

[118] 关德师，牛嘉玉，郭丽娜，等．中国非常规油气地质［M］．北京：石油工业出版社，1995.

[119] 周德勇．东营凹陷稠油特征及成果分类［J］．特种油气藏．1995，2(4)：1-4.

[120] 孙焕泉，王海涛，吴光焕，等．稠油油藏注CO_2提高采收率影响因素研究［J］．石油实验地质，2020(6)：1009-1013，1023.

[121] 孙焕泉．薄储层超稠油热化学复合采油方法与技术［J］．石油与天然气地质，2020(5)：1100-1106.

[122] 修增鹏．复杂断块油田单成因砂体精细描述与水驱特征［J］．大庆石油地质与开发，2018，37(5)：60-64.

[123] 金勇，刘红．小断块边底水油藏开发实践与认识［J］．大庆石油地质与开发，2006，25(3)：53-55.

[124] 张建良，尤启东．窄条状断块油藏剩余油挖潜技术应用研究［J］．石油天然气学报（江汉石油学院学报），2008，30(2)：124-126.

[125] 刘丽杰．胜坨油田特高含水后期矢量开发调整模式及应用［J］．油气地质与采收率，2016，23(3)：111-114.

[126] 宋新民，李勇．中东碳酸盐岩油藏注水开发思路与对策［J］．石油勘探与开发，2018，45(4)：679-689.

[127] 侯帆，许艳艳，张艾，等. 超深高温碳酸盐岩自生酸深穿透压工艺研究与应用［J］. 钻采工艺，2018，41(1)：8-11.

[128] 蒋延学，周珺，贾文峰，等. 顺北油气田超深碳酸盐岩储层深穿透酸压技术［J］. 石油钻探技术，2020，47(3)：140-147.

[129] 王明元. 高温碳酸盐岩储层深穿透酸压工艺研究［D］. 成都：西南石油大学，2016.

[130] 邓民敏，刘俊燕，张传新. 克拉玛依砾岩油藏开发后期稳油控水综合治理研究［J］. 石油学报，1997，18(4)：89-93.

[131] MCCARTHY J, MINSKY M L, ROCHESTER N, et al. A proposal for the Dartmouth summer research project on artificial intelligence［J］. AI Magazine, 2006, 27(4)：12-14.

[132] 张东晓，陈云天，孟晋. 基于循环神经网络的测井曲线生成方法［J］. 石油勘探与开发，2018，45(4)：598-607.

[133] 江凯，王守东，胡永静，等. 基于 Boosting Tree 算法的测井岩性识别模型［J］. 测井技术，2018，42(4)：395-400.

[134] 贾德利，刘合，张吉群，等. 大数据驱动下的老油田精细注水优化方法［J］. 石油勘探与开发，2020，47(3)：629-636.

[135] 贾虎，邓力珲. 基于流线聚类人工智能方法的水驱油藏流场识别［J］. 石油勘探与开发，2018，45(2)：312-319.

[136] 王洪亮，穆龙新，时付更，等. 基于循环神经网络的油田特高含水期产量预测方法［J］. 石油勘探与开发，2020，47(5)：1009-1015.

[137] SHAHKARAMI A, MOHAGHEGH S. 智能代理在油藏建模中的应用［J］. 石油勘探与开发，2020，47(2)：372-382.

[138] GU H, WENG X. Criterion for fractures crossing frictional interfaces at non-orthogonal angles. 44th US Rock Mechanics Symposium and 5th US-Canada Rock Mechanics Symposium［M］. Salt Lake City, Utah：American Rock Mechanics Association, 2010.

[139] CHUPRAKOV D S, AKULICH A V, SIEBRITS E, et al. Hydraulic fracture propagation in a naturally fractured reservoir［R］. SPE 128715, 2013.

[140] 毛健，赵红东，姚婧婧. 人工神经网络的发展及应用［J］. 电子设计工程，2011，19(24)：62-65.

[141] 孙亮，王晓琦，金旭，等. 微纳米孔隙空间三维表征与连通性定量分析［J］. 石油勘探与开发，2016，43(3)：490-498.

[142] AL-MALKI N, POURAFSHARY P, AL-HADRAMI H, 等. 采用海泡石纳米颗粒控制膨润土基钻井液性能［J］. 石油勘探与开发，2016，43(4)：656-661.

[143] 刘合，闫建文，薛凤云，等. 大庆油田特高含水期采油工程研究现状及发展方向［J］. 大庆石油地质与开发，2004，23(6)：65-66.

[144] 贾德利，赵长江，姚洪田，等. 新型分层注水工艺高效测调技术的研究［J］. 哈尔滨工业大学学报，2011，16(4)：90-94.

[145] 钱晓琳，耿同谋，刘琼，等. 聚合物驱油技术的研究进展［J］. 精细石油化工进展，2006，7(2)：26-29.

[146] 段宏，杨万有，梁福民，等. 聚合物驱分注在大庆油田的应用与展望［C］. 三次采油技术研讨会论文集，2003：150-155.

[147] 陈章清，李霖，钱彧，等. 聚合物分层注入相关问题探讨［J］. 西南石油大学学报，2007，29(3)：100-103.

[148] 钱晓琳，耿同谋，刘琼，等. 聚合物驱油技术的研究进展［C］. 第一届全国化学工程与生物化工年会论文摘要集(下)，2004：627.

[149] 刘合，袁涛，李金玲. 聚合物驱井下单管分注技术［J］. 石油学报，1999 (6)：91-93.

[150] 刘合，郑立臣，杨清海，等. 分层采油技术的发展历程和展望［J］. 石油勘探与开发，2020，47 (5)：1027-1038.

[151] 雷群，翁定为，罗健辉，等. 中国石油油气开采工程技术进展与发展方向［J］. 石油勘探与开发，2019，46(1)：139-145.

[152] 宋伟健，吕瑞华，顾克忠，等. 中国致密气多级压裂技术现状分析及展望［J］. 中国石油和化工标准与质量，2020，40(18)：10-13.

[153] 陈建军，翁定为. 中石油非常规储层水平井压裂技术进展［J］. 天然气工业，2015，37(9)：79-84.

[154] 钱斌，朱炬辉，李建忠，等. 连续油管喷砂射孔套管分段压裂新技术的现场应用［J］. 天然气工业，2011，31(5)：67-69.

[155] 任勇，冯长青，胡相君，等. 长庆油田水平井体积压裂工具发展浅析［J］. 中国石油勘探，2015，20(2)：75-81.

[156] 郑新权，王欣，张福祥，等. 国内石英砂支撑剂评价及砂源本地化研究进展与前景展望［J］. 中国石油勘探，2021，26(1)：131-137.

[157] 李杨，郭建春，王世彬，等. 耐高温压裂液研究现状与发展趋势［J］. 现代化工，2019，39(S1)：95-98.

[158] 暴赫. 石油压裂支撑剂作用机理及发展前景［J］. 化学工程师，2019，33(8)：70-73.

[159] 朱正喜. 压裂用可溶桥塞关键技术分析［J］. 石油矿场机械，2019，48(3)：78-82.

[160] 王金成. 大庆油田直井高效坐压多段工艺技术研究与应用［J］. 石油矿场机械，2016，36(4)：51-55.

[161] 刘巨保，黄茜，杨明，等. 水平井分段压裂工具技术现状与展望［J］. 石油机械，2021，49(2)：110-119.

[162] 刘统亮，施建国，冯定，等. 水平井可溶桥塞分段压裂技术与发展趋势［J］. 石油机械，2020，48(10)：103-110.

[163] 刘克强，王培峰，贾军喜. 我国工厂化压裂关键地面装备技术现状及应用［J］. 石油机械，2018，46(4)：101-106.

[164] 王新英，贾长贵，田常青，等. 文东油田气举井不动管柱酸化解堵剂QJ-99的性能与应用［J］. 油田化学，2002(2)：123-126.

[165] 李清华. 耐温耐碱聚合物凝胶调剖剂的合成［D］. 哈尔滨：哈尔滨工业大学，2009.

[166] 刘向斌，尚宏志. 凝胶调剖剂在地层深部动态成胶性能评价［J］. 大庆石油地质与开发，2020，39(1)：86-90.

[167] 魏云云，罗莉涛，刘先贵，等. 聚合物凝胶调剖剂配方优选及性能评价［J］. 科技导报，2017，35(8)：88-93.

[168] 李宇乡，唐孝芬，刘双成. 我国油田化学堵水调剖剂开发和应用现状［J］. 油田化学，1995，12(1)：88-94.

[169] 刘翔鹗，李宇乡. 中国油田堵水技术综述［J］. 油田化学，1992(2)：180-187.

[170] 贾虎，蒲万芬. 有机凝胶控水及堵水技术研究［J］. 西南石油大学学报(自然科学版)，2013，35(6)：141-152.

[171] 赵晓菲，杨明全，章磊，等. 油田深部调剖技术的研究进展［J］. 化工科技，2015，23(5)：75-79.

[172] 李宜坤，李宇乡，彭杨，等. 中国堵水调剖60年［J］. 石油钻采工艺，2019，41（6）：773-787.
[173] 韩静，赵怡杨，红丽. 油田用调剖堵水剂的研究现状与发展趋势［J］. 云南化工，2020，47（12）：14-16.
[174] 熊春明，唐孝芬. 国内外堵水调剖技术最新进展及发展趋势［J］. 石油勘探与开发，2007，34（1）：83-88.
[175] 纪朝凤，葛红江. 调剖堵水材料研究现状与发展趋势［J］. 石油钻采工艺，2002，24（1）：54-57.
[176] 刚振宝，卫秀芬. 大庆油田机械堵水技术回顾与展望［J］. 特种油气藏，2006，13（2）：9-11.
[177] KINGSLEY G U, SINA R G, PAUL R, et al. Application of polymer integration technique for enhancing polyacrylamide (PAM) performance in high temperature and high salinity reservoirs［J］. Heliyon, 2019, 5(7): 1-14.
[178] 刘壮，谢锐，巨晓洁，等. 具有快速响应特性的环境响应型智能水凝胶的研究进展［J］. 化工学报，2015，67（1）：202-208.
[179] 任彦荣，霍丹群，侯长军. 温敏性聚合物聚N-异丙基丙烯酰胺及其应用［J］. 材料导报，2004（11）：54-56.
[180] LIU Y, LI W L, HOU L, et al. Thermosensitive hyperbranched polyethylenimine partially substituted with N-isopropylacrylamide monomer: thermodynamics and use in developing a thermosensitive graphene composite［J］. RSC Advances, 2014, 4(46): 24263-24271.
[181] 马前. 智能聚合物凝胶的研究进展［J］. 广东化工，2015，42（12）：71-72.
[182] 张文钺，龚俊波，董伟兵，等. 凝胶对结晶过程影响的研究进展［J］. 化工学报，2020，71（2）：487-499.
[183] 张立新，张晓东，张卫平，等. 中国抽油机、抽油杆、抽油泵技术现状及发展方向［J］. 装备制造技术，2020（4）：252-257.
[184] 陈宪侃，叶利平，谷玉洪. 抽油机采油技术［M］. 北京：石油工业出版社，2004.
[185] 冯耀忠，李光，韩炜. 国外抽油技术的新发展（一）［J］. 石油机械，2000，28（10），58-60.
[186] 陈宪侃，叶利平，谷玉洪. 抽油机采油技术［M］. 北京：石油工业出版社，2004.
[187] 刘永新. 潜油柱塞泵机组优化设计与试验［J］. 石油机械，2018，46（6）：75-79.
[188] 黄有泉，何艳，曹刚. 大庆油田螺杆泵采油技术新进展［J］. 石油机械，2003，31（11）：65-68.
[189] 韩修廷，王秀玲，焦振强. 螺杆泵采油原理及其应用［M］. 哈尔滨：哈尔滨工程大学出版社，1998.
[190] 晏祥慧. 螺杆泵采油装置的分析与优化设计［D］. 东营：中国石油大学（华东），2004.
[191] MILLS R A R. Progressing cavity oil well pumps—past, present and future［J］. Journal Of Canadian Petroleum Technology, 1994, 33(4): 5-6.
[192] 李付超. 数字化抽油机控制技术与系统应用研究［D］. 西安：西安石油大学，2015.
[193] 张晓莉，栾义国，张文军. LoRa无线技术在油田数字化建设中的应用研究［J］. 油气田地面工程，2017，36（12）：60-62.
[194] POBERSON A L, OORADO D M, PINNELL D L, et al. Real-time onsite internet communication with well manager for constant well optimization［P］. VS20090055 029 A1, 2007.
[195] 雷群，李益良，李涛，等. 中国石油修井作业技术现状及发展方向［J］. 石油勘探与开发，2020，47（1）：1-8.
[196] 雷群，李益良. 井下作业［M］. 北京：石油工业出版社，2019.
[197] 刘青华. 世界低渗透油田开发技术现状与展望［J］. 化工管理，2013（14）：109.
[198] 光新军，王敏生，韩福伟，等. 压裂支撑剂新进展与发展方向［J］. 钻井液与完井液，2019，36（5）：529-533.

[199] 王启帆，徐尧. 水基压裂液重复使用技术的现状及发展趋势［J］. 石化技术，2019，26(9)：313，345.

[200] 杨兆中，李扬，李小刚，等. 页岩气水平井重复压裂关键技术进展及启示［J］. 西南石油大学学报(自然科学版)，2019，41(6)：75-86.

[201] 夏熙，杨二龙. 页岩气压裂液研究进展及展望［J］. 化学工程师，2019，33(7)：59-63，76.

[202] 程倩倩，李娜，张琳羚，等. 新型覆膜支撑剂研究进展［J］. 热固性树脂，2020，35(6)：66-70.

[203] 蒋廷学，左罗，黄静. 少水压裂技术及展望［J］. 石油钻探技术，2020，48(5)：1-8.

[204] 雷俊雄，陈锦风，林泽钦，等. 低密度支撑剂技术及研究现状［J］. 化工管理，2020(26)：46-47.

[205] 王健. 就地生成支撑剂颗粒实验研究［D］. 西安：西安石油大学，2020.

[206] 喻冰. 裸眼分段压裂无限级全通径滑套工具新进展［J］. 钻采工艺，2020，43(S1)：68-71.

[207] 黄传艳，李双贵，李林涛，等. 井下压裂暂堵工具用可溶金属材料研究进展［J］. 石油矿场机械，2019，48(1)：68-72.

[208] 王海柱，李根生，郑永，等. 超临界CO_2压裂技术现状与展望［J］. 石油学报，2020，41(1)：116-126.

[209] G，J. The effect of fluid pressure decline on volumetric changes of porous rocks［J］. Transactions of the AIME 210.01（1957）：331-340.

[210] 金振东. 远程无线智能分层注水测调技术的开发与应用探析［J］. 化学工程与装备，2019（10）：136-137.

[211] 顿超亚，谢劲松. 油田分层注水智能控制系统设计［J］. 长春大学学报，2011，21(2)：14-15.

[212] 金振东. 浅析智能配水工艺技术在注水井中的应用［J］. 化学工程与装备，2019(9)：106-107.

[213] 张劲松，冯叔初. 对井下油水分离和同井回注的认识［J］. 油气田地面工程，2001，20(2)：25-26.

[214] SHAW C，FOX M. Economics of downhole oil/water separation：A case history and implications for the north sea［A］. Society of Petroleum Engineers. SPE European Petroleum Conferenec［C］. Hague，1998.

[215] MATHEWS C M，CHACHULA R，PEACHEY B R. Application of Downhole Oil/Water Systems in the Alliance Field［A］. The third international conference on health，safety and envirnment in oil & gas exploration and production［C］. New Orealans，1996.

[216] 刘联波. 油田地热资源综合利用技术研究［D］. 青岛：中国石油大学(华东)，2010.

[217] 甄华，莫中浩. 报废油井改造成地热井的方法［J］. 煤气与热力，2007(1)：47-50.

[218] 杜安琪. 枯竭油气藏型储气库井筒完整性研究［D］. 成都：西南石油大学，2016.

[219] 王玉洁. 枯竭型储气库CO_2作垫层气的可行性研究［D］. 成都：西南石油大学，2014.

[220] 崔培枝，姚巨坤. 再制造清洗工艺与技术［J］. 新技术新工艺，2009(3)：25-27.

[221] 任工昌，于峰海，陈红柳. 绿色再制造清洗技术的现状及发展趋势研究［J］. 机床与液压，2014，42(3)：158-161.

[222] 林罡，郭亚红，孙银娟，等. 油气田地面工程一体化集成装置［M］. 北京：石油工业出版社，2014.

[223] 白晓东，王常莲，王念榕，等. "十三五"油气田地面工程面临的形势及科技攻关方向［J］. 石油规划设计，2017，28(5)：8-11.

[224] 徐国民. 高含水后期油田节能新技术［M］. 北京：石油工业出版社，2014.

[225] 穆剑. 油气田节能［M］. 北京：石油工业出版社，2015.

[226] 赵雪峰，李福章，等. 大庆低渗透油田地面工程简化技术［M］. 北京：石油工业出版社，2014.

[227] 李杰训，赵雪峰，田晶，等. 高含水期大庆油田油气集输系统地面规划的做法与认识［J］. 石油规划设计，2017，28(4)：8-11，34.

[228] 汤林. "十三五"油气田地面工程面临的形势及提质增效发展方向[J]. 石油规划设计, 2016, 27(4): 4-6, 18.

[229] 安杰, 韩伟, 晋琨. 油田数字化建设存在的问题及应对措施[J]. 化学工程与装备, 2019(8): 184-185.

[230] 马志一. 油田数字化建设中存在的问题探讨[J]. 中国新通信, 2019, 21(7): 156.

[231] 王浩毅, 何小斌, 黎恒, 等. 油田数字化的发展研究[J]. 现代工业经济与信息化, 2016(17): 86-87.

[232] 汤林. 油气田地面工程技术进展及发展方向[J]. 天然气与石油, 2018, 36(1): 1-5.

[233] 汤林, 云庆, 张维智. 近年油气田地面工程高质量发展建设成果与展望[J]. 天然气与石油, 2019, 37(1): 1-5.

[234] 余岭, 吴谋远, 刘月洋, 等. 大变局下国际大石油公司管理模式变革及启示[J]. 国际石油经济, 2020, 28(9): 18-22.

[235] 惠利, 陈锐钒, 黄斌. 新结构经济学视角下资源型城市高质量发展研究——以德国鲁尔区的产业转型与战略选择为例[J]. 宏观质量研究, 2020, 8(5): 100-113.

[236] 孙晓华, 郑辉. 资源型地区经济转型模式: 国际比较及借鉴[J]. 经济学家, 2019(11): 104-112.

[237] 刘书秀, 刘劲松. 美国"能源独立"现状、政策演变与经验分析[J]. 煤炭经济研究, 2018, 38(2): 40-46.

[238] 姜杉钰, 王金, 孙乃达. 美国页岩油上游产业发展进程和经验启示[J]. 中国矿业, 2020, 29(8): 42-46.

[239] 燕菲, 谢薇. 英国促进油气行业发展税收优惠政策分析[J]. 国际石油经济, 2015, 23(4): 34-39, 110.

[240] 崔志员. 俄罗斯石油行业税收政策特点及展望[J]. 国际石油经济, 2018, 26(2): 49-56.

[241] 崔伊霞. 中国资源枯竭型城市绿色转型发展研究[D]. 长春: 吉林大学, 2020.

[242] 陈嘉茹, 燕菲, 陈建荣, 等. 油气全产业链开放进入新时期—2019年中国油气政策综述[J]. 国际石油经济, 2020, 28(2): 55-60.

[243] 胡文瑞. 后石油时代石油企业转型发展策略[J]. 石油科技论坛, 2018, 37(3): 1-11, 16.

[244] 邹才能, 何东博, 贾成业, 等. 世界能源转型内涵、路径及其对碳中和的意义[J]. 石油学报, 2021, 42(2): 233-247.

[245] 邹才能. 中国能源转型将走向何方[J]. 中国石油石化, 2019(14): 16, 17-19.

[246] 万军. 新时代中国石油油气业务高质量发展的探索和思考[J]. 北京石油管理干部学院学报, 2018, 25(4): 24-28, 44.

[247] 刘秀婷, 杨军, 程仲平. 油田产量预测的新方法及其应用[J]. 石油勘探与开发. 2002(4): 74-76.

[248] DING H, RAHMAN S. Experimental and theoretical study of wettability alteration during low salinity water flooding-an state of the art review[J]. Colloids & Surfaces A Physicochemical & Engineering Aspects, 2017(520): 622-639.

[249] 翁文波. 预测论基础[M]. 北京: 石油工业出版社, 1984.

[250] 陈元千. 对预测含水率的翁氏模型推导[J]. 新疆石油地质, 1998(5): 403-405.

[251] 张正卿, 曲海潮, 倪红. 关于石油储采比、储采平衡率的研究[J]. 石油勘探与开发, 2000(3): 53-54, 112-121.

[252] DOU H. New methods for calculating reserves-production ratio in different stage of oilfield development[J]. Acta Petrol Sinica, 2010.

[253] HOEOEK M, ALEKLETT K. A decline rate study of Norwegian oil production [J]. Energy Policy, 2008, 36(11): 4262-4271.

[254] 孙龙德, 江同文, 王凤兰, 等. 关于油田寿命的思考 [J]. 石油学报, 2021, 42(1): 56-63.

[255] SHAHRI M P, SHADIZADEH S R, JAMIALAHMADI M. Applicability test of new surfactant produced from zizyphus spina-christi leaves for enhanced oil recovery in carbonate reservoirs [J]. Journal of the Japan Petroleum Institute, 2012, 55(1): 27-32.

[256] 油田开发管理纲要 [N]. 中国石油报, 2004-09-07.

[257] 何江川, 廖广志, 王正茂. 油田开发战略与接替技术 [J]. 石油学报, 2012, 33(3): 519-525.

[258] 童宪章. 天然水驱和人工注水油藏的统计规律探讨 [J]. 石油勘探与开发, 1978 (6): 38-67, 79.

[259] 计秉玉. 对大庆油田油藏研究工作的几点认识 [J]. 大庆石油地质与开发, 2006, 25(1): 9-13.

[260] 计秉玉. 国内外油田提高采收率技术进展与展望 [J]. 石油与天然气地质, 2012, 33(1): 111-117.

[261] 王广昀, 王凤兰, 赵波, 等. 大庆油田公司勘探开发形势与发展战略 [J]. 中国石油勘探, 2021, 26(1): 55-73.

[262] 王凤兰, 沙宗伦, 罗庆, 等. 大庆油田特高含水期开发技术的进步与展望 [J]. 大庆石油地质与开发, 2019, 38(5): 51-58.

[263] 袁士义, 王强. 中国油田开发主体技术新进展与展望 [J]. 石油勘探与开发, 2018, 45(4): 657-668.

[264] MIKAEL, HÖÖK, BWNGT, et al. The evolution of giant oil field production behavior [J]. Natural Resources Research, 2009, 18(1): 39-56.

[265] BABADAGLI T. Development of mature oil fields—a review [J]. Journal of Petroleum Science & Engineering, 2007, 57(3-4): 221-246.